기후학

기후학

초판 1쇄 발행 2007년 6월 1일
개정판 1쇄 발행 2012년 9월 7일
제3판 1쇄 발행 2022년 3월 28일
제3판 2쇄 발행 2023년 3월 30일

지은이 이승호

펴낸이 김선기
펴낸곳 (주)푸른길
출판등록 1996년 4월 12일 제16-1292호
주소 (08377) 서울시 구로구 디지털로 33길 48 대륭포스트타워 7차 1008호
전화 02-523-2907, 6942-9570-2
팩스 02-523-2951
이메일 purungilbook@naver.com
홈페이지 www.purungil.co.kr

ISBN 978-89-6291-955-4 93450

기후학

제3판

이승호 지음

푸른길

제3판 머리말

『기후학의 기초』를 출간한 지 20여 년 세월이 흐른 후, 『기후학』을 마무리하려는 심정으로 세 번째 개정작업을 시작하였다. 당시와 달라진 것이 있다면, 우선 필자가 기후학 강의를 더 많이 하였고 과목 범위를 넓힌 것을 들 수 있다. 게다가 기후에 대한 전 지구인의 관심이 고조되었다. 강의를 많이 해 온 것과 '세계의 기후와 문화'라는 과목을 강의하게 된 것은 기후에 대한 시야를 넓히고 깊이를 더할 수 있는 기회였다면, 후자는 필자에게 큰 부담이 아닐 수 없다. 관심이 커진 만큼 책이 더 좋아져야 할 것이다. 강산이 두 번 이상 변하였으니 그에 상응하는 만큼 개선되어야 한다는 부담이 크다.

좋은 책을 위해서는 강의 외에 현장을 답사하여 생동감을 느낄 수 있는 직접 경험이 필요하다고 늘 생각하였다. '기후학자가 왜 답사를 하느냐?'는 질문을 수도 없이 받아 왔다. 이 책이 그 답이 될 수 있기를 기대한다. 그간의 답사는 바로 좋은 기후학 책을 위한 것이었다. 앉아서 알게 되는 것보다 직접 현상을 보고 깨달은 후에 쓴 것이 훨씬 더 좋은 책이 될 것이라 믿었다.

학교에는 연구년이란 제도가 있어서 잘 활용한다면 책을 개정하기에 좋은 기회가 될 수 있다. 필자도 기후학이란 이름을 붙인 책의 첫선을 보인 이래로 연구년을 책 개정하는 시기라고 마음에 새겼다. 세 번째 연구년을 지내고 제3판을 출간하게 되었으니 어느 정도 주기를 맞춘 편이긴 하지만, 실제 출판은 예정보다 상당히 늦어졌다. 이제는 더 이상 미룰 수 없어서 마지막 사진 한 컷을 바꾸면서 마무리하기로 하였다.

2019년 가을에 시작하는 연구년을 앞두고, 이 책에서 부족하다고 느끼던 제4장부터 원고를 고치기 시작하였다. 이번 개정판에서는 남반구도 직접 답사한 후 보완한다는 각오로 연구년 중에 남반구 답사를 계획하면서 필요한 목록도 차근히 준비하였다. 그러던 중 발생한 코로나 사태는 모든 계획을 물거품으로 만들었다. 결국 남반구로 떠나

보지도 못하고 연구년이 끝났다. 그러던 중 IPCC 제6차 보고서와 새로운 기후값이 발표되었다. 불행 중 다행이라고 할까. 개정작업이 늦어진 덕에 새로운 기후값과 IPCC 보고서 자료를 인용할 수 있게 되었고, 이는 제5장을 기술하는 데 큰 도움이 되었다. 제5장 역시 상당히 부족하다고 느끼던 부분이다. 남반구를 답사하지 못하고 개정을 마무리해야 하는 것은 여전히 큰 아쉬움이다.

제1장부터 제3장까지는 내용의 오류를 바로잡고 새로운 자료와 구체적 사례를 추가하였다. 제4장과 제5장은 분량과 내용 면에서 크게 보완하였다. 새로운 자료와 사진이 많이 제시되었고, 그에 따라 본문의 내용도 크게 달라졌다. 제4장에서 필자가 설명하기 어려운 일부는 문학작품을 인용하였다.

가능한 한 새로운 사진과 그림을 사용하려 하였다. 사진은 전체 154장이 사용되었고, 이 중 123장은 새로운 사진이며, 31장은 제2판의 것을 그대로 사용하였다. 제2판 출간 이후 북극지방과 아시아 저위도지역 답사를 꽤 한 편이어서 두 지역 사진이 눈에 띄게 늘었다. 그림은 개정판에 비하여 44여 개가 늘어, 총 211개가 사용되었으며, 62개는 새로운 그림이 제시되었고, 71개는 전 그림을 수정하거나 새로운 자료를 사용하였다.

『기후학의 기초』를 출간할 때부터 숫자를 최소화하면서 현상을 설명하는 것이 목표였다. 아직도 변함없는 생각이지만, 부득이 제4장과 제5장에는 숫자가 많다. 독자 스스로 그런 숫자에 큰 의미를 부여하지 않았으면 하는 바람이다. 기후가 계속 변하다 보니 그 변화 정도를 인식하기 위한 도구로 숫자가 제시된 것이 많다. 숫자를 인용한 문헌을 제시하다보니 참고문헌이 크게 늘었다.

『기후학의 기초』를 출간한 이후부터 다양한 방법으로 책에 대한 평과 질문을 받았다. 특히 임용고시를 준비하는 수험생들의 질문이 많았으며, 그런 모든 것이 개정의 원천이 되기도 하였다. 항상 인쇄되고 난 후에 오류나 불필요한 내용이 바로 눈에 띄기 시작하여 참으로 안타까운 마음이었다. 개정작업을 하는 내내 그런 안타까움을 줄이기 위하여 애를 썼지만, 부족함이 적지 않을 것이다.

늦은 감이 없지 않지만, 제3판을 낼 수 있도록 평을 해 주고 질문하고 지적해 준 독자들에게 심심한 감사의 마음을 전한다. 『기후학』 초판 출간부터 아낌없이 성원해 준 ㈜푸른길 김선기 사장, 그리고 예쁘고 좋은 책이 될 수 있도록 힘써 준 박미예 선생과 그림을 곱게 그려 준 추해권 선생에게도 깊이 감사드린다. 연구실의 박사과정 임수정과 신보미는 개정 전 과정에서 자료를 찾고 사진을 고르고 원고를 고치고 하는 등의 모든 일에 노력을 아끼지 않았다. 미완의 원고를 들고 강의에 써 보아 준 허인혜 박사, 제주도 답사마다 도움을 준 김선영 박사에게도 감사한다.

무엇보다도 이 시점에 『기후학의 기초』에 이어서 『기후학』 제3판까지 올 수 있는 것은 영원한 은사님 이현영 교수와 사랑하는 가족들의 도움이 있었기에 가능한 일이다.

2022년 3월
저자 씀

초판 머리말

이 책은 지리학을 공부하는 학부생과 기후학에 관심을 갖기 시작한 일반인들을 위한 개론서이다. 이에 맞추어 기후학에서 다루어야 할 방대한 내용을 개론서 수준으로 간추렸다.

이 책은 5년여 전에 이현영 교수와 공동으로 출간하였던 『기후학의 기초』를 기본으로 하되 몇 가지 내용을 추가하였다. 추가된 것은 지리교육과 학생과 지리 교사들의 요구에 따른 것이다. 필자는 학부과정에서 기후학을 이해하는 데는 기후인자와 기후요소만 포함되면 충분하다고 여겨 왔다. 지금도 그런 뜻에는 변함이 없다. 그러나 독자의 요구를 무시할 수 없는 것이 현실이다. 그간 지리교육과에서 특강을 하거나 개인적으로 대화하면서, 지리교사나 예비교사들에게는 새로 추가된 부분이 상당히 필요하다고 느끼기도 하였다.

『기후학의 기초』에서 추가된 내용은 '세계 여러 지역의 기후'와 '기후변화' 부분이다. 세계 여러 지역의 기후에 대한 이해는 지리학과 학생으로서 기본 소양에 해당한다. 기후변화는 오늘을 살아가는 시민에게도 기본 지식이자 의무가 되었다고 본다.

책을 쓰면서 가장 중요시한 것은 '책은 쉽게 읽히고 이해할 수 있어야 한다'는 점이었다. 이를 위하여 문장은 최대한 쉽게 쓰려 하였고 사례를 많이 들었다. 사례의 대부분은 필자가 직접 경험한 것이며, 그러다 보니 제시된 사례는 대부분 우리나라 것이다. 독자 입장에서도 경험한 현상을 통하여 이해하는 것이 훨씬 쉬우리라 본다. 또한 관련된 사진과 그림을 많이 넣었다. 백문이 불여일견이지만 이를 대신할 수 있는 것이 사진이라고 생각하였다. 수록된 사진은 대부분 필자가 직접 촬영한 것이며, 그렇지 않은 경우 제공자나 출처를 밝혔다. 사진으로 제시하기 어려운 현상은 그림으로 대신하였다.

내용이 추가되다 보니 분량이 꽤 늘었다. 이는 필자가 가장 피하고 싶었던 것 중 하나였지만 달리 방법이 없었다는 말을 덧붙이고 싶다.

책의 내용을 전개하는 데는 권혁재(1997)와 Ahrens(1994), Blij and Muller(1993), Hardy(2003), Hidore and Oliver(1993), Lutgens and Tarbuck(1998), McKnight and Hess(2002), Oliver(1981), Strahler and Strahler(2005) 등이 많은 도움이 되었다. 개별적으로 허락을 얻지 못한 상태로 인용하기도 하였다. 모든 책의 저자들에게 깊이 감사하며, 허락 없이 인용한 점을 깊이 사과드린다. 일반적이지 않은 그림에는 가능한 한 출처를 밝혔다.

이 책을 집필하면서 일단 일을 시작하면 다음 일은 훨씬 쉬워진다는 것을 깨달았다. 앞서 책을 세상에 내놓을 때보다는 좀 더 가벼운 마음으로 원고를 넘길 수 있다. 물론 지금 내놓는 책에도 많은 오류와 부족함이 있을 것이란 사실을 잘 알고 있다. 양이 늘어난 만큼 오류도 더 늘었을 것이 분명하다. 그러나 원고가 완벽해지기를 기다린다면 영원히 책을 내놓기 어려울 것 같아 일단 원고를 넘겼다. 독자는 물론 동료와 선·후배들의 아낌없는 질책이 오류와 부족함을 채워 가는 데 큰 힘이 될 것이다. 가능한 한 판을 거듭하면서 부족함과 오류를 고쳐 나가려 한다.

이 책이 나올 수 있었던 것은 전적으로 이현영 교수 덕분이다. 이 교수는 필자가 알고 있는 기후학의 모든 것을 깨우쳐 주셨다. 이 책의 저자가 이현영 교수라고 해도 과하지 않은 표현이다. 최영은 교수는 원고 대부분을 읽어 주었고, 특히 기후변화에 관하여 많은 조언을 아끼지 않았다. 필자가 가 보지 못한 곳의 사진이 여러 장 실려 있다. 그 가운데 극지방 사진은 극지연구소 윤영준 박사를 통하여 구하였으며, 저위도지방 사진은 안산 강서고등학교 김석용 선생의 도움을 받았다.

학술서를 올컬러로 출판한다는 것이 출판사 입장에서는 부담이 적지 않은 일일 텐데

기꺼이 출판을 맡아주신 (주)푸른길 김선기 사장과 편집을 담당하여 준 황인아 씨에게 감사한다. 허인혜 교수와 기후학연구실의 김선영, 이경미는 원고의 교정과 그림 작업에 큰 도움을 주었다. 지면을 빌어 도움을 주신 모든 분들께 감사드린다. 가족들에게도 늘 고마움과 미안함을 잊지 않고 있다.

2007년 5월

저자 씀

차례

제1장　기후와 기후학

제2장　기후인자

제4장　세계 여러 지역의 기후와 주민생활

제5장 기후변화

그림 차례

사진 차례

표 차례

일러두기

1. 이 책에서 기후값은 1991-2020년 평균값 사용을 원칙으로 하였다. 구체적인 값이 제시된 것은 최근 기후값이다. 다만 경향을 설명하거나 지역 간 비교에 사용된 자료는 내용에 오류가 되지 않는 한에서 이전 기후값을 사용한 경우도 있다.

2. 사진은 필자가 촬영한 것 사용을 원칙으로 하였다. 남반구와 프록시 자료를 보여 주는 사진은 지인들의 도움을 받았다.

3. 지명은 한글 사용을 원칙으로 하였다. 다만, 지리부도 등에 등장하지 않는 외국 지명의 경우 영어나 원어 표기를 넣어 찾기 쉽게 하였다. 사진 설명에서 한국은 시, 군까지 표기하였으며, 예외적으로 제주도의 경우 읍(면)까지 장소를 제시하였다. 외국의 경우 국가와 도시까지 표기하는 것을 원칙으로 하였으나, 도시에서 멀리 떨어진 지역은 주나 그에 준하는 수준까지 밝혔다.

4. 띄어쓰기는 국립국어원의 맞춤법 규정을 따르려 하였으나, 이어서 써도 의미 전달에 무리가 없는 경우 붙여서 쓰기도 하였다.

5. 모든 일기도와 위성영상. 기후자료 등은 기상청이 제공하는 것을 이용하였다.

6. 글상자에는 본문에 포함하지 않았으나 기후학을 공부하면서 필요하다고 생각하는 내용을 담았다.

제1장 기후와 기후학

2. 기후학 발달과 분야

제주 가파도(2019. 1.)

1. 기후와 기후학

오늘날에는 '기후'를 알아야 한다. 과거에는 교과서에서나 볼 수 있었던 기후와 관련된 용어가 다양한 매체에 빈번하게 등장한다. 이상기상은 계절을 가리지 않고 출현하며, 발생 시기나 장소가 따로 없이 전 세계 어디서, 언제든지 발생할 수 있다. 혹한과 폭염, 폭풍, 폭우, 폭설, 가뭄 등 이상기상의 종류가 다양하고 규모도 커져서 '관측 이래' 혹은 '100년 만의 최고'라는 기록을 쉽게 접할 수 있다. 이에 따라 기후값의 의미가 퇴색하고 있는 실정이다.

이상기상에 의한 피해도 증가하고 있다. 한국에서는 2002년 여름 강릉에서 기록된 폭우와 2010년 서울 등에 쏟아진 폭설, 2020년 전국에서 발생한 폭우는 정부에서 해당 지역을 특별재난지역으로 지정해야 할 만큼 피해 규모가 컸다.[1] 그런가 하면, 2018년 여름에는 전국적 폭염으로 온열 질환자가 3배 이상 증가하였다. 당시 폭염은 전 세계적으로 맹위를 떨쳤으며, 프랑스에서는 폭염으로 1,500명에 가까운 사망자가 발생하였다. 2019년 9월에 발생하여 2020년 2월에 진화된 오스트레일리아 산불은 극심한 가뭄이 원인이었으며, 한반도 면적의 85%에 해당하는 숲과 수많은 인명, 야생동물, 주택 등을 태웠다.

---

[1] 2020년 여름에는 6월 하순에 시작된 장마가 8월 중순까지 이어지면서 전국에 걸쳐 많은 비가 내렸고, 그로 인한 재산피해가 1조 원을 넘었다.

이상기상으로 인한 피해는 환경변화에 취약한 계층과 지역에서 더욱 커질 수 있다. 소득 수준이 낮은 국가에서는 이상기상에 대한 대응이 부족한 상황에서 폭우나 가뭄, 이상고온 등에 노출되면 쉽게 재난을 겪는다. 뿐만 아니라 점차 비율이 높아지는 고령층은 이상기상에 더욱 취약하다. 프랑스 폭염 사례에서도 피해자 절반이 75세 이상 고령자였다.

이와 같이 거의 매일 이상기상 관련 소식을 접하고 있어서 자연스럽게 기후에 대한 관심이 고조되었다. 오늘날에는 누구나 일상생활 속에서 기후 영향을 실감할 수 있다. 과학기술이 발달하면서 기후를 지배할 수 있을 것 같았지만, 산업이 발달하고 소비가 늘면서 기후에 대한 의존도는 더욱 높아졌다. 기후에 대한 정보 없이 가능하였던 일이 오늘날에는 기후나 날씨에 대한 다양한 정보를 필요로 한다. 개인이든 사업체이든 적절한 기후정보를 활용하면 더 큰 이익을 얻을 수 있지만, 이를 활용하지 못하면 많은 비용을 지불해야 하거나 재난을 겪기도 한다.

기상과 기후 기상과 기후는 인류생활 모든 면에 영향을 미친다. 비를 피하려고 우산을 펴는 것은 기상에 반응하는 것이고, 혹한과 무더위를 견디면서 안락한 삶을 위하여 가옥과 난로, 에어컨, 단열재 등을 개발한 것은 기후에 대한 적응이다. 옷을 입을 때 날씨를 확인하고, 옷을 살 때 기후를 고려하는 것도 기상과 기후가 인간생활에 미치는 영향을 잘 보여 준다.

기상(weather)은 공기 중에서 일어나는 대기현상 하나하나 또는 순간적으로 나타나는 대기상태이다. 즉, 기상은 순간적이고 개별적으로 나타나는 대기현상이며, 기후(climate)는 기상을 종합하여 누적시킨 장기적이고 평균적인 것이다. 기후는 지표면 특정 장소에서 매년 비슷한 시기에 출현하는 평균적, 종합적인 대기상태를 의미하는 것으로 장소를 포함한 개념이다. 예를 들어, 한국에서 겨울에 춥고 건조하며 여름에 무덥고 강수가 많다는 것이 기후 사례이다. 한 장소가 갖는 기후 특성은 지리적 특성과 깊이 관련되어 있어서 기후를 이해하기 위해서는 장소의 지리적 특성을 이해해야 한다.

기후는 기상에 비하여 시간규모가 비교적 길다. 시간규모가 짧은 대기현상을 기상이라 하고, 보다 장기간의 경우를 기후라고 할 수 있다. 그러나 시간규모 차이를 명확하게 규정하는 것이 어렵다. 일반적으로 30년 평균값을 기후값으로 사용하지만, 일주일 정도 시간규모를 경계로 기상과 기후를 구분하는 학자도 있다. 여러 분야에서 기후에 대한 관심이 높아지면서 시간 기준이 다양하게 적용될 수 있다.

주민생활과 관련성도 기상과 기후 구분에서 중요하다. 기상과 기후는 주민생활에 미치는 영향이 크다. 뜨거운 태양이 옷을 가볍게 하고 강하게 몰아치는 폭풍이 옷을 껴입게 하는 것은 날씨에 대한 반응이다. 이런 반응은 어느 지역에서나 비슷하며 지역 차이가 거의 없다. 그러나 지속적으로 발생하는 날씨 차이는 지역마다 서로 다른 경관을 만든다. 이런 경관은 오랫동안 누적된 날씨, 즉 기후에 대하여 주민과 자연이 상호작용한 결과이다. 눈이 많은 지역에서는 다설에 대비한 경관이나 문화가 발달하고, 바람이 강한 지역에서는 강풍에 대비하는 경관이나 문화가 발달한다(사진 1.1). 이와 같이 기후 의미에는 인간이 살고 있는 지역의 개념을 반영한다.

기상과 기후를 설명할 때, 접근방식도 다르다. 일반적으로 기상을 이해할 때는 하나하나 현상에 개별적으로 접근하지만, 기후를 이해하기 위해서는 다양한 요소를 종합적으로 접근해야 한다. 그러므로 기후를 이해하기 위해서는 개별 현상이 아니라 지역을 중심에 두고 종합적으로 파악할 수 있는 지리적 안목이 중요하다.

한 지역에 거주하는 주민이나 식생 등은 오랫동안 평균적으로 출현하는 날씨에 적응하였다. 인간이나 식생은 수십 년 혹은 수백 년에 한 번 정도 출현하는 날씨에 순간적으로 대응한다. 연평균강수량이 1,500mm인 지역에 150mm가 넘는 비가 하루에 내린다든지, 최한월평균기온이 −3℃인 지역에서 −30℃ 이하 기온이 출현하여 정상상태에서 크게 벗어날 때, 날씨에 대응하지 못하면 재해가 발생한다. 극단적인 날씨로 발생하는 피해를 기상재해(meteorological disasters)라고 하며, 이와 같이 정상상태에서 벗어난 날씨를 '이상기상(abnormal weather)'이라고 한다. 세계기상기구(World Meteorological Organization; WMO)에서는 집중호우나 한파, 늦서리 등 짧은 시간에 사회적·경제적 영향을 미칠 정도로 혹독한 날씨를 이상기상이라고 정의한다.

최근 30년 평균값을 기후값 혹은 평년값이라 한다. 세계기상기구에서는 매 10년마다 기후값 갱신을 권고한다.[2] 계절 혹은 월별 평균값이 평년값에서 크게 벗어나는 상태가 지속되는 것을 '이상기후(abnormal climates)'라고 한다. 이상기후도 주민생활에 피해를

사진 1.1 **강풍지역 경관**(제주 구좌, 2022. 1.) 바람이 강한 도서에서는 돌담을 높게 쌓아서 강풍에 대비한다. 가옥 주변의 담이 처마 높이 정도로 높다.

가져올 수 있다. 평년보다 기온이 상당히 높거나 낮은 계절이 지나면, 그 영향이 농업 등 주민생활에 반영된다. 예를 들어, 개화시기에 기온이 낮으면 과일농사가 흉년이 될 수 있다. 평년 강수량보다 적은 상태가 지속되면 가뭄 피해를 겪는다.

기후 중요성 지표면은 바다 70%와 육지 30%로 구성되어 있으며, 공기가 지표면을 둘러싸고 있다. 지표면은 구성 물질에 따라 대기권(atmosphere), 수권(hydrosphere), 암석권(lithosphere), 생물권(biosphere), 빙권(cryosphere)[3]으로 구분할 수 있다. 이들 영역은 서로 유기적으로 결합하여 상호작용하면서 기후계(climate system)을 구성한다(그

---

2 2021년부터 대부분 국가에서 사용하고 있는 평년값은 1991년부터 2020년까지 평균값이다.

3 최근 빙하, 유빙, 적설 등 얼어 있는 물의 중요성이 커지면서 빙권(cryosphere)을 완벽한 하나의 영역으로 분류한다.

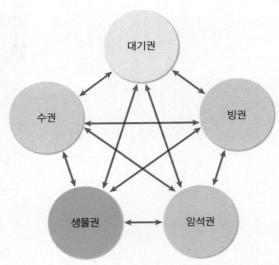

그림 1.1 기후계 지표면은 구성 물질에 따라 대기권, 수권, 암석권, 생물권, 빙권으로 구분할 수 있다. 이들 영역은 서로 유기적으로 결합하여 상호작용하면서 기후계를 구성한다.

림 1.1). 대기권은 생명 유지에 필요한 기체 저장고로서 에너지 수지에서 중요하다. 각 영역은 다른 영역과 상호작용하면서 지구를 인류가 안락하게 거주할 수 있는 공간으로 만든다. 인류 역시 각 영역과 상호작용하면서 삶의 총체적 모습인 문화를 만들어 간다. 대기권에서 발생하는 기후는 인류생활에 즉각적이면서 장기적으로 영향을 미친다.

기후의 중요성은 정적, 동적 측면에서 확인할 수 있다. 정적 측면에서 보면, 기후는 인류 문화를 대표하는 의식주에 직간접으로 영향을 미친다. 의복은 최근에 전 세계적으로 보편화하는 추세이지만, 지역별로 다른 재질이나 옷 입는 습관 등에서 여전히 다른 모습을 볼 수 있다. 예를 들어, 아열대 건조지역에서는 상·하의가 구별되지 않는 헐렁한 차도르(chador)를 입고 히잡(hijab)으로 머리를 가린다. 이는 의복 안에서 통풍이 잘 되면서 강렬한 햇볕을 가리고 건조한 곳에서 날리는 먼지를 막는다. 대체로 건조지역에서는 상하 구별이 없는 의복을 입는다(사진 1.2).

지역별로 다양한 특성을 갖는 음식도 기후 영향을 받는다. 강수량이 많은 곳에서는 벼농사가 행하여지므로 쌀과 관련된 음식이 발달하였고, 강수량이 적은 지역에서는 밀을 사용한 음식이 발달하였다.[4] 곡물농업이 어려울 정도로 강수량이 적은 지역에서는 감자 등 곡류 이외의 것을 주식으로 한다. 한국을 포함한 동아시아와 동남아시아에서는 고온다습한 기후에 적응한 쌀 중심으로 음식문화가 발달하였다. 한국에서 지역별로 음식 차이가 있는 것도 서로 다른 기후 영향이 반영된 것이다.

기후가 주거문화에 미치는 영향은 가시적이다. 폭설, 강풍 등 혹독한 날씨가 빈번한 지역에서는 기후 특성을 반영한 가옥이 발달한다. 예를 들어, 스위스 알프스지방의 가옥과 한국 동해안의 가옥은 전혀 다르게 보이지만, 두 지역 가옥에서 폭설에 대비한다

---

4 유럽과 동아시아는 중위도에 위치하지만 음식문화와 정치체계 등에서 서로 다른 특징이 있다.

는 공통점을 볼 수 있다. 대체로 폭설지역 가옥은 폭설 시 쉽게 이동할 수 있도록 하나의 건물로 기능이 집중되므로 규모가 크고, 눈이 쌓였을 때를 대비하여 터 돋움 하듯 건물 바닥을 높인다(사진 1.3). 한국은 비교적 좁은 국토에서도 다양한 가옥 구조와 특수시설이 발달하였다. 이는 한국이 중위도에 위치하고 있어서 계절변화가 명확할 뿐만 아니라 한랭건조한 대륙 기후와 고온다습한 해양 기후 영향을 받기 때문이다. 그러므로 한국 가옥에는 한랭한 겨울과 고온다습한 여름에 대비하는 시설이 동시에 발달하였다.

기후는 자원으로서도 중요하다. 불균등하게 분포하는 자원과 기후변화로 신재생에너지가 주목받으면서 기후의 중요성이 더욱 부각되었다. 세계 각지에서 바람이 강한 해안이나 산지 능선을 따라서 풍력발전단지가 조성되었으며, 해양에도 풍력발전단지가 조성되고 있다. 일조시간이 긴 지역에서는 태양광을 자원으로 활용하기 위한 시설이 들어서고 있다(사진 1.4).

사진 1.2 **건조지역 전통의복**(튀니지, 2008. 8.) 건조지역에서는 대체로 상하가 나뉘지 않는 헐렁한 옷을 입는다.

지표면을 구성하는 모든 자연환경은 지속적으로 변하지만, 기후는 다른 어떤 환경보다 동적이다. 순간적인 날씨 변화는 물론 매년 되풀이되어 나타나는 기후도 지속적으로 크고 작게 변동한다. 기후는 공간적으로도 다양하게 바뀌면서 지표면 경관을 다채롭게 한다.

오늘날 기후변화는 전 지구인의 관심사이다. 전구 기온상승은 대기순환 변동을 초래하여 전구규모로 대기에 영향을 미친다. 기후가 일정한 방향으로 변하면, 새로운 기후가 만들어지므로 인류는 바뀐 기후에 적응해야 한다. 이는 기존 기후에 적응하면서 발달해 온 문화가 또 다른 문화로 바뀐다는 것을 의미한다. 그런 점에서 볼 때, 동적으로

사진 1.3 다설지역 가옥(스위스 발레|Valais주, 2011. 7.) 눈이 많은 지역의 가옥은 다설에 대비하여 거주 공간을 지면보다 훨씬 높게 하고, 기능이 집중되어 규모가 커 보인다.

사진 1.4 기후자원: 태양광(전북 부안, 2021. 9.) 일조시간이 긴 지역에서는 태양에너지를 신재생에너지로 활용한다.

변화하는 기후 특성이 중요하게 다루어져야 한다.

지리학 속 기후학 기후학(climatology)은 자연지리학의 한 분야로 장기간 관측한 대기를 연구하는 학문이다. 지리학이 지표면에 분포하는 제현상의 차이와 지역성을 규명하는 학문이라는 점에서 기후학은 기후를 중심으로 다양한 지표면 특성을 이해하고 해석하려는 분야라 할 수 있다. 즉, 기후학에서는 한 지역의 특성이나 지역 차이를 기후에 의하여 설명한다. 그러므로 기후학에서는 평균값과 출현빈도가 높은 날씨는 물론 이상기후나 이상기상에도 관심을 갖는다. 기후학은 주어진 장소(place)에서 주어진 기간의 모든 날씨를 연구하는 학문이라 할 수 있다. 기후에 대한 관심이 고조되면서 대기과학(atmospheric science)의 한 분야로써 기후를 연구하기도 한다. 대기과학 분야에서는 기후변화에 초점을 두면서 변화의 원인을 찾고 장기적으로 어떤 방향으로 변화할 것인가에 연구의 초점을 두고 있다.

각 지역의 기후 특성을 이해하고 설명하는 것은 기후학의 중요한 목표이며, 궁극적으로 지역성을 파악하기 위한 것이다. 기후 특성을 이해하기 위해서는 동적 기후인자도 중요하지만, 지리적 인자에 대한 이해가 중요하다. 한반도는 대체로 하나의 기압계 영향을 받지만 지역마다 날씨가 다른 경우가 흔하다. 기후학에서는 이런 차이에 관심을 가지며 그 차이를 유발하는 원인을 밝히려고 한다. 지속적인 날씨 차이는 지역 간에 경관과 문화 차이를 가져오며, 이는 지리학자의 주요 관심 대상이다. 울릉도의 다설은 기후학자나 대기과학자의 흥미를 끄는 사례이다. 대기과학자는 많은 눈을 내리게 하는 기압배치 등 다설 기구(mechanism)에 관심을 갖는 반면, 기후학자는 많은 눈이 내릴 때의 종관 상황과 더불어 다른 지역과 구별되는 지리적 인자에 더 관심을 갖는다. 뿐만 아니라 기후학자는 많은 눈이 주민생활과 경관에 반영된 결과에도 주목한다. 오랫동안 다설에 대비하여 만들어진 '우데기'(사진 1.5)는 기후학자와 문화학자들의 공통 관심사이다. 이런 점에서 기후학자는 대기과학자와 문화학자를 연결시켜 주는 역할을 하며, 이는 지리학이 갖는 중요한 특징 중 하나이다.

지표면 특성을 기술하는 것은 지리학이 추구하는 중요한 목표 중 하나이다. 지표면은 다양한 특성을 지닌 '지역(region)'으로 구성되어 있어서 각 지역 특성을 기술하는 것

사진 1.5 대설에 대비한 가옥구조(경북 울릉, 2003. 1.) 눈이 많은 울릉도 전통가옥에는 우데기를 설치하여 대설 시 가옥 안에서 활동할 수 있도록 공간을 확보한다. 사진에서 왼쪽은 가옥 벽이고 오른쪽의 짚으로 만든 벽이 우데기이다.

은 지리학 핵심 과제이다. 지표면 특성을 일반화할 수 있다면, 지리학의 역할이 줄어들 수 있다. 그러나 지표면은 다양한 환경과 작물, 인종과 민족, 문화, 산업 등으로 구성되어 있으며, 이런 다양한 모습은 기후와 상호작용하면서 지속적으로 변한다. 그러므로 지리학자는 기후 형성과정 못지않게 결과에도 관심을 기울인다.

지리학은 지표면에서 발생하는 다양한 현상을 관련짓기 위하여 노력한다. 지리학에서는 대기현상을 개별적으로 접근하는 것보다 지표면의 다른 현상이나 문화경관과 관련지어 바라볼 수 있는 안목이 필요하다. 그러므로 기후학자는 대기현상의 발생 원인과 특성, 기후가 인류생활에 미치는 영향을 밝히는 데 연구 초점을 둔다. 즉, 기후학자는 대기를 주민생활과 경관에 영향을 미치는 자연환경의 하나로써 관심을 갖는다.

기후학 필요성 기후학은 어떤 환경보다도 동적인 기후를 다룬다는 점에서 지속적으로 연구할 가치가 있다. 기후는 지속적으로 변하고 있으며, 물과 공기, 식량, 에너지, 수송, 건강 등 인류생활에 필수적인 요소와 상호작용한다. 그러므로 미래기후에 대한 이해는 미래 사회를 예측하기 위한 기초이며, 이런 점에서 일찍이 기후변화와 관련된 문제가 전지구적 이슈로 등장하였다. 종종 발생하는 한발은 식량생산을 위축시켜 식량을 무기화하기도 한다. 부유한 국가는 악화한 기후로 식량위기를 겪고 있는 나라에 식량을 고가로 수출하여 이익을 취하려 한다. 그러므로 정확한 기후 예측은 경제적으로는 물론 정치적으로도 중요한 문제이다.

자연적 기후변동과 더불어 인류활동에 의한 기후변화도 주민생활에 영향을 미친다. 경제활동 과정에서 대기 중으로 배출되는 열과 미세먼지 등이 기후패턴을 바꿔 놓는다. 특정 지역에서 배출되는 대기오염물질이 전지구 기후에 영향을 미칠 수 있다. 화석연료 연소에 의해 대기 중으로 배출된 이산화탄소가 대류권 하부에 잔류하면서 지구복사 에너지를 흡수하여 기온상승을 강화한다. 한 지역에서 발생한 오염물질이 상층 바람을 타고 장거리 이동하여 오염원에서 멀리 떨어진 지역에 피해를 초래하기도 한다. 이런 관점에서 최근 한국에서 미세먼지 농도가 전 국민의 관심을 끈다. 한국에 부유하는 미세먼지가 중국에서 발생한 것이라는 보도가 이어진다. 중국이나 몽골에서 발원한 황사가 상층 편서풍을 타고 한국은 물론 일본 등에도 영향을 미친다(사진 1.6).

장기적인 기후변화가 어느 한 방향으로 진행된다면 인류는 심각한 국면을 맞을 수 있다. 전구 기온상승이 지속된다면 미래기후 패턴은 오늘날과 크게 달라질 수 있다. 인류는 주변 환경에 적합하게 적응하면서 경관과 문화를 발달시켰다. 그러므로 기후변화는 현재 경관과 문화를 변형시킬 수 있다. 과거 1,000년 동안 기후변화에서 '중세온난기'와 '근세 소빙기'가 인류사회에 미친 영향을 돌아본다면, 기후변화가 인류사회에 어떤 힘을 발휘할 수 있을지 쉽게 짐작할 수 있다. 중세 온난기에 뉴잉글랜드, 그린란드, 유럽의 대서양 연안 등에서 세력을 떨치던 바이킹은 근세 소빙기로 접어들면서 세력이 점차 약화하였다. 해양에 유빙 증가로 해상활동이 어려워졌기 때문이다. 전구 평균기온 0.5℃ 정도 변화가 한 민족의 성쇠에 미친 영향을 보여 주는 대표적 사례이다.

기온상승으로 빙하가 녹고 해수면이 상승한다면, 해안지형 변화가 불가피하며 그에 대한 대비에 막대한 비용이 소요될 것이다. 이미 강력한 폭풍 증가로 해안침식이 심각하게 진행된다는 보고가 있다. 뉴욕, 도쿄, 상하이, 뭄바이, 카라치, 방콕, 카이로, 리우

사진 1.6 황사 이동(천리안위성 2A호, 2021. 4. 16. 20시, 국가기상위성센터) 중국이나 몽골에서 발생한 황사가 강한 상층 편서풍을 타고 한국과 일본 등에 영향을 미친다. 사진에서 주황색으로 보이는 부분이 황사이다.

데자네이루 등 세계적 대도시가 해안에 자리 잡고 있음을 주목해야 한다. 이런 심각한 환경문제에 적절하게 대처하기 위해서는 현재 기후를 정확하게 파악하고 미래기후를 예측하는 것이 중요하다.

2. 기후학 발달과 분야

기후학은 자연현상과 더불어 기후가 인간생활에 미치는 영향을 연구하는 자연지리학의 한 분야로 연구되어 왔다. 최근에는 기후변화가 중요한 이슈로 부상하면서 대기과학 분야에서도 중요한 분야로 자리 잡았다. 지리학 분야에서 기후학 연구는 지역 차이를 강조한다는 점에서 대기과학 분야의 연구와 차별된다.

기후 개념은 고대 그리스시대부터 등장하지만, 과학으로서 자리를 잡은 것은 관측자료를 이용하여 기후를 서술하고 연구하기 시작한 19세기 이후부터라 할 수 있다. 두 차례 세계대전을 겪으면서 다양한 관측기술이 발달하였고, 20세기 중반부터 위성관측이 이루어지면서 대기를 입체적으로 바라볼 수 있게 되었다. 오늘날에는 스마트폰 발달로 사회관계망(SNS)을 통하여 다양한 기후정보를 쉽게 공유할 수 있다.

기후학 초기 연구단계에서는 기후지가 대표적이었으나, 관측기술이 발달하면서 점차 연구분야가 다양화하였다. 관측자료가 축적되고 산업이 복잡해지면서 기후의 필요성이 증대되고 있는 것도 기후학 발달에 도움을 주었다. 최근에는 전구 기온상승에 힘입어 기후변화가 기후학의 중요한 분야로 확고히 자리를 잡고 있다. 한국에서도 기온상승과 더불어 미세먼지 농도에 대한 관심 집중으로 기후학에 대한 관심이 고조되어 있다.

1) 기후학 발달

　기후에 대한 연구는 고대 그리스시대 히포크라테스(Hippocrates)가 쓴 *Airs, Waters and Places*(B.C. 400)와 아리스토텔레스(Aristoteles)의 *Meteorologica*(B.C. 350)에서 시작되었다. 대기 본질에 대한 관심은 그리스시대 이후 수백 년 동안 잊혀졌으나, 9세기 들어 아랍 학자에 의해 기상학 개론서가 집필되어 이슬람세계에 널리 퍼졌다. 이는 르네상스시대에 이르러 유럽으로 전파되었고, 15세기 대항해시대에 대기의 중요성이 부각되었다. 항해 범위와 무역이 확대되면서 유럽 밖의 기후를 서술한 보고서가 유용하였다. 그러나 상상으로 쓰인 기록이나 잘못된 지식에 기초한 기술도 적지 않았다.

　대기를 이해하기 위해서는 관측이 절대적으로 중요하므로 기후학 발달은 관측기기 발달에 뒤를 이었다(표 1.1). 과학적 방법에 기초한 기후 연구는 새로운 기상관측기기가 발명되고 대기에 적용할 수 있는 여러 가지 법칙이 유도된 17세기부터 시작되었다. 특히 갈릴레이(G. Galilei, 1593)가 발명한 온도계(thermometer)와 토리첼리(E. Torricelli, 1643)가 발명한 기압계(barometer) 등이 대기과학 발달에 미친 영향이 크다.

　한국에서는 1441년에 측우기가 제작되었다. 측우기로 관측한 1770년 이후 서울 강우량 자료가 남아 있다. 한국에서 일찍이 측우기를 만들고 강수량 관측을 행한 것은 여름에 집중되는 강수량과 가뭄 등으로 인한 불안정한 수리체계와 관련 있다.

　19세기에는 전신이 발명되면서 광범위한 지역의 자료수집이 가능하게 되었고, 물리과정에 대한 연구를 통하여 대기를 설명하기 시작하였다. 훔볼트(A. Humboldt, 1817)는 최초로 연평균기온 분포도를 작성하였고, 도브(Dove, 1827)는 극과 적도 기류를 이용하여 지역 기후 특성을 설명하였다. 기후지 작성과 기후에 대한 일반 이론이 대두된 것도 이때부터이다. 해양관측은 1854년부터 시작되었다.

　19세기 초까지 높은 고도의 기상자료는 산지에서만 얻을 수 있었으나, 1885년에 기구(氣球, balloon)가 개발되어 고층기상 관측이 가능하였다. 제2차 세계대전 중 레이윈존데(rawinsonde)에 의한 고층기상 관측망이 전 세계적으로 확대되어 대기를 입체적으로 관측할 수 있게 되었다. 오늘날 전 세계 1,000여 개 이상 지점에서 레이윈존데 관측이 이루어지며, 기온과 이슬점온도, 기압, 풍향, 풍속 등을 관측한다. 한국에서는 포항,

표 1.1 기후학 발달과 관련된 주요 사건

연대	사건
1593년	갈릴레이가 온도계 발명
1643년	토리첼리가 기압계 발명
1661년	기체에 관한 보일법칙 제안
1664년	파리에서 기상관측 시작
1668년	핼리(E. Halley)가 무역풍 지도 작성
1714년	화씨온도계 발명
1735년	해들리(G. Hadley)가 무역풍과 지구공전 영향에 관한 논문 작성
1736년	섭씨온도계 발명
1783년	모발습도계 발명
1817년	훔볼트가 최초로 전구 연평균기온 분포도 작성
1825년	오거스트(August)가 건습계 고안
1831년	레드필드(W. Redfield)가 미국에서 처음으로 일기도 작성
1837년	일사량 측정을 위한 직달일사계 조립
1841년	에스피(J. Espy)가 폭풍 이동과 발달을 기술
1843년	전신 발명
1845년	베르하우스(Berhaus)가 처음으로 전 세계 강수분포도 작성
1848년	도브(H. Dove)가 월평균 기온분포도를 처음으로 발표
1862년	레노우(L. Renou)가 서유럽 평균기압 분포도를 처음 작성
1879년	수판(A. Supan)이 세계 기온분포도를 발표
1892년	자유 대기 관측을 위해 체계적인 기구 이용 시작
1900년	쾨펜(W. Köppen)에 의해 처음으로 기후분류라는 용어 사용
1902년	성층권 발견
1913년	오존층 발견
1918년	비야크니스(V. Bjerknes)에 의해 한대전선 이론 발달
1925년	비행기를 이용한 체계적인 자료 수집
1928년	라디오존데를 처음 이용
1940년	제트기류 존재 발견
1951년	세계기상기구(WMO) 창설
1960년	미국 첫 기상위성 Tiros 1 발사
1987년	세계 30여 개국에 의해 CFCs 생산을 규제하는 몬트리올 의정서 체결
1988년	기후변화에 관한 정부간 협의체(IPCC) 창설
1992년	리우에서 기후협약 체결
1998년	교토의정서 채택(2005년 발효)
2008년	IPCC 노벨평화상 공동수상
2016년	파리기후변화협약 발효
2021년	IPCC 제6차보고서 발표

Hidore *et al.*, 2010

백령도, 강릉, 창원, 흑산도, 제주(국가태풍센터)와 오산, 광주에서 고층대기를 관측한다.[5] 1943년부터는 기상관측에 레이더를 이용하였다. 한국 기상청에서는 1969년 관악산에 기상레이더를 처음 설치하였다. 현재 백령도와 영종도, 군산 오성산, 진도 첨찰산, 제주 고산과 성산포, 부산 구덕산, 강릉, 철원 광덕산, 청송 면봉산 등에 기상레이더가 추가로 설치되어 한반도에서 발생하는 악기상을 관측하고 예보하는 데 활용되고 있다.

인공위성 Sputnik 1호(구소련) 발사(1957)는 대기과학 연구에 새로운 장을 열었다. 그 후 미국이 경쟁적으로 Explorer I(1958)을 발사하여 위성에 의한 기상정보를 얻을 수 있게 되었다. 1960년대에 들어서 미국이 TIROS(Television Infrared Observation Satellite) 시리즈를 발사하면서 본격적인 위성에 의한 대기탐사시대가 시작되었다.

오늘날 전구위성관측망은 정지기상위성인 GOES(Geostationary Operational Environmental Satellite, 미국), Meteosat(EU), FY-2H(중국), INSAT-3DR(인도), GOMS(Geostationary Operational Meteorological Satellite, 러시아) 등과 궤도위성인 NOAA, FY-1D 등으로 구성된다(그림 1.2). 한국은 2010년에 정기위성 천리안(Communication, Ocean and Meteorological Satellite; COMS)을 발사하여 전구위성관측망에 포함시켰고, 2021년 현재 천리안위성 2A호(GEO-KOMPSAT)를 운영하고 있다.[6]

위성영상은 광범위한 지역의 구름과 적설면적 등은 물론 기온, 습도, 바람 등에 대한 자료를 제공한다. 정지위성은 같은 지역에서 자료를 연속적으로 얻는 데 유리하며 광범위한 지역을 동시에 관측할 수 있다. 정지기상위성은 36,000km 상공에서 거의 동시에 지구 1/4 면적에 해당하는 범위를 관측할 수 있다. 기상청에서는 정지위성인 천리안위성 2A호에서 한반도 영상과 전구 영상을 각각 2분, 10분 간격으로 수신할 수 있다. 궤도위성은 보다 높은 해상도의 자료를 제공하지만, 위성이 통과하는 제한된 시간에만 자료를 얻을 수 있다. 현재 NOAA 15호, 17호, 18호, 19호가 각각 하루에 2~3회 한반도 상공을 지난다.

컴퓨터 발달도 방대한 위성자료를 이용하여 신속하게 대기를 분석할 수 있게 한다는

---

5 포항은 세계기상기구 고층기후관측소로 지정되어 관측을 수행하고 있으며, 오산과 광주는 공군기상단에서 운영 중이다.

6 천리안위성 2A호의 해상도는 2km로 1호(18km)에 비하여 크게 개선되었다.

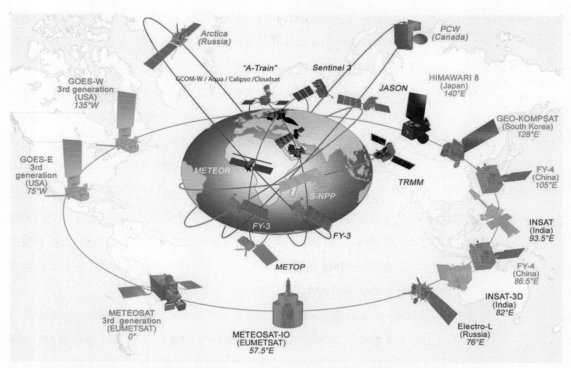

그림 1.2 세계 주요 **기상위성 현황**(국가기상위성센터) 기상위성은 정지위성과 궤도위성이 있으며 한국에서는 천리안위성 2A호(GEO−KOMPSAT)가 운영 중이다.

점에서 새로운 기후시대를 여는 데 기여하였다. 오늘날 기후학 발달에서 또 다른 특징은 세계기상기구(1951), 세계기후계획(World Climate Program; WCP, 1979), 기후변화에 관한 정부 간 협의체(Inter−governmental Panel on Climate Change; IPCC, 1988) 등 국제기구의 중요성이 커졌다는 것이다. 이 중 IPCC에서는 전 세계 기후변화에 관한 보고서를 발간하고 있으며, 2021년에 제6차 보고서를 발표하였다.

2) 기후학 분야

기후학 분야는 학자에 따라서 다양하게 구분할 수 있으며, 이 책에서는 이도어 등

(Hidore et al., 2010)이 구분한 것에 의하여 기후학 분야를 설명하였다. 기후학은 연구내용에 따라서 크게 기후지, 물리기후학, 동기후학, 응용기후학, 기후변화, 고기후학, 도시기후학, 생기후학으로 나뉜다(표 1.2).

기후지(climatography)는 기본적으로 기후자료를 이용하여 기후 특성을 설명하는 분야로 가장 지리적 분야라고 할 수 있다. 기후지 연구는 주로 평균치를 사용하여 기후요소별 특성을 설명하려 하였지만, 주민생활과 관련지어 기후 특성을 설명해야 학문으로서 가치가 있다. 기후지 연구는 한 지역 경관이나 문화에 지배적인 기후요소를 찾아서 기후 특성과 경관 혹은 문화와 관련성을 설명할 수 있을 때 의미가 있다. 지표상에 분포하는 다양한 지리적 요소가 종합적으로 반영되어 나타나는 것이 지역 경관이고 문화라고 한다면, 그런 바탕을 마련한 기후에 대한 이해는 필수적이다. 그런 점에서 기후지는 자연과 인문현상을 결합해 설명하는 가장 지리적인 분야이다.

물리기후학(physical climatology)은 기후를 물리법칙에 의하여 설명하는 분야이다. 기후요소와 기후인자 간 관계를 포함하여 지표면에서 열과 수분 교환 등을 물리법칙에 의하여 설명한다. 지리적 기반이 취약할 경우 학문 고유성을 간과하여 대기과학적 접근인지 지리학적 접근인지 구분하기 어려울 수 있다.

동기후학(dynamic climatology)은 기후현상을 물리적, 역학적 입장에서 연구하는 분야로서 주로 대규모 대기운동과 관련된 것을 연구한다. 기후지를 결과론적 분야로 동기후학을 발생론적 분야로 취급하여 두 분야를 상대적 개념으로 이해할 수 있다. 즉, 기후를 기후지에서는 대기의 평균상태로 보고, 동기후학에서는 대기가 누적된 것이라고 보는 것이다. 대기를 해석함에 있어서 현상 자체의 추이에 관심을 기울이는 분야와 기단과 전선, 기압계 특성에 따라서 연구하는 종관기후학(synoptic climatology) 분야가 있다.

응용기후학(applied climatology)은 농업과 임업, 공업 등 다양한 산업분야에서 야기되는 기후와 관련된 문제를 해결하기 위하여 기후자료를 학문적으로 적용하는 분야이다. 즉, 기후에 관한 지식을 인간생활에 활용할 목적으로 기후자료를 해석하는 분야이다. 최근 다양한 산업분야에서 기후자료의 중요성이 증대되면서 응용기후학의 중요성이 더욱 커질 수 있다.

기후변화(climate change)는 기후변화의 원인 규명과 영향 분석에 초점을 둔 학문 분야이다. 오늘날 전구 기온상승에 힘입어 지리학과 대기과학에서 주목받는 분야로 자리 잡았으며, 빠르게 성장하고 있다. 한국에서도 20세기 후반부터 기후변화에 대한 다양한 연구결과가 발표되고 있다. 기후변화가 최근의 기후에 관심을 둔다면, 고기후학(paleoclimatology)은 과거기후에 초점을 두는 분야이다. 고기후 연구를 위해서 관측자료 뿐만 아니라 역사자료, 프록시(proxy) 자료 등이 사용된다.

도시기후학(urban climatology)은 주변보다 인구가 밀집된 도시에서 발생하는 독특한 도시기후를 연구하는 분야이다. 도시에서는 인간활동에 의해서 주변지역과는 구별되는 기후가 발달한다. 인간활동으로 방출되는 인공열이 도시기후의 주요 인자이다.

생기후학 혹은 풍토기후학(bioclimatology)은 생물권과 대기 사이 상호작용을 계절 이상의 시간규모로 연구하는 분야이다. 기후는 지표면에 생존하는 생명체 분포와 규모, 특성에 영향을 미칠 뿐만 아니라 생물권을 구성하는 식생은 탄소순환과정을 통하여 기후에 직접적으로 영향을 미치고 있어서 최근 기후변화와 더불어 주목받는 연구 분야이다.

기후학은 연구대상 규모에 따라서 미기후학, 국지기후학, 중기후학, 대기후학으로 세분할 수 있다. 학자에 따라서 규모가 다양하며, 그림 1.3에 자주 인용되는 사례를 제시하였다.

미기후학(micro climatology)은 공간규모가 1cm~100m이다. 미기후(micro climate)는 온실 내 기후와 같이 접지층(surface boundary layer) 기후가 연구대상이므로 접지기후(climate near the ground)라고도 한다. 지표면 피복상태가 미기후의 중요한 인자이다. 미기후는 농업분야 등에 효과적으로 적용할 수 있다.

국지기후학(local climatology)은 100m~10km 공간 범위를 다룬다. 소규모 지형과 관련된 기후, 비교적 규모가 작은 도시 중심과 주변 지역 간 기후 차이, 삼림이 기후에 미치는 영향 등이 국지기후 연구주제의 사례이다. 식생상태와 사면의 향, 경사 등이 국지기후의 주요 인자이다. 국지기후는 지역연구에 적합한 규모일 수 있으나 연구자가 직접 관측해야 하는 경우가 대부분이고 연구기간이 장기화할 수 있어서 많은 비용이 필요하다.

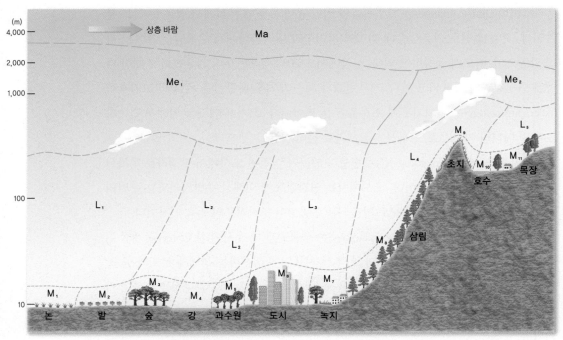

그림 1.3 **규모별 기후현상 사례** 그림에서 M으로 표시된 것은 미기후, L로 표시된 것은 국지기후, Me로 표시된 것은 중기후, Ma로 표시된 것은 대기후를 나타낸다.

중기후학(meso climatology)의 공간 범위는 10km~200km이다. 비교적 규모가 큰 분지나 대규모 도시, 평야 등이 중기후 대상 연구 사례이며, 한국 정도 범위도 여기에 포함될 수 있다. 비교적 규모가 큰 산지 향이 탁월풍 풍향과 관련하여 중요한 기후인자이다. 기상청에서 설정한 관측망이 망라될 수 있으므로 기후자료가 비교적 풍부하다.

대기후학(macro climatology)은 200km 이상 공간범위를 연구 대상으로 하며, 대기대순환과 관련된 기후가 주요 연구대상이다. 대규모 지형과 수륙분포, 위도 등이 대기후의 주요 인자이다. 세계 기후구분, 몬순, 엘니뇨와 라니냐 영향, 북극진동의 영향 등은 한 지역의 기후 특성뿐만 아니라 보다 거시적인 안목에서 접근해야 하는 대기후의 연구대상 사례이다. 대기후에 대한 이해는 지표면을 거시적이고 종합적으로 파악하는 안목을 키울 수 있으며, 세계 각 지역의 기후를 이해하기 위해서는 대기후에 기초하는 것이 바람직하다.

제2장 기후인자

1. 대기와 복사

지구를 둘러싸고 있는 대기가 날씨의 원천이며, 한 장소에서 오랜 기간 날씨가 모여 기후를 만든다. 기후를 이해하기 위해서는 대기 특성에 대한 이해가 중요하다. 대기는 항상 변하고 있어서 어떤 시점에 서로 다른 지점을 비교하여 보거나 어떤 한 지점에서 다른 시점을 비교하여 보아도 같은 상태인 경우가 거의 없다. 이런 특성이 날씨와 기후를 역동적으로 만든다.

태양계 행성 중 지구에서 비교적 가까운 금성과 화성, 수성을 비교하면 대기 중요성을 쉽게 알 수 있다. 저녁 무렵 서쪽 하늘이나 새벽녘 동쪽 하늘에서 빛을 내는 금성은 '미의 여신'이라 불릴 만큼 아름답게 빛나지만, 과학 다큐멘터리에 등장하는 금성은 무시무시하게 보인다. 금성 표면온도는 무려 480℃에 이른다. 태양과 거리가 금성의 절반 정도로 단위면적당 태양복사 에너지를 4배 더 받는 수성은 평균 표면온도가 180℃이지만, 태양에 노출된 면은 400℃가 넘고 반대쪽은 −180℃ 정도로 극단적 차이가 있다. '제2의 지구'라 불리면서 지구보다 태양에서 더 멀리 떨어진 화성의 표면온도는 −50℃ 정도이다.

금성, 화성, 수성, 그리고 지구의 온도 차이는 각 행성을 둘러싸고 있는 대기 차이에 기인한다. 각 행성을 둘러싸고 있는 대기의 양과 성분이 다르다. 금성은 두껍고 짙은 대기로 둘러싸여 있어서 표면기압이 지구의 90배에 이르며, 대기 구성 성분의 90% 이상

그림 2.1 금성과 지구, 화성의 모습 왼편부터 금성, 지구, 화성의 모습으로 붉게 타오르는 금성의 모습이 지구나 화성과 구별된다.

이 이산화탄소이다. 금성은 지구보다 표면에서 방출하는 적외선복사 에너지를 훨씬 더 많이 흡수한다. 화성의 대기는 지구의 1/100 정도로 표면기압이 0.007에 불과하지만, 90% 이상이 이산화탄소이다. 풍부한 이산화탄소가 표면에서 방출하는 적외선복사 에너지를 상당히 흡수할 수 있어서 현재 화성 표면온도를 유지한다. 수성은 대기가 희박하여 대기 중에 열을 저장하기 어려워 밤과 낮, 태양으로부터 거리에 따라 온도 차이가 크며, 금성보다 평균 표면온도가 낮다. 여기서 대기조성이 기후에 미치는 영향이 크다는 것을 쉽게 확인할 수 있다.

1) 대기와 대기권

대기 대기(atmosphere)는 무색, 무취한 기체 혼합체이다. 대기 중에 불순물이 포함되면, 냄새나 색으로 확인할 수 있다. 대기 입자는 하나의 원자나 수증기(H_2O), 이산화탄소(CO_2) 등과 같이 분자로 존재하며 기체법칙이 적용된다. 대기는 중력에 의하여 지표면 가까이에 집중적으로 분포하면서 지구와 같이 회전한다. 대기는 고도 상승에 따라

밀도가 급격히 낮아져 약 10,000km 이상 고도에는 거의 없으며, 이 고도를 대기상한이라 할 수 있다. 대기는 30km 이하의 하층에 밀집되어 있다. 과거에는 인류가 호흡하면서 생활하고 있는 하층 대기에 관심이 높았지만, 오늘날에는 우주개발에 힘입어 초고층 대기에 대한 관심도 높다.

수증기 등을 포함하는 대기를 습윤공기라 하며, 수증기와 에어로졸을 제거한 대기를 건조공기라고 한다. 건조공기는 대부분 질소와 산소이며, 나머지 1% 정도가 아르곤(Ar)과 이산화탄소, 그 밖의 기체로 구성된다(표 2.1). 시간과 장소에 따라서 질소와 산소처럼 항상 성분비가 일정한 기체와 그렇지 않은 것이 있다. 질소와 산소를 제외한 기타 기체를 제거하면, 질소와 산소 비율은 80km 고도까지 거의 일정하다.[1] 이런 기체는 지표면에서 만들어지기도 하고 파괴되기도 하면서 균형을 유지한다.

질소(N_2)는 비활성 기체로 다른 물질과 쉽게 결합하지 않아 대기 중에서 항상 일정한 양을 유지한다. 질소는 토양 박테리아의 생물과정을 통하여 공기 중에서 제거되거나 해양 먹이사슬을 강화하는 영양분으로 사용되어 감소하지만, 동식물 부패과정에서 공기로 다시 되돌아온다. 산소(O_2)는 유기체가 분해될 때 공기에서 제거되지만, 식물이

표 2.1 지표면 부근에서 공기 구성

등질권에서 비율이 일정한 기체		변량기체*		
기체	건조공기에서 체적비(%)	기체	체적비(%)	ppm 농도**
질소(N_2)	78.084	수증기(H_2O)	0~4	
산소(O_2)	20.946	이산화탄소(CO_2)	0.0419	419
아르곤(Ar)	0.934	메탄(CH_4)	0.00019	1.9
네온(Ne)	0.00182	아산화질소(N_2O)	0.00003	0.3
헬륨(He)	0.000524	오존(O_3)	0.000004	0.04***
수소(H_2)	0.00005	에어로졸(먼지 등)	0.000001	0.01~0.15
크세논(Xe)	0.000009	프레온(CFCs, HCFCs 등)	0.00000001	0.0001

* 기타 미량기체는 포함하지 않았다.
** 2021년 5월 현재 값이며, 백만 개 기체분자 중에 포함된 분자수를 의미한다.
*** 11~50km 고도 성층권에서는 5~12ppm에 이른다.

---

1 대체로 80km 고도까지를 등질권(homosphere)이라고 부른다.

광합성을 통하여 방출하므로 대기 중에 분포하는 양이 거의 일정하다.

이산화탄소(carbon dioxide)와 오존, 수증기 등의 비율은 시간과 장소에 따라서 다르며, 이런 기체를 변량기체(variable gas)라고 한다. 대기 중 이산화탄소 농도는 419.13 ppm(2021년 5월 기준)으로 미량이지만(NOAA),[2] 수증기와 더불어 지구에서 복사하는 에너지를 흡수하여 대기를 가열시키는 대표적 온실기체(greenhouse gas)이다.

산업혁명 이후 화석연료 소비가 늘면서 대기로 공급되는 이산화탄소 양이 증가하고 있다. 특히 지난 1세기 동안 이산화탄소 농도의 증가 추세가 가파르다. 1958년부터 하와이 마우나로아Mauna Loa관측소(해발 3,397m)에서 측정하고 있는 이산화탄소 농도가 이런 추세를 잘 보여 준다(그림 2.2). 이산화탄소를 흡수하는 숲의 면적이 감소 추세이므로 대기 중 이산화탄소 농도는 지속적으로 늘 수 있다. 극지방에서 채취한 빙하코어 분석에 의하면, 산업화 이전 이산화탄소 농도는 280ppm 정도로 안정적이었으나 오늘날에는 그것에 비하여 49.7% 증가한 수준이다.

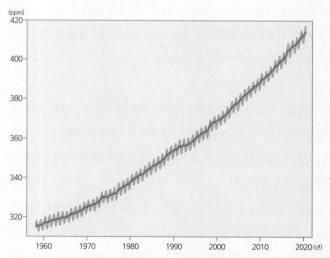

그림 2.2 하와이 마우나로아 관측소에서 측정한 이산화탄소의 농도 변화(NOAA Global Monitoring Laboratory) 이산화탄소 농도는 1958년 측정 이래 꾸준히 증가하고 있다.

---

2 이산화탄소 농도는 연중 5월에 가장 높은 값이며, 안면도 기준(2020년) 한국의 이산화탄소 농도는 423.9 ppm(기상청)으로 전구 평균농도보다 높다.

오존(ozone, O₃)은 대기 중에서 존재를 확인하기 어려울 정도의 미량이지만, 생명체 존재와 밀접하다. 오존은 지상 20~40km 고도에 집중적으로 분포하며, 이 층을 오존층(ozone layer)이라고 한다. 오존은 생명체에 치명적일 수 있는 $0.2~0.3\mu m$ 파장의 자외선복사를 흡수한다.

수증기(water vapour)는 대부분 해양에서 증발과 식물 등에서 증산에 의한 것이면서 지표면 가까이 기온이 높기 때문에 대류권 하층에 집중적으로 분포한다. 수증기량은 기온, 기압, 수증기원까지 거리, 기단 등의 영향을 받아 시간과 장소에 따라 차이가 크며, 대체로 저위도로 갈수록 많고 넓은 해양에서 사막보다 많다. 기온이 높을수록 공기 중에 수증기를 많이 포함할 수 있다. 수증기도 이산화탄소와 같이 장파복사 에너지를 흡수하여 대기를 가열시키는 온실기체이다.

에어로졸(aerosol)도 대류권 하층에 밀집되어 있으며, 해양에서 파도와 산불로 발생한 연기, 사막에서 바람, 화산폭발, 그 외 인간활동 등에 의해 대기로 공급된다. 입자가 큰 것은 대기를 산란시켜 하늘을 뿌옇게 하며, 중력에 의해 쉽게 낙하한다. 입자가 작은 에어로졸은 오랫동안 부유하면서 날씨에 미치는 영향이 크고 멀리 이동할 수 있다. 이런 에어로졸은 구름과 안개 형성에 중요한 응결핵(condensation nuclei)의 역할을 하며, 지표면에 도달하는 태양복사 에너지를 감소시키는 역할을 한다.

대기권 지구를 둘러싸고 있으면서 대기가 분포하는 층을 대기권(atmosphere)이라고 한다. 대기권에서는 고도별로 대기를 가열시키는 복사에너지가 달라서 층별로 기온분포 특징이 다르다. 수직 기온분포 특징에 따라서 대기권을 지표면에서부터 대류권, 성층권, 중간권, 열권으로 구분한다(그림 2.3).[3]

대류권(troposphere)은 공기가 상하로 움직이면서 대류가 일어나 공기가 섞이는 층이다. 지표에서부터 8~16km 고도에 이르는 층으로 대기권 기체의 약 80%를 포함한다. 대류권에서는 고도 상승에 따라 6.5℃/km씩 기온이 하강하며, 이를 환경기온감률(environmental temperature lapse rate)이라고 한다. 환경기온감률은 낮과 밤, 계절, 지리

---

[3] 대류권은 그리스어 '도는'이란 의미의 'tropos'에서 유래하였다. 성층권은 '덮개'라는 의미의 'stratum'에서, 중간권은 '가운데'라는 의미의 'meso'에서, 열권은 '열'이라는 의미의 'therm'에서 각각 유래하였다.

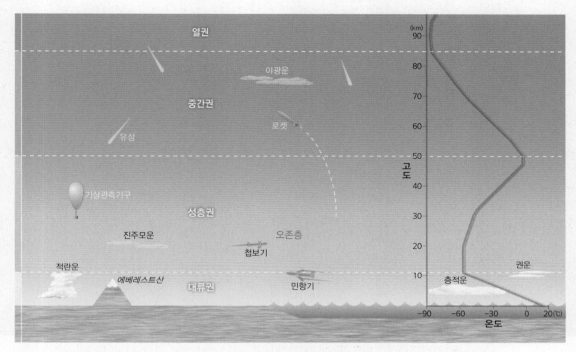

그림 2.3 대기권의 고도별 온도 변화 대기권은 기온감률 특성에 따라서 하층에서부터 대류권, 성층권, 중간권, 열권으로 구분한다. 이와 같은 기온감률은 복사체로부터 거리와 기체 조성 등의 영향을 받아 층별로 다르다.

적 위치 등에 따라 다르다. 환경기온감률에 따른 기온체감(氣溫遞減)은 산지에 오를 때 쉽게 느낀다. 같은 시기에 저지대에는 눈이 없지만 주변 높은 산지에 눈이 쌓인 것을 쉽게 볼 수 있다(사진 2.1). 대류권에서 고도 상승에 따른 기온체감은 하층에 밀집한 수증기와 이산화탄소 등 온실기체가 지표면에서 복사하는 적외선복사 에너지를 흡수하기 때문에 나타나는 현상이다.

대류권에서 환경기온감률은 대류(convection)를 일으키는 원동력이다. 온도가 높을수록 분자운동이 활발하여 공기밀도가 낮고, 온도가 낮을수록 공기밀도가 높다. 그러므로 상부 공기는 공기밀도가 높아 무거우므로 하강하려 하고 가벼운 하층 공기는 상승하려 하여 대류가 발생한다. 대류는 구름을 만들고 강수 등 다양한 기상을 일으킨다. 온대저기압과 전선, 태풍 등 매일매일의 날씨 변화는 대부분 대류권에서 일어난다. 고

사진 2.1 고도 상승에 따른 기온하강(파키스탄 키자 아바드Khizar Abad, 2019. 7.) 고도가 높아지면서 기온이 하강하므로 저지대에서 초록빛을 볼 수 있지만 주변 높은 산지에는 눈이나 만년설이 쌓여 있다.

도 3km 이하 하층 대류권에서는 대기와 지표 사이에 마찰이 일어난다. 이 층에서는 지표면의 영향을 받으면서 날씨의 일변화가 일어나고 기온역전이 발생할 수 있다. 고도 3km 이상 상층 대류권에서는 지표상태의 일변화와 지표면과 마찰의 영향이 거의 없다.

대류권과 성층권 경계인 대류권계면(tropopause) 고도는 평균 12km이지만, 시기와 장소에 따라 다르다. 대체로 지표면 온도가 높은 곳과 기온이 높은 시기에 대류권계면 고도가 높고 같은 장소에서도 밤보다 낮에 더 높다. 중위도에서는 대류권계면 고도 변화가 커서 겨울보다 여름철에 높다.[4] 권계면 고도는 적도에서 높고 극에서 낮으며, 이는

---

4 북위 45°에서 대류권계면 고도는 1월에 12.5km, 7월에 15km 정도이다. 적도에서 권계면고도는 16~17km이며, 이 고도에서 평균기온은 다른 위도대보다 낮은 −85~−70℃, 기압은 지표면의 1/10 수준인 100hPa 이하이다. 극에서 권계면고도는 8~10km이며 기온은 −60~−50℃, 기압은 250hPa 정도이다.

적도 부근에서 열 팽창과 극에서 열 수축이 있기 때문이다. 두 지역에서 공기질량은 비슷하지만, 공기밀도는 극에서 훨씬 높고 적도에서 낮다. 강한 바람인 제트기류가 불고 있는 남·북위 25°와 50° 부근 상층에서는 권계면이 뚜렷하지 않다. 이 부근에서 대류권과 성층권 사이에 에너지와 물질 교환이 일어나기도 한다. 이 틈으로 미량의 수증기가 성층권으로 날아가기도 하고, 성층권 오존이 대류권으로 이동하기도 한다.

대류권계면부터 50~55km 고도 사이를 성층권(stratosphere)이라고 하며 대기의 상하 혼합이 거의 일어나지 않는 층이다. 대류권계면에서 약 20km 고도까지는 수직 온도 변화가 거의 없는 등온층(isothermal layer)이다. 20km에서부터는 고도 상승에 따라 약 4℃/km씩 기온이 상승하여 기온역전이 일어난다. 이와 같은 기온분포는 오존 밀도와 관련 있다. 성층권에서는 오존이 자외선복사 에너지를 흡수하여 대기를 가열시킨다.[5] 성층권에 오존이 없다면 자외선을 흡수할 수 없으므로 대류권에서와 같이 고도 상승에 따라 기온이 하강할 것이다. 성층권에서 기온은 성층권계면에서 −2℃로 극대이다. 오존밀도가 가장 높은 고도는 약 25km이지만, 50km 정도 고도에서 기온 극대값이 나타나는 것은 자외선복사가 대기를 통과하면서 상층에서부터 오존에 흡수되고 점차 약화되어 하층에 도달하기 때문이다. 이 층에서 기온역전은 등온층과 더불어 대류권에서 일어나는 대기의 수직 흐름이 성층권으로 확산하는 것을 막는다. 즉, 성층권이 지표면에서 방출하는 장파복사 에너지가 대류권 밖으로 빠져나가는 것을 막는 역할을 한다. 성층권에서는 대기가 안정되어 있어 수직운동이 거의 없으며 건조하여 강수와 같은 기상이 발생하지 않는다.

지구상에 생명체가 존재할 수 있게 된 것은 대기 중에 산소가 화학반응을 일으켜 오존이 만들어진 후이다. 오존층이 생성되기 전의 지구표면은 생물체가 존재하지 않는 외계의 여느 행성과 다름없었다. 오존층파괴는 지난 세기 말 중요한 환경이슈였다. 프레온가스라고 불리는 염화불화탄소(chlorofluorocarbons; CFCs)가 오존층을 파괴하는 대표적 물질로 알려졌다. 1989년 몬트리올의정서가 발효되면서부터 프레온가스 사용을 금지하고 있다. 인위적으로 만들어진 이 기체는 약 40km의 성층권에서 자외선복사

---

5 자외선의 98% 정도가 오존에 흡수되고 나머지 2%가 지표면까지 도달한다.

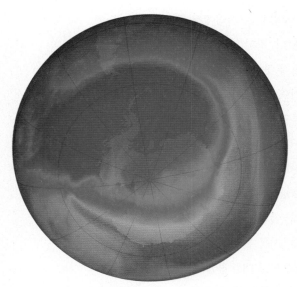

그림 2.4 **남극 오존구멍**(2019. 9. 8., NASA) 남극 상공에서 파란색으로 보이는 부분이 오존 농도가 낮은 오존구멍이다.

에 부딪혀 염소 원자(Cl)를 유리한다. 이 염소 원자가 오존과 반응하여 일산화염소(ClO)와 산소를 만드는 과정을 되풀이하면서 오존층을 파괴한다. 오존층파괴는 남극 상공에 발달하는 오존구멍(ozone hole)으로 확인할 수 있다(그림 2.4). 오존층이 파괴되면 자외선복사 에너지가 지표면까지 도달하여 피부암을 일으킬 수 있어서 인류 건강에 치명적일 뿐만 아니라 여타 생명체 존재를 어렵게 할 것이다. 대류권 하층에 분포하는 오존은 주로 인간활동에 의해 발생하며 독성이 있어서 인체에 해롭다.

성층권에서 진주모운(nacreous; mother-of-pearl cloud)을 볼 수 있다. 이는 20~30km 고도에 발달하는 과냉각 상태의 렌즈 모양 구름으로 진주조개와 같이 아름다운 분홍색과 녹색을 띤다. 북유럽, 스코틀랜드, 알래스카 등 고위도에서 일출 전이나 일몰 후 태양이 수평선보다 낮을 때 아름답게 빛난다.

성층권 상한인 성층권계면부터 약 80km 고도의 중간권계면(mesopause) 사이를 중간권이라고 한다. 중간권에서는 고도 상승에 따라서 기온이 하강한다. 성층권계면 고도도 대류권계면 고도와 같이 위도와 계절에 따라 다르며, 이 고도에서 기압은 1hPa로 지표면의 1/1000 정도이다.

중간권(mesosphere)에서도 대류가 있지만 수증기가 희박하여 기상은 발생하지 않는다. 중간권에서 우주 미립자가 대기로 돌입하여 1~2초 동안 밝은 빛을 내다 사라지는 유성(meteor)이 출현한다. 중·고위도 75~90km 고도에는 권운과 비슷한 은색 구름인 야광운(noctilucent cloud)이 발달한다. 이는 중간권 상부에 집중된 유성진 핵인 빙정운(ice crystal cloud)으로 알려져 있다.

고도 약 80km 이상 중간권계면 상부 층을 열권(thermosphere)이라고 한다. 열권 상한은 명확하지 않으며 점차 외기권으로 바뀌어 간다. 이 층에서 극광(aurora)이 발생한

사진 2.2 극광(캐나다 옐로나이프, 2018. 8.) 태양에서 다가오는 플라스마가 지구 자기장과 마찰하여 극광이 발생한다.

다(사진 2.2). 극광은 태양에서 방출되는 플라스마 입자가 대기권 상층에서 자기장과 마찰하여 발생하는 것이다. 자북(magnetic north)이 유럽보다 캐나다 쪽으로 치우쳐 있어서 극광대(aurora belt)가 유럽 쪽에서 더 고위도이고 캐나다에서는 상대적으로 저위도에서 극광을 관찰할 수 있다(그림 2.5).[6] 극광이 출현하는 위도대는 지역마다 수시로 변한다. 열권에서는 고도 300km의 온도가 평균 700℃에 이를 만큼 고온이다. 이는 질소나 산소가 0.1 μm 이하 자외선 파장을 광전리(photoionization)로 흡수하기 때문이다. 열권에는 공기가 희박하여 자외선 강도에 따라서 온도분포가 다르다. 밤과 낮의 온도차이가 수100℃에 이르며 태양활동도에 의해서 달라진다.

---

6 최근 극광을 보기 위해 외지인들이 많이 찾는 캐나다 옐로나이프(62°16′)는 북극권보다 위도가 낮다. 북아메리카에서는 이 위도대에서 극광을 볼 수 있으나 북극권 이북에서는 오히려 극광을 보기 어렵다. 노르웨이와 러시아 등에서는 북위 70° 가까이에서 극광을 볼 수 있다.

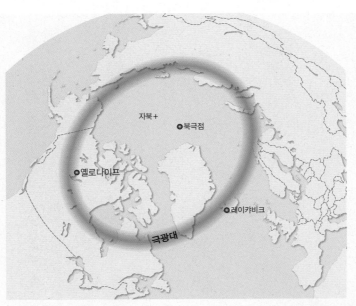

그림 2.5 **자북 위치와 극광대** 자북이 캐나다 쪽으로 치우쳐 있어서 극광대가 유럽에서 캐나다보다 고위도
에 발달한다(자북 위치는 2020년 6월 현재).

2) 복사와 대기 가열

태양복사 지표에서 발생하는 모든 날씨는 지구를 둘러싸고 있는 대기에서 에너지 이
동과 변형의 결과이다. 대기현상을 일으키는 에너지는 대부분 태양복사(solar radiation)
에 근원을 둔다. 한여름 오전에 구름 한 점 없이 맑던 하늘에서 점차 구름이 발달하여
오후 늦게 소나기와 뇌우가 발생하는 것은 태양복사 에너지가 대기에 미치는 영향을
보여 주는 사례이다. 지표면이 태양복사 에너지를 흡수하면서 가열되어 대류를 일으키
고 상승기류가 발달하여 소나기와 뇌우를 일으킨 것이다.

태양복사는 태양에서 방출되는 복사에너지(radiant energy)를 총칭하며 전자기파
(electromagnetic wave) 형태이다. 전자기파는 진공상태에서 약 300,000km/sec 속도로
거의 일정하게 이동한다. 전자기파는 파장에 따라서 구별되며 보통 그리스 문자 람다
(λ)로 표시한다(글상자 1).

전자기파 스펙트럼

우리가 흔히 알고 있는 전자기파는 가시광선이다. 전자기파는 에너지원에서 방출되어 광속으로 우주를 통과한다. 가시광선은 눈으로 감지할 수 있지만, 그 외 전자기파는 볼 수 없다. 가시광선이 여러 색으로 보이는 것은 각각 파장과 주파수 즉, 에너지가 다르기 때문이다. 파장이 짧을수록 고 에너지를 내며, 붉은빛은 보랏빛보다 에너지가 적다.

전자기파의 전 범위를 파장별로 배열해 놓은 것을 복사 스펙트럼이라고 한다. 전자기파는 광범위하게 걸쳐 있으며, 파장과 주파수에 따라서 γ선, X선, 자외선, 가시광선, 적외선, 마이크로파, 라디오파, 초저주파, 극저주파 등으로 나뉜다. 가시광선은 전자기파의 극히 일부에 불과하다. 기후 분야에서 관심을 갖는 영역은 가시광선과 적외선, 자외선 정도이다.

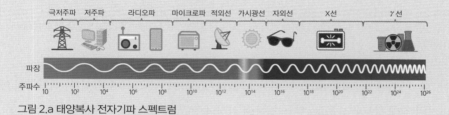

그림 2.a 태양복사 전자기파 스펙트럼

스펙트럼의 단파 쪽 가장자리에 해당하는 γ선과 X선은 나노미터(nm) 단위 수준으로 고 에너지이며 인체에 해롭다. 이어서 0.01~0.4μm(10~400nm) 영역을 자외선이라 한다. 자외선에 이어서 그보다 파장이 큰 가시광선은 눈으로 인식할 수 있는 파장대(0.4~0.78μm)이며, 보라, 파랑, 초록, 노랑, 주황, 붉은색 순으로 배열된다. 붉은색보다 저주파인 0.78μm 이상 파장은 인간의 눈으로 인식할 수 없으며, 적외선, 마이크로파, 라디오파, 극저주파 등이 해당한다. 적외선은 열로 느낄 수 있으며, 3~6μm 사이 중적외선(middle-infrared radiation)은 태양에서도 방출되고 산불이나 공장 굴뚝 등 지표에서도 방출된다. 6μm 이상은 열적외선이며 특수한 감지기를 사용하여 인식할 수 있다. 지표에서 방출하는 복사에너지는 대부분 여기에 해당한다. 근적외선은 지표로 들어오는 태양복사의 많은 부분을 차지한다.

태양은 표면온도 약 6,000K인 복사체이며, 태양복사는 99.9%가 0.15~4μm 사이 파장인 단파복사(short wave radiation)이다. 이 중 자외선(ultraviolet radiation)과 γ선, X선

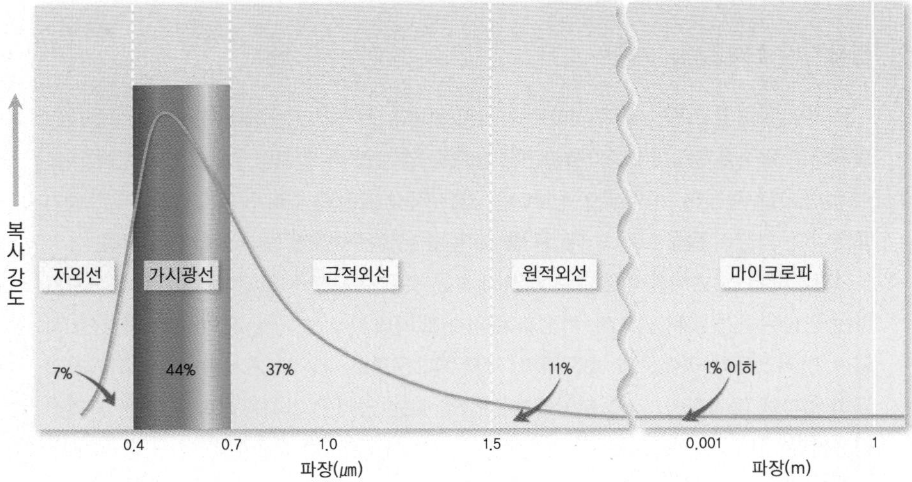
복사강도
자외선
가시광선
근적외선
원적외선
마이크로파
7%
44%
37%
11%
1% 이하
0.4
0.7
1.0
1.5
0.001
1
파장(μm)
파장(m)

그림 2.6 태양복사 파장별 복사 강도 태양복사선은 7%가 자외선이며, 44%는 가시광선이고, 나머지 49%가 적외선으로 구성되어 있다. 최대 복사에너지는 가시광선 영역인 0.5μm 부근 파장대(청록색 파장)에서 나타난다.

이 7%, 가시광선(visible radiation) 44%, 적외선(infrared radiation) 49%이다. 태양복사 에너지의 최대 강도는 0.5μm 부근 청록색 파장에 분포한다(그림 2.6).

절대온도 0K(−273℃) 이상인 물체는 끊임없이 전자기파 형태로 에너지를 복사한다. 태양은 물론 얼어붙은 지표면에서도 에너지를 복사한다. 물체 표면의 단위면적에서 단위시간 동안 복사하는 에너지양(ε)은 물체 표면온도(T: 절대온도)에 의해 결정되며, 둘 사이 관계는 $\varepsilon=\sigma T^4$이다. 즉, 복사량은 물체 표면온도의 4제곱에 비례하며,[7] 표면온도가 6,000K인 태양은 288K인 지구보다 160,000배 더 많은 에너지를 복사한다.

뜨거운 물체는 차가운 물체보다 짧은 파장의 에너지를 더 많이 복사하므로 물체 표면온도가 높을수록 최대 강도 에너지를 방출하는 파장(λ)이 짧다.[8] 이에 따르면, 태양복사는 파장 약 0.5μm, 지구복사(terrestrial radiation)는 약 10μm에 최대 강도가 분포한다. 이런 의미에서 태양복사를 단파복사, 지구복사를 장파복사(long wave radiation)라고

7 이를 스테판볼츠만법칙(Stefan−Boltzmann's law)이라 하며, σ는 스테판볼츠만상수로 약 5.67×10^{-8} $Wm^{-2}K^{-4}$이다.

8 둘 사이 관계는 $\lambda=2,897/T$로 표현하며, 이를 빈의 변위법칙(Wien's displacement law)이라고 한다.

사진 2.3 적외선복사를 흡수하여 녹은 눈(제주 한라산, 2022. 3.) 나무는 태양복사 에너지를 받아서 적외선 복사 에너지를 방출하므로 나무 주변 눈이 먼저 녹는다.

한다.

　좋은 흡수체는 좋은 복사체이다. 어떤 파장에 대하여 완전하게 흡수하고 복사하는 이론적인 물체를 흑체(blackbody)라고 한다. 태양과 지구는 거의 100% 흡수하고 복사하는 흑체이며, 대기를 구성하고 있는 기체는 전자기파를 선택적으로 흡수하고 복사한다. 눈은 적외선 파장에 대하여 좋은 흡수체이면서 복사체이다. 눈으로 둘러싸인 나무 껍질은 태양복사를 흡수하여 적외선복사 에너지를 방출한다. 눈은 나무에서 흡수한 적외선복사 에너지를 내부 에너지로 바꾸면서 녹는다. 나무는 눈보다 더 많은 태양복사 에너지를 흡수하므로 눈보다 더 따뜻하다(사진 2.3).

대기상한에서 태양복사량　대기상한(top of atmosphere)에서 태양복사량은 태양활동도와 지구 공전궤도, 자전축 기울기, 태양고도, 낮의 길이 등의 영향을 받는다. 이 중 태양활동도 변화와 지구 공전궤도, 자전축의 기울기와 같은 태양과 지구 사이 천문관계의 변화는 비교적 장기간 기후변화에 영향을 미친다.

태양활동은 장·단기적으로 변동하면서 기후에 영향을 미친다. 태양흑점(sun spot)이 많거나 태양폭풍이 활발할 때 태양복사가 강하다. 짧은 기간을 놓고 보면 태양활동도에 의한 기후 차이가 미미하게 보일 수 있지만, 장기적으로 보면 태양활동도가 기후에 미치는 영향이 적지 않다.

지구는 약 365일 주기로 타원궤도를 그리면서 태양 주위를 공전한다. 오늘날 지구는 1월 3일경에 태양과 가장 가까운 거리(1.47×108km)인 근일점(perihelion)에 놓이며, 7월 3일경에 가장 먼 거리(1.52×108km)인 원일점(aphelion)에 있다. 근일점과 원일점일 때 거리 차이는 3%에 불과하지만, 태양복사량 차이는 7%에 이른다. 근일점인 1월에 원일점인 7월보다 태양복사 에너지를 더 받는다. 지구는 북반구 여름철일 때 원일점에 있으며, 남반구 여름철일 때 근일점에 있다. 북반구는 겨울철에 근일점에 해당하여 여름철보다 7% 정도 태양복사를 더 받는다. 이는 태양과 거리가 지구에서 계절변화의 주요

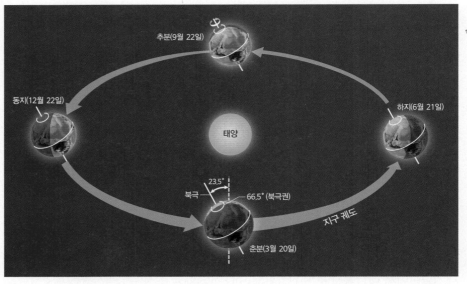

그림 2.7 태양 주위를 공전하는 지구궤도 태양을 돌고 있는 지구 위치에 따라 계절이 바뀌고 낮의 길이가 달라진다.

요인이 아니라는 점을 보여 준다. 그러나 장기적으로 보면, 원일점과 근일점이 어느 계절에 해당하는가에 따라서 기후에 미치는 영향이 클 수 있다. 수륙분포 상태가 비슷하다면, 남반구 여름이 북반구 여름보다 더 뜨거울 것이고, 북반구 겨울이 남반구 겨울보다 좀 더 온화할 것이다.

지구는 23.5° 기울어서 자전하므로 위도별, 계절별로 태양고도와 낮의 길이가 다르다(그림 2.7). 하지(summer solstice)인 6월 21일경에는 북반구가 태양 쪽으로 기울어 있어서 북위 23.5°에서 정오 때 태양고도가 수직을 이룬다. 반면, 동지(winter solstice)인 12월 22일경에는 남위 23.5°에서 같은 현상을 볼 수 있다. 춘분과 추분의 정오에는 적도에서 태양고도가 수직이므로 적도를 따라서 그림자를 볼 수 없다. 태양고도 변화에 따라서 입사하는 복사량이 달라질 뿐만 아니라 낮의 길이가 길수록 입사하는 태양복사량이 많아진다.

하짓날 대기상한에서 태양복사는 적도에서 북극으로 가면서 증가한다(그림 2.8). 즉,

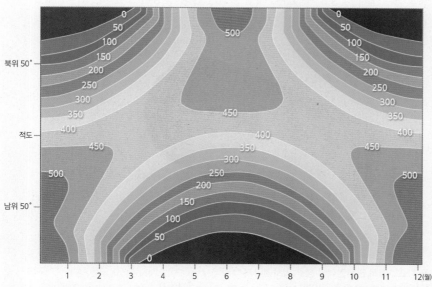

그림 2.8 대기상한에서 위도대별 **태양복사량**(W/m²) 태양복사는 위도와 계절의 영향을 크게 받는다. 극 쪽 대기상한에서는 겨울철에 태양고도가 수평선 이하여서 태양복사가 없지만, 적도에서는 연중 높은 값을 유지한다. 중위도에서는 태양고도 변화에 따라서 시기별로 태양복사량이 크게 변한다.

적도보다 북극 쪽 대기상한에 도달한 태양복사량이 더 많다는 것을 보여 준다. 북극에서는 적도에서보다 태양고도는 낮지만, 백야이므로 24시간 동안 태양복사를 받는다. 반면, 겨울철 북극에서는 태양이 수평선 이하로 낮아져 태양복사가 없다. 적도에서는 태양복사 값이 연중 높은 상태를 유지하며, 중위도에서는 태양고도 변화에 따라서 시기별로 태양복사량이 크게 변한다. 대기상한에서 일사량(I)과 태양고도(α) 사이 관계는 다음 식과 같다.

$$I = I_0 \sin \alpha \quad (I_0 = \text{태양고도가 } 90° \text{일 때 태양복사량})$$

즉, 적도에서 복사량을 1이라고 한다면 태양고도가 30°인 북위 60°에서는 0.5(=1× sin30°)이다.

대기상한에서 단위시간당 태양에 직각 방향으로 단위면적에 받는 태양복사량은 평균 1,361Wm^{-2}이다. 이 값을 태양상수(solar constant)라고 하며, 열량단위로 환산하면 1.96cal/cm^2·min이다.[9] 태양상수는 지구 대기의 영향을 받지 않은 것으로 대기권 밖에서 궤도위성에서 측정할 수 있다. 태양상수는 항상 일정하지 않고 지구와 태양 사이

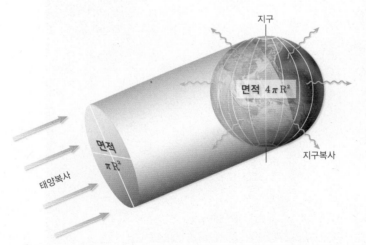

그림 2.9 지표면에서 단위면적당 평균 입사에너지 태양복사 에너지는 직사광선이므로 구체인 지구에서 받는 에너지는 그 1/4만을 받을 수 있다.

---

9 1cal는 물 1g을 1℃ 올리는 데 사용되는 에너지양이다.

천문 관계에 따라 10년에 ±0.2% 범위에서 변하며, 원일점인 7월에 최소이다. 대기상
한에서 단위면적에 입사되는 평균태양복사량은 0.5cal/cm²·min이다. 이는 지구 표면
적은 4πR²이지만 태양복사를 받는 표면적은 πR²이기 때문이다(그림 2.9).

대기가 태양복사에 미치는 영향 국제선 항공기에서 높은 하늘을 바라보면 점차 파란
색에서 군청색 혹은 검은색으로 바뀌어가는 것을 볼 수 있다(사진 2.4). 지표에서 바라보
던 하늘 색과 달리 짙은 색조를 띤다. 고도가 높아짐에 따라서 하늘 색은 왜 변하는 것
일까? 멀리 보이는 뭉게구름은 흰색을 띠지만, 그 아래에서는 먹장구름이라 불릴 정도
로 어두운 색을 띤다. 구름의 위와 아래 색상 차이는 왜 생길까?

태양복사는 대기권에 진입한 후 대기를 통
과하면서 다양한 상호작용을 한다. 복사선은
초고층에서 오존과 같은 기체에 흡수되기도
하고, 미세한 먼지와 공기 분자, 구름 등에 부
딪혀 사방으로 부서지거나 반사되기도 한다.
이와 같이 대기에서 벌어지는 상호작용은 태
양복사 에너지가 우주로부터 지표면에 도달
하는 과정에 영향을 미친다(그림 2.10).

태양복사선이 지표를 향하여 진행하다 질
소, 산소 등 미세한 공기 분자나 에어로졸에
부딪혀 복사선이 사방으로 흩어지는 것을 산
란(scattering)이라고 한다. 산란은 전자기파를
우주로 되돌아가게 하는 후방산란(backward
scattering)과 지표면으로 향하는 전방산란
(forward scattering)으로 나뉜다. 이와 같이 산
란은 전자기파의 진행 방향을 바꾸어 태양복
사 일부를 우주로 되돌려 보낼 수 있으므로
지표면에 도달하는 복사량을 감소시킨다.

사진 2.4 **중위도 상공에서 하늘 색**(타지키스탄 상공, 2006. 8.) 고도 상
승에 따라 공기밀도가 낮아져 분자운동이 부족하므로 하늘 색이 점차
어두운 색으로 변한다.

산란은 부딪히는 입자 크기와 입사하는 전자기파 파장의 길이 사이 관계에 따라서 레일리산란(rayleigh scattering)과 미산란(mie scattering)으로 구분한다. 입사하는 전자기파의 파장이 부딪히는 입자 직경보다 큰 경우에 레일리산란이 발생한다. 이때 산란 강도는 전자기파 파장의 4제곱에 반비례한다. 즉, 파장이 짧은 복사선일수록 공기분자에 의해 더욱 강하게 산란한다. 예를 들어, 파란색을 띠는 0.45μm 파장대 복사선이 붉은색을 띠는 0.71μm 파장대 영역에서보다 6.2배 더 산란한다.

산란된 빛을 산란광(Scattered light) 혹은 확산광(diffused light)이라고 한다. 우리 눈에 보이는 하늘 색은 태양복사가 산란되어 부서진 산란광이다. 산란이 일어나지 않는다면 하늘 색을 볼 수 없으므로 항상 컴컴한 하늘일 것이다. 우주선 밖을 보면 태양은 강렬하게 밝은 빛을 내지만 주변은 온통 검은색인 것을 볼 수 있다. 공기 분자가 없는 우주에서는 산란광을 볼 수 없다. 맑은 날 낮에 태양을 완전히 가리고 있어도 실내가 어둡지

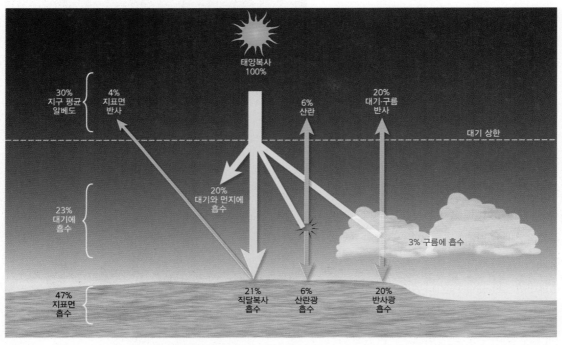

그림 2.10 대기권에서 태양복사 에너지 손실 태양복사 에너지가 대기를 통과하면서 산란과 반사에 의해서 약 30%가 우주 공간으로 되돌아가고, 약 20%는 대기에 흡수되며, 나머지 약 50%를 지표면에서 흡수한다.

않은 것은 산란광이 있기 때문이다.

맑은 날에 레일리산란이 일어나므로 푸른 하늘과 붉게 물든 저녁노을을 볼 수 있다. 기체분자가 붉은색과 주황색의 긴 파장보다 파란색과 보라색의 짧은 파장을 더 효과적으로 산란시켜서 태양 위치에 따라 하늘 색이 바뀐다(그림 2.11). 태양이 하얗게 보이는 것은 모든 빛이 합성되었기 때문이다. 태양이 머리 위에 있을 때는 파란색 파장대가 대기에서 효과적으로 산란되어 파란 하늘을 넓게 볼 수 있다. 태양이 수평선에 가까워지는 일출과 일몰 무렵에는 빛이 두꺼운 대기층을 통과하면서 파란색과 보라색 파장대 복사선이 산란되어 버리고 비교적 파장대가 긴 복사선이 멀리까지 산란되어 주황 혹은 붉은 색조의 하늘을 볼 수 있다(사진 2.5). 아주 작은 에어로졸이 성층권에 흩어져 있을 때 가장 아름다운 노을빛을 볼 수 있다.[10]

대기 중에 비교적 입자 직경이 큰 에어로졸이 많을 때는 가시광선이 거의 균등하게

그림 2.11 산란에 의한 하늘 색의 변화 태양이 높이 떠 있을 때는 대기에서 효과적으로 산란되는 파란색 하늘을 볼 수 있으며, 수평선에 가까워졌을 때는 가장 멀리까지 갈 수 있는 주황색 하늘을 볼 수 있다. 태양빛은 산란한 모든 색이 합성되어서 흰색으로 보인다.

사진 2.5 노을(충남 서천, 2011. 10.) 빛이 산란되어 하늘색을 볼 수 있으며, 태양고도가 낮을 때는 두꺼운 대기층을 통과하면서 파란색이 산란되어 버렸기 때문에 주황색이나 붉은색 노을을 볼 수 있다.

산란되며, 이를 미산란이라 한다. 전자기파 파장과 산란시키는 입자 직경이 거의 비슷할 때 미산란이 일어난다. 미산란은 주로 대기 중 에어로졸이나 구름입자에 의해 일어나며, 이때 산란강도는 파장과 거의 무관하다. 먼지가 많은 날 미산란이 일어나 하늘이 뿌옇게 보인다.

태양복사선이 구름, 수증기, 먼지, 염분 등과 같이 파장보다 직경이 큰 불투명체에 부딪혀 전자기파가 튕겨 나가는 것을 반사(reflection)라고 한다. 반사는 전자기파를 우주로 되돌아가게 하므로 지표로 향하는 복사량을 감소시킨다. 반사를 잘하는 물체는 흡수하는 복사량이 줄어든다. 지표면에 도달한 에너지에 대한 반사된 에너지양의 비율을 알베도(albedo)라고 한다. 지구 평균 알베도는 0.3이며, 지표면 피복상태에 따라 알베도

---

10 1883년 인도네시아 크라카타우Krakatau화산이 폭발했을 때 화산분진이 후방산란을 일으켜 태양복사 손실이 커서 세계 여러 곳에서 서늘한 여름을 맞았으며, 3년 후 노을빛이 매우 화려하였다.

표 2.2 지표면 피복상태별 알베도 차이

지표면상태	알베도	지표면상태	알베도
신선한 눈	0.80~0.85	젖은 표면	0.10
오래된 눈	0.50~0.60	삼림	0.05~0.10
모래	0.20~0.30	태양에 수평인 수면	0.50~0.80
초지	0.20~0.25	태양에 수직인 수면	0.03~0.05
건조한 표면	0.15~0.25	나지	0.07~0.20

Lutgens *et al.*, 2010

차이가 크다(표 2.2). 신선한 눈의 알베도가 가장 높아서 0.8을 넘는다. 반면에 삼림이나 젖은 표면 등은 알베도가 낮아 태양복사 에너지를 많이 반사시키지 못한다. 구름의 알베도는 0.4~0.9로 지구 평균 알베도에 크게 기여하며, 구름 종류와 두께에 따라 차이가 크다. 지표면에서 가장 넓은 면적을 차지하는 물은 알베도가 높은 편이지만, 태양고도와 표면 거칠기에 따라 차이가 크다. 태양고도가 낮을수록, 표면 거칠기가 클수록 반사율이 높다. 예를 들어, 태양고도가 0°일 때는 태양복사선의 99% 이상을 반사하지만, 90°일 때는 2% 정도를 반사한다. 그러므로 태양고도가 낮은 시간에는 배를 타고 있는 사람이 태양빛을 차단하기 위해서 챙이 있는 모자를 쓰고 있어도 큰 도움이 되지 않는다. 물에서 반사되는 태양복사 에너지가 얼굴을 태운다. 독일 라인강변이나 스위스 레만호 남쪽 급경사면에서 포도를 재배하는 것은 호수에서의 반사광을 효과적으로 활용하는 대표적 사례이다.

물체로 다가와서 부딪힌 전자기파를 받아들이는 것을 흡수(absorption)라고 한다. 물체가 전자기파를 흡수하면 물체 원자나 분자의 진동이 증가하면서 물체 내 운동에너지를 증가시켜 온도가 상승한다. 그러므로 물체가 태양복사 에너지를 흡수하면 온도가 상승한다. 태양복사선이 대기를 통과하는 사이에 대기 중에 분포하는 다양한 기체가 서로 다른 파장대의 복사선을 흡수하며, 이를 선택적 흡수(selective absorption)라고 한다. 대기 중에 가장 흔한 질소와 산소는 80km 이상 초고층에서 자외선을 흡수한다. 질소가 흡수하는 자외선 양은 많지 않으며, 태양복사 최대 강도가 나타나는 0.5μm 내외 파장인 가시광선은 거의 흡수하지 못한다. 산소와 오존은 이온층에서 0.2μm 이하의 파장인 자외선을 흡수한다(그림 2.12). 수증기와 이산화탄소는 적외선 영역을 흡수한다.

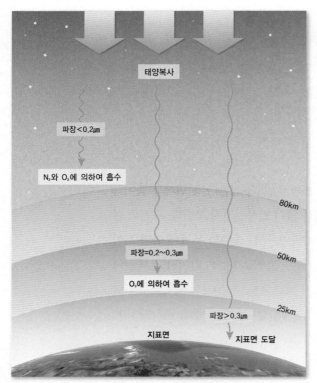

태양복사

파장<0.2μm

N₂와 O₂에 의하여 흡수

80km

파장=0.2~0.3μm

O₃에 의하여 흡수

50km

25km

파장>0.3μm

지표면   지표면 도달

그림 2.12 대기에 의한 선택적 흡수 질소와 산소는 80km 이상 초고층에서 0.2μm 이하 짧은 파장 자외선을 흡수하며, 주로 25~50km 상공에 분포하는 오존은 0.2~0.3μm 자외선을 흡수한다.

수증기는 4~8μm 영역과 18μm 이상 파장대 영역을 흡수한다. 이산화탄소는 2.7~4.2μm 파장대와 12μm 이상 파장대 영역을 흡수한다. 대기는 지구복사에 대해서 효과적인 흡수체이지만, 8~12μm 파장대 영역은 흡수하지 못하며, 이 영역을 대기창(atmospheric window)이라고 한다. 지구복사 최대 강도가 이 영역 파장대에서 나타난다는 점이 중요하다. 위성관측에서 이 파장대 영역을 이용하여 지표면의 온도분포를 파악하기에 유용하다.

대기의 선택적 흡수에 의하여 온실효과(greenhouse effect)가 발생한다. 수증기와 이산화탄소는 태양에서 오는 자외선을 투과시키지만 지구가 복사하는 적외선을 흡수한다. 대기를 통과한 태양복사는 지표면에서 반사되거나 흡수되고, 태양복사를 흡수한 지표면은 적외선을 복사한다. 대기 중 수증기와 이산화탄소 등이 지구복사를 흡수하면서 대기가 가열된다(그림 2.13). 여름철에 문이 닫혀 있는 자동차 안은 온실효과가 일어나는 좋은 예이다. 자동차 유리창은 태양복사를 투과시키고, 에너지를 흡수하여 가열된 자동차 내부에서는 자체 에너지인 적외선을 복사하며, 유리는 그 열을 흡수하여 자동차 안으로 적외선을 다시 복사한다. 이런 과정이 되풀이되면서 자동차 안은 점점 고온 상태로 가열되며, 이런 과정을 온실효과라고 한다.

대기에 의해서 흡수되거나 반사 혹은 산란되지 않고 지표면까지 도달한 태양복사를 직달복사(directed radiation)라고 하고, 전자기파가 산란과 반사에 의해서 지표면에 도달하는 것을 천공복사(sky radiation) 혹은 확산복사(diffused radiation)라고 한다. 대기 중에

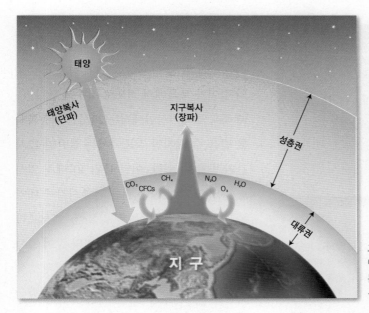

그림 2.13 온실효과 원리 온실효과는 대기의 선택적 흡수에 의해서 일어난다. 대기가 단파복사는 통과시키고 장파복사는 흡수하기 때문에 온실효과가 일어난다.

에어로졸이 많으면, 직달복사량은 줄어들지만 천공복사량이 늘 수 있다. 극지방에서는 천공복사가 총복사량에서 중요한 부분을 차지한다. 겨울철에 태양이 수평선 아래로 있기 때문에 직달복사는 없으며, 천공복사가 복사에너지의 주요 원이 된다.

지표면에서 일사량 분포 지표면에서 받는 태양복사 에너지양을 일사량(insolation)이라고 한다. 지표면에서 일사량은 대기효과와 더불어 운량의 영향을 크게 받아서 대기 상한에서와 차이가 크다(그림 2.14). 태양복사는 기체분자와 구름입자, 에어로졸 등에 의해 산란, 흡수, 반사되므로 지표면에는 대기상한의 절반 정도가 도달한다. 구름 반사에 의해 20%, 대기 산란에 의해 6%, 지표면 반사에 의해 4%가 우주로 되돌아가며, 이들 합인 30%가 지구 알베도효과에 의한 것이다. 또한 대기를 통과하면서 구름(3%)과 기체나 먼지 등(20%)에 의해서 총 23%가 흡수되어 지표면에는 47% 정도 흡수된다(66쪽 그림 2.10 참조). 대기층이 두꺼울수록 반사, 산란, 흡수가 효과적으로 일어날 수 있어 극으로 갈수록 대기상한과 지표면 사이에 일사량 차이가 더 크다. 복사선은 적도에서 극으로 갈수록 두꺼운 대기층을 통과한다(그림 2.15). 대기상한에서는 하짓날 적도에서

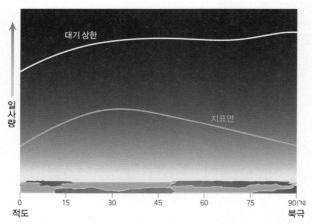

그림 2.14 하짓날 위도대별 대기상한과 지표면에서 일사량 분포 대기상한에서는 일사량이 극에서 최대이고 저위도로 가면서 감소하지만, 지표면에서는 30°에서 최대값이 출현하고 극으로 갈수록 감소한다.

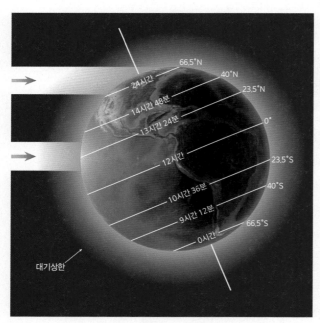

그림 2.15 대기층의 두께와 하짓날 위도대별 낮의 길이 적도에서보다 극에서 더 두꺼운 대기층을 통과하므로 극에서는 대기상한에서 지표면까지 도달하는 동안 복사에너지를 더 많이 잃어버린다.

북극으로 갈수록 일사량이 증가하지만, 지표면에서는 대략 북위 30°에서 최대값이 출현하고 극으로 갈수록 감소한다. 하지에는 낮의 길이가 북극에서 적도로 갈수록 짧다. 이때 북극의 대기상한에서는 24시간 태양복사를 받을 수 있지만 적도에서는 절반인 12시간만 받을 수 있다. 이날 북위 30°에서 일사량을 가장 많이 받는 것은 남중시각에 태양복사를 수직으로 받는 북위 23.5°에서보다 낮의 길이가 길기 때문이다. 이와 같이 일사량은 태양에 노출되어 있는 일조시간의 영향도 크다. 일조시간이 길어질수록 일사량을 많이 받을 수 있다. 일출에서 일몰까지 시간을 가조시간(possible duration of sunshine)이라고 하며, 구름 등의 영향을 받지 않고 실제로 태양에 노출된 시간을 일조시간(duration of sunshine)이라고 한다. 가조시간에 대한 일조시간의 비율을 일조율이라고 하며 구름의 영향을 크게 받는다.

전지구적으로 보면 적도보다 운량이 적은 아열대고기압대에서 일조율이 높고 일조시간도 길다. 위도대별로 지표면에서 받는 일사량은 알베도가 높고, 여름철에 운량이 비교적 많은 극지방에서 가장 적어 하지 때에도 지구표면 평균치의 47%에 불과하다. 아열대지방은 운량이 적고 여름이 길어서 적도 부근보다도 일사량이 많다. 열적도(thermal

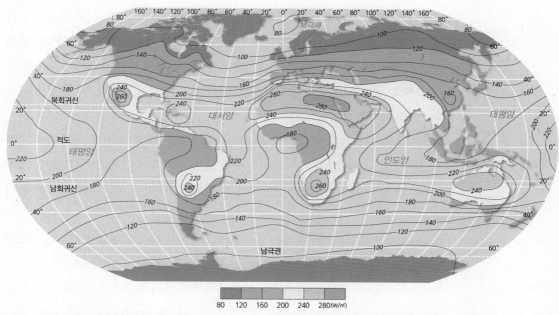

그림 2.16 **해수면에서 연평균 일사량 분포** 일사량은 대체로 고위도로 갈수록 줄어들지만, 운량이 적고 여름이 비교적 긴 아열대에서 최대가 나타난다.

equator)가 북위 5° 부근에 분포하는 것도 운량의 영향이 반영된 것이다. 남·북위 6°에서는 일사가 수직에 가깝게 비치는 경우가 30일 정도지만, 남·북위 17~23.5°에서는 80일에 이른다. 중위도에서도 운량이 많은 지역에서 일사량이 적고, 운량이 적은 지역에서 일사량이 많다. 여름철에 운량이 적은 미국 서부는 일사량이 $300W/m^2$을 초과하지만, 운량이 비교적 많은 동부에서는 $200W/m^2$ 이하이다(그림 2.16).

지구복사와 대기 가열 겨울철 맑은 날에 태양을 향해 서 있으면 얼굴이 따뜻하게 느껴지지만 해를 등지면 바로 공기가 차갑다는 것을 알 수 있다. 태양빛은 얼굴은 따뜻하게 하지만 공기를 가열시키지 못한다. 어떻게 이런 일이 발생할까?

지표면은 태양복사 에너지를 흡수한 후 자신의 에너지로 복사하며, 이를 지구복사(terrestrial radiation, earth radiation)라고 한다. 넓은 의미로 지표면을 포함하여 대기, 구름 등에서 우주로 방출하는 복사를 의미하기도 한다. 평균 지표면온도는 15℃로 태양표면에 비하여 절대적으로 낮다. 앞에서 설명한 것처럼 물체 표면온도가 높을수록 복사하는 에너지 최대 강도가 나타나는 파장이 짧아지므로 지표면에서는 태양표면에 비하여 긴 파장대 에너지를 방출한다. 지구복사는 $10\mu m$에서 최대 강도가 나타나며, 에너지의 95%가 $2.5\sim30\mu m$ 파장대인 적외선 영역에 속하므로 적외선복사 혹은 장파복사라고 한다(그림 2.17).

대기는 복사에너지를 선택적으로 흡수하거나 지표면으로부터 전도, 대류 등에 의하여 가열된다. 지구복사가 대기 가열에 가장 큰 역할을 한다. 수증기와 이산화탄소는 지구복사를 흡수하여 온실효과를 일으키면서 우주로 날아가는 에너지를 대기 중에 가둔다.

지표면에서 흡수하는 태양복사와 방출하는 지구복사 사이에 평형을 이루어 지표면온도가 안정적인 상태를 복사평형(radiation equilibrium)이라고 하며, 이때 온도를 복사평형온도라고 한다. 복사평형온도는 −18℃이며,[11] 이 값과 평균 지표면온도인 15℃ 차

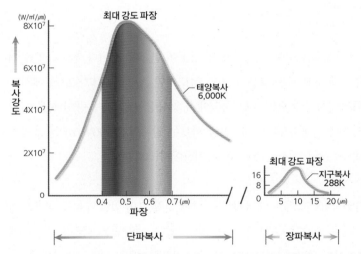

그림 2.17 태양복사와 지구복사 태양보다 온도가 낮은 지구는 방출하는 에너지가 적을 뿐만 아니라 훨씬 긴 파장에서 대부분 에너지를 방출한다. 두 곡선 규모는 약 100만 배 차이가 있다.

---

11 지구복사량을 I, 지구반경을 r, 복사평형온도를 Te라고 한다면 지구는 매초 $4\pi r^2 I$의 열을 방출하면서 잃는 한편, 지구에 입사하는 태양복사량은 $S(1-\alpha)\pi r^2$이다(S는 태양상수, α는 지구 알베도). 그러므로 복사평

이는 자연적 온실효과에 의한 것으로 지구를 덮고 있는 대기효과에 의한 것이다.

지구복사는 대기에 의하여 흡수되기도 하고 일부는 대기창을 통하여 우주로 나간다. 대기는 태양복사와 지구복사를 흡수하면서 자신의 복사에너지를 방출한다. 대기에서 지구로 복사에너지를 방출하는 것을 역복사(counter radiation)라고 하며, 기온이 높거나 수증기, 이산화탄소 등 온실기체가 많을수록 방출량이 많다. 지구복사와 역복사 차이를 유효복사(effective radiation)라고 한다. 대체로 두꺼운 구름으로 덮인 경우를 제외하면 양의 값을 가지며, 이 값이 클수록 복사냉각이 심하다.

수증기가 증발하거나 응결할 때에 대기 중으로 발생하는 잠열(숨은 열, latent heat)도 대기를 가열한다. 잠열은 등압과 등온 상태에서 물질이 고체에서 액체나 기체 혹은 액체에서 기체 사이로 가역적 상태 변화를 겪을 때 방출하거나 흡수하는 열량을 말한다. 예를 들어, 물을 계속 가열하여 끓는점에 도달하면 그 열은 물을 수증기 상태로 변화시키는 데 사용되며 온도는 상승하지 않는다. 이와 같이 상태 변화에 사용되는 열을 잠열이라고 한다. 증발할 때는 잠열을 흡수하고, 응결할 때는 대기 중으로 잠열을 방출한다. 그러므로 증발이 일어나면 대기가 냉각되고, 응결할 때 가열된다.

물체 이동이나 상태 변화 없이 분자끼리 에너지가 이동하는 것을 전도(conduction)라고 한다(그림 2.18). 분자 간 충돌로 전도가 일어나며, 하나의 물체에서 다른 물체로 열을 전달한다. 온도가 다른 두 개 분자가 서로 접촉하면 두 분자의 온도가 같아질 때까지 뜨거운 곳에서 차가운 곳으로 열이 이동한다. 지표면은 좋은 흡수체이므로 낮에 빠르게 가열되고, 전도에 의해서 대기로 열이 이동한다. 지구를 구성하는 물질은 좋은 전도체가 아니므로 가열된 지표면의 열은 밑으로 아주 느리게 전도되며, 지표면에 접하고 있는 대기로 빠르게 전도된다. 공기도 좋은 전도체가 아니므로 지표와 접하고 있는 공기층으로만 열이 전도된다. 그러므로 열이 확산되기 위해서는 공기의 물리적 이동이 필요하다.

대류(convection)도 기체나 액체 상태인 한 곳에서 다른 곳으로 열을 이동시키는 중요한 과정이다. 물주전자를 가열시키면 뜨거운 물은 위로 올라가고 차가운 물이 아래

형일 때, $S(1-\alpha)\pi r^2 = 4\pi r^2 I$의 관계가 성립된다. 여기에 $I = \sigma T^4$를 대입하면 T는 255K(-18℃)가 얻어지며, 이 값이 복사평형온도이다.

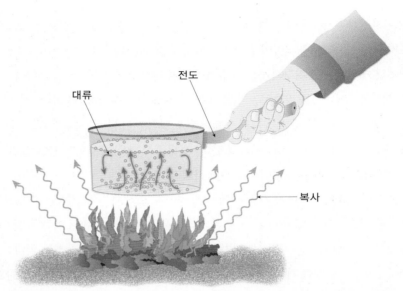

그림 2.18 전도와 대류, 복사 온도가 높은 물체에서 낮은 물체로 전도와 대류, 복사 등에 의하여 열이 전달된다.

로 내려와 그 자리를 채운다(그림 2.18). 공기 중에서도 비슷한 모양으로 대류가 일어난다. 지표면에서 가열 차이가 발생하면, 주변보다 더 가열된 공기는 압력이 낮은 위로 상승하면서 팽창하고 주변의 차가운 공기는 아래로 이동한다. 대류에서는 뜨거워진 공기 상승과 차가운 공기 하강이 중요한 요소이다. 저위도에서는 연중 대류가 활발하고 그 외 지역에서는 주로 여름철에 대류가 활발하다. 이와 같은 대류는 수직적 공기 이동뿐만 아니라, 불규칙적인 공기 이동과 난류의 원인이다. 대류는 대류권 하층에서부터 상당한 고도까지 공기 혼합을 일으키는 중요한 힘이다.

대기와 지표면에서 복사에너지 균형 대기를 사이에 두고 벌어지는 태양복사와 지구 복사 사이에서 에너지 수지가 다양한 날씨 원동력이다. 장기적으로 지구 전체를 보면, 지표면과 대기로 입사되는 총에너지와 우주로 방출하는 총에너지는 균형을 이룬다(그림 2.19). 이와 같이 복사에너지가 균형을 유지할 때 지구 전체의 평균온도가 일정하게 유지된다.

우주공간에서 보면, 대기층과 지구를 향하여 태양복사 에너지 100단위를 내보낸다.

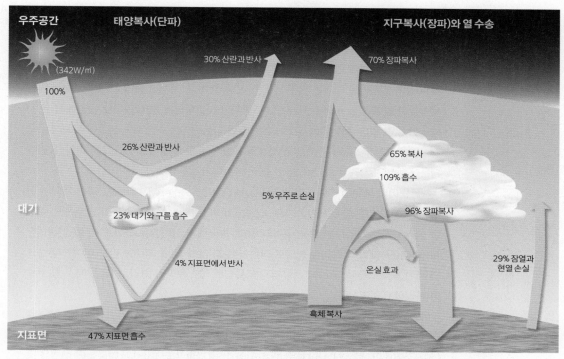

그림 2.19 지구와 대기, 우주공간에서 복사에너지 수지 지표면과 대기, 우주공간에서 보면 각 층별로 입사하는 에너지와 방출하는 에너지가 균형을 유지한다.

반면, 산란과 반사에 의해 대기층(26단위)과 지표면(4단위)에서 30단위가 우주로 되돌아간다. 또한 대기층과 지표면에서 장파복사 에너지 70단위를 받아들여 우주공간에서 복사에너지가 균형을 유지한다.

지표면에서 보면, 태양으로부터 단파복사 에너지 47단위와 대기층에서 장파복사 에너지 96단위를 받는다. 반면에 지표면에서 장파복사에 의해서 114단위(대기로 109단위, 우주로 5단위) 에너지를 잃는다. 그 외 전도와 대류에 의해서 19단위, 잠열로 10단위를 대기층으로 방출하여 총 143단위를 잃는다.

대기층에서 보면, 우주로부터 단파복사 에너지를 대기(20단위)와 구름(3단위)에 의해서 23단위를 흡수하고, 지표면으로부터 장파복사 에너지 109단위, 전도와 대류에 의해서 19단위, 잠열로 10단위, 총장파복사 에너지 138단위를 받는다. 즉, 대기층에서 보면

해를 그리워하는 사람과 피하는 사람

북유럽 한 공원에 인도를 따라 양쪽으로 벤치가 놓여 있다. 한 쪽 벤치에는 많은 사람들이 앉아 있지만 반대편은 한두 명 앉아 있을 뿐이다. 혹시나 하여 가까이 가보니 많은 사람들이 앉아 있는 곳에는 대부분 현지 주민이 앉아 있고, 반대편에는 동양에서 온 사람들이 앉아 있다. 서유럽에서는 쾌청한 주말 다음날에는 상당수 학생들이 학교에 나오지 못하는 경우가 흔하다. 휴일에 화상을 입을 정도로 일광욕을 즐긴 결과이다. 동양에서는에는 이런 사례가 보기 드물다. 왜 이런 차이가 발생할까?

서유럽이나 북유럽 사람들과 동양인은 해를 바라보는 시각이 다르다. 이런 차이는 어느 편이 옳고 그름의 문제가 아니라 태양을 바라보는 생각에서 온 것이다. 동양인은 해를 심각하게 그리워하는 경우가 거의 없다. 한국에서 장마철은 해를 보기 가장 어려운 시기이지만, 해가 그리워질 정도로 장마가 길지 않다. 비가 지루할 만큼 이어진다 싶으면 해가 솟아오른다. 그러나 서유럽과 북유럽에서는 우리와 차이가 크다. 해가 없는 날이 며칠이고 이어진다.

동양 사람들은 일부러 해를 찾아 휴가를 떠나지 않지만, 북유럽 사람들은 해를 찾아 멀리 지중해 연안까지 휴가를 떠난다. 우리의 휴가는 바다나 계곡을 찾아 3~5일 짧게 떠나는 것이지만, 북유럽 사람들은 해를 찾아 1~2개월 멀리 떠난다. 여름철에 햇볕을 충분히 받아 두어야 비타민 D가 적당히 만들어져 안락한 겨울을 보낼 수 있기 때문이다. 동양인은 햇볕이 부족하여 비타민 D 결핍을 겪는 일이 드물다.

사진 2.a 해를 찾는 사람과 피하는 사람(핀란드 헬싱키, 2011. 4.) 북유럽 사람들은 대부분 해를 바라보고 앉아 있고 동양인은 해를 등지고 앉아 있다.

단파복사와 장파복사 에너지를 총 161단위를 얻는다. 반면, 장파복사 에너지를 우주로 65단위, 지표면으로 96단위를 내보내어 총 161단위를 잃는다.

각 공간별로 보면, 위 과정에서 장기적으로 복사에너지가 균형을 유지한다. 각 공간에서 균형이 깨어진다면 커다란 기후변화가 일어날 것이다. 복사에너지를 더 받는다면 현재보다 더 가열될 것이고 반대 경우 냉각될 것이다. 이런 현상이 지속적으로 나타날 때 지구가 더워지거나 추워질 수 있다. 현재 중요한 이슈인 전구 기온상승은 대기 중에 장파복사 에너지를 흡수할 수 있는 온실기체가 증가하면서 복사에너지를 더 흡수하기 때문에 발생하는 것으로 이해하고 있다.

2. 지리적 기후인자

　순간순간 바뀌는 날씨는 하루나 일 년을 주기로 거의 일정하게 변하며, 장기적으로 보아도 다양한 요인에 의해서 변동한다. 같은 시각에도 지역별로 날씨가 다양하다. 이와 같이 시간과 장소에 따라서 날씨와 기후 차이를 만드는 것을 기후인자라고 한다.

　기후인자는 순간순간 변하는 날씨처럼 시시각각으로 변하는 것과 거의 변하지 않는 것이 있다. 전자는 기단, 전선, 기압배치 등을 포함하며, 이를 동기후인자라고 한다. 지리적 위치와 수륙분포, 지형, 해발고도 등은 거의 변하지 않으며, 지리적 기후인자라고 한다. 하루를 주기로 변하는 날씨는 동기후인자의 영향을 더 크게 받으며, 비교적 장기간 기후 차이는 지리적 기후인자의 영향이 더 크다. 고기압이나 저기압 등 같은 동기후인자의 영향을 받더라도, 지리적 기후인자의 영향으로 지역에 따라 날씨가 다를 수 있다. 예를 들어, 한라산을 사이에 두고 이웃한 제주와 서귀포 날씨는 풍향에 따라 차이가 크다. 겨울철에는 한라산 북쪽 제주에 차가운 바람이 강하게 불고 눈발도 날리지만, 남쪽 서귀포에는 마치 이른 봄과 같이 포근하고 맑은 날씨인 경우가 흔하다. 반면, 여름철에 남풍이 불면 서귀포에는 폭우가 쏟아지지만 제주는 맑다(사진 2.6). 한라산의 영향으로 남쪽과 북쪽 날씨 차이가 발생한다.

　지리적 기후인자는 대기후에 영향을 미치는 것부터 미기후에 영향을 미치는 것까지 규모가 다양하다. 위도와 대규모 지형 등은 대서양 연안의 서유럽과 태평양 연안의 동

사진 2.6 남풍이 부는 날 한라산 주변의 하늘상태(제주 제주, 2020. 7.) 남풍계 바람이 부는 날 한라산 남쪽 사면에는 구름이 두껍게 발달하고 비가 내리지만, 북쪽 사면에는 맑은 하늘이다.

아시아와 같이 비교적 큰 규모의 기후 차이에 영향을 미친다. 반면, 지표면 피복상태나 소규모 지형 등은 보다 작은 규모의 기후 차이에 영향을 미친다. 지리적 기후인자는 하나하나 독립적으로 기후에 영향을 미치기보다 대부분 여러 가지가 복합적으로 영향을 미친다. 그러므로 기후 특성이나 기후 차이를 이해하기 위해서는 다양한 기후인자를 종합적으로 이해하여야 한다.

1) 위도

기후는 다양한 요인이 작용하여 만들어지지만, 위도가 가장 큰 기후 차이를 만든다. 위도에 따라 지표면에서 받는 태양복사량과 낮의 길이가 달라지면서 기후 차이를 가져온다. 쾨펜이 분류한 기후대가 일차적으로 위도대를 따라서 분포하는 것도 기후 차이에서 위도의 중요성을 잘 보여 준다.

입사각과 낮의 길이 지표면에 도달하는 일사량은 태양복사선의 입사각과 낮의 길이, 그리고 대기와 구름 등의 영향을 받는다. 이 중 태양복사선의 입사각과 낮의 길이는 위도에 의해서 결정된다.

태양복사선이 지구로 입사되는 각을 입사각(angle of incidence)이라 하며, 일사강도에 영향을 미친다. 입사각이 수직에 가까울수록 단위면적당 일사량이 많고, 입사각이 작아지면 복사에너지가 분산되어 단위면적당 일사량이 적다(그림 2.20). 뿐만 아니라 입사각이 작아지면 에너지 이동경로가 길어지면서 지표면에서 입사되는 일사량이 줄어든다. 그러므로 대기상한에서는 극에서 적도보다 일사량이 항상 적은 것은 아니지만, 지표면 일사량은 극에서 적어진다. 이는 대기층이 두꺼운 것과도 관련 있다(72쪽 그림 2.15 참조).

한 지점에서 보면, 태양이 남중할 때 입사각이 가장 크고 일출과 일몰 시 0°이다. 적도에서는 춘분과 추분 날 남중에 입사각이 90°이며, 하지와 동지 남중에는 66.5°이다.

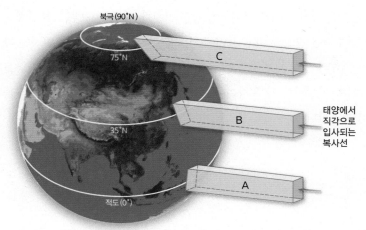

그림 2.20 위도대별 일사량의 차이 복사선의 이동을 적도(A)와 북위 35°(B), 북위 75°(C)에서 비교한 것으로 저위도일수록 단위면적이 좁고 태양복사선 이동거리가 짧다. 반면 고위도일수록 단위면적이 넓고 이동거리가 길어진다. 결국 일사량은 연중 태양고도가 높은 저위도에서 많고 태양고도가 낮은 고위도에서 적다.

북위 66.5°에서는 하지 남중일 때 입사각이 47°(90°−(66.5°−23.5°))이고 춘분일 때 23.5°이다. 적도 부근에서는 항상 남중일 때 입사각이 66.5° 이상이지만, 회귀선에서는 43~90° 범위에서 변한다. 즉, 북회귀선상에서는 하지 남중에 입사각은 90°이며, 동지 남중에는 43°이다. 북극권이 시작되는 북위 66.5°에서 입사각은 0(동지)~47°(하지) 사이이다. 그러므로 적도에서는 연중 많은 일사량을 받을 수 있지만, 위도가 높아질수록 계절별로 일사량 차이가 크다. 한국 중부(37.5°)에서는 하지 남중일 때 태양고도는 76°(90°−(37.5°−23.5°))이며, 동지 때 같은 시각에는 29°로 차이가 크다.

  같은 장소에서도 시간에 따라 태양고도가 달라지므로 복사강도도 일변화한다. 복사강도는 남중에 가장 강하고 태양이 수평선 가까이에 있는 일출이나 일몰 무렵에 약하다. 정오경에 맨눈으로 태양을 바라보면 눈이 손상될 수 있지만, 아침이나 저녁에는 태양을 바라보아도 크게 불편하지 않다(사진 2.7).

사진 2.7 일몰 무렵 태양 태양고도가 낮거나 연무와 높은 구름이 끼어 있을 때에는 복사강도가 약하여 태양을 바라보고 있어도 눈에 무리가 없다.

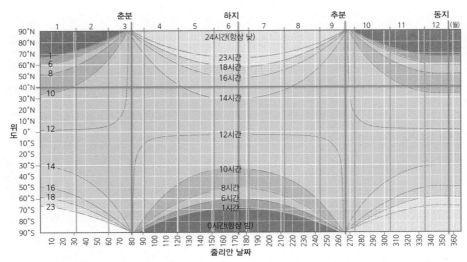

그림 2.21 **위도와 계절별 낮의 길이** 분점일 때 낮의 길이는 모든 위도대에서 12시간이며, 적도에서는 연중 12시간이다. 극에서 여름에는 낮의 길이가 24시간이고 겨울에는 0시간이다.

북반구 중위도에서 보면 하지에는 태양이 북동쪽에서 떠서 남쪽을 지나 북서쪽으로 지지만, 동지에는 남동쪽에서 떠서 남서쪽으로 진다. 그러므로 하지에 낮의 길이가 가장 길고 동지에 가장 짧다.[12] 낮의 길이 차이도 일사량 차이를 가져오는 큰 요인이다. 적도에서는 낮의 길이가 연중 12시간으로 거의 일정하다.[13] 그러므로 적도 부근에서는 시기별 일사강도 차이가 크지 않아 계절별 지표면의 가열 차이도 작다. 적도에서 고위도로 갈수록 낮의 길이의 계절별 차이가 커져서 66.5° 이상 극지방에서는 0시간부터 24시간 사이에서 변한다(그림 2.21). 중위도에서는 낮의 길이가 긴 여름철에 더 강한 일사량을 오랫동안 받으므로 많이 가열된다. 즉, 낮의 길이와 태양고도가 결합하여 일사량이 계절별로 변한다.

중위도(북위 45°)에서 낮의 길이와 남중 시 태양고도 변화를 보면, 분점(equinoxes)일 때에 지점(solstices)일 때보다 낮의 길이와 태양고도가 빨리 변한다. 그림 2.22에서 볼 수 있듯이 분점일 때는 한 방향(예를 들면, 길이가 짧아지거나 길어지거나)으로 변하지만,

---

12 한반도 중부지방에서 낮의 길이가 가장 길 때는 14시간 49분이지만, 가장 짧을 때는 9시간 31분에 불과하다.
13 한국인이 여름철에 저위도를 여행하면 해가 빨리 기우는 것을 쉽게 느낄 수 있다.

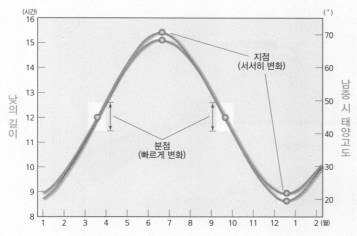

그림 2.22 중위도(45°)에서 낮의 길이와 태양고도 변화(Mason *et al.*, 2016) 분점 시기에 지점 시기보다 낮의 길이와 태양고도가 빨리 변한다.

지점일 때는 낮이 길어지다가 짧아지던지 혹은 짧아지다가 길어지므로 변화의 차이가 발생한다. 그러므로 하지와 동지에 비하여 춘분과 추분일 때 하루하루의 기온변화가 크다. 즉, 춘분경에 여름이 빠르게 다가오고 추분경에 하루가 다르게 가을이 깊어지는 것을 느낄 수 있다.

위도대별 열수지 지구 전체로 보면, 열균형(heat balance)을 유지하지만 지역과 계절별로 보면 항상 열수지(heat budget)가 균형을 이루는 것은 아니다. 열이 넘치는 곳이 있는가 하면 부족한 곳이 있어서 열수지 상태에 따라 지표면을 열과잉, 열부족, 열균형 지역으로 나눌 수 있다(그림 2.23). 일 년을 통틀어서 남·북위 38° 이하 저위도에서는 지표면에서 받는 태양복사 에너지가 방출하는 지구복사 에너지보다 많은 열과잉 상태이다. 반면, 남·북위 38° 이상 중·고위도에서는 지표면에서 받아들이는 태양복사 에너지보다 방출하는 지구복사 에너지가 많아 열부족이 발생한다. 이와 같이 지표면은 열균형을 이루는 곳도 있지만, 열과잉이거나 부족인 곳이 더 넓다. 이런 상태가 지속되면, 극지방은 점점 추워지고 저위도지방은 점점 더워지겠지만, 그런 일은 발생하지 않는다. 극을 향하여 따뜻한 공기와 물이 이동하고, 적도를 향하여 차가운 공기와 물이 이동하면서 에너지 불균형을 보상한다. 결국, 위도대별 열과잉과 열부족이 지구상에서 대규모로 발생하는 대기운동의 원동력이며, 위도대 간 열균형이 이루어질 수 있도록 대기

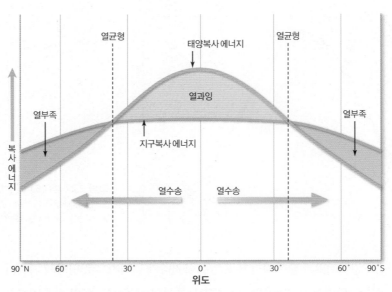

복
사
에
너
지

열부족

열균형

태양복사 에너지

열과잉

지구복사 에너지

열균형

열부족

열수송

열수송

90°N   60°   30°   0°   30°   60°   90°S

위도

그림 2.23 위도대별 열수지 지구 전체적으로 보면 열수지가 균형을 유지하고 있지만, 위도대별로 보면 열과잉, 열부족, 열균형 지역으로 구분된다.

대순환이 발생한다.

지표면에서 열수지 차이는 태양복사 수열량과 지구복사 방출량 차이로 발생한다. 여기서 위도대 간 태양복사 차이는 크지만, 지구복사 차이가 비교적 적다는 점이 중요하다. 위도대별로 태양복사 차이도 비슷하다면, 저위도에서 열과잉과 고위도에서 열부족이 발생하지 않을 수 있다. 즉, 위도대 간 태양복사 수열량 차이가 열수지를 좌우한다. 중위도에서는 태양복사와 지구복사가 거의 균형을 이룬다. 그러나 계절별로 태양고도가 크게 변하는 중위도에서는 시기별로 열수지 상태가 바뀐다. 태양의 이동에 따라 열균형이 이루어지는 위도대도 남북으로 이동한다. 각 반구에서 겨울철에는 열균형인 위도대가 저위도 쪽으로 이동하고 여름철에는 고위도 쪽으로 이동한다. 그러므로 중위도 한 지점을 기준으로 보면, 열과잉 상태일 때도 있지만, 열균형, 열부족 상태가 이어지면서 계절이 바뀐다.

열수지 상태에 따라서 지구상의 기후대를 셋으로 나눌 수 있다. 적도에서부터 태양고도가 가장 낮은 시기에 열균형이 이루어지는 위도대까지를 저위도 기후지역, 태양고도가 높을 때 열균형이 이루어지는 위도에서 극까지를 고위도 기후지역, 그 사이를 중위도 기후지역이라 할 수 있다. 그러므로 각 지역의 기후 특징은 일차적으로 열수지와 관련 있다. 열과잉과 열부족이 나타나는 저위도와 고위도는 거의 일정하게 각각 고온과 한랭 상태가 유지되므로 날씨가 비교적 단순하다. 반면, 중위도에서는 시기별로 열부족과 열과잉, 열균형 상태가 발생하므로 그에 대응하여 날씨가 다양하다.

위도대별 열수지는 강수와 바람에 미치는 영향도 크다. 열과잉인 저위도에서는 연중 상승기류가 발달하기 쉽고 수증기를 많이 포함할 수 있어서 강수량이 많다. 반면, 열부족인 고위도에서는 연중 하강기류가 발달할 뿐만 아니라 기온이 낮아 수증기량이 적어서 강수빈도와 강수량이 적다. 중위도는 열과잉과 열부족 사이에 놓여 있어서 대규모로 열이 이동하는 열수송로에 해당한다. 중위도 상공에는 열부족과 열과잉 상태인 공기가 만나 온도 차이가 발생하면서 강한 편서풍대인 제트기류(jet stream)가 발달한다.[14] 중위도 지표면에서도 다른 위도대에 비하여 바람이 강하다.

2) 지리적 위치와 수륙분포

지표상의 기후대는 위도에 따라 대상으로 분포하지만, 같은 위도대에서도 지리적 위치와 수륙분포 차이에 의해서 기후 차이가 발생한다. 위도대 간 열수지 차이로 발생하는 대기대순환에 의한 탁월풍이 동위도대에서도 기후 차이를 유발한다. 결국, 같은 위도상에서도 지리적 위치와 수륙분포 등의 차이로 대륙 동안과 서안에 서로 다른 기후가 발달한다.

지리적 위치 비슷한 위도대인 한반도와 유라시아대륙 서안 이베리아반도의 기후 특징을 비교하여 보면, 지리적 위치가 기후에 미치는 영향을 쉽게 알 수 있다. 한반도의

---

14 제트기류는 온도 차이가 큰 중위도 대륙과 해양이 만나는 곳에서 탁월하다. 상층일기도(300hPa, 200hPa 고도면)를 보면, 광대한 유라시아대륙과 태평양이 만나는 한반도 주변에서 제트기류가 지나는 것을 쉽게 볼 수 있다.

여름은 고온다습하지만, 이베리아반도는 대체로 고온건조하다. 비슷한 위도대에 자리
하고 있더라도 지리적 위치(geographical location)에 따라 기후 특성이 다를 수 있다는 것
을 잘 보여 준다.

지리적 위치에 따라서 탁월풍(prevailing wind)의 영향이 다르다. 탁월풍이 해양에서
불어오는가 대륙에서 불어오는가에 따라 기온과 강수량, 바람 등의 차이가 발생한다.
유라시아대륙 서안은 바람이 불어오는 쪽에 장애물이 없는 광활한 해양으로 연중 편서
풍 영향이 강하며, 이런 기후를 서안기후(west coastal climate)라고 한다. 서안은 연중 기
온변화도 크지 않아 내륙이나 동안에 비하여 여름이 서늘하고 겨울이 온화한 편이다.
유라시아대륙 동안은 편서풍 바람그늘에 해당하여 대륙과 해양 사이 온도 차이에 따라
탁월풍의 풍향이 바뀐다. 계절별로 탁월풍이 바뀌면서 해양과 대륙의 영향을 번갈아
받는 기후를 동안기후(east coastal climate) 혹은 계절풍기후(monsoon climate)라고 한다.
동안에서 태양고도가 낮은 시기에는 대륙에서 냉각이 강화되어 공기밀도가 높아지고,
태양고도가 높은 시기에는 대륙의 가열로 해양에서 공기밀도가 상대적으로 높다. 그러

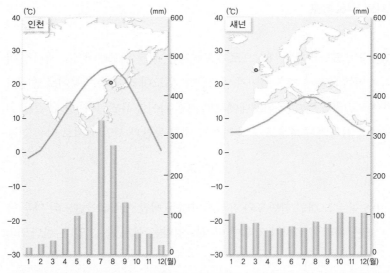

그림 2.24 대륙 동안(인천)과 서안(섀넌)의 기후 연중 편서풍 영향을 받는 섀넌에서는 월별 강수량 분포가
고르지만 인천은 월별 강수량 차이가 커서 건기와 우기가 뚜렷하게 구분된다. 연교차도 인천에서 섀넌보다
크다.

므로 겨울에는 대륙에서 해양으로, 여름철에는 그 반대 방향으로 공기가 이동한다.

유라시아대륙 서안인 아일랜드 섀넌Shannon과 동안인 인천 간에 기후 차이를 비교하여 보면,[15] 섀넌에 비하여 인천의 계절변화가 명확하다(그림 2.24). 인천의 연교차는 27.1℃에 이르지만, 섀넌은 그 절반에도 못 미치는 10.4℃이다. 인천은 최한월인 1월 평균기온이 −1.5℃로 겨울철이 한랭한 편이지만, 섀넌은 6.0℃로 비교적 온화하다.[16] 인천과 위도가 비슷한 대륙 동안에서는 겨울철에 경작이 어렵지만, 섀넌과 비슷한 위도대 대륙 서안에서는 연중 초록색 들판을 볼 수 있다(사진 2.8). 여름철인 8월 평균기온은 인천에서 25.6℃에 이르며, 섀넌은 16.4℃로 인천 5월 평균기온과 비슷하다. 또한 인천은 겨울철 건기와 여름철 우기가 명확하게 구분되어 여름철에 강수가 집중되지만,

사진 2.8 유라시아대륙 서안인 아일랜드 해안의 겨울 들판(아일랜드 버렌Burren, 2005. 1.) 유라시아대륙 서안은 겨울철에도 온화하여 대부분 들판이 초록색을 띤다.

---

15 섀넌은 북위 52.7°상에 위치하고 있어서 두 지점 간에 위도상으로 15° 정도 차이가 있다.
16 제주 1월평균기온(6.1℃)과 비슷한 수준이다.

섀넌은 매월 강수량이 고르고 겨울철 강수량이 많은 편이다. 이와 같이 인천과 섀넌은 편서풍대에 속하지만, 지리적 위치 차이로 기후가 상이하다. 한반도를 포함한 동아시아 기후는 겨울에 춥고 여름에 더우며 강수량의 계절 차이가 큰 동안기후 특성이 잘 나타난다. 그러나 서유럽 해안은 연중 편서풍 영향을 받아 여름과 겨울 기후 차이가 크지 않다.

수륙분포 지표면이 대륙인가 혹은 해양인가에 따라 공기 가열과 냉각 차이가 발생한다. 물과 육지는 태양복사 에너지를 투과하는 정도가 다르다. 물은 육지보다 훨씬 깊은 곳까지 태양복사 에너지를 투과할 수 있다. 깨끗하지 않은 물에서도 1m 정도 깊이까지 태양복사 에너지가 투과될 수 있으며, 깨끗한 물일 경우 수십m까지 이른다. 육지는 태양복사 에너지를 전혀 통과시키지 못하므로 열이 확산하지 못하고 지표면에 바로 흡수된다. 또한 물은 이동성이 커서 상층과 하층 간 열 혼합이 비교적 쉽게 일어날 뿐만 아

그림 2.25 **수륙분포 차이** 태양복사 에너지는 육지보다 물에서 훨씬 깊이 전달된다. 물에서는 에너지 이동성이 커서 열 혼합이 비교적 쉽게 일어난다.

니라 해류나 조류 등에 의해서 넓고 깊이 열을 확산한다. 물 표면에서는 땅에서보다 증발이 많이 일어나면서 위를 덮고 있는 공기의 가열과 냉각에 영향을 미친다(그림 2.25). 수증기가 증발할 때는 주위 열을 사용하면서 공기를 냉각시키므로 물 위에서는 온도 변화가 적다.

땅과 물의 비열(specific heat)[17] 차이도 기후에 미치는 영향이 크다. 지표면을 구성하는 물질마다 비열이 달라서 지표면상태에 따라 공기 냉각과 가열 차이가 발생한다. 물은 암석이나 모래에 비하여 5배 이상 비열이 크다(표 2.3). 즉, 수온 1℃를 상승시키려면 암석보다 5배 이상 열을 가해야 한다. 대륙은 비열이 작아 단위온도를 상승시키기 위해 해양보다 열을 적게 사용한다. 같은 열량이 주어졌을 때, 대륙에서 온도가 더 많이 상승하고 해양에서 덜 상승한다. 같은 양의 일사량을 받는다면, 대륙이 바다보다 더 빠르게 가열된다.

비슷한 위도상 해안에 위치한 샌디에이고와 내륙에 위치한 댈러스의 기온분포를 비교하여 보면, 연평균기온은 각각 18.2℃, 20.0℃로 큰 차이가 없지만, 여름과 겨울 기온 차이가 크다(그림 2.26). 겨울철에는 해안에 있는 샌디에이고 기온이 높고 여름철에는 내륙 댈러스 기온이 훨씬 높다. 이와 같은 기온분포에는 수륙분포(distribution of land and water) 영향이 반영되어 해안보다 내륙에서 연교차가 훨씬 크다.

땅 표면은 빠르게 냉각되므로 겨울철에 물 표면보다 온도가 낮다. 겨울철 육지는 알베도가 높은 데다 복사냉각이 심하여 **빠르게** 열을 잃지만, 물은 깊은 곳까지 열을 저장하고 있으면서 표면에서만 복사하므로 냉각이 느리다. 물 표면이 냉각되면 차가워진 물은

표 2.3 주요 물질의 비열

물질	비열(cal/g/℃)
물	1.00
얼음	0.50
공기	0.24
알루미늄	0.21
화강암	0.19
모래	0.19
철	0.11

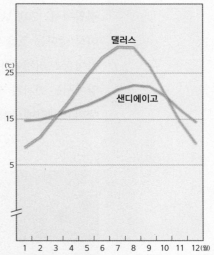

그림 2.26 샌디에이고와 댈러스 기온분포 두 지점 연평균기온은 비슷하지만, 연교차 차이가 크다. 두 지점은 위도상으로 비슷하지만, 샌디에이고는 태평양 연안, 댈러스는 내륙에 위치한다.

---

17 비열은 단위질량 물질을 1℃ 상승시키는 데 필요한 열량을 의미하며, 단위질량이 흡수한 열량과 그에 상당하는 온도 변화량의 비로 표현한다. 온도 변화에 필요한 열량을 Δh라고 한다면,

$$C = \Delta h / \Delta T$$

여기서 C는 비열, ΔT는 변화한 온도(℃) 값이다.

밑으로 내려가고 따뜻한 물이 그곳을 채우면서 표면이 느리게 냉각된다. 이와 같이 지표면 구성상태가 기온분포에 영향을 미치므로 수륙분포 차이에 따라 기온분포 차이가 발생한다(그림 2.27). 대체로 대륙에서 등온선 간격이 조밀하고 동안에서 더욱 뚜렷하다. 대륙이나 그 영향을 받는 곳에서는 냉각과 가열이 빠르게 이루어지므로 연교차가 크며, 이런 기후를 대륙성기후(continental climate)라고 한다. 반면, 해양의 영향으로 연교차가 작은 기후를 해양성기후(oceanic climate)라고 한다.

1월 동위도상의 기온편차[18]를 비교하여 보면, 겨울에 해당하는 북반구 대륙의 동서 차이가 명확하다(그림 2.28). 유라시아대륙 동쪽에서 음의 값이 두드러지며, 시베리아 평원에서 −20℃보다 낮은 값이다. 이는 동위도상 평균보다 시베리아평원 기온이 20℃ 이상 낮다는 것을 의미한다. 같은 시기에 유라시아대륙 서안과 북대서양에서는 양의 값이 두드러지며, 멕시코만류가 흐르는 곳에 최고 20℃ 이상 값이 분포한다. 나머지 해양에서는 편차가 거의 없거나 낮은 양의 값이다. 겨울철에 대륙에서 냉각이 빠르게 진행되고 해양에서 느리다는 것을 잘 보여 준다.

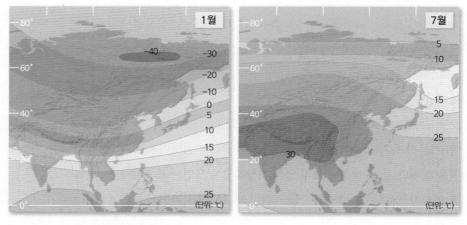

그림 2.27 대륙과 해양에서 1월과 7월 온도분포 대륙과 해양은 비열 차이로 계절별 온도분포가 다르다. 대륙은 가열과 냉각이 빠르게 진행되어 해양보다 대륙에서 온도 차이가 크다.

---

18 동위도대 기온 평균에 대한 차이를 의미한다. 예를 들어, 0℃ 값은 동위도대 평균값과 같다는 것이며, 5℃는 평균보다 5℃ 높다는 것이다.

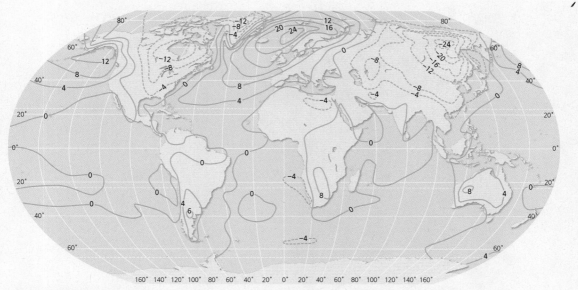

그림 2.28 1월 동위도상 기온편차(Hidore *et al.*, 2010) 겨울철에 냉각이 빠르게 진행되는 유라시아대륙 동쪽에서 높은 음의 편차가 분포한다.

수륙분포에 따라서 수증기량의 차이도 발생한다. 수증기량은 기온 일변화와 연변화에 영향을 미칠 뿐만 아니라 강수량에 미치는 영향이 크다. 일반적으로 수증기량이 적은 대륙에서 기온 일변화와 연변화가 크며, 사막에서는 일교차가 극단적으로 커지기도 하여 밤이 곧 겨울이라고 불릴 만큼 일몰 후에 급격히 냉각된다. 대륙에서는 수증기량 자체가 적어 강수량도 적다. 대륙적인 정도를 정량적으로 나타내는 지수인 대륙도(continentality)[19]가 높은 곳에는 강수량이 부족하여 대규모 사막이 발달한다. 고비사막, 타클라마칸사막 등과 더불어 중앙아시아 사막은 대부분 대륙도가 높은 곳에 발달하였다(사진 2.9).[20] 반면, 세계적으로 강수량이 많은 지역은 대부분 해양의 영향을 쉽게 받을 수 있는 곳이다.

---

19 대륙도(C)를 구하는 방법은 여러 가지가 있으나, 코르진스키(Gorczinski) 식[$C=(1.7 \times A)-(20.4/\sin \varnothing)$]을 많이 사용한다. 여기서 A는 연교차, $\varnothing$는 위도이다. 이 값이 클수록 대륙 성격이 강하다는 것을 의미한다.

20 아열대고기압대와 한류가 흐르는 지역에도 사막이 발달한다. 아라비아사막, 사하라사막 등은 아열대고기압대에 의해서, 나미브사막, 아타카마사막 등은 한류 영향으로 발달하였다. 남·북아메리카대륙에는 산지가 태평양에서 불어오는 바람을 막고 있는 바람그늘에 사막이 발달하였다.

사진 2.9 **대륙도가 높은 곳에 발달한 사막**(중국 타림분지, 2009. 7.) 대륙도가 높은 유라시아대륙 내륙에는 수증기량이 절대적으로 부족하여 사막이 넓게 발달하였다.

3) 해양순환

해양과 대기는 활발하게 상호작용을 하면서 서로 영향을 미친다. 위도대 간 열수지의 불균형을 해소시키기 위하여 발생한 대기대순환은 해양에 직접 영향을 미친다. 바람은 해양표면의 흐름을 일으키는 주요 요인이며, 이 과정에서 마찰을 통하여 해양표면에서 대기로 에너지가 전달되기도 한다. 바람 강도에 의해 흐름의 규모가 달라진다. 그러므로 대기대순환에 의하여 바람 강도가 약화하거나 강화하면 해양 흐름에 변동이 생길 수 있으며, 이는 대기와 상호작용하면서 이상기상을 일으킬 수 있다.

해류 대기대순환에 의한 대규모 공기흐름은 광범위한 수체(water body)를 이동시킨다. 이런 대규모 수체 이동을 해류(current)라고 하며, 표면을 흐르고 있어 표층류라고 한다.

표층류는 바람이나 경사에 의하여 발생하며, 적도 부근에서 동에서 서로 이동하는 남·북적도해류가 대기대순환으로 발생한 대표적인 예이다.[21] 적도해류가 아시아대륙에 부딪히면 고위도로 이동하는 새로운 흐름이 발생한다. 북태평양의 쿠로시오해류와 남태평양의 동오스트레일리아해류가 그 예이다. 중위도에서는 편서풍이 해류를 더욱 강화시킨다. 무역풍과 편서풍이 결합되어 대규모 해양순환을 만든다. 이 순환은 북반구에서 시계방향으로, 남반구에서는 시계방향 반대로 발생한다.

표층류 순환이 저위도와 중위도기후에 미치는 영향이 크다. 남북으로 이동하는 해류는 대기대순환과 더불어 지표면의 열을 수송한다. 해류는 대기와 상호작용하면서 연안기후에 미치는 영향이 크다. 멕시코만류와 쿠로시오해류, 벵겔라해류, 페루해류가 대표적 사례이다. 대륙 서안과 동안에서 등온선 만곡 방향이 다른 것은 지리적 위치와 더불어 해류 영향이 반영된 것이다(239쪽 그림 3.34 참조).

해류는 흐르는 방향의 수온분포에 따라 난류와 한류로 구별한다. 난류(warm current)는 주변의 물보다 따뜻한 해류로 저위도에서 고위도로 흐르면서 저위도의 열을 중위도와 고위도로 수송한다. 난류는 쿠로시오해류, 멕시코만류와 같이 대체로 대양 서쪽 연안에 발달한다. 난류 연안은 한류지역에 비하여 기온이 높고 강수량이 많다. 한류(cold current)는 주변의 물보다 차가운 해류로 고위도에서 저위도로 흐르며, 대양 동쪽 연안에 발달한 캘리포니아해류, 벵겔라해류, 페루해류, 카나리아해류 등이 대표적이다(그림 2.29). 한류 연안은 주변보다 기온이 낮고 대기가 안정적이어서 강수가 발달하기 어렵다.

필리핀 동쪽 연안에서 시작되어 한반도 남해와 일본 동쪽을 지나 북태평양을 순환하는 쿠로시오해류는 북태평양 연안 기후에 미치는 영향이 크다. 태평양 서쪽 연안은 해류 영향으로 동쪽 연안에 비하여 여름철 강수량이 많다. 쿠로시오해류는 동중국해에서 일부 갈라져 황해와 남해를 지나 동해까지 흐르면서 한반도 기후에도 중요한 영향을 미친다. 울릉도와 전라남·북도 서해안, 한라산 북쪽 사면에 눈이 많은 것은 지형과 더불어 이 해류의 영향이 크다.

---

21 해류 중에는 수온, 염분 변화에 따른 밀도 차 등의 원인으로 발달하는 밀도류, 용승류, 침강류 등이 있다.

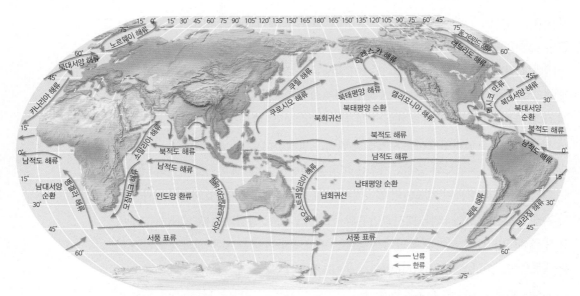

그림 2.29 주요 해류 고위도에서 저위도로 이동하는 해류가 한류이며, 저위도에서 고위도로 이동하는 것을 난류라고 한다. 대부분 해류는 연안 기후에 영향을 미치며, 특히 난류인 멕시코만류와 쿠로시오해류, 한류인 벵겔라해류와 페루해류 영향이 크다.

멕시코만류(Gulf stream)는 멕시코만에서 시작되어 북아메리카 동쪽 연안을 따라서 북동진한 후, 북위 40° 부근에서 북대서양해류가 되어 노르웨이해까지 흐르면서 저위도 열을 고위도로 수송한다. 이 해류는 플로리다반도에서 뉴펀들랜드 사이 북아메리카 연안과 유라시아대륙 서안기후에 미치는 영향이 크다. 유라시아대륙 서안은 편서풍과 멕시코만류 영향으로 겨울철에도 온난습윤하다. 유라시아대륙 서안 북위 60° 지역의 겨울철 기온은 동안의 북위 35° 지역과 비슷하다.[22] 겨울철에 북극권 이북의 내륙은 눈이나 빙하로 덮여 있지만, 노르웨이 함메르페스트(70°40′N)와 같이 북위 70° 이북에도 부동항이 있다. 이 해류는 겨울철에 극지방에서 남하하는 한랭한 공기와 만나 온대저기압을 강화시킨다. 서유럽 겨울철에 많은 강수와 폭풍은 이런 강화된 저기압과 관련

---

22 1월평균기온 0℃ 등온선이 유라시아대륙 동안에서는 한반도 남부지방(약 36°N)을 지나지만, 대륙 서안에서는 노르웨이 서해안(약 60°N)까지 북상한다(239쪽 그림 3.34 참조). 유라시아대륙 서안에서도 해양의 영향이 미치지 못하는 지역에서는 겨울 기온이 낮다.

있다.

벵겔라해류와 페루해류가 지나는 남반구 대륙 서안은 강수량이 극히 적다. 한류 연안은 하층 기온이 낮아 대기가 안정되어 있어 강수가 발달하기 어렵다. 그 결과로 벵겔라해류 연안에는 나미브사막, 페루해류 연안에는 아타카마사막이 발달하였다. 캘리포니아해류와 카나리아해류가 흐르는 지역에도 건조기후가 발달하였다.

해양변동 해류는 비교적 느린 속도로 일정하게 흐르지만, 다양한 요인에 의하여 흐름 패턴이 바뀔 수 있다. 바람에 의하여 발생하는 표층류는 바람 강도에 따라서 흐름이 변동한다. 적도해류는 무역풍의 강약에 의하여 강도나 흐름이 바뀐다. 열대 태평양에서 발생하는 엘니뇨와 라니냐가 대표적 해양변동 사례이다. 해양과 대기는 밀접하게 상호작용하고 있으므로 해양변동이 발생하면, 주변 기후뿐만 아니라 전지구 기후시스템에 영향을 미친다. 최근 전지구적으로 빈번하게 출현하는 이상기상도 태평양에서 발생하는 엘니뇨나 라니냐와 관련 있는 경우가 대부분이다.

엘니뇨(El Niño)는 에스파냐어 '남자아이' 혹은 '아기 예수'를 뜻하는 말로, 매년 크리스마스 무렵에 한류가 흐르는 에콰도르 과야킬만(남위 2° 부근)에서 해수면온도가 평소보다 높은 상태가 수개월 동안 지속되는 것을 두고 주민들이 붙인 것이다.[23] 최근 일반적 엘니뇨 정의는 적도 동태평양 해역(남위 5°~북위 5°, 서경 170~120°)에서 3개월 이동평균한 해수면온도(sea surface temperature; SST) 편차가 0.5℃ 이상인 상태가 5개월 이상 지속되는 상태이며, 그 첫 달을 엘니뇨 시작으로 판단한다. 1950년대까지는 엘니뇨가 남아메리카 연안에서 2~7년마다 발생하는 국지적 현상이라고 여겼으나, 전구규모 해양−대기 관측망이 정비되면서 엘니뇨가 열대 태평양의 기압패턴 변동과 밀접하게 관련 있다는 것이 밝혀졌다. 엘니뇨는 대기대순환에도 영향을 미쳐 중·고위도를 포함하여 전 세계 기후에 영향을 미친다는 여러 연구결과가 발표되었다(Jin et al., 1994; Tren-

---

[23] 남아메리카 적도에 가까운 해역에서 남동무역풍이 불면서 차가운 물이 용승하여 영양이 풍부한 물이 떠오르므로 대규모 엔초비 어군이 형성되고, 이는 다시 풍부한 인산(구아노)을 제공하는 새 떼를 불러온다. 2~7년마다 영양분이 풍부한 차가운 물 대신 영양분이 빈약한 난류가 남하한다. 이런 현상이 크리스마스 무렵에 빈번하게 발생하여 지역 어민들이 오래전부터 '예수 아들의 흐름'이라 불렸고, 페루 지리학자들이 이런 현상을 학술적으로 엘니뇨(El Niño)라고 부르기 시작하였다.

berth and Caron, 2000; Wu and Lin, 2012; Zhang et al., 2019).

정상인 해, 적도 해역에는 무역풍에 의한 적도해류가 동에서 서로 흐른다(그림 2.30). 이 해류에 의해 남아메리카 연안의 물이 인도네시아와 오스트레일리아 방향으로 이동하고, 동태평양에서 용승(upwelling)이 발생하여 해수면온도가 낮아진다. 거기에다 한류인 페루해류가 유입되어 수온이 더욱 낮다. 그 결과 인도네시아 쪽 수위와 해수면온도가 높고, 남아메리카 쪽에서 낮은 상태이다. 이에 따라 수온이 높은 태평양 서쪽에 다우지가 형성되고 동쪽에서 강수량이 적다.

무역풍이 평년보다 약화하면 수위가 높은 인도네시아 쪽 물이 경사를 따라 남아메리카 방향으로 이동한다. 이에 따라 동태평양 해역에서는 용승이 멈추고, 페루해류가 유입하지 못하여 정상 해보다 해수면온도가 높아진다. 해수면온도가 높은 구역이 인도네시아 쪽에서 태평양 중부 혹은 남아메리카 쪽으로 이동하므로 강우대도 동쪽으로 이동하고, 평년보다 수온이 낮아진 인도네시아와 오스트레일리아 등에서는 강수량이 줄어든다. 최근 엘니뇨가 강하게 발달한 경우, 인도네시아와 필리핀 등 동남아시아에서는 긴 가뭄으로 대형 산불이 발생하는 경우가 있었다(그림 2.31).

라니냐(La Niña; Anti-El Niño)는 에스파냐어로 '여자아이'를 뜻하는 말이며, 평년보다 무역풍이 강화하여 해수 용승이 강하게 발달하면서 남아메리카 쪽 적도 부근 수온이 정상 해보다 낮아지는 것을 의미한다. 엘니뇨가 끝나는 시기에 무역풍이 갑자기 강화될 수 있다. 강한 무역풍은 남아메리카 쪽 해수를 인도네시아 방향으로 더 많이 이동시켜 태평양 중부와 동부의 수온과 해수면이 정상 해보다 낮아지며, 인도네시아 쪽 해수면과 수온은 평년보다 상승한다.

엘니뇨와 라니냐는 태평양에서 해면기압의 변동과 관련이 있다. 정상 해에는 기압이 태평양 동부에서 높고 서부에서 낮지만, 수년마다 해면기압 패턴이 정상에서 벗어나 태평양 서쪽에서 기압이 상승하고 동쪽에서 하강하여 무역풍이 약화되기도 한다. 태평양 동부와 서부 사이 기압역전이 강할 때는 동풍 대신 서풍이 불면서 해류가 반대 방향으로 발달하여 따뜻한 물이 동쪽으로 이동한다. 이런 상태가 1~2년 이어지다가 끝나갈 무렵에 태평양 동부에서 기압이 상승하고 서부에서 낮아지기 시작한다. 이와 같이 태평양 양쪽에서 벌어지는 기압의 시소(seesaw) 현상을 남방진동(Southern Oscillation)

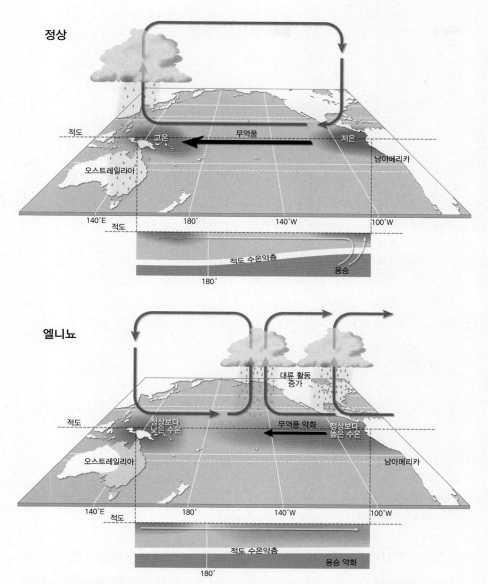

정상

적도

무역풍

고온

저온

오스트레일리아

남아메리카

140˚E 적도

180˚

140˚W

100˚W

적도 수온약층

용승

180˚

엘니뇨

적도

대류 활동
증가

정상보다
낮은 수온

무역풍 약화

정상보다
높은 수온

오스트레일리아

남아메리카

140˚E 적도

180˚

140˚W

100˚W

적도 수온약층

용승 약화

180˚

그림 2.30 열대 태평양 해양변동 정상일 때는 수온이 높은 서태평양에서 상승기류가 발달하여 많은 강수가 내린다. 엘니뇨 시에는 무역풍이 약화되면서 서태평양 난수대가 중태평양으로 이동하며, 이에 따라 강우대 도 동쪽으로 이동한다.

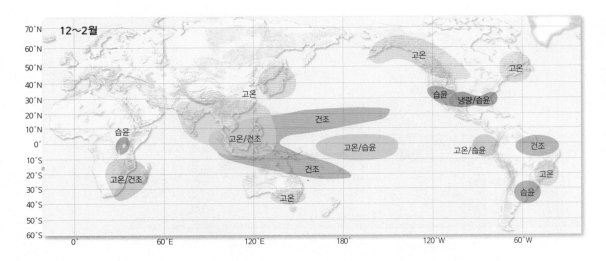

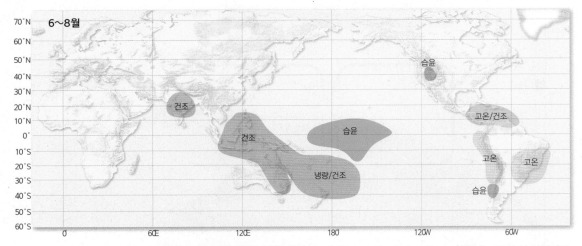

그림 2.31 엘니뇨 발생 시 지역별 이상기후(NOAA Climate Prediction Center) 엘니뇨 발생 시 지역별로
다양한 이상기상이 출현한다.

이라고 한다.[24] 남방진동에 따라 무역풍이 강화하거나 약화하면서 태평양 중부와 동부
수온에 영향을 미친다. 이와 같이 태평양에서 기압과 수온 변동이 엘니뇨·라니냐와 밀
접하게 관련되어 있어서 둘을 묶어 ENSO(El Niño/Southern Oscillation)라고 한다. 엘니

---

24 남방진동을 정량적으로 나타내기 위하여 남방진동지수(Southern Oscillation index)가 개발되었다. 일반
적으로 서쪽 다윈Darwin과 동쪽 타히티Tahiti의 기압 차이를 이용한다.

뇨는 태평양 서부의 높은 기압과 동부의 낮은 기압과 관련 있으며, ENSO 온난한 상태에 해당한다. 라니냐는 태평양 동부의 높은 기압과 서부의 낮은 기압과 관련 있으며, ENSO 냉량한 상태에 해당한다.

최근 강한 ENSO는 1982~1983년과 1997~1998년, 2014~2016년에 발생하였으며 (그림 2.32), 이때 무역풍이 서풍으로 바뀌면서 표층수도 동쪽으로 이동하여 태평양 서부 해수면이 낮아지고 동부 해수면은 상승하였다. 동쪽으로 이동하는 물은 태양복사에 의해서 더욱 가열되어 적도 태평양 동부 수온이 평년보다 상승한다. 또한 두꺼워진 온수층이 점차 페루와 에콰도르 연안으로 이동하면서 남아메리카 연안에 차가운 물과 영양분을 공급해 주는 용승을 막는다. 온수층은 남아메리카와 북아메리카 해안을 따라 수천km 이상 해역으로 확대된다.

광대한 지역을 덮고 있는 태평양 동부의 비정상적인 온수층은 전구 바람패턴에 영향을 미칠 수 있다. 온수층에서 공급되는 잠열은 폭우를 일으킬 수 있어서 엘니뇨가 열대 폭풍(tropical storm)이나 강수 발달에도 영향을 미친다. 강한 ENSO가 발생하였을 때 페루 연안에 호우가 내리고 어획량이 감소하였으며, 인도네시아와 오스트레일리아 등 태평양 서부에는 극심한 가뭄이 발생하였다.[25]

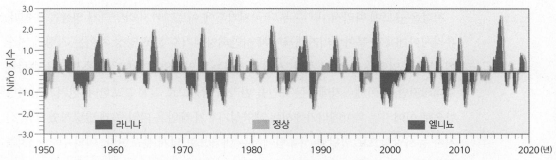

그림 2.32 Niño 지수 변화(NOAA Climate Prediction Center) 최근 1982~1983년과 1997~1998년, 2014~2016년에 비교적 큰 양의 편차가 출현하였고, 1999~2002년과 2011~2012년에 음의 편차가 출현하였다.

---

25 1982~1983년 엘니뇨 때, 에콰도르와 페루의 건조한 지역에서는 폭우가 쏟아진 반면 필리핀과 인도네시아, 오스트레일리아에서는 극심한 가뭄을 겪었다. 1997~1998년 엘니뇨 때는 캘리포니아 해안에 강력한 폭풍이 몰아쳤고, 미국 멕시코만 연안과 텍사스주에 강한 호우가 쏟아졌다. 남아메리카 일부에서는 평년

엘니뇨의 가장 파괴적인 영향은 높은 수온에 의한 산호초 훼손을 들 수 있다. 강한 고수온 상태가 지속되면 산호를 지탱하는 조류가 죽거나 산호를 떠나면서 백화현상이 발생하여 산호 폐사로 이어질 수 있다. 1997~1998년 엘니뇨 끝 무렵 고수온으로 지구상에 분포하는 산호 16%가 폐사하였고, 2014~2016년 엘니뇨에도 백화현상이 발생하였다.

엘니뇨와 라니냐는 대규모로 대기와 상호작용하면서 발생지역은 물론 멀리 떨어진 지역에까지 수년 동안 영향을 미칠 수 있다. 미국 해양대기청 기후예측센터(NOAA Cimate Prediction Center)에 의하면, ENSO와 관련되어 지역별로 다양한 이상기상이 발생하였다(그림 2.31 참조). ENSO가 발생한 해에 더욱 건조한 지역이 있고 습윤한 지역도 있으며, 기온이 상승한 지역이 있는 반면 낮아진 지역도 있다. 이와 같이 해양과 대기 사이 상호작용을 통하여 태평양의 고수온이나 저수온이 멀리 떨어진 지역의 강수패턴에 영향을 미치는 것을 원격상관(teleconnection)이라고 한다.

4) 지형

지형은 규모에 따라서 대기후부터 국지기후에 이르기까지 다양하게 영향을 미친다. 유라시아대륙과 북아메리카대륙에서 서안해양성기후 분포 양상 차이는 지형이 기후에 미치는 영향을 잘 보여 준다. 서유럽에서는 서안해양성기후가 내륙으로 깊숙하게 확대되지만, 북아메리카에서는 해안을 따라서 남북으로 길게 분포한다. 산지가 남북방향으로 이어지는 북아메리카에서는 해양성기후가 해안을 따라 좁게 발달하였지만, 산지가 동서방향으로 발달한 서유럽에서는 내륙으로 넓게 분포한다. 이와 같이 산지를 포함한 크고 작은 지형은 탁월풍 방향과 관련하여 사면 간의 기후 차이를 가져오는 중요한 요인이다.

보다 10배가 많은 강수량이 쏟아졌다. 엘니뇨와 관련된 가뭄, 홍수, 기근, 질병 등으로 20,000명 이상이 사망했다. 2014~2016년에 발생한 엘니뇨도 강력하였고, 전지구 기후에 다양한 영향을 미쳤으며, 인도네시아에서 가뭄이 극심하였다.

해발고도 해발고도는 기압과 기온, 강수량, 바람 등 기후요소에 직접적이고 가시적인 영향을 미친다. 대기에도 중력이 작용하므로 지구복사 에너지를 흡수하는 수증기와 이산화탄소 등 온실기체가 고도 상승에 따라 급격히 감소한다. 대기는 지구복사 에너지를 흡수하여 가열되므로 대류권 내에서는 지표면에 가까울수록 기온이 높고, 고도 상승에 따라 6.5℃/km 비율로 기온이 하강한다. 기온의 지역 차이에는 해발고도(altitude above sea level) 영향이 가장 크다. 해발고도 외에는 어떤 경우에도 이 정도로 기온 차이가 발생하지 않는다.[26] 에콰도르 과야킬Guayaquil과 키토Quito의 월별 기온 차이에서 해발고도가 기온분포에 미치는 영향을 확인할 수 있다(그림 2.33). 두 지점은 적도상에 있거나 인접하지만, 과야킬(해발 12m)의 연평균기온은 26.5℃로 안데스산지에 위치한 키토(해발 2,824m) 15.6℃에 비하여 훨씬 높다.

공기밀도와 기압은 해수면에서 가장 높고 고도 상승에 따라 급격히 감소한다.[27] 고도별로 그 이하에 분포하는 대기질량 비율을 보면, 고도 5km 이하에 대기의 50%가 밀집

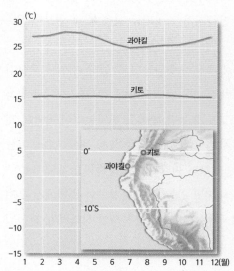

그림 2.33 해발고도와 기온 두 지점에서 기온의 연변화가 크지 않지만 키토는 고산지역에 위치하여 해수면에 인접한 과야킬보다 연평균 기온이 낮다.

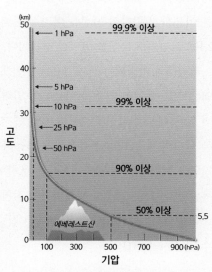

그림 2.34 고도 상승에 따른 대기 질량 변화 대기는 대부분 지표면에 밀집되어 있다. 기압은 질량에 따라 변하며 고도 상승에 따라 감소한다.

---

26 지표면에서 수평적으로 100km를 이동하여도 기온 차이가 1℃ 이하인 경우가 흔하다.

하고, 16km 이하에 80%가 분포한다(그림 2.34). 기압은 운동하는 공기 분자수와 관련 있고, 공기 분자는 하층대기에 집중하고 있어서 하층대기에서 기압이 높다. 고도 상승으로 기압이 낮아지면, 수증기 분자가 수면에서 쉽게 이탈할 수 있어서 끓는점이 낮다.[28] 또한 공기밀도가 낮은 고산지대에서는 산소가 부족하여 등반하는 사람들이 고산병을 앓기도 한다.

수증기도 중력에 의해 지표면 가까운 하층에 밀집하고 있어서 고도 상승에 따라 급격히 감소한다. 수증기 90%가 고도 6km 이내에 집중되어 있어서 고도가 낮은 구름일수록 두껍고 상층으로 갈수록 구름층이 얇아진다. 강수는 대부분 하층운에서 내린다. 일반적으로 산지에서 강수량은 고도 상승에 따라 증가하는 경향이지만 하층운 고도를 넘어서면 감소할 수 있다.

바람도 해발고도 영향을 크게 받는다. 고도가 높아지면 마찰력이 감소하여 자유대기 상태에 가까워지므로 풍속이 증가한다. 산지에서는 저지대보다 기온이 낮은 데다 바람이 강하여 체감온도가 떨어져 여름철에도 추위를 겪을 수 있다. 최근 산지에서 바람을 이용하기 위하여 능선을 따라서 풍력발전단지가 조성되는 것을 볼 수 있으며(사진 2.10), 산지기후 특성을 반영한 경관이다.

저지대와 차별되는 산지기후는 주민생활에 유용하게 활용할 수 있다. 저위도 고산지역은 연중 온화한 기후를 이용하여 일찍부터 문명이 발달하였다. 키토는 적도상에 자리 잡은 대표적 고산도시이다. 한국에서도 고도가 높은 곳에 고랭지농업이 발달한 것은 산지의 기후 특성을 유용하게 활용하는 사례이다. 대관령 주변 등 해발 700m 이상 지역은 여름철에 선선한 기후를 이용하여 일찍부터 씨감자와 고랭지채소 재배지로 주목받았다. 최근 고랭지 재배면적이 점차 확대되고 있는 점은 환경변화 측면에서 우려스러운 점이다. 고도가 높은 곳에서 집중호우가 내리면 토양침식이 심각하게 진행될 수 있다(사진 2.11).

---

27 해수면에서 평균기압은 1,013hPa이지만, 해발 1,584m에 위치한 미국 콜로라도주 덴버의 평균기압은 840hPa, 에베레스트산 정상에서는 320hPa이다.

28 해수면에서는 100℃에서 물이 끓지만, 키토에서는 90.9℃, 에베레스트에서는 71℃에서 물이 끓는다.

사진 2.10 산지에 조성된 풍력발전단지(강원 평창, 2017. 9.) 고도가 높은 산지는 마찰력이 적어서 바람이 강하여 풍력발전단지가 조성되고 있다.

사진 2.11 고랭지에서 토사유출(강원 태백, 2010. 7.) 고도가 높은 산지에서는 지형성 강수가 폭우로 내리면서 토양침식을 일으킬 수 있다.

지형의 장벽효과   지형(topography)은 규모에 관계없이 지역 간 기후 차이를 일으키는 중요한 요인이다. 산지 등 지형은 공기흐름을 방해하는 장벽효과(barrier effect)를 만들어 바람그늘(lee ward)과 바람받이(wind ward) 사면 간 기후 차이를 가져온다(사진 2.12). 규모가 큰 산지일수록 양 사면 사이에 기후 차이가 더욱 분명하다.

응결고도 이상 높은 산지는 양쪽 사면 사이에 단열과정 차이를 만드는 중요한 기후인자이다. 단열과정 차이가 양쪽 사면 간 기온과 강수량 차이를 가져온다. 로키산지 서쪽 사면과 콜롬비아 안데스산지 북서쪽 사면 등은 지형 때문에 강수량이 많은 지역이다. 히말라야산맥 남쪽 사면에 강수량이 많은 것도 여름철 남서몬순과 더불어 지형의 영향을 받는 것이다. 그림 2.35에서 난다데비Nanda Devi(7,817m), 안나푸르나(8,091m), 에베레스트(8,850m) 능선으로 이어지는 남쪽 사면에 강수량이 많고 바람그늘인 북쪽으로 갈수록 강수량이 급격히 감소한다. 이와 같이 대규모 지형의 바람그늘 사면에는 강

사진 2.12 산지 장벽효과에 의한 구름 발달(미국 콜로라도, 2019. 7.) 산지는 기류가 이동할 때 장애물 역할을 하여 바람받이와 바람그늘 사이에 기후 차이를 유발한다.

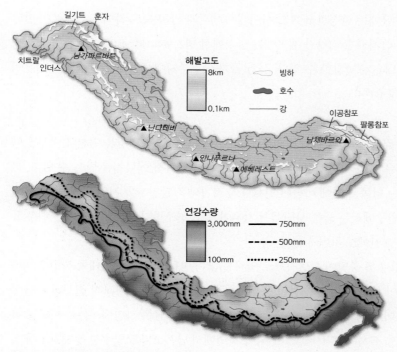

그림 2.35 지형과 강수량 분포(Blöthe and Korup, 2013) 히말라야산맥에서 사면과 고도가 강수량 분포에 미치는 영향을 보여 준다. 산지 남사면에 강수량이 많고, 능선 바람그늘에 강수량이 적은 것을 잘 볼 수 있다.

수그늘(rain shadow)이 발달하였다. 미국 코스트Coast산맥 동쪽 사면은 바람그늘에 해당하여 건조한 사막이 분포한다. 남아메리카 저위도에서는 안데스산지 서쪽에 사막이 분포하지만, 중위도에서 산지 동쪽에 사막이 발달한 것은 지형이 강수분포에 미치는 영향을 가시적으로 보여 준다.

한반도의 강수량 분포도 지형의 영향을 크게 받는다. 한라산 남사면에 강수량이 많은 것은 남쪽에서 불어오는 습한 공기가 한라산에 부딪치면서 발생하는 지형효과에 의한 것이다. 겨울철 영동지방과 울릉도에 강설량이 많은 것도 태백산맥과 성인봉의 영향을 받은 것이다. 안동과 대구, 의성 등 영남 내륙은 주변이 산지로 둘러싸여 있어서 산지를 넘어온 공기가 하강하면서 강수그늘이 만들어지는 지역이다.

소규모 지형도 국지적 기후 차이를 유발한다. 바람이 약할수록 소규모 지형효과가 크다. 고요한 날에는 산정과 골짜기 사이에서 냉각과 가열 속도 차이로 산곡풍이 발달한다. 야간에 산지로 둘러싸인 계곡에는 산지에서 냉기류(cold air flow)가 흘러내려 냉기호(cold air lake)가 발달할 수 있다. 산간 골짜기나 분지에 발달하는 냉기호는 기온역전층 형성에 중요하다.

사면의 향과 경사 사면의 향과 경사도 산지에서 기후 차이에 영향을 미친다. 북반구에서 남쪽 사면은 북쪽 사면에 비하여 긴 시간 동안 태양복사 에너지를 받을 수 있다. 북쪽 사면에서는 남쪽 사면에 비하여 일사량이 적거나 직달일사를 거의 받지 못한다. 일반적으로 북반구에서는 남쪽 사면에서 기온이 높고 건조하다. 산지 규모가 큰 경우 동쪽과 서쪽 사면 간에도 차이가 있다.

기온이 높을수록 증발이 활발하므로 일사를 많이 받는 사면에서 반대쪽 사면에 비하여 토양수분이 부족하다. 강수량이 충분하지 않은 지역에서는 비교적 선선하고 습한 북쪽 사면에 어느 정도 울창한 숲이 발달하지만, 이웃한 남쪽 사면에서는 풀이나 관목만 자라는 것을 볼 수 있다(사진 2.13). 북쪽 사면에서 남쪽보다 토양수분 상태가 비교적 양호하기 때문이다.

산곡풍이 발달하는 골짜기에서 북쪽보다 남쪽 사면에서 일찍 곡풍이 시작될 수 있다. 태양이 떠오르면서 남쪽 사면부터 가열되므로 남쪽을 향한 산정과 골짜기 바닥 사이에 가열 차이가 발생한다.

강수량 분포는 사면 향의 영향을 크게 받는다. 마다가스카르섬에는 북북동에서 남남서 방향으로 산줄기가 발달하여 풍향에 따라서 사면별로 강수분포가 다르다. 동쪽 사면은 연중 남동무역풍 영향을 받아 비가 고르게 내리지만, 서쪽 사면은 북서풍이 부는 시기에 짧은 우기이고 남동풍이 불 때 긴 건기이다. 남아메리카 저위도 해안 강수량 분포도 사면 향의 영향을 크게 받는다. 위도상으로 적도에 가깝지만, 파리냐스Pariñas곶(4°40′S)에서부터 남쪽으로 강수량이 적은 것도 사면 향이 강수량 분포에 미치는 영향을 잘 보여 준다. 산지가 북서에서 남동 방향으로 발달하여 이 지역 탁월풍인 남동풍에 의한 상승기류 발달이 어렵다.

적설분포는 사면 향의 영향을 더욱 뚜렷하게 받는다. 북쪽 사면에서 눈이 더 많이 쌓

사진 2.13 사면의 향에 따른 식생 차이(몽골 항가이|Hangaye, 2012. 7.) 남쪽 사면에는 수분이 부족하여 나무가 자라지 못하지만 북쪽 사면에 나무가 자라고 있다.

이고 오랫동안 남아 있다. 산지 만년설이나 산악빙하는 남쪽 사면보다 북쪽 사면에 더 발달하였다. 권곡 등 빙하에 의한 침식지형을 북쪽 사면에서 잘 관찰할 수 있는 것도 같은 이유이다. 일반적으로 북쪽 사면에 스키장을 만드는 것도 이런 이유이다.

5) 지표면 피복상태

지표면 피복상태는 알베도 차이를 야기하여 미기후에 영향을 미친다. 지표면에서 흡수하는 일사량 차이가 지표면에서 지구복사 차이를 유발하여 대기에 영향을 미친다. 피복상태에 따라 지표면에서 기온 차이가 발생하여 소규모 바람을 일으킬 수 있다.

같은 육지일지라도 피복상태, 구성물질 등에 따라 비열과 열전도도[29] 차이가 있어서

표 2.4 주요 물질의 열전도도

물질	열전도도 (W/m·K)
공기	0.025
눈	0.05~0.33
물	0.6
모래	0.4~1.7
사암	1.7
얼음	2.2
화강암	3.3
알루미늄	237

(표 2.4) 토양 조성이나 암석 분포도 지역 간 기후 차이를 만드는 요인이다. 해양에서도 밀도와 수온 차이 등에 따라 알베도가 다르며, 그런 차이가 상부 대기에 영향을 미친다. 이와 같은 지표면의 피복상태 차이는 농업기후와 같은 소규모 기후에 중요한 인자가 될 수 있다.

인구압의 증가로 지표면이 급격한 변화를 겪고 있다. 경지확장과 택지개발, 산업단지 조성, 도로건설 등 산업화 영향과 열대림파괴 등으로 삼림면적이 크게 감소하고 있다(사진 2.14). 삼림파괴는 사막화를 초래하고 지구 전체 기후시스템에

사진 2.14 경작을 위한 삼림파괴(말레이시아 파항, 2016. 1.) 경작지를 확보하기 위하여 고도가 높은 산지 삼림을 제거하였다.

---

29 물질이 전도에 의해 열을 전달할 수 있는 정도를 열전도도라고 하며, 이 값이 클수록 열 전달이 잘 이루어진다.

영향을 미칠 수 있다.[30] 삼림은 이산화탄소의 중요한 흡수원이면서 대기 중으로 산소를 공급한다. 그런 점에서 아마존의 열대우림을 '지구허파'라고 부른다. 삼림제거는 이산화탄소 흡수원을 제거하는 것과 다름없으므로 대기 중 이산화탄소 농도를 높이는 결과를 초래한다. 또한, 삼림제거는 지표면의 알베도 변화에도 영향을 미쳐 지표면에서 열수지와 물수지 변화를 초래할 수 있다.

---

30 세계은행(The World Bank)에 따르면, 1990년에서 2016년 사이에 130만 km²의 삼림이 제거되었다.

3. 고기압과 기단

공기 성질이 날씨를 결정한다. 차가운 공기가 덮고 있으면 춥고 더운 공기일 때는 덥다. 한 지역의 날씨를 판단하기 위해서는 영향을 미치고 있는 공기덩어리인 기단의 특성을 파악하는 것이 중요하다. 일반적으로 기단은 고위도와 저위도에서 발달하여 중위도지방에까지 영향을 미친다. 중위도지방은 고위도와 저위도에서 발달한 기단의 영향을 번갈아 받으면서 계절이 변한다.

공기 수직분포나 일기도를 분석하여 한 지역에 영향을 미치고 있는 기단을 파악할수 있다. 기단은 주로 규모가 큰 고기압에서 발달하므로 기압배치를 분석하여 주변 날씨에 영향을 미치고 있는 기단이 어떤 것인지 비교적 쉽게 알 수 있다.

한반도 주변 날씨에 영향을 미치는 기단은 주변에서 발달하는 주요 고기압 명칭과비슷하다. 예를 들어, 시베리아고기압에서 시베리아기단이 발원하고, 오호츠크해고기압에서 오호츠크해기단이 발원한다. 그러므로 기단을 이해하기 위해서는 고기압 발달과 특성 등을 이해하는 것이 기본이다. 이 책에서는 고기압 특성과 종류 등을 이해하고, 이어서 기단의 발달과 변질, 특성, 종류 등을 이해할 수 있게 구성하였다.

1) 고기압

고기압 특성 지표면에서 주위보다 기압이 높거나, 상층에서 등압면고도가 주변보다 높은 구역을 고기압(anticyclone, High)이라고 한다. 지상일기도는 해면기압 값을 등치선으로 나타내며, 일기도상에서 주변보다 기압이 높은 곳을 고기압이라고 한다.[31] 상층 일기도는 기압이 같은 면을 나타내는 등압면고도 값을 등치선으로 묘화하며,[32] 그 값이 주변보다 높은 곳이 고기압 구역이다. 지상일기도는 등압선으로, 상층일기도는 같은

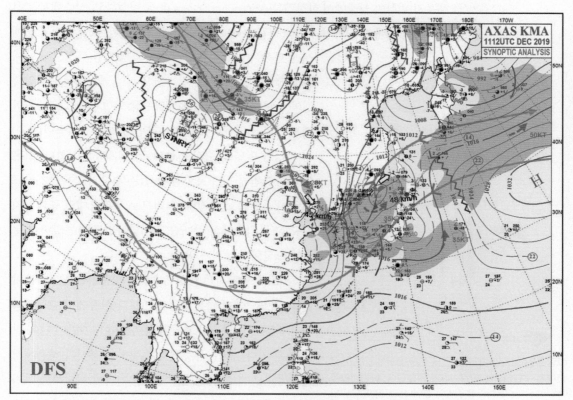

그림 2.36 동아시아 지상일기도(2019년 12월 11일 21시) 일반적으로 고기압이 저기압보다 규모가 크며, 한반도는 대부분 하나의 고기압 영향을 받는다.

---

31 평균해면기압은 약 1,013hPa이지만, 이 값으로 고기압과 저기압을 구분하는 것은 아니다.

기압값을 갖는 등고선으로 묘화한다.

일기도상에서 고기압은 파란색을 사용하여 'H' 혹은 '고'로 표시한다. 고기압 범위는 일기도상에서 중심을 둘러싸고 있는 가장 바깥 등압선(isobar)까지라고 할 수 있지만 경계가 명확하지 않다. 고기압은 직경이 수천km에 이르러 열대저기압이나 온대저기압보다 수평적으로 규모가 크다. 고기압에서 분리된 이동성고기압은 규모가 작지만, 한반도는 동일한 고기압의 영향을 받는 경우가 대부분이다(그림 2.36).

고기압은 주변보다 기압이 높아서 공기가 중심에서 주변으로 발산(divergence)하면서 바람이 시계방향(북반구 경우)으로 불어 나간다. 지표면에서 밖으로 발산한 공기만큼 채우기 위하여 상층에서 하강기류(descending air current)를 형성하고, 상층에서는 하강한 공기를 채우기 위하여 수렴(convergence)이 발달한다(그림 2.37). 이와 같이 중심에서 발달하는 하강기류는 고기압의 중요한 특징으로 날씨를 맑게 한다. 공기가 하강하면 압력이 커지면서 단열압축된다. 공기 양이 일정한 상태로 압축되면 분자운동이 활발해져 그만큼 열에너지가 발생하면서 기온이 상승한다. 이런 과정을 단열승온(adiabatic warming)이라고 한다. 기온이 상승하면 공기가 포함할 수 있는 수증기량이 증가하므로 상대습도가 낮아진다. 그러므로 응결상태인 공기일지라도 하강 과정에서 상대습도가 낮아지므로 증발하여 구름이 소산되어 날씨가 맑다.

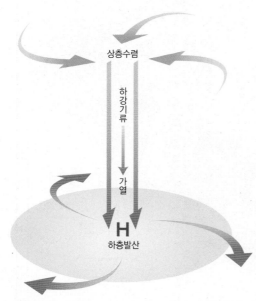

그림 2.37 고기압 모델 고기압은 하층에서 발산하고, 상층에서 수렴하므로 하강기류가 발달한다. 하강기류에 의하여 단열승온하므로 증발이 일어나 고기압에서 날씨가 맑다.

고기압이 발달하려면 상층수렴이 하층발산보다 강해야 한다. 지표면에서 발산하는 공기보다 상층에서 수렴하는 공기가 많아서 지표면 기압이 높아져야 고기압이 더욱 발달할 수 있다. 반면, 상층에서 수렴하는 공기가 하층에서 발산하는 공기보다 적으면 지표면 기압이 서서히 낮아지므로 고기압이 약화한다. 열적으로 형성된 고기압은 하층

---

32 국제 협정에 의하여 1,000hPa, 850hPa, 700hPa, 500hPa, 300hPa 고도면을 표준등압면으로 사용하며, 이 고도를 포함하여 상층관측을 한다.

에서 냉각이 중요하다. 하층에서 냉각이 계속되면 공기가 쌓여 지표면에서 발산이 일어나므로 하강기류가 발달한다.

고기압 중심에서 주변으로 바람이 불어 나가지만, 북반구에서는 전향력(coriolis force, deflecting force)이 진행방향에 대하여 오른쪽으로 작용하여 바람이 고기압 중심에서 시계방향으로 불어 나가며, 남반구에서는 시계방향 반대로 불어 나간다. 해상에서는 풍향이 등압선과 거의 평행하지만, 육지에서는 마찰력 영향으로 변형된다. 마찰력이 없는 상층에서는 풍향이 등고선과 거의 나란하다(그림 2.38).

고기압에서는 중심으로 갈수록 기압경도력(pressure gradient force)이 작아 바람이 약하고, 주변으로 갈수록 등압선 간격이 조밀하여 바람이 강하다. 시베리아고기압이 확장할 때, 초반에는 한반도가 고기압 가장자리에 위치하여 기압경도력이 커서 바람이 강하다. 시베리아고기압이 강하게 확장할 때는 중심기압이 높을 뿐만 아니라 주변에 위치하는 저기압의 중심기압이 낮아 기압경도력이 크다. 이동성고기압 영향을 받을 때는 한반도가 대체로 고기압 중심에 가까이 위치하고 있어서 바람이 약하다. 이동성고기압은 규모가 큰 고기압 가장자리에서 분리되므로 중심기압이 낮은 편이어서 주변에서 기압경도력이 크지 않다.

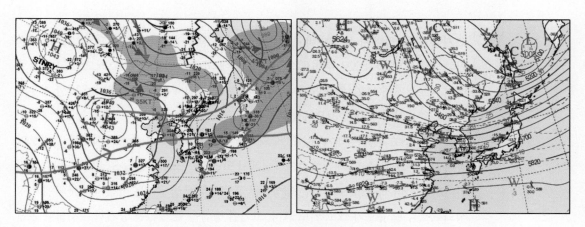

그림 2.38 지상과 상층에서 등압선과 풍향 왼쪽은 지상일기도, 오른쪽은 500hPa 등압면 일기도이다. 풍향이 지상에서는 등압선에서 상당히 변형되지만, 상층에서는 등고선과 거의 나란하다. 붉은색 화살표가 풍향을 나타내며, 상층일기도의 붉은색 점선은 해당 등압면의 온도분포이다.

고기압의 영향을 받고 있을 때에도 국지적으로 구름이나 강수가 발달할 수 있다. 습윤한 공기가 산지를 만나 강제상승하거나, 대기가 불안정할 때 국지적으로 구름이 발달한다. 시베리아고기압이 한반도로 확장할 때, 전라남·북도 서해안에는 한랭한 공기와 해수면 사이 온도 차이로 발달한 구름에서 강수가 발생할 수 있다. 상층 온도는 낮은데 해수면에 가까운 하층 온도가 높아 대기가 불안정하여 대류가 활발하게 일어나면서 구름이 발달한다.

영동지방에서 고기압 영향을 받을 때에도 강설이 발달할 수 있다. 이동성고기압이 한반도 북동쪽에 자리하고 있을 때, 고기압에서 불어오는 한랭한 공기와 따뜻한 동해수온 사이의 온도 차이로 구름이 발달한다. 이 구름이 태백산맥에 부딪혀 강제상승하면서 두껍게 발달하면 많은 눈이 내릴 수 있다. 늦은 봄이나 여름철에 북동풍이 불 때, 영동지방에 내리는 강수는 오호츠크해고기압과 관련된 경우가 대부분이다.

여름철에 한반도가 북태평양고기압의 영향을 받을 때는 대기가 불안정하여 소나기가 자주 내린다. 북태평양고기압 구역을 덮고 있는 공기는 안정적이지만, 쿠로시오난류를 지나면서 하층이 가열되어 불안정한 상태로 한반도에 영향을 미치기 쉽다. 대기가 매우 불안정할 때는 지표면에서 작은 가열 차이가 발생하여도 국지적으로 소나기가 내릴 수 있다.

고기압 종류 앞에서 설명한 바와 같이 고기압은 상층의 강력한 수렴으로 발달한 하강기류나 지표면 냉각으로 주변보다 낮은 기온에 의해서 발달한다. 그러므로 고기압 주변의 온도분포를 보면, 지표면에서부터 상층까지 중심 부근이 주변보다 온난한 경우와 반대로 주변보다 한랭한 경우가 있다.

남·북위 30° 부근은 대기대순환에 의해서 강력한 하강기류가 발달하므로 주변보다 공기밀도가 높다. 이런 대기대순환과정에서 발달하는 고기압을 구조적(혹은 동적) 고기압이라고 한다. 구조적 고기압은 대상으로 광범위하게 발달하는 하강기류 구역에서 형성되므로 수평 규모가 크고 키도 크다. 고기압 중심을 덮고 있는 공기가 주위보다 온난하여 온난고기압(warm anticyclone)이라고 부르기도 한다(그림 2.39 a). 북태평양고기압과 대서양에 분포하는 버뮤다고기압은 구조적 원인으로 발달하였다. 이런 고기압은 지표면에서부터 대류권계면까지 주변보다 기압이 높아서 키가 크고, 중심이 반영구적으로 거의 이동하지 않는다. 이런 구역을 아열대고기압대라고 하며 사하라사막과 아라비아사막 등 세계적 사막이 분포한다.

열적 요인으로 발달한 고기압은 구조적 고기압에 비하여 수평 규모가 작고, 중심을 덮고 있는 공기가 주변보다 한랭하여 한랭고기압(cold anticyclone)이라고 부른다. 한랭고기압은 지표면 냉각의 영향을 받는 고도까지만 주변보다 밀도가 높아서 키가 작다(그림 2.39 b). 한랭고기압이 발달하기 위해서는 하층에서 냉각이 중요하다. 겨울철 동북아시아 기후에 영향을 미치는 시베리아고기압은 강력한 지표면 냉각으로 형성된 열 고기압이다. 시베리아평원은 겨울이 되면서 태양고도가 낮아져 일사량이 줄고 눈이 쌓이면서 알베도가 높아지는 데다 비열이 작아 야간에 복사냉각이 빠르게 일어난다. 냉각된 공기가 지표면에 지속적으로 쌓이면서 공기밀도가 높아져 고기압이 발달한다. 북아메리카에도 이와 비슷한 캐나다고기압이 발달하지만, 시베리아고기압에 비하여 규모가 작은 편이다.

열적으로 발달한 고기압은 지표면에서부터 점차 가열되면 가장자리에서 분리될 수 있다. 정체고기압에서 분리되어 이동하는 고기압을 이동성고기압(migratory anticy-

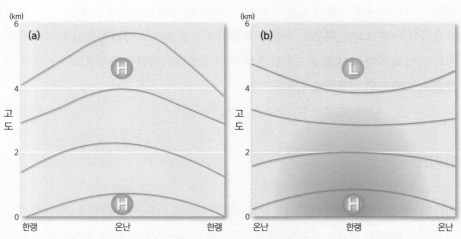

그림 2.39 온난고기압과 한랭고기압 고기압 중심 부근 온도가 주위보다 높은 것은 온난고기압(a)이라고 하고, 낮은 것은 한랭고기압(b)이라고 한다.

clone)이라고 한다. 시베리아평원과 동아시아는 겨울에서 봄으로 계절이 바뀔 때, 지표면이 빠르게 가열되므로 늦겨울이 지나면 시베리아고기압은 세력이 약화되어 가장자리에서 이동성고기압이 쉽게 분리된다. 가을에도 시베리아고기압이 발달하지만, 지표면이 충분히 냉각된 상태가 아니므로 이동성고기압이 쉽게 분리된다.

이동성고기압은 규모가 작고 비교적 빠르게 이동하면서 중위도 날씨에 영향을 미치는 빈도가 높다. 한반도 날씨는 거의 연중 이동성고기압 영향을 받을 수 있지만, 봄과 가을철에 출현빈도가 높다. 이른 봄이나 늦가을에 이동성고기압이 영향을 미칠 때는 풍속이 약하고 날씨가 맑다. 이때, 대기가 안정되어 있어서 농작물에 서리피해가 발생할 수 있으며 짙은 안개가 끼기도 한다.

중위도 가을철에 이동성고기압이 동서로 위치하고 있을 때는 맑은 날씨가 지속된다. 이때 고기압 사이에는 기압골이 발달하지만 두 고기압의 성질 차이가 크지 않아 기압골이 강하게 발달하지 않는다. 고기압 중심이 남북으로 위치할 때는 상황이 다르다. 북쪽 고기압은 한랭하고, 남쪽 고기압은 온난한 편이어서 사이에서 기압골이 강화될 수 있다. 겨울철에 두 고기압 중심이 육지에 자리하고 있으면, 야간에 각각 강화되면서 사이에 기압골이 발달하여 눈이 내리기도 한다. 겨울철 중부지방에서 새벽에 종종 볼 수 있는 예상하지 못한 강설은 고기압이 남북으로 위치할 때 기압골에서 발달한 경우가 대부분이다. 이때에도 해가 뜨고 지표면이 가열되면 상승기류가 발달하면서 고기압이 약화되어 눈이 그친다. 구름도 오전 중에 걷히고 맑은 날씨로 바뀌는 것이 일반적이다. 이와 같이 육지에 중심을 둔 고기압은 밤에 빠르게 냉각되면서 공기밀도가 높아져 강화하고, 해가 뜨면 가열되면서 약화한다.

2) 기단

기단의 개념과 발달 주어진 고도에서 수평 방향으로 기온, 수증기량 등 물리적 성질이 일양(一樣)하고 광대한 공기덩어리를 기단(air masses)이라고 한다.[33] 기단의 수평 범위가 위도상으로 20°를 넘는 경우가 흔하여[34] 물리적 성질이 완벽하게 같은 것은 아니지만, 비슷한 고도에서 비교하여 보면 지점 간의 기온과 습도 차이가 크지 않다. 기단 내에서 차이와 기단 경계를 벗어난 지점 간의 차이를 비교하여 보면 쉽게 확인할 수 있다. 기단의 물리적 성질은 환경기온감률과 온도, 수증기량 등에 의해 결정된다. 같은 기단이 영향을 미치는 곳에서는 기온의 수직분포가 거의 일정하고 온도와 수증기 분포도 어느 정도 비슷하다. 기온의 수직분포를 보여 주는 환경기온감률은 기단의 물리적 성질을 좌우하는 중요한 요소이며 대기안정도를 결정한다.

기단이 발달하는 지역을 기단발원지(air mass source regions)라고 한다. 기단이 발달하려면 공기덩어리가 한곳에 정체하여야 하고 지표면 성질이 비슷하여야 한다. 겨울철에 눈이나 얼음으로 덮여 있는 극지방(사진 2.15)과 고위도 평원, 아열대 해양은 기단발원지로 적합하다.

공기가 오랫동안 정체하면 대류와 전도 등에 의하여 지표면 성질이 공기로 전달된다. 열수지 측면에서 보면, 열과잉 지역이나 열부족 지역에서는 공기 이동이 느리므로 기단이 발달하기 적합하다. 그 사이 지역에서는 공기가 빠르게 이동하므로 지표면 성질이 공기로 전달되기 어렵다. 고위도와 저위도에서는 공기가 정체하는 경우가 잦아 기단이 발달할 수 있지만, 중위도에서는 공기 이동이 활발하여 기단이 발달하기 어렵다.

기압계별로 보면, 중심으로 갈수록 풍속이 약한 고기압 구역에서 기단이 발달하기 적합하여 기단은 주로 고기압 구역에서 발달한다. 한대기단과 아열대기단은 대부분 발원지 명칭에 해당하는 고기압 구역에서 발달한다. 예를 들어, 시베리아기단은 시베리아고기압에서, 북태평양기단은 북태평양고기압에서 발달한다. 적도저기압대는 주변보다 기압이 낮지만 기압 차이가 크지 않아 공기흐름이 느린 구역이어서 기단이 발원할 수 있는 조건을 갖추었다. 적도저기압대 해역에서 적도기단이 발원한다.

기단이 형성되기 위해서는 발원지가 될 수 있는 지표면 성질이 비슷해야 한다. 수평범위가 비슷한 규모일지라도 높은 산지와 하천, 호수, 구릉지, 낮은 평지 등 다양한 지형으로 구성되어 있으면 기단이 발달하기 어렵다. 그러므로 기단은 광대한 대양이나 대륙 평원에서 잘 발달한다. 그런 지표면에서 공기덩어리가 장기간 정체하면 지표면

---

33 수직 범위가 수km이고 수평 범위가 1,000km가 넘는다.

34 시베리아기단의 경우 북위 60°에서 30° 사이에 영향을 미치는 경우가 흔하다.

사진 2.15 기단발원지가 될 수 있는 광활한 고위도 평원(캐나다 누나부트, 2019. 10.) 광대한 고위도 평원은 지표면 성질이 일양하여 기단발원지로 적합하다. 이곳은 겨울철에 눈이 쌓여 알베도가 높아져 냉각이 빠르게 진행된다.

특성이 공기에 반영되어 광대한 지역에 걸쳐서 습윤하거나 건조한 공기덩어리를 형성한다.

기단발원지의 지리적 특성이 기단의 성질을 결정한다. 대체로 위도에 따라서 온도가 결정되고, 지표면 성질에 따라서 습도 상태가 결정된다. 고위도에서 발달한 기단은 한랭하고 저위도에서 발달한 기단은 고온이며, 대륙에서 발달한 기단은 건조하고 해양에서 발달한 기단은 습윤하다. 시베리아평원과 북태평양은 한반도 기후에 영향을 미치는 대표적 기단발원지이다. 시베리아기단은 한랭건조하고 북태평양기단은 고온다습하다.

한 지역의 기후는 영향을 미치는 기단의 성질에 따라 결정된다. 중위도는 계절에 따라 고위도와 저위도에서 발달한 기단의 영향을 받는다. 겨울에는 주로 고위도 기단의 영향을 받고 여름에는 저위도 기단의 영향을 받는다. 중위도에서 볼 수 있는 특징적인 날씨는 대부분 두 기단 사이의 경계에서 발생하므로 중위도 날씨가 어느 위도대에서보다 다양하다.

기단의 이동과 변질 기단이 형성되면 주변으로 세력을 확장하면서 서서히 이동한다. 같은 기단의 영향을 받더라도 발원지에서 멀어질수록 발원지 성질과 차이가 커진다. 예를 들어, 2018년 1월 10일에 바이칼호 부근의 시베리아에서 한랭건조한 시베리아기단이 발달한 경우를 보면(그림 2.40), 시베리아기단 영향권에 있는 지역이지만 지점별로 기온 차이가 크다는 것을 쉽게 확인할 수 있다. 같은 시각에 발원지에 가까운 키렌스크 Kirensk 기온은 −40.6℃이지만, 서울은 −7.7℃이고 제주는 2.0℃이다. 기단이 남동방향으로 이동하면서 점차 가열되는 것을 알 수 있다.

기단이 이동하면 대류와 난류, 전도 등에 의하여 하층에서부터 가열되거나 냉각된다. 기단의 변질 정도는 경로상의 지표면 특성과 이동속도에 따라 다르다. 이동경로상에서 지표면 특성과 기단의 성질 사이 차이가 클수록 쉽게 변질된다. 고위도에서 발달한 기단이 저위도로 이동하면 하층에서 열을 흡수하면서 가열된다. 저위도에서 발달한 온난기단이 한랭한 지역으로 이동하면 지표면으로 열을 빼앗겨 하층에서부터 냉각되지만, 이런 경우는 흔치 않다. 온난기단은 대부분 아열대고기압대에서 발원하지만, 중위도에 영향을 미치는 여름철에는 중위도도 이미 상당히 가열된 상태이다.

지표면이 가열되거나 한랭기단이 온난한 곳으로 이동하면 하층이 상층보다 온난한 상태이므로 대기가 불안정하여 대류가 활발하다. 이 경우에 일시적이고 국지적인 강수가 발달한다. 한겨울에 포근한 날씨가 이어지다 갑자기 시베리아기단이 확장할 때 국지적으로 눈이 내리는 경우가 그런 사례이다. 한랭한 공기가 온난한 지표면 위를 덮으면 대기가 불안정하여 국지적으로 강설이 발달한다. 한랭건조한 시베리아기단이 온난 습윤한 황해와 동해를 지나면서 변질될 수 있다.

온난기단의 영향을 받더라도 지표면에서 복사냉각이 강하게 진행되거나 한랭한 지역으로 이동하면 하층에서부터 냉각된다. 이때는 하층 온도가 낮아 대기가 안정되어 있으므로 상승기류가 발달하기 어렵다. 이때는 안개나 층운이 발생할 수 있으며, 강수가 있더라도 아주 약하다. 대기가 안정되어 있으므로 오염물질이 하층에 집중되어 미

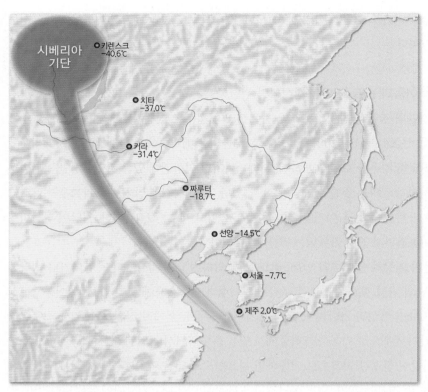

그림 2.40 시베리아기단 발원지에서부터 기온변화(2018년 1월 10일 00UTC) 발원지에 가까운 키렌스크 기온은 −40.6℃이지만, 기단이 남동방향으로 이동하면서 점차 기온이 높아진다.

세먼지 농도가 높아지고 시정이 떨어진다.

기단의 이동속도도 기단의 변질에 영향을 미친다. 기단이 빠르게 이동하면 본래 성질이 크게 바뀌지 않지만, 느리게 이동하면 이동경로의 지표면 성질이 더욱 효과적으로 기단에 전달된다. 일반적으로 기단이 느리게 이동하면서 지표면 성질과 차이가 클 때, 더 많이 변질된다.

기단의 종류와 특성 기단의 종류는 온도와 수증기량, 환경기온감률 등에 의하여 나뉜다. 기단의 온도는 발원지 위도대에 의해서 결정되고 수증기량은 지표면 피복상태에 의해서 결정되므로 크게 발원지 지표면 특성과 위도대에 따라서 기단을 분류한다.

우선, 기단은 발원지의 지표면 성질에 따라서 대륙기단(continental air mass)과 해양기단(maritime air mass)으로 나뉜다. 지표면 성질에 의하여 나뉘는 기단 종류는 영문 소문자를 사용하여 표시하여 각 기단을 기호 'c'와 'm'으로 표시한다. c기단은 대륙기단으로 수증기량이 많지 않다는 의미를 포함하며, m기단은 해양기단으로 수증기량이 많다는 의미를 담고 있다.

기단은 발원지의 위도대에 따라서 고위도에서 발원하는 극기단(arctic air mass)과 한대기단(polar air mass), 저위도에서 발원하는 아열대기단(tropical air mass)과 적도기단(equatorial air mass) 등으로 구별한다. 각각 영어 표기 첫 글자를 따서 'A', 'P', 'T', 'E(또는 mE)'로 표시한다. 여기서 P기단은 한대기단을 의미할 뿐만 아니라 한랭하다는 의미를 포함하며, T기단은 아열대기단이면서 고온이란 의미를 포함한다. 아열대기단과 적도기단의 온도 차이가 크지 않다. 고위도 기단은 열부족 지역에서 발원하므로 한랭하고 열과잉 지역에서 발원하는 저위도 기단은 고온이다.

지표면상태와 그 위를 덮고 있는 공기 사이 온도 특성에 따라 온난기단과 한랭기단으로 나누기도 한다. 기단이 지표면보다 온난한 것을 온난기단(warm air mass)이라고 하며, 반대인 경우를 한랭기단(cold air mass)이라고 한다. 각각 영문 소문자 'w'와 'k'로 표시한다. 한반도에 영향을 미치는 기단 중 변질되지 않은 시베리아기단은 k기단에 해당하며, 변질된 시베리아기단은 온난한 상태이므로 w기단에 해당한다.

지구상에 분포하는 기단은 앞에서 설명한 두 가지 기호를 조합하여 표시한다(표 2.5). 예를 들어, 대륙기단 c와 극기단 A, 한대기단 P, 아열대기단 T를 조합한 cA, cP, cT기단이 있고, 해양기단 m과 한대기단 P, 아열대기단 T를 조합한 mP기단, mT기단이 있다. 각 기단의 성질은 조합한 문자와 같은 의미이다. 예를 들어, cP기단은 한랭건조하고, mT기단은 고온다습하다. 기단은 대부분 고위도 대륙과 저위도 대양에서 발달하여 발원지 주변과 중위도에 영향을 미친다(그림 2.41).

세 번째 기호를 조합하여 기단을 다시 나눌 수 있다. 같은 cP기단이지만, 지표면상태와 기단 간 성질 차이에 따라서 cPk기단과 cPw기단으로 구분할 수 있다. cPk기단이 영향을 미칠 때는 지표면이 온난한 상태이므로 대기가 불안정하여 일시적이고 국지적인 강수가 내릴 수 있다. 겨울철

표 2.5 지구상에 분포하는 주요 기단

기호	기단명
A	극기단
cP	한대대륙기단
cT	아열대대륙기단
mP	한대해양기단
mT	아열대해양기단
E	적도기단

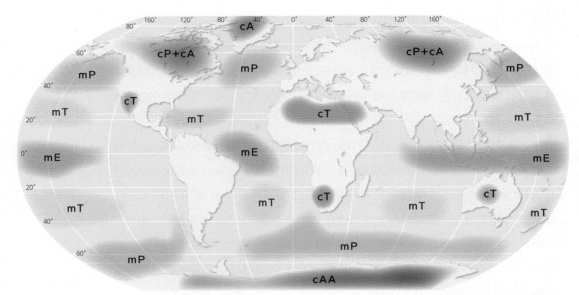

그림 2.41 세계 주요 기단발원지 기단은 열교환이 적은 고위도와 저위도의 광대한 대륙이나 대양에서 발원하여 중위도까지 영향을 미친다.

맑은 날에 일시적으로 눈발이 내리는 것은 한랭한 cPk기단이 영향을 미치면서 대기가 불안정할 때이다. cPw기단은 안정되어 있어 안개가 끼기 쉬우며, 대기 중 미세먼지 농도가 높을 수 있다.

　　한대대륙기단(cP; continental polar air mass)은 알베도가 높고 일사량이 적은 고위도에서 발달한다. 유라시아대륙의 시베리아평원과 북아메리카대륙의 알래스카와 캐나다 내륙 북위 50° 이북이 이 기단의 주요 발원지이다. 이 기단은 지표면이 눈으로 덮여 있는 겨울철에 강하게 발달한다. 겨울철 고위도는 태양고도가 낮고 일조시간이 짧으며 밤이 길어서 지표면이 빠르게 냉각된다. 겨울이 깊어질수록 복사냉각이 강하지만, 낮에 충분히 가열되지 않으므로 지표면에 가까운 공기가 극단적으로 냉각되어 지표 부근은 매우 안정되어 있어서 기온역전층이 850hPa 고도면에 이르기도 한다. 낮이 길어지고 태양고도가 높아지면서 지표면이 점차 가열되면 기단 세력이 약화한다. 간혹 여름철에도 강도가 약하지만 한대대륙기단이 중위도기후에 영향을 미칠 수 있다.

　　이 기단은 지표면 냉각에 의하여 발달한 것이므로 두께는 약 3km로 얇은 편이며, 혼

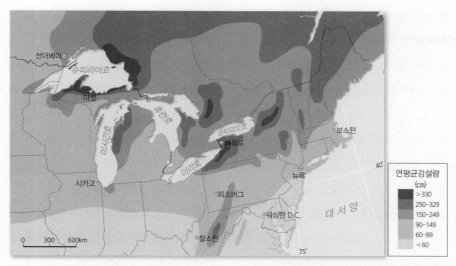

그림 2.42 호수효과에 의한 강설 분포(Lutgens *et al*., 2010) 북서쪽에서 한대대륙기단이 오대호로 확장할 때 한랭한 공기와 호수표면 간 온도 차이로 대류가 활발해지면서 호수의 바람그늘에 많은 눈이 내린다.

합비(mixing ratio)는 1.5g/kg 정도로 매우 건조하다. 이 기단의 영향을 받을 때, 온도 차이와 지형 등의 영향으로 국지적으로 폭설이 발생할 수 있다. 미국 오대호 연안의 바람그늘인 마켓Marquette, 버펄로Buffalo는 폭설로 유명하다. 마켓의 12월 강설량은 56.4cm로 슈피리어호 반대쪽 연안 선더베이Thunder Bay(19.0cm)보다 두 배 이상 많다(그림 2.42). 이와 같은 강설량 차이는 온난한 호수의 수온과 한랭한 한대대륙기단 사이 온도 차이로 발생한 호수효과(lake effect)에 의한 것이다. 즉, 열을 많이 포함하고 있는 호수 위로 한랭한 공기가 유입되면서 대기가 불안정하게 되어 강설이 발달한다. 이와 같은 현상은 한반도 서해안과 이탈리아 북동부 아드리아해 연안에서도 비슷한 이유로 발생한다. 유라시아대륙에서 강력한 한파가 불어올 때, 이탈리아 아펜니노산맥 북동부 사면에 많은 눈이 내릴 수 있다.

한대해양기단(mP; maritime polar air mass)은 태평양과 대서양의 고위도 해양에서 열적 원인으로 발달한다. 한반도 기후에 영향을 미치는 오호츠크해기단이 대표적 예이다. 지표면이 가열되면서 주변 대륙에서 해양으로 차가운 융빙수나 융설수가 유입되면, 주변 내륙의 온도보다 해수면온도가 상대적으로 낮아진다. 이런 상황에서 열적 요인에 의하여 오호츠크해에 고기압이 형성되어 기단이 발달한다. 이 기단은 대체로 안정적이지만, 냉량습윤한 상태로 한반도로 이동하면서 열과 수증기를 공급받아 불안정하게 바뀐다. 오호츠크해를 둘러싸고 있는 지역의 지표면이 어느 정도 가열되어야 융빙이나 융설이 일어날 수 있으므로 늦은 봄철에 발원하여 한반도 기후에 영향을 미친다.

북대서양에서도 종종 래브라도해 중심으로 한대해양기단이 발달하여 북아메리카 북동부에 영향을 미친다. 래브라도해도 오호츠크해와 마찬가지로 지표면이 가열되어 주변 내륙에서 융빙수나 융설수가 유입되면서 상대적으로 수온이 낮아진다. 이 기단이 뉴잉글랜드에 영향을 미칠 때 남쪽에서 아열대해양기단이 유입되면 두 기단이 마주치면서 일시적으로 정체전선을 형성할 수 있다. 전선 북쪽에서는 불안정한 상태에서 북동풍이 불면 춥고 습하며 약한 가랑비나 눈도 내린다. 늦겨울에 간혹 강한 북동풍을 초래하면서 폭우나 폭설, 연안에 홍수를 야기할 수 있다(그림 2.43).

북대서양에 발달하는 한대해양기단은 유럽에 영향을 미치기도 한다. 유럽에 영향을 미치는 mP기단은 그린란드 동부나 래브라도해에서 발원한다. 유럽 북서쪽 그린란드해에서 발원한 기단은 이동경로가 짧아서 채 가열되지 않은 상태에서 유럽의 날씨에 영향을 미치므로 대체로 불안정하다. 이 기단이 영향을 미칠 때 유럽의 날씨는 냉량하고 소낙성 강수가 내리기도 한다. 반면에 래브라도해에서 발원하여 먼 거리를 이동한 mP기단은 온난습윤한 중립 상태로 유럽의 날씨에 영향을 미치며, 약한 강수를 동반하기도 한다.

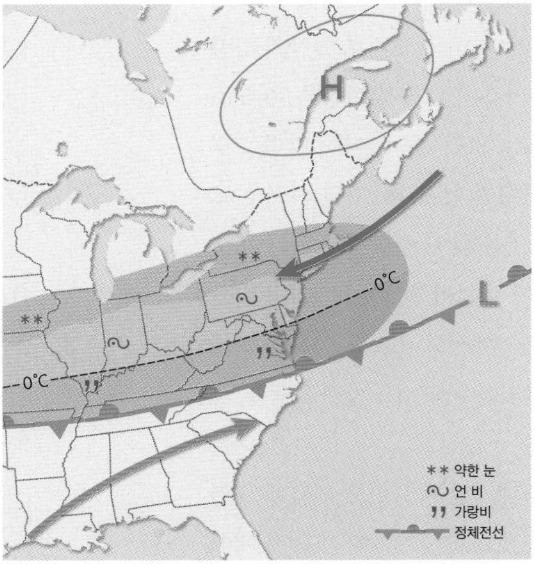

아열대대륙기단(cT; continental tropical air mass)은 고온건조한 대륙에서 발달한다. 여름철에는 아프리카 북부와 북아메리카 남부, 티베트고원 등에서 발원하지만, 겨울철에는 아프리카 북부 사하라에서만 발원한다. 대체로 아열대고기압대 세포에서 아열대

그림 2.43 **이른 봄 북대서양에서 발달한 한대해양기단이 뉴잉글랜드에 영향을 미칠 때 날씨** 이때 남쪽에서 고온다습한 기단이 유입되면 정체전선을 형성하여 강수가 발달한다.

약한 눈
언 비
가랑비
정체전선

대륙기단이 발원한다.

아열대대륙기단은 극도로 건조하여 영향을 받는 지역에서 일교차가 크다. 이 기단은 구조적 요인에 의해서 발원한 것으로 지표면온도가 높아 한대대륙기단보다 수증기량을 더 많이 포함할 수 있다. 혼합비가 3~4g/kg에 이르지만, 기온이 높아서 상대습도가 낮다. 하층 온도가 높은 상태여서 해양을 지날 때 수증기를 흡수하면 쉽게 대류운이 발달한다.

아열대해양기단(mT; maritime tropical air mass)은 태평양 동부와 대서양의 남·북위 30° 부근에서 발달한다. 이 기단은 아열대고기압대가 발원지이므로 규모가 크다. 이 기단은 고온다습한 저위도 공기를 비교적 냉량건조한 중위도 쪽으로 이동시키면서 강수 형성에 중요한 역할을 한다. 아열대해양기단의 혼합비는 12g/kg에 이른다.

이 기단은 구조적인 요인으로 형성된 고기압에서 발달한 것으로 상층에서부터 강한 하강기류가 있어서 매우 안정적이다. 중위도로 이동하면서 난류 해역에서 막대한 양의 에너지와 수증기를 공급받아 불안정한 상태로 변한다. 한반도에 영향을 미치는 북태평양기단이 이에 해당한다. 이 기단은 연중 아열대고기압대를 따라서 북태평양에 발달하며, 한반도로 이동하면서 쿠로시오난류를 지나게 되어 불안정한 상태로 바뀐다.

북대서양과 멕시코만, 카리브해에서도 연중 아열대해양기단이 발달한다. 이 기단은 겨울철에는 한대대륙기단 세력이 남하하므로 미국 중부와 남동부에만 간간이 영향을 미칠 뿐이지만, 여름철에는 로키산맥 동쪽의 미국 동부와 중부, 남부 기후에 영향을 미쳐 로키산맥 동쪽 지역 대부분이 이 기단의 영향으로 강수가 발달할 수 있다. 여름철에 내륙이 가열된 상태에서 영향을 미치면 불안정하게 되므로 적운이 쉽게 발달하여 뇌우를 동반할 수 있다. 북태평양에서 발달한 아열대해양기단은 대규모 산지가 막고 있어서 로키산맥 동쪽으로는 많은 수증기를 유입시키지 못한다.

북대서양 아조레스고기압에서 발달한 아열대해양기단은 유럽의 기후에 영향을 미친다. 발원지보다 상대적으로 온도가 낮은 해수면을 지나면서 더욱 안정 상태로 이동한다. 이때 유럽 해안에서는 공기가 안정 상태인데다 상승기류를 만들 수 있는 지형 장애물이 없어서 강수가 발달하기 어렵다.

적도기단(E; equatorial air mass)은 연중 남·북위 20° 사이 무역풍대에서 발달한다. 발원지는 열대수렴대 이동과 관련되어 있어서 겨울철에는 남쪽으로 이동하고 여름철에는 북쪽으로 이동한다. 아열대해양기단보다 하층에 습윤한 공기층이 두껍고 고온다습하여 대기가 불안정하다.

북극기단(cA; continental arctic air mass)은 한대대륙기단 발원지보다 더 고위도 쪽 북극해와 그린란드빙상에서 발달하며 혼합비가 0.1g/kg으로 매우 건조하다. 이 기단은 발원지인 북극해가 얼어 있는 기간이 길고, 그린란드빙상에서 발원하는 경우가 있어서 대륙기단과 성질이 비슷하여 'cA'기호를 사용한다. 북극기단은 중위도기후와 관련이 없는 것으로 이해하였으나, 최근 북극 환경이 중위도기후에 영향을 미친다는 주장이 제기되고 있다. 전구 기온상승으로 북극해 해빙(sea ice)이 녹으면서 북극기단과 한대기단 사이 온도 차이가 작아지면, 두 기단 사이 전선이 모호해진다. 이런 상황에서는 북극 한기가 중위도로 쉽게 침투할 수 있어서 겨울철 중위도 한파의 원인이 된다. 여름철에도 북극에서 넘어온 한기가 한반도 북쪽에 영향을 미치면 장마전선이 북상하지 못하여 장마가 길어질 수 있다.[35] 남극기단(cAA; continental antarctic air mass)은 남극대륙에서 발원한다. 남극은 북극과 달리 고도가 높은 대륙이어서 매우 한랭건조하다.

한반도에 영향을 미치는 기단 한반도 기후는 계절에 따라서 고위도와 저위도에서 발달한 다양한 기단의 영향을 받는다. 한반도 기후에 영향을 미치는 기단은 시베리아기단과 북태평양기단, 오호츠크해기단이며, 간혹 적도기단의 세력이 다가오기도 한다(그림 2.44).

시베리아기단(cP)은 대표적인 한대대륙기단으로 한랭건조하다. 발원지인 시베리아평원은 북위 45~55°에 분포하며, 대륙도가 높아 매우 건조하다. 이 기단은 발원지 지표면이 눈으로 덮이고 태양고도가 낮은 겨울철에 강력하게 발달한다.

이 기단은 일 년 중 가장 오랫동안 한반도 날씨에 영향을 미친다. 대체로 늦장마가 끝나는 9월 중순 이후부터 다음 해 오호츠크해기단이 영향을 미치기 시작하는 5월 중순까지 시베리아기단이 한반도에 영향을 미친다. 해에 따라서 장마가 시작되는 6월 중순

---

35 2020년 한반도 장마가 대표적 사례이다.

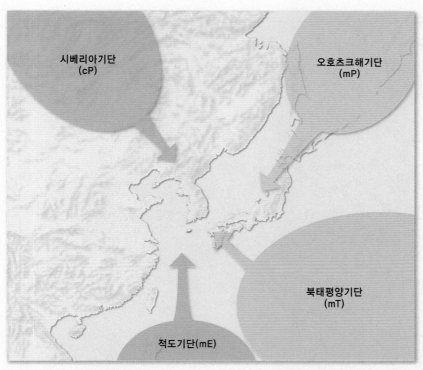

그림 2.44 한반도에 영향을 미치는 기단 한반도는 시베리아기단, 오호츠크해기단, 북태평양기단, 적도기단 등의 영향을 받는다.

까지 영향을 미치기도 한다. 시베리아기단이 본래 성질인 한랭건조한 상태로 영향을 미치는 기간은 12월에서 3월 초 사이이며, 1월에 가장 강력하다.

강력한 시베리아기단이 영향을 미칠 때는 한반도를 사이에 두고 서고동저형 기압배치가 발달한다(그림 2.45). 이때, 시베리아기단은 한반도 지표면이나 주변 해양의 수온에 비하여 매우 한랭한 상태인 cPk기단에 해당하며 불안정하다. 이때 겨울철을 특징짓는 북서계절풍이 혹한을 가져와 종종 시베리아평원의 날씨를 연상하게 한다.

한랭한 북서풍이 불 때, 호남 서해안과 도서에 많은 눈이 내릴 수 있다. 이 눈은 쿠로시오난류가 흐르는 황해에서 형성된 구름에 의하여 발생하는 것으로 소위 '바다효과(sea effect)'에 의한 것이다. 시베리아평원에서 이동하는 한랭한 공기가 상대적으로 온난한 해양을 지날 때 공기와 해양 사이 온도 차이로 발달하는 대류가 구름을 만든다. 이

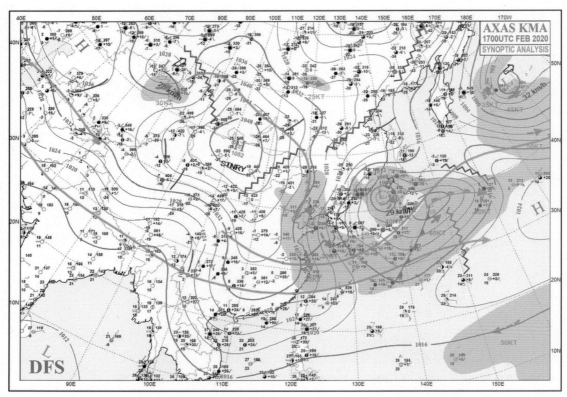

그림 2.45 시베리아기단 영향하의 일기도(2020년 2월 17일 9시) 시베리아기단 영향하에서 한반도 주변의 기압배치는 서고동저형이 나타나며, 이때 북서계절풍이 탁월하다.

구름은 층상으로 발달하지만 온도 차이가 크면 대류가 활발하여 적운형으로 성장할 수 있다. 이런 날 위성영상에서 구름 분포가 바다효과가 영향을 미치는 범위를 잘 보여 준다. 이 기단이 강하게 확장할 때는 황해는 물론 제주도와 동해에도 바다효과에 의한 구름이 덮여 있다(사진 2.16). 바다효과로 발생한 강설은 대체로 태안반도에서부터 전라남도 서해안에 내린다. 한랭한 공기가 내륙으로 이동하여 노령산맥을 만나 강제상승하면 구름이 다시 발달하여 강설을 초래한다. 이와 같은 노령산맥 북서쪽 사면에 내리는 눈은 강제상승에 의한 지형성 강설로 서해안의 바다효과에 의한 강설과 구별된다(그림 2.46). 주로 바다효과에 의한 눈이 내리는 호남지방에서는 강설빈도가 잦은 것이 특징이었으나 최근 잦은 눈과 더불어 종종 폭설이 쏟아져 큰 피해를 일으키기도 한다(사진

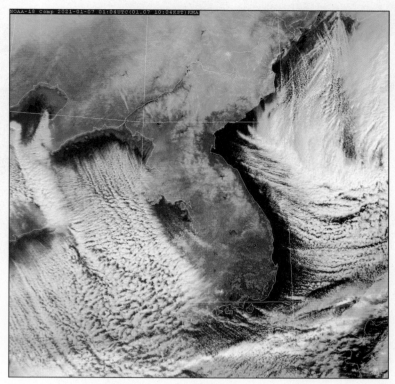

사진 2.16 시베리아기단 확장 시 한반도 주변의 구름 분포(NOAA−18, 국가기상위성센터, 2021년 1월 7일 10시) 시베리아기단이 확장할 때 찬 공기와 온난한 해양 사이에 온도 차이가 발생하여 해상에 구름이 발달하였다.

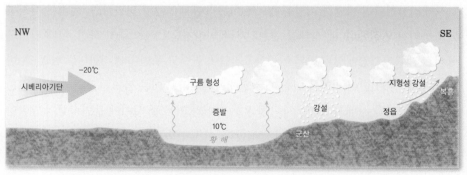

그림 2.46 호남지방 강설 모델 한랭한 시베리아기단 공기와 따뜻한 해수면 간 온도 차이에 의하여 형성된 구름이 내륙으로 이동하면서 호남지방 해안에 눈을 내린 후 잠시 소강상태를 보이다, 노령산맥을 만난 공기가 강제상승하면서 지형성 강설이 내린다.

사진 2.17 시베리아기단 확장에 의한 폭설피해(전북 정읍, 2005. 12.) 시베리아기단이 확장할 때는 호남지방 서해안에 많은 눈이 내리므로 그로 인한 피해가 발생할 수 있다.

2.17). 한라산 북쪽 사면과 울릉도의 강설도 바다효과에 의해서 형성된 구름이 각각 한라산과 성인봉에 부딪혀 강제상승하면서 발달한 경우이다.

시베리아기단이 발달하고 남동쪽으로 이동하면서 2~3일 경과하면, 세력이 서서히 약화하면서 변질된다. 이 상태를 변질된 시베리아기단(cPw)이라고 하며, 이때 일기도에서는 대륙고기압에서 분리된 이동성고기압이 한반도 주변에 자리한다(그림 2.47). 변질된 시베리아기단이 영향을 미칠 때는 한겨울일지라도 이른 봄처럼 포근하다. 변질된 시베리아기단과 시베리아기단 사이에 온도 차이가 커서 둘 사이에 불연속선이 발달할 수 있으며, 여기에서 온대저기압이 발생한다. 이 불연속선이 한반도에 영향을 미칠 때 눈이 내릴 수 있으며, 구름이 끼어 있어서 기온이 크게 떨어지지 않는다. 한반도 중부지방 강설은 대부분 이런 경우에 내린 것이다.

겨울철 삼한사온은 시베리아기단 세력의 확장과 약화로 나타나는 동아시아의 기후

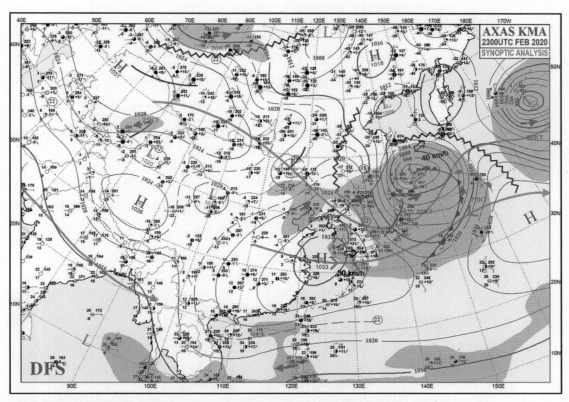

그림 2.47 변질된 시베리아기단 영향하의 일기도(2020년 2월 23일 9시) 변질된 시베리아기단이 영향을 미칠 때는 한반도 가까이에 이동성고기압이 자리하며, 겨울이어도 포근한 봄과 같다.

특징이다. 시베리아기단이 강력하게 발달하는 기간인 3일 정도 한랭하고, 세력이 약화하면서 변질된 시베리아기단이나 불연속선이 영향을 미치는 4일 정도 상대적으로 온난하다. 시베리아기단의 성쇠주기가 일주일 정도이지만 상황에 따라서 더 강해질 수도 있고 약할 수도 있어서 반드시 3일 춥고 4일 포근하다는 의미는 아니다. 최근 전구 기온상승으로 일주일 넘게 온화한 날씨가 이어지기도 하지만, 북극 한기가 중위도로 침입할 때는 한파가 여러 날 지속되기도 한다. 초봄일지라도 시베리아기단이 일시적으로 강화하면 한겨울을 연상하게 하는 추위가 찾아오며, 이런 날씨를 '꽃샘추위'라고 한다.

　한겨울을 지나 지표면이 가열되기 시작하면 시베리아기단이 약화한다. 이때 변질된 시베리아기단이 편서풍을 타고 동진할 때 중심이 한반도 북쪽이나 북동쪽에 위치하면 북동풍이 불며, 영동지방에 많은 눈이 내릴 수 있다. 서해안에 강설이 발달하는 경우처럼 한랭한 공기와 해양 사이 온도 차이로 구름이 발달한다. 북동풍이 태백산맥에 부딪혀 강제상승하면서 구름이 강하게 발달하므로 이때 많은 눈이 내린다. 급경사이므로 폭이 좁은 구간에서 공기가 급상승하여 쉽게 폭설을 일으킨다는 점이 호남지방의 다설과 다르다. 영동지방 전통가옥에는 폭설에 대비한 경관이 발달하였으며, 오늘날에도 그 흔적을 엿볼 수 있다(사진 2.18).

변질된 시베리아기단은 봄과 가을철에 출현빈도가 높다. 이때는 유라시아대륙이 어느 정도 가열되거나 냉각이 덜 이루어진 상태이므로 한겨울에 비하여 시베리아기단 세력이 약하다. 이때 날씨는 대체로 선선하지만, 이동성고기압 중심이 어디에 위치하는가에 따라서 기온 차이가 크다. 변질된 시베리아기단의 영향을 받더라도 중심이 북서

사진 2.18 영동지방 폭설에 대비한 가옥경관(강원 양양, 2014. 1.) 방문 앞으로 신발이 놓여 있는 공간을 뜨럭이라고 한다. 뜨럭은 눈이 많이 쌓였을 때 가옥 안에서 통행을 도와준다. 최근에 보일러를 이용한 난방시설이 갖추어지면서 뜨럭 앞에 문을 다는 경우가 많아졌다.

쪽에 있어서 북풍계 바람이 불 때는 선선하게 느껴지지만, 중심이 남서쪽에 있어서 남풍계 바람이 불어오면 마치 여름으로 되돌아간 느낌이 들기도 한다.

시베리아기단은 가옥구조와 음식 등의 한반도 문화에 많은 영향을 미쳤다. 한반도에서 가옥은 추위가 심한 지역일수록 폐쇄적으로 바뀐다. 겨울철 바람이 강하거나 눈이 많이 내리는 지역에는 가옥의 기능이 한 건물에 모이는 집중형 가옥구조가 발달하였고 부엌 면적이 넓은 것이 특징이다. 제주도를 포함한 도서와 호남 서해안에 비슷한 위도대에 비하여 폐쇄적 가옥구조가 발달한 것은 차가운 북서계절풍에 대비한 것이다(사진 2.19).[36] 겨울에 대비하여 김장을 담그는 것도 시베리아기단의 영향이라고 할 수 있다. 들판이 얼어붙는 겨울철에도 채소를 먹을 수 있게 김장을 담근다. 시베리아기단에 의

사진 2.19 시베리아기단 영향을 반영하는 경관(전북 부안, 2021. 3.) 북서풍이 강한 호남지방 가옥에는 정면과 측면에 짚으로 까대기를 설치하였다. 오늘날에는 새시문이 까대기를 대신한다.

---

36 제주도의 풍채와 호남 서해안에서 볼 수 있는 까대기는 차가운 북서풍을 막기 위하여 설치한 것이다.

한 추위 정도가 지역에 따라 다르므로 김장시기도 제각각이다. 이른 곳에서는 11월 초순에 김장을 시작하지만, 제주도에서는 그보다 한 달 이상이 늦은 12월 말에 담그기도 한다. 한반도뿐만 아니라 한대기단의 영향으로 겨울철에 노지에서 채소를 재배하기 어려운 지역에서는 대부분 김치와 같이 발효하여 저장하는 음식이 발달하였다.

　　북태평양기단(mT)은 대표적인 아열대해양기단으로 고온다습하다. 아열대고기압대에 형성된 이 기단은 쿠로시오난류를 지나면서 하층이 가열될 뿐만 아니라 많은 수증기를 포함하여 불안정한 상태로 한반도에 다가온다. 북태평양기단은 시베리아기단에 비하여 한반도에 영향을 미치는 기간이 짧아 장마가 끝나는 7월 하순부터 늦장마가 시작되기 전인 8월 중순까지 영향을 미친다.

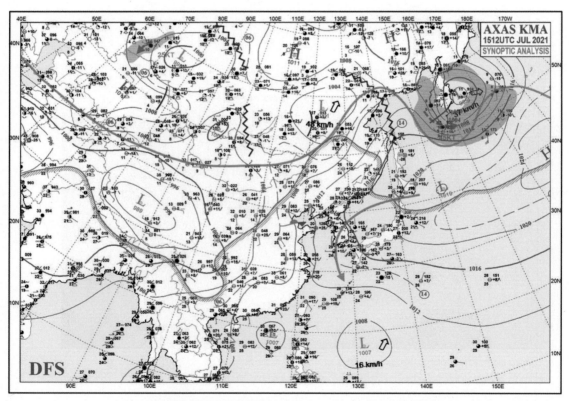

그림 2.48 북태평양기단 영향하의 일기도(2021년 7월 15일 21시) 북태평양기단이 영향을 미칠 때 한반도 주변에는 남고북저형 기압배치가 나타난다.

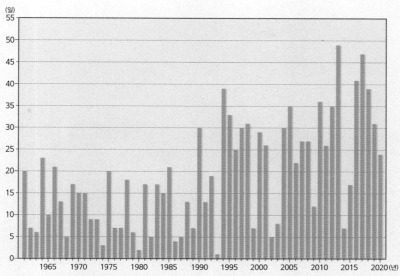

(일)

그림 2.49 제주시의 열대야일수 변화 최근 전구 기온상승과 함께 열대야일수가 증가하고 있다.

북태평양기단 세력은 한여름에 절정을 이루며, 이때 남고북저형 기압배치가 전형적으로 발달한다(그림 2.48). 이때 여름철 계절풍인 남서 혹은 남동풍이 불며, 기압 차이가 비교적 작아 바람이 약하다. 이 바람은 고온다습한 북태평양 공기를 유입하므로 북태평양기단이 맹위를 떨칠 때 한반도는 마치 열대기후를 연상케 할 정도로 무덥다. 공기 중에 수증기를 많이 포함하고 있어서 야간에도 기온이 떨어지지 않는 열대야(tropical night)[37]가 출현할 수 있으며, 야간에도 불쾌지수(discomfort index)가 높다.[38] 최근 전구 기온상승과 도시화 등의 영향으로 한반도에서도 열대야일수가 증가하는 경향이다(그림 2.49).

북태평양기단에서 한반도로 유입되는 남서기류는 불안정하여 대류가 활발하다. 한반도에서 한여름은 연중 대기가 가장 불안정한 시기로 지표면이 가열되면 쉽게 적운형 구름이 발달한다. 늦은 오후에 적운이 적란운으로 성장하여 소나기와 뇌우(thunder-

---

37 아침 최저기온이 25℃ 이상인 밤을 열대야라고 한다.

38 불쾌지수는 기온, 습도, 풍속에 의해 결정되며, 북태평양기단 영향하에서는 세 요소 모두 불쾌지수를 높게 할 수 있는 조건을 갖추고 있다.

사진 2.20 북태평양기단 영향하에서 발달한 적운과 벼(경기 여주, 2021. 8.) 북태평양기단 영향으로 무더위 속에 벼가 익어 가고 있으며, 지표면이 가열되면서 적운이 발달하고 있다.

storm)가 발달할 수 있다. 소나기는 중위도 한여름의 대표적 날씨이다. 한반도 산줄기는 대부분 태백산맥에서 남서방향으로 뻗어 있고 사이에 큰 하천이 흐르고 있어서 남서기류가 북동방향으로 이동하여 쉽게 강제상승할 수 있는 조건이다. 한반도에 분포하는 다우지역은 대부분 이런 지형조건과 관련 있다.

북태평양기단은 영향을 미치는 기간에 비하여 주민생활에 미친 영향이 크다. 여름철 북태평양기단의 영향으로 한반도에서 벼농사가 가능하다. 한반도에 벼농사 문화권이 발달하였다는 점에서 북태평양기단의 영향이 중요하다. 여름철은 더워야 제 맛이라 할 정도로 벼농사를 위해서는 무더위가 필수적이다(사진 2.20). 한여름에 무더위가 없으면 벼가 냉해를 입을 수 있다. 한여름에 기온이 크게 오르지 않았던 해 벼농사는 대부분 흉년이었다. 한반도에서 남부로 갈수록 전통가옥에서 마루가 넓어지면서 점차 개방적 가옥구조를 취하는 것도 북태평양기단에 의한 무더위를 극복하기 위한 것이다. 또한 여름철 무더위를 극복하기 위하여 염장식품도 발달하였다.

오호츠크해기단(mP)은 늦봄에 오호츠크해에서 발달한다. 오호츠크해는 저기압이 자주 통과하여 기단이 발달하기 어렵지만, 늦은 봄에 열적 원인으로 기단이 발달한다. 지표면이 가열되면서 오호츠크해를 둘러싸고 있는 주변 산지에서 눈이나 빙하가 녹은 물이 유입되어 해수면온도가 낮아져 열적으로 고기압이 발달할 수 있는 조건을 갖추며, 이때 기단이 발원한다. 오호츠크해기단이 영향을 미칠 때 한반도 주변 기압배치는 동고서저형이 전형적이다(그림 2.50).

오호츠크해기단은 늦봄에서부터 장마가 시작되기 이전 한반도 기후에 영향을 미치며, 장마기간 중에도 장마전선이 남쪽으로 후퇴할 때 영향을 미칠 수 있다. 이때에도 겨

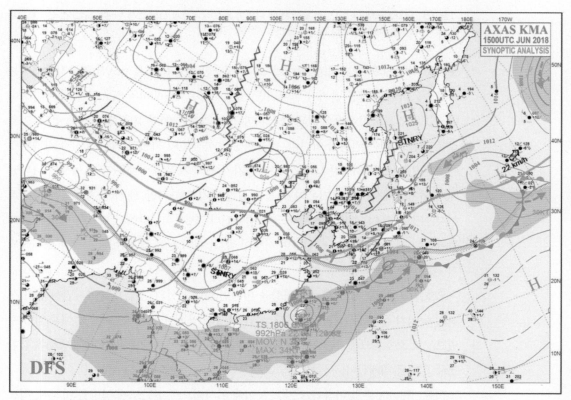

그림 2.50 오호츠크해기단 영향하의 일기도(2018년 6월 15일 9시) 오호츠크해기단이 영향을 미칠 때 한반도에는 북동풍이 불며, 영동지방은 음산하고 강수가 있으나, 영서지방은 맑고 건조하다.

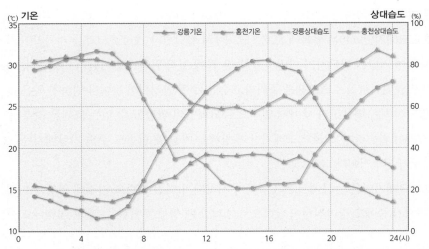

그림 2.51 오호츠크해기단이 영향을 미칠 때 강릉과 홍천의 기온과 습도 변화 태백산지 영향이 서로 다르게 나타나면서 두 지점 간 습도와 기온 일변화 차이가 크다.

울철 못지않게 동서 간 기후 차이가 크다. 냉량한 북동풍이 불어오면 영동지방에서는 냉량습윤하여 음산한 날씨가 이어지지만, 영서지방은 푄(föhn)의 일종인 높새가 발생하면서 고온건조하여 영동지방과 영서지방 간의 기온 차이가 10℃를 넘기도 한다. 이와 같은 기온 차이는 푄뿐만 아니라, 영동지방은 하층운이 끼어 있어서 공기가 가열되기 어려운 반면, 영서지방은 날씨가 맑아 공기가 쉽게 가열되기 때문이다. 높새가 나타날 때 영서지방에서는 최고기온이 30℃를 훨씬 넘기도 하지만, 대기 중에 수증기량이 적어서 아침 기온이 낮아 일교차가 크게 벌어진다(그림 2.51). 낮에도 햇살은 따갑지만 그늘에서는 기온에 비하여 선선하며 시정이 좋다. 이와 같은 날씨는 매년 장마가 시작되기 전에 수일씩 이어진다.

　오호츠크해기단이 오랫동안 영향을 미치면 장마전선의 북상이 늦어지면서 장마 시작이 늦어져 물부족을 겪을 수 있다. 뿐만 아니라 영동지방에서는 벼가 냉해를 입을 수 있으므로 오호츠크해기단 영향이 길어질 것에 대비하여 만생종 벼와 함께 냉해에 강한 조생종 벼를 재배한다(사진 2.21).

　적도기단(mE)은 늦여름과 초가을 사이에 일시적으로 한반도에 영향을 미친다. 적도기단 발원지인 적도저기압대는 남·북반구에서 불어오는 북동무역풍과 남동무역풍이

사진 2.21 냉해에 대비한 **조생종 벼 재배**(강원 강릉, 2008. 8.) 왼편은 만생종, 오른편은 조생종 벼이다. 농부들은 대체로 만생종을 선호하지만 냉해에 대비하여 조생종 벼를 동시에 재배한다.

수렴하는 곳으로 공기 성질이 비슷하여 밀도 차이가 크지 않아 공기 흐름이 느리다. 더욱이 광대한 바다여서 기단발원지로서 적합하다.

　태풍은 적도 부근 북태평양에 발달한 적도기단에서 발달하여 한반도에 영향을 미친다. 태풍이 몰고 오는 많은 비와 강한 바람은 더위를 식혀 주며, 가을이 다가오고 있음을 알려 주는 '가을 전령사' 역할도 한다.

4. 전선과 저기압

여름철에 냉장고에서 차가운 물을 꺼내어 밖에 두면 컵 표면에 물방울이 맺힌다. 컵을 계속 밖에 두면 물방울이 흘러내리기도 한다(사진 2.22). 이 물방울은 무더운 공기와

사진 2.22. **무더운 공기와 차가운 물이 만든 불연속** 온도가 다른 물과 공기 사이에 불연속이 형성되면서 응결하였다. 왼쪽과 가운데 컵에는 물이 없는 윗부분을 제외하고 물방울이 맺혀 있으며, 오른쪽 컵에는 물방울이 없다. 오른쪽 컵에는 상온의 물이 들어 있고 왼쪽 두 컵에는 냉장고에 두었던 차가운 물이 들어 있다.

차가운 물 사이 온도 차이로 컵 표면에 발생한 응결에 의한 것이다. 온도가 높은 주변 공기는 불포화상태이지만, 차가운 컵과 닿는 공기는 온도가 낮아져 포화상태로 바뀌면서 응결한다. 물을 마시면 줄어든 컵 위 부분에 있던 물방울은 서서히 사라진다. 실제로 성질이 다른 기단이 만나는 경우와 상황이 다르지만, 사진 2.22에서 표면에 붙은 물방울이 전선면에 해당하고 탁자에 닿는 둥근 선이 전선에 해당한다.

실제 대기에서 컵 안과 밖은 성질이 서로 다른 기단에 해당한다. 컵 안은 한랭기단, 밖은 온난기단에 해당한다. 기단은 규모가 큰 고기압에서 발달하므로 전선은 고기압과 고기압 사이에 발생한다. 산봉우리가 있으면 사이에 골짜기가 있듯이 고기압과 고기압 사이에 기압이 낮은 기압골이나 저기압이 있다. 전선은 서로 다른 기단 사이에 발달하므로 주변에 비하여 기압이 낮아 저기압 발생지가 된다. 전선은 일반적으로 온대저기압을 동반한다.

1) 전선

전선(front)은 성질이 서로 다른 두 기단 사이 밀도 차이에 의해서 형성되는 불연속선으로 중위도에서 발생하는 특징적 대기현상이다. 성질이 서로 다른 기단은 공기밀도 등에 차이가 있어서 이동속도가 다르다. 기단이 서로 다른 속도로 이동하면 결국 마주치게 되며, 마주치는 면을 따라 불연속면이 발달한다. 이와 같이 성질이 서로 다른 기단이 만나는 면을 전선면(frontal surface)이라 하고, 전선면과 지표면이나 그와 나란한 면에 접하는 선을 전선이라 한다(그림 2.52). 전선은 기단에 비하여 폭이 좁아서 일기도에서 가는 선으로 그려진다. 전선이 자주 발생하는 구역은 전선대(frontal zone)라고 한다. 한반도 날씨는 한대기단과 아열대기단 사이에 형성되는 한대전선대의 영향을 자주 받는다.

하나의 기단이 다른 기단으로 이동할 때 전선면에서 혼합이 일어나지만, 기단은 대부분 다른 기단의 위로 옮겨 가거나 밑으로 파고들면서 원래 속성을 유지한다. 온난하고 밀도가 낮은 기단은 한랭기단 위로 상승하려 하고, 한랭하고 밀도가 높은 기단은 쐐

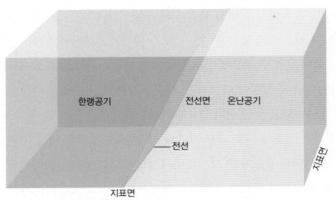

그림 2.52 전선면과 전선의 개념도 성질이 서로 다른 두 기단이 만나는 면을 전선면이라고 하며, 그 전선면과 지표면이 만나는 선을 전선이라고 한다.

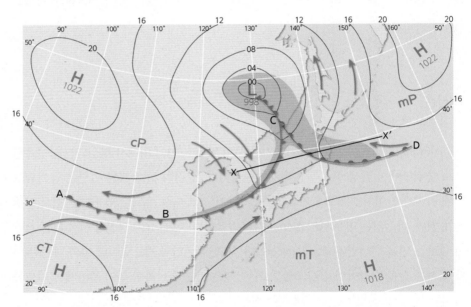

그림 2.53 전선의 종류 중위도에서 발달하는 전선은 이동방향에 따라서 한랭전선, 온난전선, 정체전선, 폐색전선으로 나눌 수 있다.

기작용으로 온난기단을 밀어 올리면서 이동한다. 이와 같이 전선은 기단이 이동하는 방향에 따라 온난전선, 한랭전선, 정체전선, 폐색전선으로 나뉜다. 그림 2.53에서 A와 B 사이는 정체전선이며, B와 C 사이는 한랭전선, C와 D 사이는 온난전선, C와 L 사이

그림 2.54 **한랭전선과 온난전선 주변의 날씨** 한랭전선과 온난전선 기울기가 달라 각 전선에 발달하는 구름 종류가 다르다. 그림에서 X, X′는 그림 2.53에 대응한다.

는 폐색전선이다.

전선이 이동할 때, 지표면에서는 마찰력이 작용하여 느리게 이동하고 상층에서는 편서풍의 영향으로 빠르게 이동한다. 그러므로 전선은 시간이 흐를수록 지표면에서보다 상층에서 더 동쪽으로 이동한다. 이와 같은 상층과 지표면에서 이동속도 차이가 전선의 기울기 차이를 가져온다. 전선의 기울기에 따라서 구름의 종류가 달라지므로 전선의 기울기는 날씨 차이를 가져오는 중요한 요인이다. 기울기가 완만한 온난전선에는 층상으로 구름이 넓게 분포하고, 기울기가 비교적 급한 한랭전선에는 좁은 구역에 적운형 구름이 발달한다(그림 2.54).

한랭전선 한랭전선(cold front)은 한랭기단이 온난기단 쪽으로 이동하여 마주칠 때 발달한다. 이때 한랭기단이 온난기단을 쐐기처럼 파고들면서 밀어 올려 두 기단 사이에 불연속면이 발생하며, 이 불연속면과 지표면 혹은 그와 나란한 면이 만나는 선이 한랭전선이다. 마주치는 두 기단의 성질 차이가 커서 전선이 뚜렷하다.

일기도에서 한랭전선은 온난기단 쪽으로 향한 삼각형 모양이나 파란색 선으로 표시하며, 온난기단 쪽을 향하여 활과 같은 모양을 이룬다. 겨울철 일기도에서 날씨 상황을 종합하면 한랭전선 위치를 비교적 쉽게 확인할 수 있다(그림 2.55). 기온과 습도 분포, 풍향, 기압변화량과 기압변화 경향, 구름과 강수패턴 등이 전선 위치를 판단하는 데 도움을 준다. 한랭전선 주변에서는 기온과 풍향, 기압 등이 급격하게 변한다.

북서쪽 한랭기단이 남쪽으로 확장하여 한랭전선이 동진 혹은 남동진하면서 남쪽의 온난한 공기를 밀어낸다. 한반도 주변에서 보면, 북서쪽 한랭한 공기가 시베리아기단

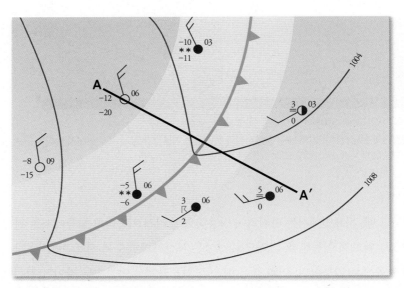

그림 2.55 **한랭전선 주변 날씨** 음영 부분은 강수구역으로 대체로 전선 후면에 분포한다. 전선 전면에서 남서풍이 불고 후면에서 북서풍이 분다. 전선을 경계로 온도 차이가 크게 벌어진다.

이며, 남쪽 온난한 공기는 북태평양기단이거나 변질된 시베리아기단이다(그림 2.53 참조). 북동쪽의 냉량한 공기는 변질된 시베리아기단이거나 오호츠크해기단일 수 있다. 한랭기단의 확장 강도에 따라서 전선의 이동속도가 결정된다. 한랭기단이 온난기단을 파고들면서 밀어 올리므로 한랭전선은 이동속도가 비교적 빨라 시간당 35~50km를 이동한다. 시간이 경과하면 한랭전선이 온난전선을 따라붙는다.

한랭전선의 기울기는 1:100 정도로 온난전선보다 급하다. 마찰력의 영향을 받는 지표면에서 상층보다 이동이 느리므로 시간이 흐를수록 전선 기울기가 더 가팔라진다. 기울기와 이동속도 차이가 전선상의 날씨 차이를 만든다. 기울기가 가파른 한랭전선 주변에서는 적운형 구름이 발달하고 구름대의 범위가 좁다. 적란운(Cb)의 운정(cloud top)에서는 강한 서풍이 불고 있어서 얇은 빙정이 날리면서 권운이나 권층운이 발달한다. 이런 구름도 한랭전선이 다가오고 있다는 것을 보여 주는 전조라 할 수 있다. 한랭전선 주변은 적운형 구름이 끼어 있어서 소낙성 강수가 내리며 강수강도가 강하다. 대기가 불안정할 경우, 한랭전선이 통과할 때 강한 뇌우를 동반하지만 구름대 폭이 좁아서 일기회복이 빠른 편이다(그림 2.56). 한겨울에 한랭전선이 통과하면서 눈이 내리지만 통과 후에 곧바로 찬 북서계절풍이 불면서 하늘이 빠르게 갠다.

한반도에서는 겨울철에 한랭전선이 통과한 후에 시베리아기단 세력이 맹위를 떨치므로 기온이 급격히 하강하면서 곧바로 매서운 한파(cold wave)로 이어진다. 그만큼 한랭전선 부근에서 온도 변화가 크고 바람이 강하다. 이때, 날씨에 관심을 기울이면 전선

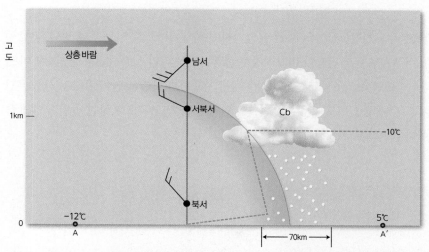

그림 2.56 한랭전선 구조 한랭전선은 온난기단이 있는 곳으로 한랭기단이 이동할 때 형성되며, 기울기가 급하고 이동속도가 빠르다. 그림에서 A와 A′는 그림 2.55에 대응한다.

표 2.6 한랭전선 통과 시 날씨 변화

기상 요소	전선 통과 전	전선 통과 시	전선 통과 후
바람	남 혹은 남서	돌풍, 풍향 급변	서 혹은 북서
기온	온난	급격히 하강	점점 하강
기압	점점 하강	최저를 기록하고 바로 상승	점점 상승
구름	권운과 권층운의 운량이 늘다가 적운형	적란운	약간의 적운 혹은 층적운
강수	짧은 시간에 소낙성 강수	격렬한 소낙성 강수, 종종 우박과 뇌우 동반	소낙성 강수가 약화하면서 점차 쾌청
시정	점차 나빠지며 연무 성격	나쁘지만 점차 좋아지는 추세	양호
이슬점	높은 상태 유지	급격히 떨어짐	낮아짐

이 통과하고 있음을 쉽게 느낄 수 있을 정도로 갑자기 바람이 강해지면서 풍향이 급변한다. 한랭전선이 접근하면 기압은 하강하다가 통과 후 한랭기단 세력의 영향을 받으면서 급격히 상승한다. 지표면 바람은 전선이 통과하기 전 남쪽 기단에서 불어오는 남서풍에서 통과 후에는 한랭한 북서쪽 기단 영향을 받아 갑자기 북서풍으로 바뀌며, 풍향 변화가 비교적 명확하다. 수직적으로는 전선면 하층에서는 북서풍이 불고 상층에서는 남서풍이 분다.

온난전선 온난전선(warm front)은 온난기단이 한랭기단으로 이동할 때 발달한다. 두 기단이 마주치면 온난기단이 미끄러지듯 한랭기단을 따라 상승하면서 불연속면이 발생한다. 이 불연속면과 지표면이나 상층에서 지표면과 나란한 면이 만나는 선을 온난전선이라고 한다. 일기도에서 온난전선의 위치는 찬 기단 쪽으로 향한 반원 모양의 둥근 선이나 붉은색으로 표시한다(그림 2.57).

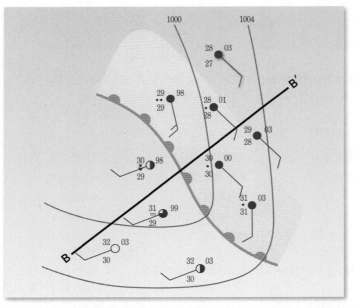

그림 2.57 온난전선 주변 날씨 온난전선 전면 음영 부분에 강수구역이 형성되며, 전면에는 남동풍, 후면에서는 남서풍이 분다.

온난전선 남쪽에 자리한 북태평양의 무더운 공기가 북동쪽으로 후퇴하는 냉량한 공기를 밀어내면서 북동쪽으로 이동한다. 북동쪽 공기는 변질된 시베리아기단이거나 오호츠크해기단이며, 서서히 북동방향으로 이동하고 온난전선이 그 뒤를 쫓는다(144쪽 그림 2.53 참조). 온난전선은 한 시간에 25~35km 속도로 한랭전선보다 느리게 이동한다. 일기도에서 추적하여 보면 시간대에 따라 이동속도가 다를 수 있다. 낮에는 전선 양쪽 공기의 혼합이 이루어지면서 비교적 빠르게 이동하지만, 밤에는 복사냉각이 일어나면서 이동이 느려지고, 상승기류가 약해질 수 있다.

온난전선의 기울기는 한랭전선보다 완만하며 수평거리에 대한 높이가 1:200 정도이다. 즉, 지표면에서 전선과 최상층에 전선이 발달한 곳까지 수평거리가 200km라면 높이는 1km에 불과하다. 온난전선은 지표면에서 이동이 느리므로 시간이 흐를수록 기울기가 더 완만해진다.

온난전선 전면에는 층운형 구름이 넓게 발달한다. 온난전선이 접근하면 상층운인 권운(Ci)과 권층운(Cs), 중층운인 고적운(Ac)과 고층운(As), 하층운인 난층운(Ns)과 층적운(Sc), 층운(St) 순으로 하늘을 덮는다(그림 2.58 a). 전선이 다가오기 12~48시간 전부터 지표면에서 권운(Ci)이 보인다. 권운은 전선과 관련 없이 끼기도 하지만, 권층운(Cs)은 온난전선이 다가오고 있음을 알리는 전조이다. 권층운이 끼고 하루 정도 지나면 온난전선의 강수대가 다가온다.

지표상의 온난전선 전면 300km 정도부터 난층운과 두꺼운 층적운, 층운 순으로 분포한다.[39] 온난전선은 기울기가 완만하여 강수구역이 넓어서 강수가 비교적 지속적으로 내린다. 구름이 두껍지 않아 한랭전선에 비하여 강수강도가 약하지만, 항상 일정한 날씨가 출현하는 것은 아니다. 상승하는 기단이 비교적 건조할 경우는 구름만 끼고 강수가 발생하지 않을 수 있지만, 온난기단이 습윤하고 불안정할 때는 적란운이 발달하여 폭우와 뇌우가 발달할 수 있다. 한여름에 온난전선이 한반도를 지날 때는 적란운이 발달하여 종종 큰 비가 쏟아진다. 온난전선이 통과한 후부터 한랭전선이 접근할 때까지 맑은 날씨가 나타날 수 있지만, 한랭전선이 다가올 때까지 대체로 강수가 이어진다.

---

[39] 전선 전면에 구름이 나타나기 시작하는 거리는 큰 의미가 없다. 경우에 따라서 거리 차이가 크다.

한반도에서 여름철 온난기단은 북태평양기단이므로 불안정하여 적운이나 적란운이 발생하며 이때 소낙성 강수가 내린다. 온난전선이 통과한 후에 안개가 짙게 끼기도 하며, 이런 안개를 전선무(전선안개; frontal fog)라고 한다.

온난전선이 접근하면서 고기압 중심에서 점차 멀어지므로 기압은 서서히 하강하다

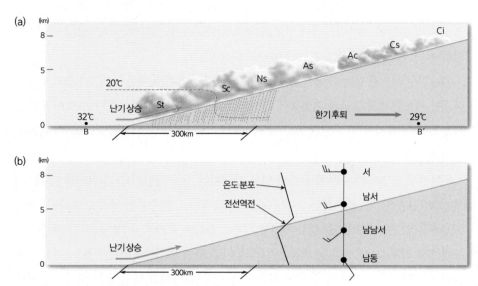

그림 2.58 온난전선 구조 (a) 구름과 강수분포, (b) 온도와 바람 분포 온난전선은 온난기단이 한랭기단 쪽으로 이동할 때에 형성되는 것으로, 기울기가 완만하여 층운형 구름이 넓게 발달하여 강수구역이 넓다. 그림에서 점 B와 B′는 그림 2.57에 대응하는 것이다.

표 2.7 온난전선 통과 시 날씨 변화

기상 요소	전선 통과 전	전선 통과 시	전선 통과 후
바람	남 혹은 남동	가변적	남 혹은 남서
기온	냉량하며 서서히 상승	느리게 상승	상승 후 서서히 상승
기압	일반적으로 하강	거의 변동 없음	약하게 상승
구름	Ci, Cs, As, Ns(Sc), St, 안개 순으로 접근하며, 여름철에 종종 적란운 발달	층운형	층적운, 여름철에 적란운
강수	약하거나 중 정도의 비나 눈, 가랑비 여름철에 소낙성 강수	가랑비	약한 비 혹은 소낙성 강수
시정	나쁨	나쁘지만 점차 좋아지는 추세	연무 상태
이슬점	느리게 상승	거의 변동 없음	상승 후 거의 변동 없음

가 통과 후에 고기압 중심에 가까워지면서 서서히 상승한다. 전선이 접근하면 지표면 바람은 동쪽 기단의 영향으로 남동풍이 불다가 남쪽에 자리한 기단의 영향으로 바뀌면서 남서풍이 분다. 수직적으로도 남동풍에서 남서풍으로 바뀐다. 전선이 통과한 후 기온은 서서히 상승하며, 같은 시점에서 수직적으로는 고도 상승에 따라 기온이 하강한다(그림 2.58 b). 전선에서 일시적으로 기온역전이 나타나며, 이를 전선역전(frontal in-version)이라고 한다.

정체전선 정체전선(stationary fronts)은 전선을 형성하고 있는 두 기단의 세력이 비슷하게 영향을 미칠 때 발달한다. 정체전선은 양쪽 기단의 힘이 비슷하여 공기가 한랭기단이나 온난기단 쪽으로 움직이지 않는 상태에서 발생한다. 한반도 주변에서는 북쪽의 시베리아기단과 오호츠크해기단, 남쪽의 북태평양기단 세력이 비슷할 때 정체전선이 발달하기 쉽다. 일기도에서는 온난기단을 향한 삼각형 모양과 한랭기단을 향한 반원 모양이 교차하는 것이나 붉은색과 파란색이 교대하는 선으로 표현한다(그림 2.59).[40] 전선 주변에서 풍향과 등압선은 전선과 거의 평행하며, 전선을 사이에 두고 풍향이 반대이다. 상층 바람도 전선에 나란하다.

기단 사이 세력 균형이 깨어져 정체전선에 파동이 형성되면 저기압으로 성장한다. 저기압이 형성되면 정체전선이 한랭전선과 온난전선으로 바뀌어 편서풍을 타고 이동한다. 정체전선에 발달하는 파동은 강수 형성에 중요하다. 정체전선에서도 강수가 발달할 수 있지만, 강수는 대부분 전선에 발달한 파동인 온대저기압에서 내린다. 한반도는 6월 하순부터 7월 하순경까지 정체전선의 영향을 받으며, 이 전선을 장마전선이라고 하고, 이 시기를 장마철이라고 부른다. 장마철에는 흐린 날씨가 지속되며 전선에 저기압이 발달하면 집중호우[41]가 내리기도 한다.

한국을 포함한 중국과 일본 등 동아시아에는 6월을 전후하여 한대기단의 영향을 받

---

40 일기도에서 전선의 삼각형과 반원은 이동하는 방향을 표시한다. 정체전선에서는 각각 다른 방향으로 표시하여 이동하지 않는다는 것을 보여 준다.

41 국지적으로 단시간에 많은 양으로 내리는 비를 말한다. 최근 집중호우가 잦아짐에 따라서 기상청은 3시간 강수량 60mm 이상 혹은 12시간 강수량 110mm 이상 예상될 때 호우주의보를 발표하고, 각각 90mm, 180mm 이상 예상될 때 호우경보를 발표한다.

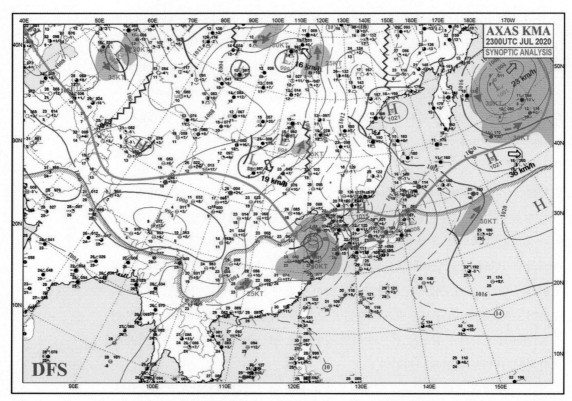

그림 2.59 정체전선 영향하의 일기도(2020년 7월 23일 9시) 정체전선은 한반도에 6월 하순에서 7월 하순까지 한 달여간 영향을 미치며, 이를 장마전선이라고 부른다. 이 전선이 남북으로 이동하면서 강수나 흐린 날씨를 초래한다.

는 시기에서 아열대기단의 영향을 받는 시기로 바뀐다. 이때 두 기단 사이에 형성되는 한대전선대 영향으로 우기가 출현하며, 정체전선이 이 무렵 날씨를 지배한다. 동아시아 기후를 이해하기 위해서 이 무렵의 우기에 대한 이해가 중요하다.[42]

동아시아 우기는 한대전선대(polar frontal zone)에 의하여 발달하지만, 출현시기나 강수기구가 다르다. 이 우기는 5월에 중국 남부에서부터 시작되어 서서히 북쪽으로 이동하여 7월 중순경 중국 북부와 일본 홋카이도까지 이른다. 한반도 장마는 대체로 6월 하

---

[42] 한국에서는 이 시기를 장마, 중국에서는 메이유(梅雨; Mei-yü), 일본에서는 바이우(梅雨; Bai-u)라고 한다.

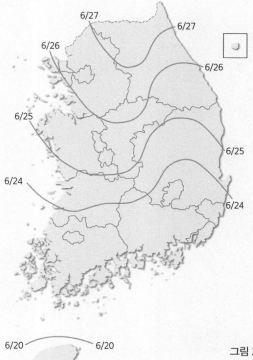

6/27

6/27

6/26

6/26

6/25

6/25

6/24

6/24

6/20   6/20

그림 2.60 평균 장마시작일(1991~2020년, 자료: 기상청) 장마는 제주도에서 시작하여 서서히 북상한다.

순경 제주도에서부터 시작되어(그림 2.60) 7월 하순에 전국 대부분 지역에서 끝나지만, 이런 시기는 평균적일 뿐 해에 따른 변동이 크다. 어떤 해에는 장마전선을 형성하는 기단의 강약에 따라서 여름 내내 한반도에 영향을 미치기도 한다.[43]

폐색전선 한랭전선이 온난전선보다 빠르게 이동하므로 시간이 경과하면 한랭전선이 온난전선을 따라 붙는데, 이런 상태를 폐색이라 하고 이 전선을 폐색전선(occluded fronts)이라고 한다. 한랭기단이 온난전선을 쐐기처럼 파고들면서 온난기단이 한랭전선 위로 미끄러지듯 상승하여 온난한 공기가 지표면에서 분리된다.

폐색전선 부근 날씨는 전선 유형에 따라 다르다. 한랭전선 후면에 있는 한랭한 공

---

43 2020년 장마는 중부지방에서 8월 중순까지 이어지면서 전국에 심각한 호우피해를 남겼다.

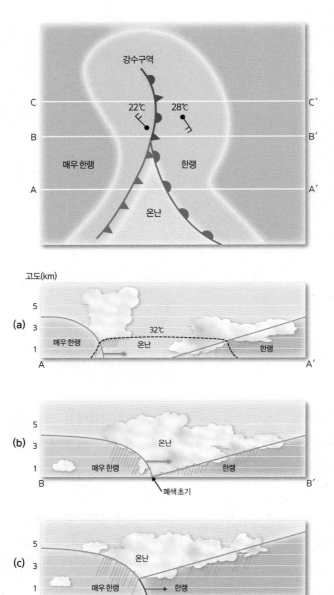

강수구역

C ————————— C'
22℃ 28℃

B ————————— B'

매우 한랭 한랭

A ————————— A'

온난

고도(km)

5
3 (a) 32℃
1 매우 한랭 온난 한랭
A A'

5
3 (b) 온난
1 매우 한랭 한랭
B B'
폐색 초기

5
3 (c) 온난
1 매우 한랭 한랭
C C'
폐색전선

그림 2.61 한랭형 폐색전선 형성 한랭전선이 빠르게 이동하면서(a), 온난전선을 따라 붙으며(b), 온난전선이 지표면에서 떨어진다(c).

표 2.8 폐색전선(한랭형) 통과 시 날씨 변화

기상 요소	전선 통과 전	전선 통과 시	전선 통과 후
바람	남동, 동, 남	가변적	서 혹은 북서
기온	냉량	하강	낮아짐(한랭)
기압	일반적으로 하강	가장 낮은 시점	약하게 상승
구름	권운, 권층운, 고층운, 난층운 순으로 접근	난층운이나 적란운	난층운, 고층운, 간혹 적운
강수	약하거나 중정도 혹은 호우 발생	강한 강수 가능성	강수 후 맑아짐
시정	대체로 양호	대체로 양호(호우 시 나쁨)	좋아짐
이슬점	변동 없음	약간 낮아짐	낮아짐

기가 온난전선 전면에 있는 한랭한 공기보다 더 한랭하면 한랭형 폐색전선(cold-type occluded front)을 형성한다(그림 2.61). 이런 폐색전선이 일반적이며 한랭전선과 비슷한 날씨가 나타난다. 한반도 주변에서 볼 수 있는 폐색전선은 대부분 한랭형 폐색전선이다. 전선 전후에 있는 공기가 그 반대인 경우에는 온난형 폐색전선(warm-type occluded front)을 형성하며, 한반도 주변에서는 보기 어렵다. 겨울철에 북태평양에서 발달한 한대해양기단이 북아메리카대륙을 가로지르는 경우, 대륙에 발달한 한대대륙기단이 더 한랭한 경우에 온난형 폐색전선이 발달한다. 이때는 한대해양기단과 아열대대륙기단 사이에 발달한 한랭전선이 온난전선을 타고 오르면서 넓은 지역에 구름이 발달하여, 온난전선에서와 비슷한 날씨가 나타난다.

2) 온대저기압

온대저기압의 특성 지표면에서 주위보다 기압이 낮거나 등압면 고도가 주변보다 낮은 구역을 저기압(cyclones, low)이라고 한다. 저기압은 일기도에서 명확하게 중심을 확인할 수 있다.

한대전선대에서 파동이 발달하면 편서풍을 타고 서에서 동으로 이동한다. 이런 파동이 성장하여 저기압으로 발달하며, 열대저기압과 구분하여 온대저기압(extratropical cyclone) 혹은 중위도저기압(middle latitude cyclone)이라고 한다. 온대저기압은 고기압

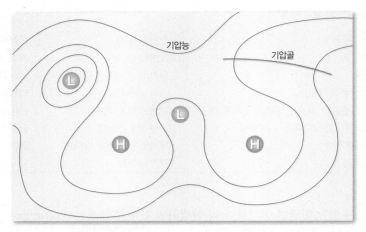

그림 2.62 저기압과 기압골 저기압은 중심이 있고, 기압골은 중심이 형성되지 않은 상태이다.

보다 규모가 작지만, 한반도는 대부분의 경우 하나의 저기압 영향을 받는다.

저기압으로 발달하기 전 단계를 기압골(trough)이라고 한다. 기압골과 저기압은 보통 같은 의미로 사용하며 날씨도 비슷하다. 두 경우 구름이 많이 끼거나 강수가 내린다. 일기도에서 온대저기압을 이루는 등압선은 대부분 폐곡선이지만 개곡선일 때도 있다. 등압선의 개폐 여부가 저기압과 기압골의 차이를 보여 주는 것은 아니다. 저기압은 중심이 있고 기압골은 중심이 없다. 전선을 따라서 주변보다 기압이 낮은 상태가 연속적인 구역도 기압골이라고 할 수 있다. 한랭전선과 온난전선을 따라서 주변보다 기압이 낮으며, 한랭전선에서 두 기단 사이의 온도 차이가 크기 때문에 한랭전선을 따라 발달하는 기압골이 온난전선에서 발달하는 기압골보다 더 강하다. 저기압에서는 저기압성 바람이 불지만, 기압골에서는 풍향이 급변하며 완벽한 반시계방향의 저기압순환(cyclonic circulation)은 발달하지 않는다. 일기도에서는 저기압을 표시하는 '저' 혹은 'L'자가 표시된 것과 그렇지 않은 것으로 쉽게 구별된다(그림 2.62).

저기압은 중심으로 갈수록 기압경도력이 커 풍속이 강하다. 중심으로 갈수록 기압이 낮아지므로 주변에서 시계방향 반대로 바람이 불어 들고, 수렴한 공기가 부딪쳐 상승기류를 만든다. 상승한 공기는 상층에서 발산한다(그림 2.63). 저기압 구역에서 날씨가 흐리거나 강수가 있는 것은 하층수렴과 상층발산에 의한 상승기류 때문이다. 공기가 상승하면 기압이 낮아져 단열팽창(adiabatic expansion)한다. 공기 양이 일정한 상태에서 단열팽창하면 분자운동이 느려지므로 열에너지가 감소한다. 단열팽창에 의한 열에너지 감소로 기온이 하강하는 것을 단열냉각(adiabatic cooling)이라고 한다. 공기가 계속 상승하여 기온이 이슬점(dew point)까지 낮아지면 응결(condensation)한다. 구름이 만들어진 후에도 공기덩어리가 계속 상승하면 강수가 발달한다.

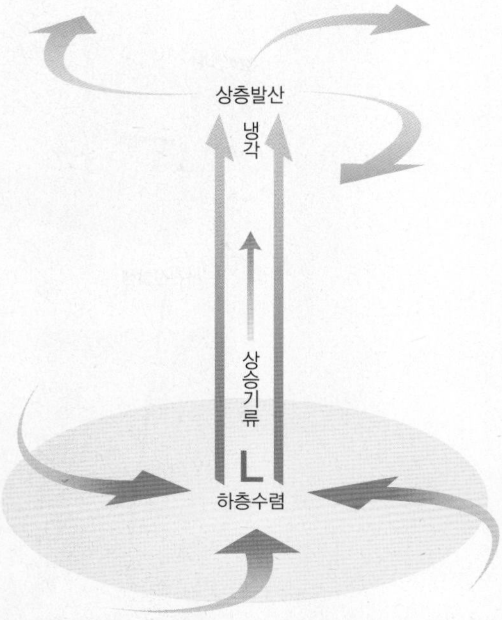

온대저기압의 생애와 이동 일반적으로 온대저기압은 한대전선대에서 발달하는 파동에서 시작되며, 대체로 전선을 동반한다. 전선대에서 발생하는 저기압은 발생에서부터 소멸까지 수일에서 일주일 정도 주기로 여러 단계를 거친다(그림 2.64).

그림 2.63 저기압 모델 저기압은 하층수렴과 상층발산이 특징이며, 그로 인하여 상승기류가 발달한다.

한랭기단과 온난기단이 마주쳐 한대전선대의 일부로 정체전선이 발달한다(그림 2.64 a). 이때는 전선발생단계로 기압이 높은 양쪽 기단 사이에서 기압골이 발달한다. 북쪽의 한랭한 공기와 남쪽 온난한 공기가 서로 반대 방향으로 거의 나란한 바람이 분다. 대체로 전선 북쪽에 북동풍, 남쪽에 남서풍이 분다.

정체전선이 발달한 후, 전선면에 두 기단의 세력 차이, 불규칙한 지형, 해양과 육지 간 온도 차이 등으로 두 기단 사이에 발달하는 수백km 길이의 파동이 발달한다(그림 2.64 b). 이것을 전선 파동(frontal wave) 혹은 초기 저기압(incipient cyclone)이라고 한다. 저기압은 보통 정체전선에 굴곡이 있는 구역에서 발생한다. 파동이 성장하면 정체전선이 한랭전선과 온난전선으로 바뀐다. 한반도나 주변을 통과하는 온대저기압은 중국 화북지방이나 화중지방에 중심을 두고 있을 무렵이 파동형성단계이다.

온대저기압으로 성장한 파동은 편서풍에 이끌려 동쪽으로 이동하면서 한랭기단이 마치 혀 모양으로 온난기단 쪽으로 점점 파고들어 더욱 커지면서 저기압순환을 형성한다. 이때가 저기압발달단계이며(그림 2.64 c), 한랭기단은 대체로 남쪽으로 파고들고 온

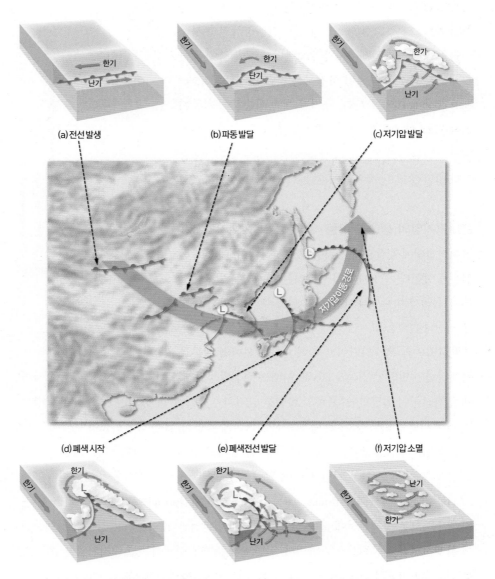

(a)전선 발생   (b)파동 발달   (c)저기압 발달

(d)폐색 시작   (e)폐색전선 발달   (f)저기압 소멸

그림 2.64 온대저기압의 일생 저기압은 전선상에서 파동을 형성하여 소멸할 때까지 여러 단계를 거치면서 발달하고 약화한다. 대체로 저기압 발달 단계에 한반도를 지난다.

난기단은 북쪽으로 파고드는 모양을 취한다. 이는 지표에서 남북 간 에너지 균형을 이루려는 자연현상이다. 이 단계에서 강수가 발달하며, 강수구역은 온난전선 전면에 비교적 넓고 한랭전선 후면에 좁게 형성된다. 두 전선의 이동속도 차이로 한랭전선이 점차 온난전선을 따라붙으면서 온난역(warm sector)이 좁아진다. 한반도에 영향을 미치는 온대저기압은 황해를 지나고 있을 때부터 한반도를 통과할 때까지 저기압발달단계에 해당한다.

온대저기압이 동쪽으로 이동하면서 중심기압이 더욱 낮아져 바람이 강해지면서 성숙단계로 접어든다. 한랭전선이 온난전선을 따라 붙으면 폐색이 시작된다(그림 2.64 d). 온대저기압이 한반도를 지날 때 폐색이 진행되기도 하지만, 일반적으로 한반도를 통과하여 동해로 진출하면서 폐색이 시작된다.

완전히 폐색되면 온난기단은 온대저기압 중심에서 분리된다(그림 2.64 e). 전선면 앞뒤로 차가운 공기이며, 일부 온난역이 남아 있지만 점차 사라진다. 이 단계에서 온대저기압의 중심기압이 급격히 하강하면서 폭풍이 발달한다. 중위도 해양에서 발달하는 폭풍은 대부분 이런 단계의 온대저기압과 관련 있으며, 겨울철 서유럽에서 종종 발달하는 폭풍도 이런 경우이다. 북태평양 연안에서는 겨울철에 폭설이 내릴 수 있는 조건을 형성하며, 북아메리카에서는 블리자드와 같은 조건이 조성되기도 한다.

점차 폐색이 강화되어 온난역이 완전히 사라지고 지표면의 전선 주변에 한랭한 공기만 남아 전선 전후의 온도 차이가 사라진다. 온난한 공기가 지표에서 완전히 분리되어 저기압중심으로 온난한 공기가 공급되지 않으므로 한랭한 공기만 주위를 회전한다. 중심에서는 점차 밀도 차이가 적어지면서 에너지가 공급되지 않으므로 저기압이 약화하여 저기압소멸단계에 이른다(그림 2.64 f). 한랭기단과 온난기단이 마주쳤을 때 한랭한 공기가 밑으로, 온난한 공기가 위로 이동하면서 위치가 바뀔 때 위치에너지가 운동에너지로 바뀐다. 이 운동에너지가 저기압의 중요한 에너지원이므로 온난한 공기가 공급되지 않으면 저기압은 더 이상 발달하기 어렵다. 일반적으로 한반도를 통과한 저기압은 알류샨열도 부근에서 소멸하므로 이곳을 '저기압의 무덤'이라 부르기도 한다.

온대저기압은 항상 여러 개가 발생하여 편서풍대를 따라서 불규칙적으로 이동하면서 중위도 날씨에 중요한 역할을 한다. 이와 같이 여러 개 저기압이 하나의 시스템을 이루면서 이동하는 것을 저기압 가족(family of cyclone)이라고 한다. 가장 동쪽 저기압이 최초에 발달한 것으로 폐색단계이며, 가장 서쪽의 것이 발달 초기단계이다. 대체로 여름철보다 온도 차이가 큰 겨울철에 온대저기압이 발달하기 쉽다. 온대저기압은 편서풍을 따라 서에서 동으로 이동하고, 상층에 강한 서풍대가 있을 때 더 빠르게 이동한다.

온대저기압의 날씨 중위도에 위치한 한반도에서는 일찍이 날씨를 파악하기 위하여 서쪽 하늘을 바라보았다. 오늘날에도 날씨를 예상하기 위해서 서쪽 날씨를 중요하게 여긴다. 이는 기압계가 편서풍을 따라 서에서 동으로 이동하기 때문이다. 한반도를 중심으로 보면, 온대저기압은 겨울철에는 북서에서 남동방향으로 이동하다 동해로 진출한 후 북동방향으로 이동하는 경향이며, 여름철에는 남서에서 북동쪽으로 이동하는 것이 일반적이다. 하나의 온대저기압은 1~2일에 걸쳐 한반도에 영향을 미치면서 지나간다.

온대저기압 구역의 날씨는 온도 차이와 이동속도와 경로, 수증기량 등에 따라 다르다. 대체로 온대저기압은 한대고기압과 아열대고기압 사이에 발달하므로 두 고기압 사이 성질 차이가 날씨를 좌우한다. 겨울철에는 남북 간 온도 차이가 커서 날씨 변동이 심하며, 극단적 날씨가 출현할 수 있다. 반면에 온도 차이가 적은 봄과 가을철에는 온대저기압이 통과하더라도 날씨 변화가 크지 않을 수 있다. 봄철에도 상하층 간 온도 차이가 크면, 뇌우와 더불어 우박이 떨어지는 극단적인 날씨도 발생한다.

저기압이 해양에서 느리게 이동하면, 바다에서 공급되는 수증기가 에너지원이 되어 더욱 강하게 발달한다. 예를 들어, 겨울철에 화북지방에서 발달한 저기압은 발달 초기에 세력이 미미하지만, 보하이Bohai만과 황해를 지나면서 수증기를 많이 흡수하면 크게 발달하여 한반도에 폭설을 초래할 수 있다. 여름철에 동중국해를 지나온 저기압도 서서히 이동하면서 많은 수증기를 흡수하고 한반도에 상륙하면 호우를 내릴 수 있다. 반면에 강한 편서풍을 타고 빠르게 이동하는 저기압은 크게 발달하지 않은 상태로 한반도를 통과하여 날씨 변화에 큰 영향을 미치지 않을 수 있다.

일반적으로 온대저기압은 전선을 동반하고 있으므로 같은 저기압의 영향을 받더라도 전선의 위치에 따라서 날씨가 다를 수 있다. 저기압 영향권에서는 하늘 전체가 구름으로 덮여 있지만 강수가 발달하는 곳은 전선 위치에 따라서 차이가 크다. 그림 2.65에

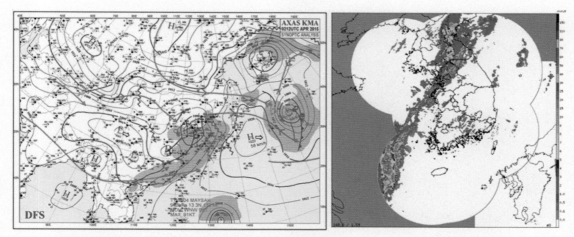

그림 2.65 저기압 주변의 날씨 우리나라는 전국이 황해에 중심을 둔 저기압 영향을 받지만, 강수구역은 중심에서 한랭전선을 따라 길게 발달하였다. 오른쪽 레이더영상은 왼쪽 일기도와 같은 시각의 것이다.

서 볼 수 있듯이 한반도는 황해에 중심을 둔 저기압의 영향을 받지만, 저기압중심에서 한랭전선을 따라 북동–남서 방향으로 강수구역이 길게 형성되었다.

3) 열대저기압

열대저기압의 정의 남·북위 5~20°의 열대 해양에서 발생하여 중위도로 이동하는 저기압을 열대저기압(tropical cyclone)이라고 한다. 열대저기압 중에서 중심 최대풍속이 17m/sec를 초과하면 고유번호와 명칭이 부여되며, 이때부터 넓은 의미로 태풍이라고 부른다.

열대저기압은 발생하는 해역에 따라 다르게 불린다. 북태평양 서부에서 발생하여 동남아시아와 동아시아에 영향을 미치는 것을 태풍(typhoon), 북대서양과 카리브해, 멕시코만, 북태평양 동부 등에서 발생하는 것을 허리케인(hurricane), 인도양과 아라비아해, 벵골만 등에서 발생하는 것은 사이클론(cyclone), 오스트레일리아 북동부 해상에서 발생하는 것은 윌리윌리(willy-willy)라고 부른다(그림 2.66). 북태평양 서부에서 발생한 것

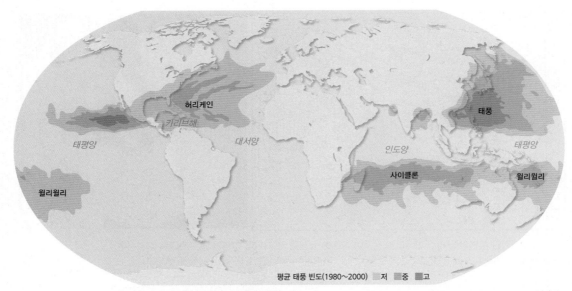

평균 태풍 빈도(1980~2000) 저 중 고

그림 2.66 열대저기압의 주요 발생 해역 열대저기압은 해수면온도가 높은 적도 부근 해양에서 발생하며, 발생 해역에 따라서 부르는 명칭이 다르다. 한반도는 여름부터 초가을 사이에 종종 태풍의 영향을 받는다.

중 1~3개가 여름에서 초가을 사이 한반도에 영향을 미친다. 태풍과 허리케인은 7~10월 사이에 발생빈도가 높고, 사이클론은 4~6월과 9~12월에 많이 발생한다.

세계기상기구는 중심최대풍속에 따라 열대저기압을 4등급으로 분류하였다(표 2.9). 중심최대풍속 17m/sec 이하인 것을 열대저기압(tropical depression; TD), 17~24m/sec 사이를 열대폭풍(tropical storm; TS), 25~32m/sec 사이를 강한 열대폭풍(severe tropical storm; STS), 33m/sec 이상을 태풍(typhoon; TY)이라고 한다.[44]

태풍의 고유번호는 매년 1월 1일 기준시점으로 발생하는 순서에 따라 부여된다. 예를 들어, 2022년 첫 번째 태풍의 고유번호는 2201 즉 2022년 1호이고, 순차적으로 다음 번호가 주어진다. 태풍 이름은 태풍위원회(ESCAP/WMO Typhoon Committee)에 속한 회원국에서 각각 10개씩 제출한 140개를 사용하며, 회원국 알파벳순으로 5개 조로 구

---

[44] 한국 기상청에서는 강도에 따라 열대저기압 단계를 중심최대풍속 25~33m/sec를 중, 33~44m/sec를 강, 44~54m/sec 이상을 매우 강, 54m/sec를 초강력으로 분류한다. 또한 강풍(15m/sec) 반경에 따라서 소형(300km 미만), 중형(300~500km), 대형(500~800km), 초대형(800km 이상)으로 구분하기도 한다.

표 2.9 열대저기압 구분(WMO)

구분	열대저기압*	열대폭풍	강한 열대폭풍	태풍
중심 최대풍속	17m/sec 미만	17~24m/sec	25~32m/sec	33m/sec 이상

* 한국 기상청에서는 열대 저압부라고 한다.

표 2.10 태풍 이름(2021년 8월 6일)

국가명	1조	2조	3조	4조	5조
캄보디아	Damrey	Kong-rey	Nakri	Krovanh	Trases
중국	Haikui	Yinxing	Fengshen	Dujuan	Mulan
북한	Kirogi	Toraji	Kalmaegi	Surigae	Meari
홍콩	Yun-Yeung	Man-yi	Fung-wong	Choi-wan	Ma-on
일본	Koinu	Usagi	Koto	Koguma	Tokage
라오스	Bolaven	Pabuk	Nokaen	Champi	Hinnamnor
마카오	Sanba	Wutip	Vongfong	In-fa	Muifa
말레이시아	Jelawat	Sepat	Nuri	Cempaka	Merbok
미크로네시아	Ewiniar	Mun	Sinlaku	Nepartak	Nanmadol
필리핀	Maliksi	Danas	Hagupit	Lupit	Talas
한국	Gaemi	Nari	Jangmi	Mirinae	Noru
태국	Prapiroon	Wipha	Mekkhala	Nida	Kulap
미국	Maria	Francisco	Higos	Omais	Roke
베트남	Son-Tinh	Co-may	Bavi	Conson	Sonca
캄보디아	Ample	Krosa	Maysak	Chanthu	Nesat
중국	Wukong	Bailu	Haishen	Dianmu	Haitang
북한	Jongdari	Podul	Noul	Mindulle	Nalgae
홍콩	Shanshan	Lingling	Dolphin	Lionrock	Banyan
일본	Yagi	Kajiki	Kujira	Kompasu	Yamaneko
라오스	Leepi	Nongfa	Chan-hom	Namtheun	Pakhar
마카오	Bebinca	Peipah	Linfa	Malou	Sanvu
말레이시아	Pulasan	Tapah	Nangka	Nyatoh	Mawar
미크로네시아	Soulik	Mitag	Saudel	Rai	Guchol
필리핀	Cimaron	Ragasa	Molave	Malakas	Talim
한국	Jebi	Neoguri	Goni	Megi	Doksuri
태국	Krathon	Bualoi	Atsani	Chaba	Khanun
미국	Barijat	Matmo	Etau	Aere	Lan
베트남	Trami	Halong	Vamco	Songda	Saola

출처: 기상청

성하였다(표 2.10). 해가 바뀌면 지난해에 이어서 다음 순서 명칭을 사용한다.[45] 태풍 이름 중에는 지나치게 큰 피해를 입힌 경우 다른 것으로 교체된다. 개미와 나리, 장미, 노루 등 10개가 한국에서 제출한 명칭이다.

열대저기압의 발생과 소멸 열대저기압은 바람이 약하고 해수면온도가 26.5℃ 이상인 대양에서 발생한다. 이런 조건에서는 대기 중에 열과 수증기가 풍부하여 조건부불안정 상태가 만들어지므로 소용돌이가 쉽게 발생할 수 있다. 열대 해양에서는 연중 이런 상태가 형성될 수 있지만, 수온이 최고에 이르는 여름과 초가을에 북태평양과 북대서양의 열대와 아열대 해양에서 탁월하게 발달한다(그림 2.67).

열대저기압은 여러 가지 요인에 의해 형성되며, 가장 중요한 것은 열대수렴대에서 발달하는 강력한 수렴과 상승기류이다. 편동풍파(easterly wave)로 알려진 무역풍에서 작은 소용돌이가 강력한 태풍으로 발달할 수 있다. 열대에서는 해면기압 차이가 적어서 일기도의 등압선이 큰 의미를 갖지 못한다. 그러므로 열대에서 일기예보는 공기흐름을 나타내는 유선(streamline)이 중요하다. 유선분석을 통해서 공기의 수렴과 발산 상

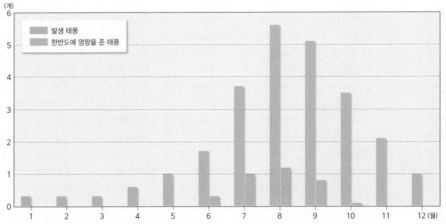

그림 2.67 월별 태풍 발생빈도와 한반도에 영향을 미친 태풍빈도(1991~2020년, 자료: 기상청) 태풍은 거의 연중 발생하지만, 여름과 초가을에 발생빈도가 높고 대체로 7~9월 사이에 한반도에 영향을 미친다.

---

45 예를 들어, 어느 해 마지막 태풍 이름이 1조 11번째 '개미'였으면 다음 해 첫 번째 태풍 명칭은 1조 12번째인 프라피룬Prapiroon이다.

태를 파악할 수 있다. 열대지방에서 유선은 기압골을 만드는 편동풍파에 의해 변형된다. 편동풍파는 파장이 2,500km를 넘으며 시속 5~10m/sec 속도로 동에서 서쪽으로 이동한다. 기압골 축 동쪽에서는 남동풍이 불어오면서 공기가 수렴하고 기압골 서쪽에서는 북동풍이 불면서 공기가 발산한다(그림 2.68). 수렴한 공기는 상승하면서 냉각되어 응결하고 소낙성 강수나 뇌우를 발달시킨다. 이런 곳에서 열대저기압이 발달하여 태풍으로 성장할 수 있다. 이런 열대저기압은 대체로 대양 서쪽에서 형성되지만, 소용돌이는 훨씬 동쪽에서 시작되어 서쪽으로 이동하면서 서서히 성장한다. 무역풍을 따라 해류가 발달하므로 대체로 서쪽 해양에서 수온이 높아 더 많은 에너지를 얻을 수 있다. 종관일기도에서 분석할 수 있을 정도로 성장한 소용돌이를 열대저기압이라고 한다. 위성영상에서 적도 부근의 크고 작은 적란운을 관찰할 수 있으며, 각 구름덩어리는 소용돌이를 나타낸다(사진 2.23).

태풍이 발생하는 구역의 대기는 조건부불안정 상태여서 일단 열대저기압이 형성되면 막대한 상승기류가 발달한다. 이로 인하여 공기가 수렴하고 수증기가 응결하면서 태풍 에너지원인 잠열이 발생한다. 공기가 고수온역을 이동하면서 해양에서 많은 수증

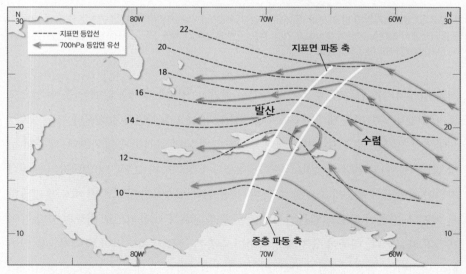

그림 2.68 열대 편동풍파의 수렴과 발산 기압골 축 동쪽에서는 남동풍이 불면서 공기가 수렴하고 기압골 서쪽에서는 북동풍이 불면서 공기가 발산한다.

사진 2.23 **열대저기압의 발달**(천리안위성 2A 영상, 2020년 8월 24일 9시) 2020년 8호 태풍 바비Bavi가 동중국해에서 황해를 향하여 북상하고 있다. 적도 주변에서 여러 개의 작은 소용돌이를 볼 수 있는데, 이것이 점차 열대저기압으로 발달한다.

기와 열에너지를 얻는다. 수온이 높을수록 공기가 현열과 잠열을 많이 얻을 수 있으므로 해양에서 오래 머문 태풍일수록 수증기를 더 많이 포함하면서 강해진다.

　태풍이 차가운 물을 지나거나 에너지원을 잃게 되면 급격하게 약화한다. 태풍의 눈 벽 밑의 수온이 조금만 떨어져도 폭풍이 뚜렷하게 약화하며, 2.5℃ 이상 냉각되면 에너지원이 차단되어 폭풍이 소멸할 수 있다. 폭풍 아래 고수온층이 얇으면 태풍이 발달하기 어렵다. 강풍이 파랑을 만들면서 차가운 물을 위로 끌어올리므로 태풍의 발달을 억제하기 때문이다. 태풍이 육지에 상륙하면 수증기 공급이 차단되어 에너지원을 잃어 힘이 약화한다. 동중국해까지 강하게 발달하던 태풍이 중국 내륙으로 상륙하면서 세력이 크게 약화하여 한반도에 직접적인 태풍 피해를 입히지 않는 경우를 종종 볼 수 있다.

한국 남해안에 큰 피해를 입히던 태풍도 일단 한반도에 상륙하면 에너지원을 잃게 되어 세력이 약화한다.

열대저기압의 이동 열대저기압이 발달하면 대체로 포물선 모양을 그리면서 이동한다. 발달 초기에는 불규칙적으로 이동하지만 적도 부근에서 편동풍을 타고 동에서 서로 이동한다. 북반구에서는 열대저기압으로 공급되는 에너지양이 북쪽보다 남쪽에서 많아 북쪽으로 움직이려는 힘이 있다. 따라서 열대저기압은 적도저기압대에서 편동풍에 의한 서향 성분과 태풍 자체의 북향 성분이 합해져서 북서쪽으로 이동한다.

북서쪽으로 이동하던 열대저기압이 북위 30° 정도에 이르러 편서풍을 만나면 진행방향을 바꾸어 북동진한다. 열대저기압의 진로가 북서에서 북동으로 바뀌는 지점을 전향점(recurvature point)이라고 한다. 한반도로 이동하는 열대저기압의 전향점은 대부분 북위 22~30°에 분포하며, 진로 예측을 위해서 전향점이 중요하다. 열대저기압의 평균 진로를 보면, 7~9월 사이에 발생한 태풍은 한반도를 통과할 가능성이 높고, 그 외 달에 발생한 것은 비교적 멀리 빗겨 간다. 최근 한반도에 큰 피해를 입힌 태풍 20개 중 19개가 7~9월 사이에 한반도를 통과하였다(그림 2.69). 최근 기후변화에 따라 태풍진로가 바뀌고 있다는 연구 결과가 있으며, 10월에 발생한 태풍이 한반도에 영향을 미친 사례도 있다.

열대저기압은 무역풍대에서 시속 10~20km로 비교적 느리게 이동하다가 전향점에서는 거의 정체하고, 편서풍대에 진입하면 시속 30~50km 속도로 비교적 빠르게 이동한다. 열대저기압은 이동속도가 빨라지면 공급받는 에너지가 적어지므로 세력이 점점 약화한다.

한반도에 영향을 미치는 열대저기압은 북태평양고기압의 가장자리를 따라서 이동하는 경향이다. 월별 태풍진로는 북태평양기단의 평균적 경계와 대체로 일치한다. 그러므로 한반도 가까이 진출한 열대저기압의 진로는 주변에 영향을 미치는 기단의 힘과 관련 있다. 대체로 시베리아기단 세력이 강한 시기에는 열대저기압이 한반도까지 진출하지 못하고, 그 세력이 약할 때에는 한반도에 영향을 미칠 수 있다. 전향력 등 다른 힘도 태풍의 진로에 작용한다.

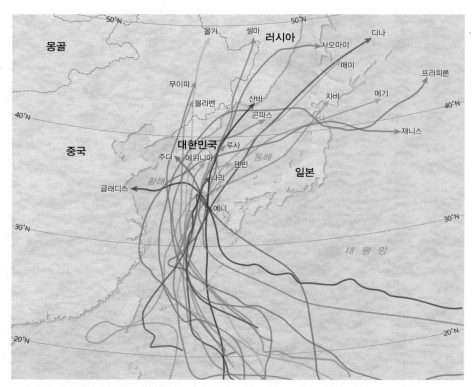

그림 2.69 한반도에 영향을 미친 주요 열대저기압의 진로(피해규모 상위 20개, 자료: 기상청) 한반도에 큰 피해를 입힌 태풍은 대부분 북위 25~30°에서 전향하여 북동진하면서 통과한다. 전향한 후 이동속도가 빨라진다.

열대저기압의 구조 열대저기압은 온대저기압과 달리 일기도나 위성영상에서 거의 동심원 모양이다. 열대저기압 중심에서부터 수 개의 등압선이 동심원으로 밀집되어 있으며, 중심에 가까울수록 간격이 조밀하다. 열대저기압이 통과할 때 날씨는 거의 대칭적으로 일정한 순서를 따라 변한다. 태풍이 다가오면, 온난전선이 접근할 때처럼 권운, 권층운, 고층운, 층적운 순으로 구름이 접근하고 통과 후에 거의 역순으로 사라진다. 기압과 풍속, 강수강도도 거의 대칭적으로 변한다. 태풍이 접근할 때, 기압은 급격히 하강하다가 중심이 통과한 후 빠르게 상승하고, 풍속은 서서히 증가하다 중심 통과 후에 약해진다(그림 2.70).[46]

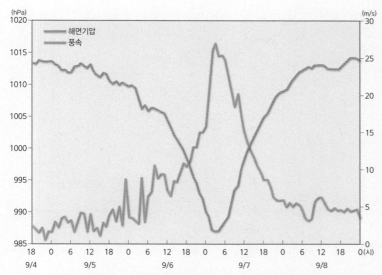

그림 2.70 태풍 통과 시 기압과 풍속 변화(제주 고산, 2020년 9월 4∼8일, 자료: 기상청) 태풍 하이선Haish-en이 다가오면서 해면기압은 급격히 감소하고 풍속이 증가한다. 중심이 통과한 후에는 풍속이 급격히 감소하고 기압은 상승한다.

열대저기압 중심으로 고온다습한 공기가 몰려들면서 중심을 둘러싸는 적란운 탑이 발달한다. 이와 같이 강력한 대류로 만들어지는 도넛 모양의 벽을 태풍의 눈벽(eye wall of typhoon)이라고 한다. 태풍 중심에 가까운 곳에서는 강력한 회전에 의한 원심력으로 발생하는 바람과 수렴하는 공기가 부딪혀 상승기류가 발달하면서 눈벽이 발달한다. 태풍의 눈벽은 태풍중심에서 20~50km에 형성되며, 이곳에서 최대풍속이 나타나고 강한 비가 쏟아진다. 눈벽 안을 태풍의 눈(eye of typhoon)이라고 한다(그림 2.71). 태풍의 눈은 저위도에서 뚜렷하지만, 전향점을 지나면서 약화한다. 태풍의 눈에는 하강기류가 있어서 날씨가 맑고 바람이 약하다. 태풍 중심 부근에서 원심력에 의하여 공기가 주변으로 발산하므로 하강기류가 발달한다. 하강기류 구역에서는 고기압에서와 같이 단열승온이 일어나므로 맑은 하늘을 볼 수 있다. 태풍의 눈은 중심에서 원심력이 강하다는

---

46 태풍에서 기압이 900hPa 이하로 하강하는 경우는 드물다. 1979년 10월 4일, 미크로네시아 북쪽 태평양에서 발생한 20호 태풍 팁Tip이 10월 12일 오후 3시(KST)에 괌 북서쪽 해양(16.8°N, 137.6°E)에서 최성기를 맞아 중심기압이 870hPa에 이르렀다. 팁은 한반도에 영향을 주지 않고 일본으로 진출하였다.

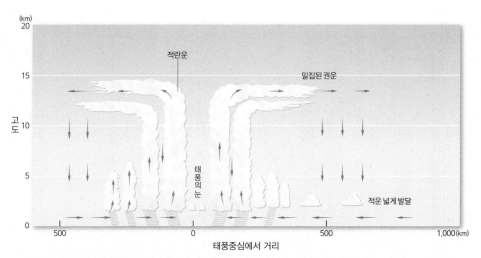

그림 2.71 열대저기압의 구조 열대저기압은 전선이 없으며 대칭적이다. 중심에 태풍의 눈이 발달한 것이 특징이다.

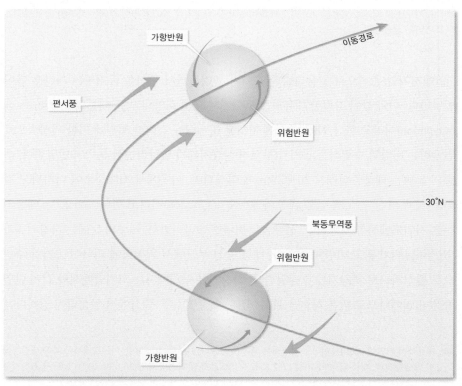

그림 2.72 태풍의 위험반원과 가항반원 태풍의 진행방향 오른쪽 반원은 대기대순환에 의한 바람과 태풍의 풍향이 일치하여 위험반원이 되고, 반대쪽은 두 개 바람 풍향이 서로 상쇄되어 가항반원이 된다.

것을 보여 주는 것으로 태풍 세력이 강력하다는 것을 암시한다.

열대저기압에서 바람은 중심을 향해서 시계 반대방향으로 불어 들며, 풍속이 반드시 좌우 대칭인 것은 아니다. 열대저기압이 진행하는 방향의 오른쪽에서 왼쪽보다 바람이 강하여 오른쪽 반원을 위험반원(dangerous semicircle), 반대쪽을 가항반원 혹은 안전반원(navigable semicircle)이라고 한다(그림 2.72). 일반적으로 위험반원에서 가항반원에서보다 폭풍우가 강하다. 진행방향 오른쪽 구역에는 태풍의 풍향과 대기대순환에 의하여 발생하는 바람이 같은 방향으로 합성되어 풍속이 더욱 강하다. 즉, 전향점을 지나기 전에는 무역풍에서 부는 동풍 성분과 태풍에서 발생한 동풍 성분이 합쳐지고, 전향점을 지나면 편서풍에서 부는 남서 성분과 태풍에서 부는 남서 성분이 합쳐져 바람이 강하다. 반면, 왼쪽 구역에는 두 바람의 풍향이 서로 달라 풍속이 상쇄된다. 그러므로 태풍경로에서 어느 반원에 포함되는가에 따라서 피해 규모 차이가 크다. 태풍이 황해를 지날 때는 한반도 전역이 위험반원에 해당하기 때문에 규모에 비하여 피해가 큰 편이다.

태풍피해 태풍은 강한 바람과 호우를 동반하고 있어서 막대한 파괴력을 갖는다. 강한 태풍의 위력은 히로시마에 투하한 원자폭탄의 1만 배에 이르며, 기후변화에 큰 영향을 미쳤던 인도네시아 크라카타우 화산의 10배에 이른다.

태풍은 강풍과 낮은 기압, 호우를 동반하는 것이 특징이다. 강풍으로 파괴된 지붕 재료나 교통 신호등, 간판, 나무 등이 날아다니는 무기가 될 수 있어 강풍은 1차적 태풍피해 요인이며, 강풍에 의한 파괴 정도가 태풍강도를 가시적으로 보여 준다. 최근 한반도에 영향을 미친 태풍 중 곤파스(2010), 볼라벤(2012), 링링(2019) 등은 강우량보다 강한 바람을 초래한 대표적 사례이다.

해안은 강풍은 물론 낮은 기압과 호우의 영향을 받을 수 있어서 태풍피해가 크다. 강풍 자체가 풍랑의 원인이지만, 기압이 현저히 낮아지면 해수면이 상승하여 폭풍해일(storm surge)을 일으켜 해안에 막대한 침수를 초래한다. 태풍에 의한 강풍이 바다에서 연안으로 향하면서 해수면을 상승시킬 때 더 위험하다. 더욱이 만조일 때 태풍이 통과하면 피해가 가중된다. 대륙붕의 경사가 완만하고 수심이 낮은 멕시코만 안의 작은 만과 하구는 폭풍해일 피해가 잦은 지역이다. 그 외에 해발고도 2m 이하인 방글라데시의 삼각주도 폭풍해일 피해를 입기 쉬운 지역이다.

열대저기압은 대부분 격렬한 강수를 동반하고 있어서 홍수도 주요 태풍피해의 하나이다. 열대저기압은 수온이 높은 해양을 지나면서 많은 수증기를 포함할 뿐만 아니라 강력한 상승기류가 있어서 호우를 동반할 수 있다. 산지가 많은 한반도에서는 산지 방향과 풍향이 상승기류를 더욱 강화시킬 수 있는 지역에 극단적인 폭우가 쏟아질 수 있다. 2002년 영동지방에 폭우를 쏟아 부은 태풍 루사Rusa 때는 북동풍과 지형 방향이 결합되어 발달한 강한 상승기류가 폭우의 원인이었다.

한반도는 거의 매년 심각한 태풍피해를 겪는다. 상위 20위 기상재해 중 태풍에 의한 것이 1위와 2위를 포함하여 8회였다. 남동 해안은 다른 지역에 비하여 태풍의 영향을 받는 빈도가 잦은데다 위험반원 구역에 해당하는 경우가 있어 태풍피해가 자주 발생한다. 제주도를 포함한 도서도 거의 매년 태풍으로 많은 강수와 강풍 피해를 겪는다. 태풍이 다가올 때, 주요 항구와 포구는 폭풍을 피하려는 크고 작은 선박으로 넘쳐난다(사진 2.24). 태풍이 가까이 위치하고 있을 때, 사리와 겹치면 연안에서는 해일피해가 커질 수 있다. 기압이 낮아서 바닷물이 상승하려 하는 데다 사리 때 기조력이 커져 바닷물이 크

표 2.11 심슨의 허리케인 등급

등급	중심기압 (hPa)	1분 평균 풍속 (m/sec)	폭풍해일 (m)	피해상태
1	980 이상	32–41	1.2–1.5	**약한 피해**: 위험한 바람으로 약간의 피해 발생, 잘 고정되지 않은 이동가옥과 나무 등 피해 발생, 해안도로 침수, 방파제 가벼운 피해 발생
2	965–979	41–47.5	1.6–2.4	**중간 피해**: 건물의 지붕, 창문, 문 등에 피해 발생, 나무가 부러지고 이동가옥에 심각한 피해 발생, 해안과 저지대 침수
3	945–964	47.5–56	2.5–3.6	**강한 피해**: 가옥의 지붕이 날아가고 창문과 문이 부서짐. 이동가옥 파괴, 해안 저지대 2m 이상 침수, 저지대 주민 대피 필요
4	920–944	56–68	3.7–5.4	**극심한 피해**: 작은 가옥 극심한 파괴, 해안 저지대 3m 이상 침수, 대규모 대피 필요
5	920 미만	68 이상	5.4 이상	**재앙적 피해**: 대부분 가옥의 지붕 완전 파괴, 해안에서 500m 이내 5m 이하 완전 침수, 해안 저지대 완전 철수

사진 2.24 태풍을 피해 몰려든 어선(경북 포항, 2012. 8.) 태풍이 다가오면 큰 항구와 작은 포구로 선박이 몰려들면서 장관을 이룬다.

게 상승한다.[47]

한반도를 통과한 태풍 중에는 2002년 8월 루사와 2003년 9월 매미가 두드러지게 규모가 크고 피해도 컸다(표 2.12). 태풍 루사는 한반도를 통과할 때 중심 최저기압 970hPa에 조금 못 미치는 정도였지만, 강릉에 일강수량 870.7mm라는 갱신하기 어려운 기록을 남겼다. 이 강수량 기록은 한국에서 기상관측 이래 가장 많은 양이었다. 이때 대관령에도 일강수량 712.5mm가 기록되었고, 제주도 고산에서는 순간최대풍속 56.7m/sec가 기록되었다.

'을축년(乙丑年)홍수' 원인이었던 1925년 7월 태풍(2559)도 황해를 통과하여 한반도 전역이 위험반원에 들었던 경우이다. 그 다음 태풍(2560)도 황해로 진출한 후 남부지방

---

47 음력 7월 15일 백중사리 때 기조력이 최대에 이르고 있어 이때 태풍이 영향을 미치면 해일피해가 커질 수 있다.

표 2.12 재산피해별 태풍 순위(1904~2020년)

순위	태풍명	발생월	중심 최저기압 (hPa)	재산 피해액 (억 원)
1	루사Rusa	2002년 8월	950	51,479
2	매미Maemi	2003년 9월	910	42,225
3	에위니아Ewiniar	2006년 7월	920	18,344
4	올가Olga	1999년 7월	970	10,490
5	볼라벤Bolaven	2012년 8월	965	6,365
6	재니스Janis	1995년 8월	990	4,563
7	셀마Thelma	1987년 7월	915	3,913
8	산바Sanba	2012년 9월	965	3,657
9	예니Yanni	1998년 7월	965	2,749
10	프라피룬Prapiroon	2000년 8월	965	2,520

자료: 행정안전부

으로 상륙하여 큰 홍수를 일으켰다.[48] 1959년 9월 사라Sarah도 기록적인 인명손실을 가져왔다. 그나마 사라는 대한해협을 통과한 후 동해로 진출하여 한반도가 가항반원에 들어 있어서 규모에 비하여 피해가 적은 편이었다. 사라가 한반도 가까이 접근하였을 때 중심기압은 945hPa까지 떨어졌으며, 최성기에는 905hPa에 이르렀던 초대형 태풍이었다. 사라의 영향을 받은 제주에서는 순간최대풍속이 46.9m/sec에 이르렀으며, 일강수량 168.1mm가 기록되었다.

---

[48] 당시는 태풍이름이 없었으며, 태풍 2559는 1925년 태풍으로서 한국에 기상관측소 개설 이래 59번째 영향을 미친 것임을 의미한다. 태풍 2559는 1925년 7월 9일부터 12일까지 한반도에 영향을 미쳤으며, 서울에서 일강수량 183.3mm를 기록하였다. 태풍 2560은 7월 15일부터 18일까지 영향을 미쳤고, 서울에서 일강수량 185.1mm를 기록하였다.

제3장 기후요소

1. 기압과 바람

바람은 단순한 공기흐름으로 여기기도 하였지만 오늘날에는 인류에게 유용한 자원이다. 서유럽 해안과 같이 바람이 강한 지역에서는 오래전부터 바람의 힘을 유용하게 사용하고 있다. 대항해시대에도 바람의 역할이 중요하였다. 무역풍은 15세기부터 18세기 사이 새로운 항로개척에서 중요한 역할을 하였다. 오늘날 바람은 신재생에너지로 주목받고 있다. 최근 한국에서도 바람을 이용하여 전기를 생산하고 있으며, 높은 산지 능선이나 해안, 해양에서 풍력발전단지를 쉽게 볼 수 있다(사진 3.1).

바람은 물리적 힘으로 인류생활에 직접 영향을 미친다. 여름철 태풍은 해안이나 도서에 큰 피해를 입히며, 겨울철 강풍도 독특한 경관 형성에 영향을 미쳤다. 편서풍대인 서유럽에서는 겨울철에 수일간 폭풍이 몰아치면서 많은 인명피해와 재산피해를 초래하고 오래된 숲을 초토화시켰다는 소식이 종종 전해진다.

바람은 증발을 촉진하여 체감온도에 영향을 미친다. 바람이 불 때는 피부에서 증발이 활발하여 냉각이 발생하므로 체감온도가 떨어진다. 바람은 무더운 여름철에는 불쾌지수를 떨어뜨리지만, 겨울철에는 냉각을 촉진하여 한기를 더욱 강화한다.

바람을 이해하기 위해서는 규모별로 특징을 파악할 필요가 있다. 지구 전체에서 본 대규모 바람과 일기도에서 볼 수 있는 기압배치에 의한 종관규모 바람, 국지적 지형조건에 의한 바람 등 규모별로 차이가 있다. 바람은 각 규모별로 주변 경관과 주민생활에

사진 3.1 해양 풍력발전(제주 한림 앞바다. 2017. 11.) 최근 신재생에너지 자원이 주목받으면서 바람이 강한 해양에 풍력단지가 조성되고 있다.

다양한 영향을 미친다.

1) 기압과 바람의 단위

기압 공기가 지표면에 가하는 압력을 기압(atmospheric pressure)이라고 한다. 기압은 중요한 기후요소이지만, 인간활동에서 기온이나 바람, 강수 등에 비하여 덜 민감하게 여길 수 있다. 하지만 기압은 다른 기후요소와 밀접하게 연관되어 있으면서 간접적으로 주민생활에 미치는 영향이 적지 않다. 기압 차이가 바람을 일으키고 강수를 일으키는 원인이다.

 공기는 접하고 있는 모든 면에 압력을 가하며, 압력은 상하좌우 등 모든 방향으로 작

표 3.1 국제 표준대기

고도(km)	기압(hPa)	기온(℃)
0	1013.25	15.0
0.5	945.61	11.8
1	896.75	8.5
1.5	845.56	5.3
2	794.95	2.0
3	701.09	−4.5
4	616.40	−11.0
5	540.20	−17.5
6	471.81	−24.0
7	410.61	−30.5
8	356.00	−37.0
9	307.42	−43.5
10	264.36	−50.0
11	226.99	−56.4
12	193.30	−56.5
14	141.02	−56.5
16	102.87	−56.5
18	75.05	−56.5
20	54.75	−56.5
25	25.11	−51.5
30	11.72	−46.5

자료: ICAO

용한다. 공기는 중력의 영향을 받아 지표면에 접하고 있으면서 고도가 상승하면 밀도가 급격하게 감소하므로 기압은 하층에서 높고 상층으로 갈수록 낮아진다. 기압은 5km 고도까지 고도 상승과 더불어 약 100hPa/km씩 감소하여 5km 고도에서는 해수면의 절반 정도에 이른다(표 3.1). 해수면에서는 평균 1kg/cm² 정도 기압이 작용하며, 이 값은 지표면의 모든 동물과 식물에 똑같이 적용된다.

자연상태에서 인간은 몸속에 평균해면기압과 비슷한 압력으로 공기를 포함하고 있어서 거의 기압을 느끼지 못한다. 대기로부터 가해지는 압력과 몸속에서 외부로 가해지는 압력이 균형을 이룬다. 간혹 해발고도가 높은 곳에 오래 머물거나 저기압이 통과할 때 손끝이 부은 것처럼 느끼는 것은 외부 기압이 낮아져 몸속에서 외부로 가하는 압력이 커지기 때문이다. 그러므로 기압에 민감한 경우 저기압이 통과할 때 몸에 이상증세를 느낄 수 있다.

기압은 공기밀도나 기온과 밀접하게 관련되어 있어서 셋 중 한 가지가 변하면 다른 두 가지도 함께 변한다. 폐쇄된 공간에서 공기를 가열하면 공기의 분자운동이 활발해져 점차 속도가 증가하면서 압력이 커진다. 다른 조건이 일정할 때 기온이 상승하면 압력이 커지고, 기온이 낮아지면 압력이 낮아진다. 이와 같은 기압과 밀도, 기온의 관계가 실제 대기에서는 다르게 나타난다. 일반적으로 온난한 곳의 기압이 낮고 한랭한 곳의 기압이 높다. 온난한 곳에서는 상승기류가 발달할 수 있고, 한랭한 곳에서는 공기가 침강할 수 있기 때문이다. 공기가 가열되어 상승기류가 발달하면 지표면의 공기밀도가 낮아지고, 냉각되어 침강하면 공기밀도가 높아진다.

기압의 단위는 세계기상기구 권고로 국제단위계(SI)의 압력 단위인 hPa을 사용한다. 1hPa은 1cm²의 면적에 10^3dyne의 힘이 가해질 때 받는 압력으로 1hPa=10^3dyne/cm²로 표시할 수 있다.

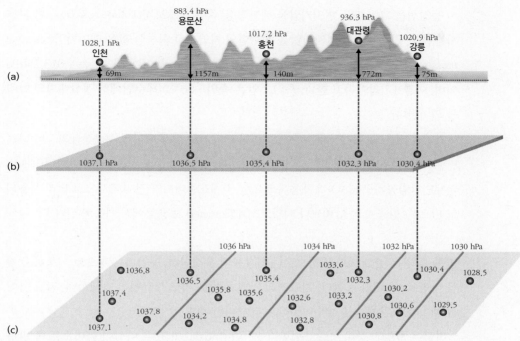

그림 3.1 **해발고도와 기압** 고도가 다른 5개 지점의 현지기압(a)과 해면기압(b)을 보여 준다. (c)에는 다른 관측소값을 포함하여 그린 등압선이다.

　기상관측소에서 기압계(barometer)로 관측하는 기압값을 현지기압(station pressure)이라고 한다. 현지기압은 관측지점의 고도와 중력, 기온 등의 영향을 받는다. 현지기압은 비행기 이착륙과 등산객의 고도계산 등에 유용하다. 기압은 수평거리에 비해서 수직 고도에 따른 차이가 커서 현지기압을 이용하여 등치선을 묘화하면 해발고도 영향으로 높은 산지에는 항상 저기압, 평지에는 고기압이 분포할 수 있다. 그림 3.1에서 구체적 사례를 적용하여 볼 수 있다. 어느 날 아침 9시에 대관령관측소(해발 772m에 위치) 현지기압은 936.3hPa이며 해수면에서 기압값은 1,032.3hPa이다. 수직적으로 772m 사이에 기압 차이가 96hPa이다. 대관령에서 서쪽으로 약 186km 떨어진 인천에서 현지기압은 1028.1hPa로 두 지점 간 기압 차이는 91.8hPa에 불과하다. 수평으로 186km 떨어진 장소와의 기압 차이보다 수직으로 772m 고도의 기압 차이가 더 크다. 그러므로 일기도 분석을 위해서는 고도 차이를 보정한 값을 사용할 필요가 있다. 일기도 분석에서 등압선을 그릴 때는 현지기압을 해면경정[1] 혹은 고도보정(altitude correction)한 값을 사용한다. 관측지점의 현지기압을 해수면의 기압으로 환산한 값을 해면기압(sea level pressure)이라고 한다. 평균해면기압은 수은주 760mm 높이에 해당하는 1,013.25hPa 이며, 이를 1기압이라고 한다. 즉, 1기압은 중위도(45°N) 해수면에서 정상대기의 압력을 의미한다.

기압과 기온 등 대기상태는 수시로 변하고 있어서 실제 대기의 평균상태와 비슷하게 단순화시킨 협정대기가 필요하며, 이를 표준대기(standard atmosphere)라고 한다(표 3.1). 국제민간항공기구(ICAO)가 채용하고 있는 국제표준대기가 전 세계적으로 널리 사용되고 있으며, 항공기 성능 비교나 기압고도계(altimeter) 보정 등에서 기준이 된다.[2]

바람 공기는 항상 어느 방향으로나 자유롭게 움직인다. 공기가 수평으로 이동하는 것을 바람(wind)이라고 한다. 지표면의 가열 차이로 밀도 불균형이 발생하며, 밀도 차이를 해소하기 위하여 공기가 이동하는 것이 바람이다.

바람은 풍향과 풍속으로 표현한다. 풍향(wind direction)은 바람이 불어오는 쪽 방향을 의미하며, 풍향계(wind vane)로 측정한다. 풍향은 북쪽 방향과 이루는 각으로 표시할 수 있고, 나침반 방향으로 나타낼 수 있다. 나침반 방향을 사용할 때는 8방위 혹은 16방위를 사용한다. 북쪽 방향과 이루는 각을 이용할 때는 일반적으로 10° 간격으로 나타낸다. 360°는 북풍을 의미하며 90°는 동풍, 180°는 남풍, 270°는 서풍을 의미한다.

한 지역에서 빈도가 탁월하거나 강도가 강하여 주민들에게 인상적인 바람을 탁월풍(prevailing wind)이라고 한다. 편서풍대에 속하는 중위도에서는 서풍계열 바람이 탁월하다. 탁월풍이 강한 곳에서는 나뭇가지나 줄기가 한 방향으로 기운 편향수(wind-shaped tree)를 볼 수 있다(사진 3.2). 편향수는 기상관측소가 없는 지역에서 탁월풍을 추정할 수 있는 좋은 지표이다. 한국에서도 높은 산지나 해안, 도서 등에서 서풍계열 바람

---

1   다음 식을 이용하여 해면경정할 수 있다.

$$\Delta P = Pg/R_dT \times \Delta z$$

여기서 P는 현지기압(hPa), g는 중력가속도(9.81m/sec²), R_d는 건조공기의 기체상수(287m²/s²/k), T는 해수면에서 절대온도, Δz는 고도 차이(m)이다.

2   국제표준대기의 평균해면기압은 1,013.25hPa이며, 기온 15℃, 환경기온감률 6.5℃/km이다.

사진 3.2 편향수(제주 구좌, 2013. 8.) 편향수는 관측소가 없는 지역에서 탁월풍을 추정할 수 있는 좋은 지표이다.

에 의하여 발달한 편향수를 쉽게 관찰할 수 있다. 편향수가 발달한 해안에는 탁월풍의 영향을 받는 해안사구가 발달하였다. 식생이 부족한 건조지역에서는 바람의 영향을 받은 지형이 발달한다. 사구(sand dune)는 건조지역에서 바람이 만든 대표적 지형이다. 탁월풍에 의하여 모래가 날리고 쌓이면서 사구가 발달하고 이동한다.

풍속(wind speed) 단위는 m/sec와 km/hr, knots(kts)를 사용한다. 한국 기상청에서는 m/sec 단위를 사용하였으나 최근 km/hr를 동시에 제공한다.[3] 일반적으로 항공기상 관측에서는 knots 단위를 사용한다.[4]

한 지점의 풍향별 바람의 출현빈도나 강도 등을 방사상으로 나타낸 그림을 바람장미(wind rose)라고 하며, 바람분포 특징을 보여 주기에 유용하다. 바람장미를 보고 탁월풍이나 계절별 풍향 등을 쉽게 파악할 수 있다. 바람장미를 그리는 방법은 다양하다. 가장 쉬운 것은 풍향별 빈도만을 이용하여 나타낼 수 있지만, 풍속을 고려하지 않아서 바람

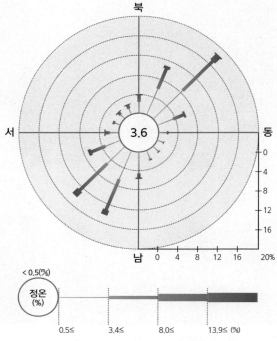

북

서

동

남

3.6

< 0.5(%)

정온
(%)

0.5≤   3.4≤   8.0≤   13.9≤ (%)

0

4

8

12

16

0 4   8   16 20%

그림 3.2 울릉도의 바람장미(1991~2020년, 기상청) 바람장미는 한 지역의 바람 특성을 잘 표현한다. 울릉도의 경우, 남서풍과 북동풍의 출현빈도가 탁월하다는 것을 알 수 있다.

강도 파악이 어렵다. 한국 기상청에서 제공하는 바람장미는 풍향별로 풍속의 계급별 관측 횟수를 나타내며(그림 3.2), 풍향별 빈도와 풍속별 빈도를 파악할 수 있다. 기상청에서 사용하는 바람장미에는 16방위별로 풍속을 4개 계급으로 구분하였다.

바람의 규모 바람은 시간과 공간 규모에 따라 다양하다(그림 3.3). 바람은 전구규모 바람에서부터 종관규모 바람, 중규모 바람, 국지규모 바람 등으로 나뉜다.

편서풍이나 무역풍은 대표적 전구규모(planetary scale, global scale) 바람으로 대기대순환에 의하여 발생하며 수 주 이상 거의 일정하게 유지된다. 지표면 마찰력이 무시되는 높은 고도에서는 이런 규모의 바람이 지배적이다. 예를 들어, 500hPa 고도면 이상의 상층일기도에서 확인되는 바람은 전구규모이다. 이 바람이 지상 기압계(weather system) 이동에 영향을 미친다. 대체로 상층 바람이 강할 때, 지상 기압계도 빠르게 이동하여 날씨 변화가 심하다.

종관규모(synoptic scale) 바람은 전구규모보다 작은 규모로 종관 일기도상에서 볼 수 있는 기압배치에 의하여 발생한다. 고기압에서 저기압으로 부는 바람과 규모가 큰 열대저기압에 의한 바람이 그 사례이다. 매일매일 일기예보에서는 대체로 종관규모 바람을 제시한다. 그러나 바람은 지형과 수륙분포 등의 영향을 받으므로 한 관측지점에서 보면 예보와 다른 풍향의 바람이 불기도 한다. 특히 산지가 널리 분포하는 한국에서는 같은 시각에 보아도 지역별로 풍향 차이가 크다. 예를 들어, 전국에 북서풍이 불고 있을 때에도 바람그늘에 해당하는 강릉에서는 남서풍이 부는 경우가 흔하다. 태백산맥에 의

---

3   1m/sec는 3.6km/hr에 해당한다.

4   1knot는 시속 1 해상 마일(1,852m)로 약 0.51m/sec에 해당한다.

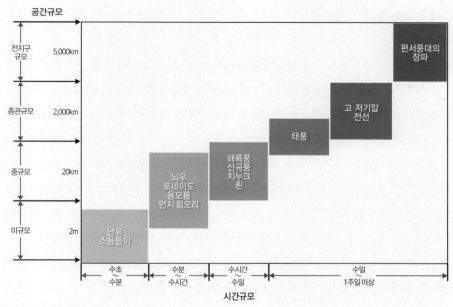

그림 3.3 바람의 시·공간 규모

하여 풍향이 바뀌기 때문이다.

중규모(meso scale) 바람은 100km 이내 비교적 좁은 지역에 영향을 미치며, 시간상으로 수 분에서 하루 정도 규모이다. 해안에서 발생하는 해륙풍이나 산간에서 하루 주기로 발생하는 산곡풍, 토네이도(tornado), 뇌우에 동반되는 폭풍 등이 중규모 바람에 해당한다. 중규모 바람은 종관규모 바람이 약할 때 발생할 수 있다. 이 책에서는 중규모 바람을 지방풍에서 설명하였다.

가장 규모가 작은 소규모(micro scale) 바람은 수 초 내지 수 분 동안 발생한다. 건물 주변에서 부는 빌딩풍이나 경작지에서 방풍림 등의 영향으로 변형되는 바람이 여기에 속한다. 순간적으로 발생하는 돌풍(gust)이나 먼지 회오리 등도 이 규모이다.

2) 대기대순환과 기압분포

대기대순환 자연계는 항상 평형상태를 유지하려 한다. 평형상태에서 벗어나면 평형을 유지하려고 공기가 이동하여 에너지가 발생한다. 지표면에서는 태양으로부터 받는 수열량과 지표면에서 내보내는 복사에너지 차이로 위도대별로 에너지 수지의 불균형이 발생한다. 이런 불균형을 해소하기 위하여 위도대 사이에 활발한 공기순환이 일어난다. 저위도의 뜨거운 공기가 극으로 이동하고, 극의 한랭한 공기는 저위도로 이동한다. 이와 같이 지표면에서 불균등한 열 분포를 해소하기 위하여 전구적으로 발달하는 대기운동을 통틀어서 대기대순환(general circulation of atmosphere)이라고 한다. 대기대순환에 의한 위도대 간 공기흐름이 지표상에서 발생하는 모든 대기현상의 시작이다.

이런 대기운동은 간단한 것처럼 보이지만, 실제 대기 흐름은 보다 복잡하다. 대기대순환을 이해하기 위해서는 우선 단순화한 모델을 살펴볼 필요가 있다. 단순화한 대기대순환 모델은 하나의 순환세포로 구성된 것과 세 개의 순환세포로 구성된 것이 있다.

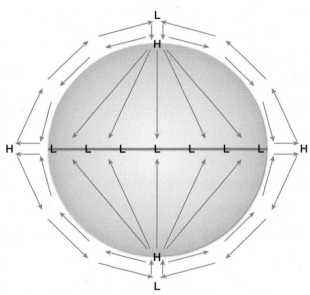

하나의 순환세포 모델은 세 가지 조건을 가정한다. 우선 지표면상태가 균일하고, 태양은 항상 적도상에 똑바로 떠 있으며, 지구가 자전하지 않는다는 것이다. 그러므로 물과 육지 사이 가열 차이가 적용되지 않고, 계절에 따라 풍향이 바뀌지 않으며, 바람에 기압경도력만 작용한다. 그림 3.4는 이런 가정하에 구성된 대기대순환모델이다. 영국 기상학자 해들리(G. Hadley)는 1735년에 지구가 자전하지 않고 지표면상태가 균일하다 가정하고, 하나의 순환세포로 구성된 대기순환모델을 제시하였다. 즉, 지구상의 바람은 일사량 분포에 의해 결정되므로 열과잉인 적도에서 상승한 공기가 열이 부족한 극으로 이동하고, 극에서 침

그림 3.4 지구자전이 없을 경우 해들리 대기대순환 모형 지구가 자전하지 않고 지표면상태가 균일하다면 남북순환만 일어나서 북반구 지표면에서는 북풍이 불고 상층에서는 남풍이 불 것이다.

강한 한랭한 공기가 자오선(meridian)을 따라 저위도로 이동하는 남북순환(meridional circulation)만 일어난다. 이 순환세포를 해들리세포(Hadley cell)라 하며, 각 반구마다 세포가 하나씩 있다. 이 모델에 의하면, 북반구 지표면에서는 오로지 북풍이 불고 상층에서는 남풍이 불며, 남반구에서는 각각 반대방향 바람이 분다.

해들리모델은 지구자전을 반영하지 않았다. 그러나 지구는 자전하고 있으므로 하나의 순환세포로 구성된 모델은 실제 상황을 반영하지 못한다. 지표면에서는 자전으로 발생하는 전향력에 의해 북반구에서는 진행하는 방향에서 오른쪽으로 남반구에서는 왼쪽 방향으로 흐름이 바뀌면서 동서순환(zonal circulation)이 발달한다.

1920년대 들어 상층관측 자료가 축적되면서 각 반구마다 순환세포가 세 개씩 있는 새로운 모델이 제시되었다. 그림 3.5는 하나의 순환세포로 구성된 모델보다 복잡하지만, 상당히 단순화시킨 대기순환 모델이다. 각 반구에 세 개의 순환세포가 에너지를 재분배한다. 그중 하나는 적도에서 상승한 후 고위도로 이동하다 남·북위 30° 부근에서 하강하여 다시 적도로 흐르는 순환세포로 해들리세포라고 한다. 다른 하나는 극지방에 퇴적된 공기가 저위도로 이동하다가 남·북위 60° 부근에 이르러 저위도에서 이동해 온 공기와 부딪혀 상승한 후 다시 극으로 이동하는 순환이다. 이들 순환세포는 열적 원인으로 만들어진 것으로 직접순환(direct circulation)이라고 한다.[5] 이 중 전자를 열대순환세포, 후자를 한대순환세포라고 한다. 두 개의 순환세포 사이에 동적 원인으로 간접순환(indirect circulation)이 발생한다. 이를 중위도순환세포 혹은 페렐세포(Ferrel cell)라고 하며, 앞의 두 경우와 달리 하층에 찬 공기가 있는 곳에서 상승기류가 만들어지고 상층에 따뜻한 공기가 있는 곳에서 하강기류가 만들어진다. 이런 순환세포는 저위도 쪽에서 더욱 명확하다.

열대수렴대를 따라 가열된 공기가 상승기류를 형성하고 권계면에 이르면 더 이상 상승할 수 없어서 고위도로 이동한다. 상승하는 공기는 단열냉각 후 고위도로 이동하면서 더욱 냉각된다. 고위도로 갈수록 지구의 폭이 점차 좁아지므로 이동하는 공기가 남·북위 30°에 이르면 충분히 쌓여 침강하면서 대규모 하강기류가 발달한다. 하강한

---

5 물이나 공기를 가열하였을 때 찬 곳에서는 하강기류가 만들어지고 뜨거운 곳에서는 상승기류가 만들어지는 순환을 말한다.

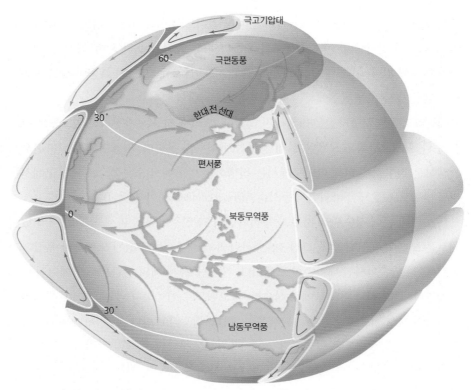

극고기압대

60°

극편동풍

30°

한대전선대

편서풍

0°

북동무역풍

30°

남동무역풍

그림 3.5 **이상적인 지구상의 대기대순환** 지표면에서 대류권계면까지 남북 방향으로 세 개의 순환세포가 있다. 하나는 적도 부근에서 상승한 후 고위도로 이동하다 남·북위 30° 부근에서 하강하여 다시 적도로 흐르는 순환이고, 다른 하나는 극지방에서 저위도로 이동하다 남·북위 60° 부근에서 상승하여 다시 극으로 이동하는 순환이다. 두 순환에 의하여 사이에 새로운 순환이 발달한다.

공기가 지표면에 이르면 저위도와 고위도를 향하여 이동하며, 이것이 지상 풍계에서 중요한 무역풍과 편서풍이다.

열부족 상태인 극에서는 지속적으로 공기가 침강하면서 퇴적된다. 퇴적된 공기가 저위도로 이동하면서 전향력을 받아 동풍이 되며, 이를 극편동풍(polar easterlies)이라고 한다. 극편동풍은 남·북위 60° 부근에서 편서풍과 부딪쳐 상승기류를 만든다. 이곳에서 상승한 공기는 대류권계면에서 남북 방향으로 나뉘어 이동한다. 이때 극으로 이동한 공기는 극지방에서 하강기류를 형성하고, 저위도로 이동하는 공기는 적도에서 이동하여 오는 공기와 남·북위 30° 부근에서 마주쳐 하강기류를 형성한다.

기압분포 대기대순환에 의하여 형성되는 대규모 상승기류와 하강기류가 지표면에서 기압분포 차이를 만든다. 대기대순환은 열수지 차이에 의해서 발생하는 것으로, 열과 잉 지역에서는 상승기류, 열부족 지역에서는 하강기류가 발달한다. 열과잉 지역에서는 상승기류에 의하여 공기밀도가 낮아져 저기압대가 형성되고, 열부족 지역에서는 공기 침강으로 밀도가 높아져 고기압대를 형성한다. 기압이 높은 곳이 있으면 주변은 상대적으로 낮아지므로 고기압대와 저기압대가 번갈아 분포하며, 기압대는 위도를 따라 대상으로 발달한다(그림 3.6). 이런 분포 패턴은 남반구에서 뚜렷하여 등압선이 대상으로 길게 이어지며, 북반구에서는 수륙분포 영향을 받아 세포상으로 발달하기도 한다.

연중 열과잉 상태인 적도 주변에는 저기압대가 동서 방향으로 넓게 발달하며, 이를

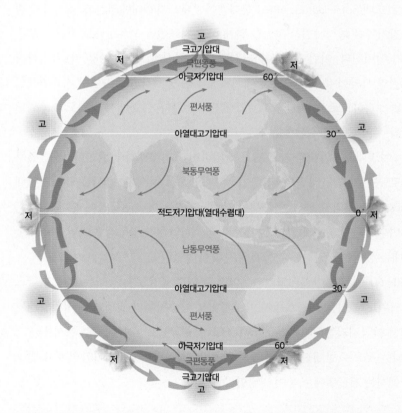

그림 3.6 세계 주요 기압대와 풍계 각 위도대별로 대상으로 분포하는 기압대를 볼 수 있다. 고기압대에서 저기압대로 부는 주요 풍계가 발달하였다.

적도저기압대(equatorial low pressure belt)라고 한다. 북반구 겨울철에는 적도저기압대가 해양과 대륙 사이 가열 차이로 남쪽으로 이동하고 여름철에는 북쪽으로 이동한다. 이곳에서 무역풍이 수렴하므로 열대수렴대(Intertropical convergence zone; ITCZ)라고 부르기도 한다. 이 지역에서는 무역풍이 수렴하는 데다 해수면온도가 높아 조건부 불안정 상태이므로 상승기류가 쉽게 발달할 수 있다. 열대수렴대를 따라서 상승한 공기는 대규모 뇌우로 발달할 수 있으며, 소나기성 폭우를 동반한다.

남·북위 30° 부근에 형성된 강한 하강기류는 대규모 고기압대를 발달시킨다. 이를 아열대고기압대(subtropical high pressure belt) 혹은 중위도고기압대라고 한다. 아열대고기압대 중심에서는 바람이 약할 뿐만 아니라 풍향이 일정하지 않아 이곳을 아열대무풍대 혹은 말위도대(horse latitudes)라고 한다.[6] 아열대고기압대에서는 상층에서 수렴한 공기가 하강기류를 형성하면서 하늘을 맑게 하고 지표면을 고온상태로 만들어 고온건조한 날씨가 이어진다. 이런 곳에 사하라사막, 소노란사막, 아라비아사막, 칼라하리사막 등 세계적인 사막이 분포한다. 상층에서 수렴하는 공기가 하강하면서 지표면에서 발산하는 양을 초과하므로 거의 연중 고기압대가 발달한다. 이곳에서 저위도와 고위도를 향하여 각각 무역풍과 편서풍이 분다.

극지방에는 아열대고기압대와 다른 기구에 의하여 고기압대가 발달한다. 연중 열부족 상태이므로 공기가 침강하면서 퇴적되어 고기압대를 형성한다. 이를 극고기압대(polar high pressure belt)라고 하며, 이곳에서 저위도를 향하여 극편동풍이 분다. 남극은 고도가 높고 만년설과 빙상으로 덮여 있어서 강한 고기압대가 영구적으로 발달하지만, 북극 고기압대는 해빙이 발달하는 겨울철에 강하게 발달한다.

남·북위 50~60°에서는 아열대고기압대에서 고위도 쪽으로 이동하는 흐름과 극고기압대에서 저위도로 이동하는 흐름이 마주치면서 상승기류가 발달하여 저기압대가 형성된다. 이를 아극저기압대(subpolar low pressure belt)라고 하며, 대체로 편서풍과 극편동풍이 만나는 곳으로 한대전선대와 거의 일치한다. 이곳은 온대저기압의 주요 발생지이며, 해양에서는 겨울철에 폭풍이 발달할 수 있다.

---

6 범선시대에 이곳을 통과하던 배들이 식수 등을 절약하기 위해서 싣고 있던 말 일부를 바다에 버리거나 잡아먹었다는 이야기가 전해 온다.

적도저기압대와 극고기압대는 열적 원인으로 형성되었으며, 아열대고기압대와 아극저기압대는 그 사이에서 동적 원인으로 형성되었다. 즉, 열수지 차이로 적도저기압대와 극고기압대가 형성되었고, 두 기압대에서 시작된 공기 이동에 의하여 고기압대와 저기압대가 발달하였다.

세계 기압분포는 수륙분포와 산지, 빙상 등의 영향을 받아서 보다 복잡하며, 태양고도 변화에 따라서 계절별로 분포 양상이 다르다(그림 3.7과 3.8). 해양보다는 대륙에서 계절 차이가 뚜렷하고, 각 반구의 겨울철에 기압경도가 더 크다. 이는 대륙과 해양 사이 비열 차이에 의한 것이다. 겨울철에 대륙은 심하게 냉각되는 데 반하여 해양은 큰 변화가 없으므로 두 지역 간에 기압 차이가 커진다.

1월에는 강하게 냉각되는 유라시아대륙에 광대한 고기압대가 발달한다. 시베리아평원에서 발달한 강력한 고기압이 동아시아와 동유럽까지 세력을 확장한다.[7] 시베리아고기압은 열적 요인에 의해서 발달한 것으로 범위는 광대하지만 두께가 얇다. 이 고기압이 한반도를 포함한 유라시아대륙에서 겨울철 바람에 큰 영향을 미친다. 강도 차이가 있지만 북아메리카대륙에 발달하는 캐나다고기압도 비슷한 성격이다.

이 시기 북태평양과 북대서양에도 반영구적 고기압이 발달하며, 각각 북태평양고기압(North Pacific high)과 아조레스고기압(Azores high)이라고 부른다. 이는 상층수렴에 의하여 발달한 아열대고기압이다. 대륙에 비하여 상대적으로 수온이 높은 상태이므로 여름철에 비하여 고기압 강도가 약하다. 반면, 북대서양과 북태평양 북부에는 강력한 아극저기압대가 분포한다. 지역 명칭을 따서 각각 그린란드-아이슬란드저기압(혹은 아이슬란드저기압, Icelandic low)과 알류샨저기압(Aleutian low)으로 부른다. 전자는 아이슬란드와 그린란드 남부에 걸쳐 발달하며, 후자는 알래스카만과 알류샨열도 부근 베링해를 따라 발달한다. 이곳은 대표적인 저기압 활동지역으로 특히 겨울철에 폭풍이 발달하여 편서풍을 타고 동쪽으로 이동한다.[8]

이때, 남반구에는 상대적으로 수륙분포 차이가 뚜렷하지 않아 비교적 규모가 큰 고

---

7 시베리아평원에서 최고기압은 1,084hPa(1968년 12월, 아가타Agata)를 기록하였다.

8 알래스카 니콜스키Nikolski는 알류샨저기압의 영향을 자주 받아 강수일수가 225일이며, 비교적 한랭한 기후(D기후) 지역임에도 연평균강수량이 1,500mm를 초과한다.

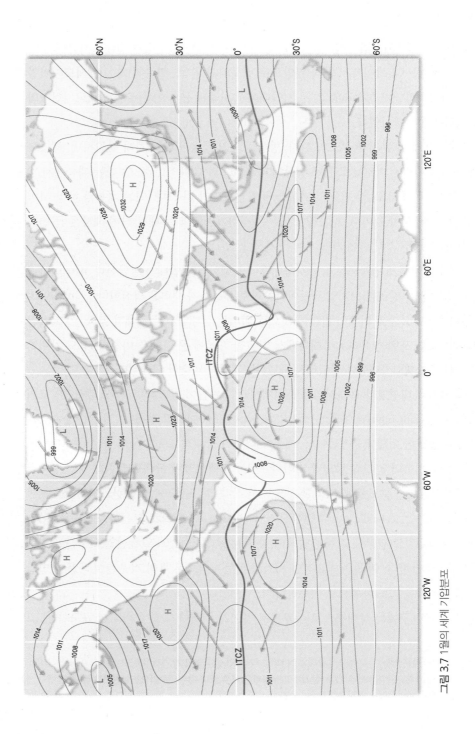

그림 3.7 1월의 세계 기압분포

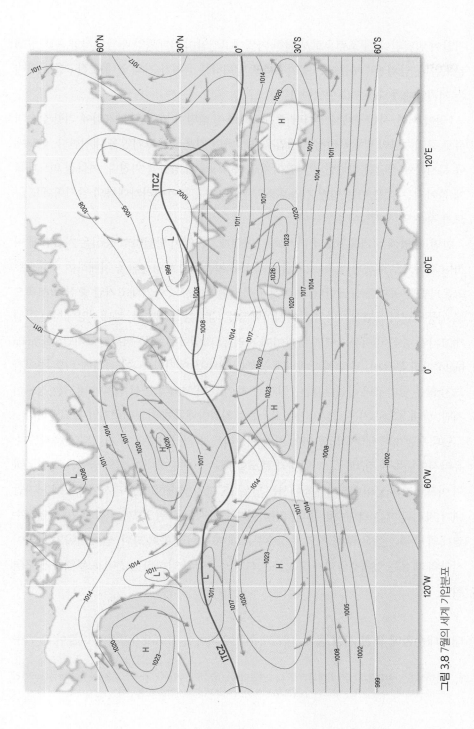

그림 3.8 7월의 세계 기압분포

기압이 발달한다. 구조적으로 발달한 아열대고기압이 남태평양과 남대서양, 인도양에 분포한다. 남위 60° 부근에는 공기흐름을 방해하는 육지가 거의 없어서 전구를 둘러싸는 저기압대가 대상으로 발달한다.

7월이 되면, 북반구에서 일사량 증가로 대륙이 상당히 가열된다. 가열에 의한 상승기류로 공기수렴이 발달하면서 저기압을 형성하여 겨울철의 고기압을 대치한다. 인도대륙 북서쪽에 발달한 강력한 저기압이 유라시아대륙에 영향을 미친다. 여름철 인도대륙에 쏟아지는 많은 비는 이런 기압분포와 관련 있다. 북아메리카대륙의 남서쪽에도 규모가 작은 열 저기압이 발달한다.

반면, 해양에는 겨울철보다 더 강화된 아열대고기압이 발달하며 중심은 겨울철에 비하여 서쪽으로 이동한다. 이 고기압이 북반구 여름철의 해양순환을 지배하며 대륙으로 고온다습한 공기를 공급한다. 여름철에 북태평양에서도 아열대고기압 중심이 서쪽으로 이동하면서 동남아시아와 동아시아에 많은 강수를 초래한다. 북대서양에서는 아열대고기압 중심이 버뮤다제도 가까이에 자리 잡고 있어서 이를 버뮤다고기압(Bermuda high)[9]이라 부르며, 역시 북아메리카 동부에 강수를 야기한다. 이 시기에 비열 차이가 크지 않은 남반구의 기압분포는 1월과 큰 차이 없이 고기압 중심 위치만 바뀌는 정도이지만, 상대적으로 기온이 낮아지는 오스트레일리아대륙에 아열대고기압이 발달한다.

열대수렴대도 태양고도 변화에 따라 이동하므로 기압대 분포와 관련되어 움직인다. 유라시아대륙에 강력한 고기압대가 분포할 때는 열대수렴대가 적도 남쪽으로 이동하여 아프리카와 남아메리카대륙에서는 남위 15°까지 남하한다. 유라시아대륙에 저기압대가 자리할 때는 열대수렴대가 북상하여 인도에서는 북위 30°까지 걸쳐 있다. 열대수렴대의 남북 이동은 주변 지역의 강수분포에 미치는 영향이 크다. 남아시아와 동남아시아의 계절은 열대수렴대가 북상하는 시기인 우기와 남하하는 건기로 뚜렷하게 구별된다.

대기대순환에 의한 지상 풍계 대기대순환에 의하여 적도저기압대와 더불어 각 반구

---

9 북대서양상에 발달하는 아열대고기압으로 여름철에는 중심이 북아메리카 쪽으로 이동하여 버뮤다고기압으로 불리며, 겨울철에는 아프리카 쪽으로 이동하여 아조레스고기압으로 불린다.

에는 두 개의 고기압대와 하나의 저기압대가 발달한다. 지표면에는 고기압에서 저기압대로 부는 무역풍, 편서풍, 극편동풍 세 가지의 대규모 풍계(wind system)가 발달한다(187쪽 그림 3.6 참조).

무역풍(trade winds)은 열대순환세포에 의해서 발달하는 바람으로 남·북위 30° 부근 아열대고기압대에서 적도저기압대를 향하여 불며, 전향력이 작용하여 북반구에서는 북동풍, 남반구에서는 남동풍이다. 이 바람은 지표면에서 가장 광범위한 지역에서 분다. 남동무역풍이 북반구로 진출하면, 전향력이 오른쪽으로 작용하면서 남서풍으로 바뀐다. 마찬가지로 북동무역풍이 남반구로 진출하면 전향력 방향이 바뀌면서 풍향이 북서풍으로 바뀐다. 이런 풍향 변화가 인도와 동남아시아 등의 강수분포에 큰 영향을 미친다.

무역풍은 가장 믿을 만한 바람이라 할 정도로 풍향과 풍속이 일정하며,[10] 남·북위 15° 사이에서 평균풍속이 1~2m/sec에 불과하다. 무역풍 풍향은 주·야간 차이 없이 일정할 뿐만 아니라 여름철과 겨울철에도 일정한 것이 특징이며, 열대 해상에서 더욱 뚜렷하다. 인도양에서 남반구의 무역풍이 넘어올 경우 예외적으로 서풍이 우세할 때도 있지만 대부분 동풍계 바람이다(그림 3.9). 북반구에서 이 바람은 범선으로 항해하던 15세기 이후 대항해시대에 중요한 역할을 하였다.

무역풍은 아열대고기압대에서 불어오므로 고온건조한 바람이지만, 적도 방향으로 이동하면서 수증기를 흡수하여 불안정 상태로 변한다. 이럴 경우, 공기가 층을 이루어 하층 공기는 다습하고 불안정하지만, 상층은 건조하고 안정된 상태이다. 이와 같은 상태를 무역풍역전(trade wind inversion)이라고 한다. 태평양이나 대서양 등 광대한 해상에서 불안정한 공기는 많은 강수와 폭풍을 일으킬 수 있는 잠재력이 있다. 이런 공기가 지형 장애물을 만나 상승기류가 발달하면 바람받이에 폭우가 내린다. 하와이와 같은 세계적 다우지는 대부분 무역풍대 바람받이 사면에 분포한다.

남동무역풍과 북동무역풍이 수렴하는 곳을 열대수렴대라고 한다. 열대수렴대에서는

---

10 이 바람은 대륙 간 무역에 도움을 주었기에 무역풍이라고 불리게 되었다. 예를 들어, 인도양 북동쪽 인도대륙과 남서쪽 아프리카 사이를 보면, 1월에는 북동풍이 불고 7월에는 남서풍으로 바뀐다. 마다가스카르섬에서 인도와 비슷한 경관을 쉽게 볼 수 있는 것은 이런 바람 환경과 관련 있다.

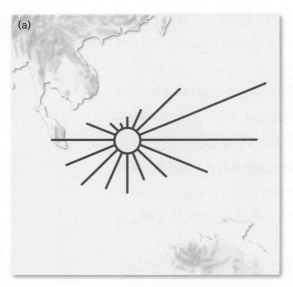
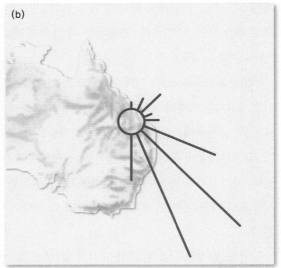

그림 3.9 **무역풍대 풍향분포** 무역풍은 적도와 남·북위 30° 사이에서 부는 바람으로 북반구에서는 북동무역풍(a, 팔라우 멜레케옥Melekeok), 남반구에서는 남동무역풍(b, 오스트레일리아 케언스Cairns)이 우세하다. 무역풍은 연중 풍향이 일정한 것이 특징이다.

기압경도가 작아서 바람이 약한 적도무풍대(doldrums)를 형성한다. 열대수렴대에서는 대규모 뇌우로 성장할 수 있는 상승기류가 쉽게 발달하며 항상 습윤하다. 이 뇌우가 소나기성 폭우를 초래하여 많은 양의 강수를 내린다.

편서풍(westerlies)은 중위도 순환세포에 의하여 발달한 바람으로 아열대고기압대에서 아극저기압대로 불면서 중위도에 영향을 미치며, 남·북위 35~60°에서 우세하다. 편서풍대에는 무역풍대보다 육지 면적이 넓은 데다 온대저기압과 이동성고기압이 자주 통과하여 풍향이 자주 변형된다. 전면에 바람 장애물이 없는 대륙 서안에서는 연중 편서풍이 강하지만, 동안에서는 수륙분포 영향을 받아 계절별로 풍향이 바뀌면서 편서풍이 약화한다(그림 3.10).

편서풍은 북반구보다 해양이 넓은 남반구에서 뚜렷하며, 북반구에서도 대륙보다 해양에서 더 강하다. 편서풍대 해양에서 폭풍이 자주 발생하여 이 해역을 지나는 어선이 조난되는 경우가 잦다. 이런 곳의 날씨는 편서풍 자체뿐만 아니라 이동하는 기압계 영

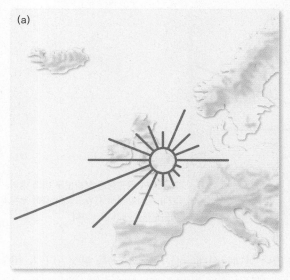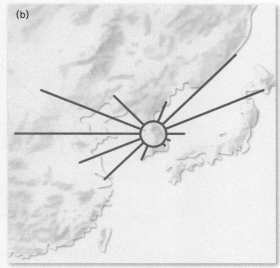

그림 3.10 중위도 대륙 동안과 서안에서 편서풍 차이 같은 편서풍대이지만 해양의 영향이 강한 대륙 서안 (a, 영국 런던)에서는 서풍이 탁월하고 대륙 동안(b, 서울)에서는 풍향이 비교적 다양하다. 런던에서는 남서풍이 지배적이지만, 서울에서는 서풍과 더불어 북동풍의 빈도도 높다.

향을 크게 받는다. 온대저기압이 편서풍대의 난류 해역을 지날 때는 강력한 폭풍이 발달할 수 있다. 남극대륙과 남아메리카대륙 사이 드레이크해협은 폭풍이 잦은 곳으로 유명하다. 파타고니아고원에 빙하가 발달한 것도 강한 편서풍이 불어오면서 강수를 발달시켰기에 가능한 것이다. 강력한 편서풍이 안데스산지를 만나 습기를 포함한 공기가 강제상승하면서 많은 강수를 만들었다.

극지방에서 남·북 위 60°로 부는 바람을 극편동풍(polar easterlies)이라고 한다. 극지방에는 열적으로 고기압이 발달하여 지표면에서 공기가 거의 연중 발산한다. 고기압 규모가 일정한 것은 아니며 북극에서는 해빙이 발달하는 겨울철에 강화한다. 겨울철 극지방은 매우 한랭건조한 상태이다.

극편동풍은 다른 바람에 비하여 덜 중요하게 여겨졌으나, 최근 자원개발과 과학연구, 영토 확장 등을 목적으로 극지방에 대한 관심이 증대되면서 상황이 달라졌다. 일반적으로 극편동풍은 풍속과 상관없이 매우 차고 건조하여 맞바람을 받으면서 걷기 어려

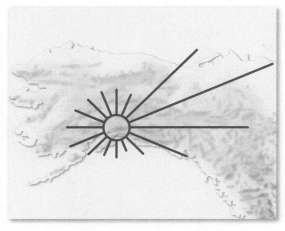

그림 3.11 **극편동풍 풍향분포**(미국 앵커리지) 극지방에서 저위도로 향하여 부는 바람은 동풍계가 우세하다.

울 정도이다. 이 바람이 편서풍과 만나 한대전선대(polar front zone)를 형성한다. 두 바람이 마주치는 60~70° 해역에서는 폭풍이 잦고 풍향이 가변적이다. 해양에서 이처럼 폭풍이 빈번한 해역을 두고 '사나운 50°', '공포의 60°' 등으로 부른다. 이런 폭풍이 육지에 상륙하면 블리자드 조건을 만들어 강력한 눈폭풍을 야기할 수 있다.[11]

3) 계절풍

해안에서 바다와 육지 사이의 가열 차이에 의하여 하루를 주기로 풍향이 바뀌는 것처럼 지구상으로 확대하여 보면, 대륙과 해양 사이에 비교적 규모가 큰 열 순환이 발달한다. 계절풍은 열 순환에 의하여 계절별로 풍향이 현저하게 바뀌는 바람으로 몬순(monsoon)이라고도 부른다.[12] 계절풍은 대기대순환 패턴을 변형시키는 대표적 현상으로 바람에 영향을 미치는 거의 모든 기후인자가 반영되어 발달한다.

---

11 오스트레일리아 남극관측소가 자리한 코먼웰스베이Commonwealth Bay(67°S)에서는 13m/sec 이상인 폭풍일이 연평균 340일에 이른다.

12 Monsoon은 계절을 의미하는 아랍어 mausim이나 말레이어 monsim에서 유래한 것으로 계절적 바람을 의미한다. 아라비아해는 계절에 따라 북동몬순과 남서몬순이 탁월하다.

지표면에 분포하는 기압대는 계절에 따라서 남북으로 이동한다. 7월에는 북반구 대륙이 가열되므로 기압계가 북쪽으로 이동하고, 1월에는 남쪽으로 이동한다. 기압대의 남북 이동은 적도 부근에서 가장 크며, 극에서는 이동이 거의 없다. 기압대 이동이 적도와 극지방 날씨에 미치는 영향은 크지 않지만, 중위도 날씨에 미치는 영향은 크다.

계절풍은 저위도의 아프리카와 아시아, 오스트레일리아 등에서부터 중위도의 동아시아에 이르기까지 광범위한 지역에서 발달한다(그림 3.12). 특히 가열과 냉각에 의하여 계절에 따라 기압계가 크게 바뀌는 유라시아대륙과 그 주변에 계절풍이 넓게 분포한다. 그 밖에 육지 면적이 비교적 넓은 아프리카대륙에서도 계절풍이 분포한다. 이에 반하여 여름철과 겨울철에 기압분포 차이가 크지 않는 아메리카대륙에서는 계절풍이 약하거나 거의 발달하지 않는다. 계절풍이 발달한 지역은 대체로 논농사가 우세하여 인구가 밀집하므로 세계 인구 절반 이상이 계절풍의 영향을 받는다.

아시아 계절풍은 인도대륙과 동남아시아, 동아시아 등 지구상에서 가장 광대한 지역에 분포한다. 인도대륙과 동남아시아 계절풍은 유라시아대륙의 냉각과 가열, 열대수렴대의 남북 이동에 따라 발달하며, 동아시아 계절풍은 주로 유라시아대륙의 냉각과 가열에 의한 것이다.

인도대륙과 동남아시아의 몬순은 가장 널리 알려진 계절풍이다. 겨울에 접어들면 대륙의 빠른 냉각에 의하여 유라시아대륙에 강력한 고기압이 발달한다. 이때 남아시아에는 티베트고원의 냉각으로 발달한 고기압에서 북동풍이 불어온다. 이 북동풍이 남아시

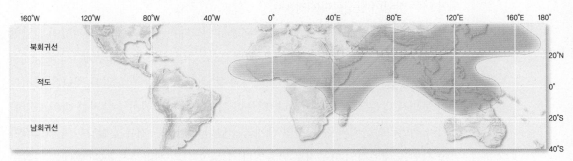

그림 3.12 계절풍 분포지역 계절풍은 아프리카와 아시아, 오세아니아 저위도에서부터 중위도 동아시아에 이르기까지 넓게 분포한다.

사진 3.3 열대지방 북동몬순기의 관수(말레이시아 쿠알라룸푸르, 2016. 1.) 북동몬순이 불 때는 식물성장에 물이 부족하여 인위적으로 물을 공급해 주어야 한다. 쿠알라룸푸르는 연중 강수량이 풍부한 편이지만, 건조한 티베트에서 북동풍이 불어오는 시기에는 비가 내릴 때를 제외하면 수분이 부족하다.

아와 동남아시아 겨울몬순(winter monsoon)으로 맑고 건조한 날씨를 가져온다. 이 시기에는 동남아시아 열대기후지역에서도 날씨가 건조하여 정원을 관리하기 위해서 관수해야 하는 상황이 발생한다(사진 3.3).

반면, 여름철에는 대륙이 빠르게 가열되면서 인도대륙 북서쪽에 열 저기압이 발달한다. 이때 대륙의 공기가 해양보다 고온상태이므로 가열된 공기가 상승하면서 해양에서 고온다습한 공기를 끌어들인다. 인도대륙과 동남아시아에는 인도양을 지나온 남서몬순이 불면서 많은 강수가 쏟아진다. 더욱이 인도양을 지나면서 수증기를 많이 포함한 공기가 히말라야산지와 같은 지형 장애물을 만나 강한 상승기류가 발달하여 히말라야 남쪽 사면을 세계적인 다우지로 만들었다. 인도 아삼의 체라푼지Cherrapunji는 연강수량 25,000mm 가까이 쏟아진 적이 있으며,[13] 대부분 여름몬순(summer monsoon) 기간인 4월에서 10월 사이에 내린다. 인도대륙과 인도차이나반도의 강수량 분포에는 히말라야산지뿐만 아니라 동고츠와 서고츠산맥, 아라칸산맥 등 지형의 영향이 커서 지역별로 강수량 차이가 크다.[13]

열대수렴대 이동도 이 지역 계절풍과 밀접하게 관련되어 있다. 겨울철에는 열대수렴대가 남위 10°까지 남하하지만, 여름철에는 북위 30°까지 북상한다(그림 3.13). 이와 같

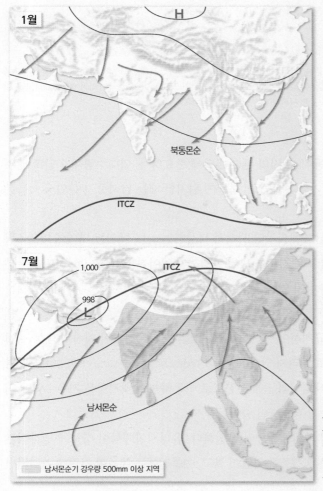

그림 3.13 남아시아와 동남아시아의 계절별 기압배치와 풍향 유라시아대륙에 고기압이 발달하는 1월에는 열대수렴대가 남위 10°까지 남하하지만, 저기압이 발달하는 7월에는 북위 30°까지 북상한다. 이와 같은 열대수렴대 이동이 남아시아와 동남아시아의 몬순 형성에서 중요하다.

[13] 1995년 6월 15~16일 사이에 기록적인 2,490mm의 강수량을 기록하였다.

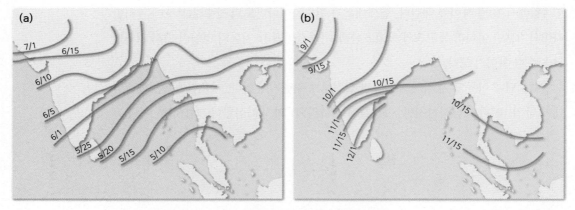

그림 3.14 남·동남아시아 여름몬순 시작시기(a)와 종료시기(b)(Das, 1972; Watts, 1955) 여름몬순은 동남아시아 남쪽에서 시작되어 점차 북서쪽으로 이동하여 7월이면 남아시아와 동남아시아 전역에 영향을 미친다. 여름몬순은 9월 초순에 인도 북서쪽에서부터 점차 종료된다.

은 열대수렴대의 남북 이동이 이 지역 몬순 발달에 중요하다. 열대수렴대가 남쪽에 위치할 때는 북동풍이 부는 겨울몬순이고, 북쪽에 위치할 때는 남서풍이 불면서 여름몬순기가 된다.[14]

이 지역의 여름몬순은 남쪽에서부터 서서히 북상하며, 인도에서는 지역에 따라 5월말이나 6월 초에 시작되어 늦은 지역은 11월 말경까지 이어진다(그림 3.14). 인도 대부분 지역에서 여름몬순기 강수량이 연평균강수량의 75% 정도에 이르며, 일부 지역에서는 90%를 초과한다. 몬순기 강수량이 농업용수는 물론 생활용수를 좌우하지만, 몬순은 지속기간과 강도 등이 불규칙하여 예측하기 쉽지 않다. 몬순 강도와 지속기간 등은 엘니뇨의 영향을 받는 것으로 알려져 있다(Roy and Tedeschi, 2016; Ramu et al., 2019). 엘니뇨 해에는 고온수역이 중태평양과 동태평양으로 이동하여 서태평양은 저온수역이 되므로 동남아시아에서 몬순기 강수량이 줄어든다.

동아시아에서는 겨울철 북서계절풍이 탁월하다. 유라시아대륙이 강하게 냉각되는 겨울철에는 해양 쪽으로 한랭건조한 바람이 불고, 여름철에는 대륙이 빠르게 가열되면

---

14 인도와 파키스탄에서는 여름철 우기를 *kharif*, 겨울 건기를 *rabi*라고 부른다.

사진 3.4 도서지방의 높은 돌담(전남 청산도, 2012. 5.) 바람이 강한 도서에서는 돌담을 높게 쌓아서 겨울철 북서계절풍에 대비한다.

서 저기압이 발달하므로 고온다습한 바람이 대륙으로 분다. 이와 같이 동아시아 계절풍은 수륙분포 영향에 따른 대륙과 해양 사이의 비열 차이로 발생한다. 겨울철 북서계절풍과 여름철 남서계절풍은 주민생활에 미친 영향이 크다. 바람이 강한 해안과 도서에는 북서계절풍에 대비하는 독특한 경관이 발달하였다(사진 3.4). 여름철 해양에서 불어오는 남서·남동계절풍은 동아시아에 벼농사를 발달시켰다는 점에서 의미가 크다. 이 시기 높은 기온과 풍부한 강수량이 벼 성장에 도움이 크다.

오스트레일리아 북부에서도 몬순이 발달하며, 강수량 계절변동에 미치는 영향이 크다. 열대수렴대가 남하하는 여름철(12월~3월)에 고온다습한 인도양에서 북서몬순[15]이 불어오면서 많은 비가 내린다(그림 3.15). 이 시기 북서쪽에서 이동해 오는 공기는 수온

---

15 북반구에서는 겨울철에 북동몬순이 불지만, 남반구에서 전향력이 왼편으로 작용하여 북서풍으로 바뀐다.

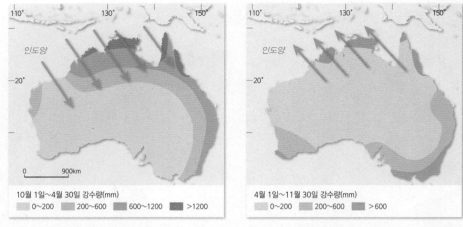

그림 3.15 오스트레일리아 몬순 오스트레일리아 북부에서 몬순은 강수량에 미치는 영향이 커서 겨울철과 여름철 강수량 차이가 크게 벌어진다.

이 높은 해양을 지나온다. 이 공기가 불안정한 상태로 산지에 부딪쳐 상승기류가 강화되어 해안과 도서에 많은 비를 내린다. 열대수렴대가 북쪽으로 이동하는 겨울철(5~9월)에는 건조한 내륙 사막에서 불어오는 남동계절풍의 영향으로 강수량이 크게 줄어 우기와 뚜렷하게 구별된다. 이와 같은 계절별 바람과 강수량 분포 양상은 인도네시아와 뉴기니에서도 비슷하다.

아프리카에서도 열대수렴대 이동에 따라 몬순이 발달한다. 서아프리카에는 1월에 열대수렴대가 북위 2~5°에 위치하여 사하라에서 북동풍이 불어오면 비가 거의 내리지 않는다.[16] 이 북동풍을 하르만탄이라고 부른다. 7월에는 열대수렴대가 북위 15~20°까지 이동하여 남서 혹은 남동풍이 불면서 고온다습한 기단의 영향으로 많은 비가 내린다. 동아프리카에서는 서아프리카와 달리 북동풍이나 남서풍이 건조한 공기를 유입한다. 이에 따라 열대수렴대가 북상하는 5, 6월과 남하하는 10, 11월에 짧은 우기가 나타난다. 이 지역에서는 두 번 출현하는 우기를 활용하여 이모작을 행한다.

---

16 이때 해안에서는 해풍에 의한 강수 외에는 비가 거의 내리지 않는다.

4) 지방풍

계절풍보다 규모가 작고 특정 지역에서만 부는 독특한 종관규모와 중규모의 바람이 있다. 이런 바람은 특정 지역에서만 불기 때문에 지방풍이라고 부르며, 푄, 하르마탄, 시로코 등과 같이 고유 명칭을 갖는다(표 3.2). 지방풍은 넓은 의미에서 국지풍에 포함하기도 하지만 해륙풍이나 산곡풍보다 규모가 크다. 이런 종류 바람은 특정 시기에 불면서 주민생활에 인상적인 영향을 미친다. 바람 명칭에는 불어오는 방향이나 특성을 포함하기도 한다. 한국 영서지방에 부는 높새나 아드리아해의 보라, 미국 남부에 부는 노더(norther) 등은 불어오는 방향의 의미를 포함한다.

지방풍은 크게 세 가지 종류로 나뉜다. 첫째, 규모가 큰 산지를 넘어온 공기가 바람그

표 3.2. 세계 주요 지방풍

명칭	지역	특징	계절
Bora	아드리아해 연안	한랭하고 강한 북동풍	겨울
Chinook	로키산지의 동쪽 사면	고온건조, 기온 급상승	겨울에 가장 강렬 (100km/hr)
Etesian	지중해 동부	냉량건조한 북풍	여름, 초가을
Föhn	알프스산지	고온건조	겨울, 초봄
Haboob	사하라 남부(수단)	습한 열풍, 종종 모래 동반	초여름
Harmattan	서아프리카	모래를 동반한 건조 바람	11~3월
Khamsin	북아프리카, 아라비아	먼지가 많은 뜨겁고 건조한 남동풍으로 시로코, 레베체(에스파냐), 기블리(리비아)와 비슷	늦겨울, 초봄
Mistral	론 하곡	한랭한 강풍으로 프랑스 북부와 비슷한 기온을 초래	겨울
Norther	텍사스, 멕시코만	한랭하고 강한 북풍, 급격히 기온하강	겨울
Pampero	남아메리카의 팜파	노더와 같은 바람	겨울
Santa Ana	캘리포니아	푄형의 건조한 바람	겨울
Sirocco	이탈리아 남부	습한 열풍	4~10월
Zonda	아르헨티나	푄형의 고온건조한 바람	겨울

Robinson and Henderson–Sellers(1999)
https://www.weatheronline.co.uk/reports/wind/The-Sirocco.htm

늘 사면으로 불어 내리면서 성격이 변형되는 푄형 바람이다. 두 번째는 종관규모 기압계와 대규모 고원과 같은 지형이 관련된 바람으로 주민생활에 강한 인상을 줄 만큼 빈도가 잦고 급격한 날씨 변화를 가져온다. 마지막은 계절별로 바뀌는 기압계의 변동으로 특정 시기에 출현하는 바람이다.

푄형 바람 푄(föhn)은 습윤한 공기가 산지를 넘어 바람그늘로 불어 내리는 고온건조한 바람이다. 습윤한 공기가 산지를 만나 상승하면 건조단열변화하며, 계속 상승하여 응결하면 잠열을 방출하면서 습윤단열변화한다. 산정을 넘어선 공기가 사면을 따라 하

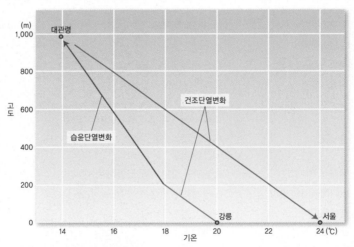

그림 3.16 푄 원리 푄은 바람받이 사면과 바람그늘 사면 간 건조단열변화율과 습윤단열변화율 차이로 발생한다. 공기가 이동하다 산지를 만나 상승하면, 건조단열변화를 하다가 응결한 후부터 잠열이 발생하여 습윤단열변화를 한다. 산정을 넘어선 공기는 사면을 따라 하강하면서 기온이 상승하여 증발이 일어나므로 건조단열변화를 하여 바람그늘 쪽 공기가 바람받이 쪽보다 고온건조하다.

강하면 기온이 상승하면서 증발하므로 건조단열변화한다(그림 3.16). 이 과정을 거쳐 바람그늘 쪽으로 이동한 공기는 바람받이 쪽보다 고온건조하며, 이런 바람을 푄이라고 한다.

산지를 넘은 공기는 기온이 높아졌으므로 포화수증기압도 상승하여 상대습도가 낮아진다. 푄이 나타날 때, 양 사면 간 온도 차이는 응결고도에 따라 결정된다. 바람받이 사면의 응결고도에서부터 산 정상까지는 습윤단열변화를 하고, 바람그늘 쪽에서는 건조단열변화를 하므로 응결고도와 산정고도 차이만큼 온도 차이가 발생한다. 그러므로 수증기를 많이 포함하고 있어서 낮은 고도에서 응결한 공기일수록 푄 강도가 강하다. 강력한 푄은 단시간 내에 기온을 급격하게 상승시키면서 상대습도를 극단적으로 떨어뜨리기도 한다. 급격한 기온상승과 건조한 날씨는 우울증, 두통, 호흡기 질환을 초래할 수 있다.[17]

알프스산지에서 부는 푄과 로키산지 치누크, 안데스산지 존다 등이 대표적 푄형 바람이다. 지중해를 지나 습윤한 공기가 알프스산지를 넘어 북쪽 사면을 따라 불어 내리는 고온건조한 바람을 푄이라고 한다. 겨울철에는 대서양에 발달하는 아조레스고기압이 아프리카 쪽으로 가까이 자리 잡고 있어서 알프스산지에는 남서풍이 분다. 푄은 풍향에 따라서 남사면이나 북사면에서 나타날 수 있지만, 북풍이 불 때는 습윤단열변화하기 어려우므로 남사면에서는 발생하기 쉽지 않다. 푄이 출현하면 인접 관측소와 10℃ 이상 기온 차이가 발생하며, 하루 중에 최대 25℃까지 기온이 변동할 수 있다. 이 바람은 알프스 북쪽 사면에서 겨울철 최고기온을 높이는 역할을 한다. 이른 봄에 발생하는 푄은 산록에 쌓인 눈을 녹여 라인강을 범람시키며 농사 시작을 알린다. 푄은 기온을 상승시키므로 포도농사에 도움을 줄 수 있다(사진 3.5).

로키산지 동쪽 사면을 따라서 불어 내리는 고온건조한 바람인 치누크(chinook)도 푄의 일종으로 뉴멕시코 북동부에서 캐나다에 이르기까지 광범위하게 발생한다.[18] 치누크는 겨울철에 프레리지역을 온난하게 하여 목축업에 도움을 주며, 철로에 쌓인 눈을

---

17 독일에 주둔하던 한 미군은 1965년 봄날 갑작스런 기온상승으로 발작 증세를 일으켜, 한 살 자녀를 창밖으로 내던지기도 하였다(Gedzelman, 1980).

18 치누크는 지역 원주민 말로 '눈을 먹는 것(snow eater)'이란 의미이다.

사진 3.5 알프스산지 북사면에 발달한 포도밭(스위스 마르티니Martigny, 2011. 7.) 알프스산지에서 불어 내리는 고온건조한 푄은 포도농사에 도움을 준다. 론 하곡을 따라서 사면에 대규모 포도밭이 발달하였다.

녹게 하여 경제적으로도 중요하다. 그러나 강한 경우는 수분 내에 10~15℃ 기온을 상승시킬 수 있고,[19] 습도가 급격히 떨어질 수 있어서 대규모 산불의 원인이 된다.

아르헨티나 안데스산맥 동쪽 사면에는 존다(zonda)라는 푄형 바람이 분다. 한대 해양을 지나온 바람으로 고온건조한 상태로 아르헨티나 중부에 영향을 미치지만, 라리오하La Rioja, 산후안San Juan, 멘도사Mendoza 등 안데스 동사면 북서부 지방에서 효과가 크다. 이 바람의 풍속은 50m/sec를 초과하기도 하며, 안데스 동사면 저지대는 건조하지만 안데스산지에는 눈이 내린다. 이 눈이 누적되어 안데스산지의 빙하를 만들었다. 존다는 5월에서 11월 사이 오후에 집중된다.

한국에서도 영서지방에 푄형 바람이 불며, 이를 높새라고 부른다. 북동풍이 불 때 영

---

19 사우스다코타South Dakota 스피어피시Spearfish에서 1943년 1월 22일 아침에는 단 2분 만에 27℃의 기온상승을 기록하였다(Ahrens and Henson, 2019).

동지방은 흐리고 강수가 내리지만, 영서지방은 맑고 건조하다. 동해를 지나온 습윤한 공기가 태백산맥을 따라 상승하면서 응결하여 영동지방에 구름과 강수가 발달한다. 푄이 나타날 때, 두 지역 사이에 기온 차이가 10℃를 넘기도 한다. 이는 푄효과와 더불어 일사에 의한 가열 차이가 있어서이다. 영동지방은 두꺼운 구름으로 덮여 있어서 거의 가열되지 않지만, 영서지방은 맑고 건조하여 빠르게 가열된다. 야간에는 영동지방에서 냉각이 느리지만, 영서지방에서는 빠르게 냉각되므로 두 지역의 기온 차이가 크지 않다(140쪽 그림 2.51 참조).

높새는 늦은 봄철 오호츠크해기단이 영향을 미칠 때 쉽게 발생하지만, 북동풍이 불면 언제든지 출현할 수 있다. 농경지에 충분한 수분이 필요한 시기에 발생하는 높새는 농작물 생육을 방해할 수 있다. 요즘은 스프링클러로 물을 공급하지만, 과거에는 땅을 밟아 모세관현상으로 토양표면에 물이 모이도록 하였다고 전해지나 오늘날 그런 흔적을 찾기 어렵다.

북서계절풍이 불 때 영동지방에 푄이 발생하려면, 영서지방에서 상승한 공기가 응결고도에 이르러 구름이 발달하여야 한다. 그러나 북서계절풍이 불 때 영서지방에서 강제상승에 의한 구름을 관찰하기 어렵다. 겨울철 동해안에서 서해안보다 상대습도가 낮은 것은 기온이 높은 것과 관련 있다. 기온이 높아지면 포화수증기압이 높아지므로 상대습도가 낮아진다.

고원에서 불어 내리는 바람 겨울철 고원에 한랭한 공기가 오랜 시간 정체하여 냉기가 충분히 퇴적되면 저지대로 강력하게 흘러내리며, 이런 바람을 사면하강풍(katabatic wind, fall wind)이라고 한다. 고기압 중심이 고원 가까이 자리 잡고 있어서 공기이동이 거의 없으면, 고원에 두껍게 쌓인 찬 공기가 중력에 의해 사면을 따라 흘러내린다. 이런 사면하강풍은 중력풍(gravity winds)으로 산풍보다 훨씬 강력하다. 남극대륙이나 그린란드빙상과 같은 고원이 사면하강풍이 발달하기에 적합한 지역이다.

고원에 눈이 쌓이면 알베도가 높아져 공기가 극단적으로 한랭해지면서 열 고기압이 발달한다(그림 3.17). 고원을 둘러싸는 능선을 가로지를 만큼 기압경도가 커지면 공기가 흘러내린다. 기압경도가 지속적으로 커지거나, 한랭한 공기가 좁은 협곡을 따라 이동

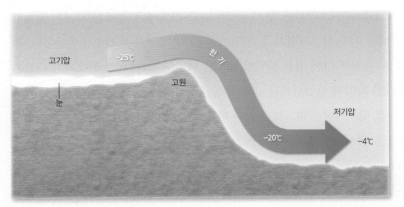

그림 3.17 사면하강풍 형성 사면하강풍은 고원에 찬 공기가 두껍게 쌓여서 중력에 의해 사면을 따라 저지대로 흘러내리는 바람을 말한다. 남극대륙이나 그린란드빙상과 같은 고원은 사면하강풍이 발달하기 좋은 지역이다.

하면서 더욱 강화되면 파괴적인 힘을 지닌다.

　사면하강풍은 세계 여러 지역에서 관찰할 수 있다. 컬럼비아고원에 한랭한 공기가 쌓이면 컬럼비아강 협곡으로 강한 돌풍이 불어 내리면서 막대한 피해를 입히며, 이를 컬럼비아협곡바람(Columbia Gorge wind)이라고 한다.[20] 이와 비슷한 성격의 바람이 1984년 1월에 50m/sec의 강풍으로 요세미티 국립공원을 덮쳐 수목을 넘어뜨리고 수많은 인명피해를 초래하였다(Ahrens and Henson, 2019). 겨울철 크로아티아 아드리아해에 부는 북동풍인 보라(Bora)도 대표적인 사면하강풍이다. 러시아에서 발달한 한대기단이 침입하면서 디나르알프스Dinaric Alps산지의 고원을 지나 해안 저지대로 흘러내릴 때 매우 한랭하고 강력한 돌풍으로 발달한다. 이 바람은 최대풍속 50m/sec에 이르며 해안에 막대한 피해를 입힌다.[21] 이곳 주민들은 보라로 인한 피해를 줄이기 위하여 두꺼운 방풍벽을 설치한다. 프랑스 중앙고원에서 론Rohne 계곡으로 불어 내리는 미스트랄(mistral)도 사면하강풍의 일종으로 지중해로 불어간다. 프로방스 지방은 미스트랄의 유무에 따라 날씨 차이가 크다. 론강 삼각주 경작지에서 미스트랄에 의한 작물 피해를 방지하기 위해 방풍림을 심어 놓은 것을 볼 수 있다.[22] 미스트랄이 품고 있는 냉기는 포

---

20 이 지역에서는 재빠르게 움직이는 Coha 연어에서 이름을 따서 이 바람을 '코호(coho)'라고 부르기도 한다.
21 이 바람은 이탈리아 트리에스테Trieste에서 출현빈도가 높고 평균풍속은 14m/sec에 이른다.

도농사에 큰 피해를 줄 수 있다.

사막에서 부는 바람 대기대순환은 계절별로 패턴이 바뀐다. 예를 들어, 아프리카 북부
와 주변에서 1월에는 아열대고기압이 남쪽으로 이동하고 7월에는 북쪽으로 이동하면
서 사하라와 그 주변에 풍향이 바뀐다. 시로코와 하르마탄은 이 과정에서 발생하는 사
막에서 주변으로 부는 대표적 지방풍이다.

시로코(sirocco)는 북아프리카를 덮고 있는 고온건조한 공기가 지중해를 지나 남유럽
으로 부는 남동풍 혹은 남서풍을 포괄적으로 의미한다. 지중해를 지나면서 수증기를
흡수하면 남유럽에서는 습한 열풍으로 바뀐다. 이 바람은 지중해 남부나 아프리카 북
부를 가로질러 동쪽으로 이동하는 저기압과 관련되어 발생한다(그림 3.18). 이 저기압은
대서양에서 발생하여 지중해를 지나 북동진하며, 온난전선 전면이나 한랭전선 전면에

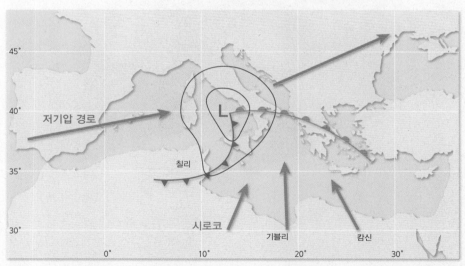

그림 3.18 **시로코 발달** 시로코는 고온건조한 북아프리카에서 지중해에 발달한 저기압을 향하여 부는 바람
을 포괄적으로 의미한다.

---

22 잉글랜드인 작가 피터 메일(Peter Mayle)은 프로방스에서 겪은 미스트랄을 '면도날 같은 미스트랄'로 표현
하였다. 그의 표현에 따르면 하루 만에 기온이 20℃ 곤두박질치고 풍속이 시속 180km에 이르렀다. 본문
중에 "지붕의 기와가 바람에 날려 곤두박질치고 창문 하나가 경첩째 뜯겨 나갔다."라는 표현이 있다.(강주
현(역), 2004, 『나의 프로방스』, 효형출판)

서 남동이나 남서풍을 불게 한다. 이 바람이 불 때 이탈리아 남부에 내리는 붉은 모래가 섞인 비를 '피의 비(blood rain)'라고 부른다. 시로코는 발생지역에 따라서 성격이 다를 수 있으며 부르는 명칭도 다양하다.[23] 지중해를 지나지 않은 북아프리카와 아라비아에서는 건조한 열풍이라는 점이 지중해 연안과 다르다. 북아프리카에서는 건조할 뿐만 아니라 사하라 먼지를 동반하고 있어서 시정을 크게 떨어뜨리며, 심한 경우 모래폭풍으로 발달할 수 있다. 한국에서 발생하는 황사처럼 미세한 먼지가 주민생활을 불편하게 한다(사진 3.6).

사진 3.6 시로코에 동반되어 지중해를 덮고 있는 모래폭풍 영상(2001. 3. 26., NASA) 리비아에서 발생한 시로코에 의하여 모래가 북동 방향으로 확산하고 있다.

---

23 이 바람은 팔레스타인과 요르단, 시리아, 아라비아사막에서는 시문(Simoom), 리비아에서는 기블리 (Ghibli), 튀니지와 알제리 남부에서는 칠리(Chili), 이집트와 홍해 주변에서는 캄신(Khamsin), 에스파냐에 서는 레베체(Leveche), 포르투갈에서는 레스테(Leste)로 불린다.

사하라 남쪽 가장자리의 수단에서 발생하는 강한 모래폭풍은 하부브(haboob)라고 부른다. 이런 바람은 애리조나 등 미국 남서부 사막에서도 지중해 연안에 발생하는 시로코와 비슷한 원인으로 발달한다. 전형적인 하부브는 수단에서 볼 수 있고 거의 연중 발생하지만, 4월과 5월에 심하다. 수단 하르툼에서는 매년 25회 정도 발생한다. 하부브의 폭풍전선이 발생하면 대량의 모래나 먼지가 1,000m 높이에 이르는 벽을 이루면서 이동한다. 미국에서 이런 바람은 심한 뇌우를 동반하기도 하며, 애리조나와 텍사스에서 풍속 20m/sec를 넘는 경우가 빈번하다.

11월 말에서 3월 중순에 걸쳐 서사하라 북동 또는 동쪽에서 서아프리카로 부는 냉량건조한 바람을 하르마탄(Harmatan)이라고 한다. 이 바람이 영향을 미치면 서아프리카 일부 지역에서 기온이 상당히 떨어질 수 있어서 최저기온은 9~20℃에 이르며, 상대습도는 10% 이하로 떨어지기도 한다. 하르마탄은 북반구 겨울철에 기니만 북쪽 해안에 중심을 둔 저기압과 아프리카 북서부나 인접한 대서양에 중심을 둔 고기압에 의해 강화한 무역풍의 일종이다. 이 바람은 사막에서 발생한 먼지를 대서양으로 수백km 이상 운반하기도 하며, 이 지역을 운항하는 항공기나 선박에 영향을 미칠 수 있다. 뿐만 아니라 태양을 볼 수 없을 만큼 뿌옇게 하늘을 가리면서 농작물 수확을 어렵게 하고 호흡기 질환 등을 유발할 수 있다. 북반구 여름철에 남서몬순과 하르마탄이 부딪히면 900~1,800m까지 상승기류를 만들면서 강한 소용돌이를 일으킬 수 있다. 나이지리아와 니제르 국경을 중심으로 차드 서부와 베냉, 카메룬, 토고, 부르키나파소, 말리, 가나, 코트디부아르 등에서 피해가 크다.

5) 국지풍

골짜기나 해안에서 어느 순간에 풍향이 거의 반대 방향으로 서서히 바뀌는 것을 경험할 수 있다. 이런 상황은 일몰이나 일출 후 일정한 시간이 지난 후에 발생한다. 국지적 냉각과 가열 차이에 의하여 밀도 차이가 발생하면서 풍향이 바뀌는 경우이다. 지표면 가열과 냉각 속도 차이가 소규모의 열 순환을 발달시킨다. 이런 열 순환은 규모가 작아서 지표면에서 수km 이하 고도에서 발달한다. 소규모 순환이 풍향과 풍속에 영향을 미쳐 국지적 바람을 일으킨다.

해안에서는 육지와 해양 간 비열 차이로 해륙풍이 발달하며, 산간에서는 산정과 골짜기 사이 냉각과 가열 차이로 산곡풍이 발달한다. 이와 같이 종관규모 바람과 달리 국지적으로 발달하는 바람을 국지풍(local wind)이라고 한다. 국지풍 발달에는 수륙분포, 지형 등 다양한 인자가 영향을 미친다. 이 바람은 대부분 규모가 작고 주로 특정 계절에 발달하지만, 주민생활에 미치는 영향이 적지 않다.

해륙풍 해륙풍은 해안에서 열 순환으로 발생하는 대표적 국지풍이다. 해안에서는 해양과 육지 간의 비열 차이로 온도 차이가 발생하며, 그로 인하여 하루를 주기로 풍향이 바뀐다. 해륙풍은 온도 차이가 클수록 뚜렷하게 발달하므로 맑고 종관규모 바람이 약한 날에 잘 발달한다. 종관규모 바람이 강하면 공기 혼합이 활발하여 국지적 온도 차이가 약화되어 해륙풍이 발달하기 어렵다.

낮에는 육지가 주변 바다보다 빠르게 가열되어 상대적으로 온난한 상태가 되므로 육지에 두께가 얇은 열 저기압이 발달하는 반면, 바다를 덮고 있는 공기가 상대적으로 냉량하여 바다에 열 고기압이 얇게 발달한다. 이와 같은 기압분포에 의하여 바다에서 육지로 부는 바람을 해풍(sea breeze)이라고 한다(그림 3.19 a). 육지와 바다가 만나는 해안에서 온도 차이에 의한 기압경도가 비교적 커서 해풍은 해안에서 가장 강하고 내륙으로 가면서 약하다. 일반적으로 육지와 바다 사이의 온도 차이는 육지가 많이 가열되는 오후에 가장 크므로 해풍은 오전 중반부터 발달하여 일최고기온이 출현하는 시간에 두께와 강도가 가장 강하다. 해풍의 풍속은 5~6m/sec이며 심할 경우 10m/sec까지 이른다.

밤에는 육지가 빠르게 냉각되므로 상대적으로 차가워져 기압분포가 낮과 반대로 되어 육지에서 바다로 향하는 육풍(land breeze)이 분다(그림 3.19 b). 일반적으로 밤에는 낮보다 바다와 육지의 온도 차이가 적어 육풍이 해풍보다 약하다. 야간에 항상 육지가 바다보다 더 냉각되는 것은 아니므로 육풍이 발달하지 않을 수 있다. 제주도와 같이 섬 중앙에 높은 산이 자리하는 경우는 육풍과 산풍이 더해지기도 한다. 이 경우에는 육풍도

그림 3.19 **해륙풍의 원리** 해륙풍은 해안에서 바다와 육지 간 비열 차이로 발생하는 열 순환에 의하여 하루를 주기로 바뀌는 바람이다. 낮에는 상대적으로 가열이 느린 바다에서 육지로 해풍이 불고, 밤에는 냉각이 빠른 육지에서 바다로 육풍이 분다.

비교적 강하게 발달한다. 제주도에서는 여름철 저녁 8시 무렵부터 바다로 향하는 바람을 쉽게 느낄 수 있다. 이 바람은 산정에서 시작된 것이므로 기온이 낮아 더위를 식혀준다.

열대에서는 거의 연중 해풍이 발달하지만, 중위도에서는 주로 봄철과 여름철에 발달한다. 해풍의 강도나 영향을 미치는 범위도 열대에서 탁월하다. 열대 연안에 한류가 흐르는 경우, 해양과 육지 사이 온도 차이가 커서 해풍이 탁월하다. 열대에서는 해풍의 범위가 해안에서 100km 이상까지 이르기도 하지만, 중위도에서는 30km를 넘지 못한다. 해풍의 두께는 얇아서 최적 조건에서도 수km에 불과하다. 해풍이 강할 때는 순간적으로 기온을 떨어뜨리고 상대습도가 높아지므로 해무(sea fog)가 발생할 수 있다. 한국에서도 여름철 해안에서 해풍이 불어올 때 해무가 발생하는 것을 관찰할 수 있다. 해풍이 불 때, 적운형 구름이 해안을 따라서 길게 발달한 것을 볼 수 있다(사진 3.7).

해풍은 강수를 강화할 수 있다. 미국 플로리다반도에서는 대서양에서 불어오는 해풍인 동풍과 멕시코만에서 불어오는 해풍인 서풍이 만나 수렴하기 때문에 내륙에서 대류가 활발하다. 이로 인하여 내륙에서 강수가 강화되고 뇌우 빈도가 높다.

규모가 큰 호수 주변에서는 해풍과 비슷한 원리로 호수풍(lake breeze)이 발달한다. 미국 미시간호와 슈피리어호 사이 반도에서 호수풍이 탁월하다. 반도 중앙부에서는 양쪽

사진 3.7 해풍이 불 때 해안을 따라 발달한 적운형 구름(제주 서귀포, 2020. 8.) 바다에서 해풍이 불어오면서 해안을 따라 길게 적운형 구름이 발달하고 있다.

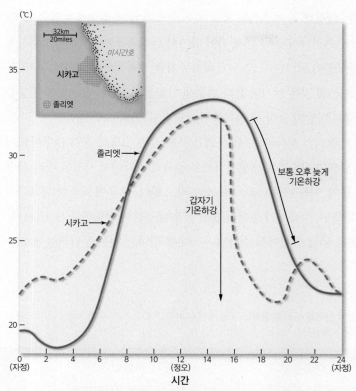

(℃)

35 —

30 —

25 —

20 —

졸리엣

시카고

갑자기
기온하강

보통 오후 늦게
기온하강

0   2   4   6   8   10   12   14   16   18   20   22   24
(자정)   (정오)   (자정)

시간

그림 3.20 호수풍에 의한 기온변동 미시간호 연안에 자리한 시카고에서는 주변과 다르게 기온이 변한다. 호수풍이 강화하는 오후 3시 무렵까지는 주변과 비슷하게 변하지만, 그 후 급격히 기온이 하강한다.

호수에서 불어오는 호수풍이 수렴하면서 오후에 구름이 발달하고 소나기가 내리기도 한다. 반면, 호수 연안 날씨는 맑고 냉량하다. 미시간호 남서쪽에 자리한 시카고는 기온의 일 변동 양상이 주변과 다르다. 호수풍이 강화되기 시작하는 오후 3시 무렵까지는 주변과 비슷하게 변하지만, 호수풍이 강화되면서 급격하게 기온이 떨어진다(그림 3.20). 풍향이 바뀌는 저녁부터는 주변과 비슷한 양상으로 기온이 변한다.

산곡풍 산간에서도 하루를 주기로 풍향이 바뀌는 바람이 분다. 맑고 고요한 날에는 골짜기와 산정 사이에 냉각과 가열 차이로 낮과 밤에 풍향이 바뀌는 소규모 바람이 발생하며, 이를 산곡풍이라고 한다. 산곡풍은 비교적 규모가 큰 산지에서 잘 발달하고, 규모가 작은 산지에서는 산정과 골짜기 사이 온도 차이가 크지 않아 뚜렷하지 않을 수 있다. 종관규모 바람이 강하거나 구름이 짙게 끼어 있어서 산정과 골짜기 사이 기압 차이가 크지 않을 때는 산곡풍이 발달하지 않는다. 해륙풍처럼 산곡풍도 맑고 고요할 때 잘 발달한다. 한국에서 여름철 맑은 날이나 봄과 가을에 이동성고기압이 한반도에 영향을 미치고 있어서 종관규모 바람이 약할 때 산곡풍이 발달할 수 있다.

일출 후 지표면이 가열되기 시작하면, 산 사면은 주변 같은 고도의 공기보다 빠르게 가열된다. 공기가 가열되면 상승기류가 발달하므로 골짜기 바닥에서 사면을 따라 산정으로 가벼운 바람이 불며, 이를 곡풍(valley breeze)이라고 한다. 오후에 곡풍이 강화되어 상승기류가 더욱 발달하면, 수증기가 충분할 경우 적운형 구름이 발달한다(사진 3.8). 하루 중 가장 기온이 높을 무렵 산정에서 소나기나 뇌우를 만나는 것은 등산객들에게 잘 알려진 사실이다.

사진 3.8 곡풍이 강화되면서 산정을 따라 발달하는 구름(중국 투루판, 2009. 7.) 오후에 곡풍이 강화되면서 산정을 따라서 적운형 구름이 발달하고 있다.

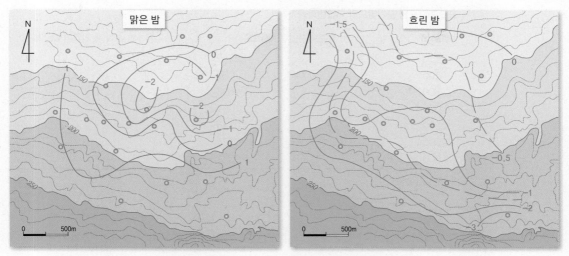

그림 3.21 한라산 냉기류에 의하여 발달한 냉기호 한라산 북동 사면에서 맑은 밤과 흐린 밤의 최저기온 분포를 보여 준다. 맑은 밤에 한라산에서 냉기류가 흘러내리면서 저지대에 냉기호가 발달하였다.

  밤이 되면, 낮과 반대로 사면의 공기가 주변보다 빠르게 냉각된다. 냉각된 공기는 밀도가 높아지면서 사면을 따라 골짜기 바닥으로 미끄러지듯 흘러내린다. 이런 바람을 산풍(mountain breeze)이라고 한다. 산풍은 산정의 찬 공기를 골짜기로 이동시키므로 골짜기에 냉기호(cold air lake)가 발달한다. 제주도에서는 종관규모 바람이 약한 밤에 한라산을 향하여 걸으면 찬 공기가 얼굴에 닿는 것을 느낄 수 있을 정도로 냉기류가 강하게 흘러내린다.[24] 맑고 종관규모 바람이 약할 때 냉기류가 발달하기 쉽다(그림 3.21). 이런 냉기류는 저지대 감귤과수원에 냉기호를 발달시켜 동해(freezing damage)나 냉해(cold damage)를 초래할 수 있다.

  고도별 공기밀도와 기압변화량 간의 관계가 산곡풍 원리를 이해하는 데 도움을 준다(표 3.3). 온도 1℃ 변하였을 때 기압변화량은 고도 상승에 따라 커진다. 고도가 높은 곳에서는 낮은 곳보다 온도 변화에 대한 기압변화량이 크다. 산정과 골짜기가 같은 정도로 가열된다면, 산정의 기압이 골짜기보다 더 낮아진다. 반면, 같은 정도로 냉각될 때는

---

24 제주도 주민들은 이런 냉기류를 '느룻'이라 부르며, 이 영향으로 중산간마을이 분포하는 저지대에서 기온이 영하로 떨어지는 경우가 흔하다.

표 3.3 고도별 공기밀도와 기압변화량

고도(m)	표준대기의 공기밀도(kg/m³)	기온 1℃ 변화 시 기압변화량(hPa)
0	1.2249	0.0
100	1.2083	0.1
500	1.1626	0.2
1,000	1.1071	0.4
1,500	1.0538	0.6
2,000	1.0024	0.7
2,500	0.9531	0.9

Yoshino(1975)

골짜기의 기압이 산정보다 낮다. 그러므로 가열이 이루어지는 낮에는 골짜기에서 산정으로 부는 곡풍이 발달하고 밤에는 반대 방향으로 산풍이 분다.

2. 기온

    기온은 인류 생활에 미치는 영향이 크다. 중위도에 위치한 한국에서는 겨울철에는 아침 최저기온, 여름철에는 낮 최고기온에 주로 관심을 갖는다. 일기예보를 볼 때, 기온이 우선적으로 눈에 띈다. 그만큼 기온은 우리 생활에 미치는 영향이 크다. 좀 더 넓게 보면, 인류의 거주한계가 일차적으로 기온에 의하여 결정된다는 점에서 기온의 중요성을 알 수 있다. 북극권에 이누이트 등 원주민이 거주하지만, 고도가 높은 곳이나 극지방과 같이 기온이 극단적으로 낮은 지역은 주민이 거주하기에 적합하지 않다(사진 3.9).

    식생이나 작물분포에도 기온이 중요하다. 한반도에는 제주도의 아열대식생부터 개마고원의 한대림에 이르기까지 다양한 식생이 분포한다. 일찍이 쾨펜(W. Köppen)은 식생분포가 기후대를 잘 반영한다고 판단하고 기온을 기후지역 구분에서 가장 중요한 요소로 다루었다. 기온분포에 따라 지표면에 다양한 자연경관과 문화경관이 발달한다. 우리나라는 국토면적이 그리 넓은 편이 아니지만, 겨울철에 초록색 작물이 자라는 들판이 있는가 하면 작물을 재배하지 못하여 쉬는 땅도 있다. 어느 정도 물관리가 가능한 오늘날에는 기온이 작물분포를 거의 결정한다. 기온이 적합하지 않은 지역에서 작물을 재배하려면 경작시기를 조절하거나 온실 등 특수시설을 갖추어야 한다. 이 경우, 시설비는 물론 난방비 등을 추가해야 하므로 경제성이 떨어진다.

    기온분포 특징을 이해하기 위해서는 단기적인 일변화와 계절변화는 물론 장기적인

사진 3.9 극한기온이 출현하는 극지방(노르웨이 스발바르, 2011. 4.) 양 극지방은 기온이 극히 낮아서 일반인이 거주하기 어렵다.

변화 추세와 수평, 수직분포 등을 파악하는 것이 중요하다. 인간의 생리주기는 기온의 일변화와 계절변화의 영향을 받으며, 장기적인 기온변화는 문화에도 영향을 미칠 수 있다. 최근 장기적인 기온변화가 전 세계인의 관심사로 부각되면서 기후변화도 주목받고 있다.

1) 기온관측과 단위

기온관측은 전통적으로 백엽상 안에 설치한 온도계를 사용하였다. 백엽상(instrument shelter)은 빗살무늬 창을 설치하여 통풍이 쉽게 될 수 있도록 하였고, 문을 북쪽으로 향하여 관측할 때 직사광선이 안으로 들어가지 않게 하였다. 백엽상 주변에 잔디를 심어

사진 3.10 종관기상관측장비 노장(전북 부안기상관측소, 2021. 9.) 기상청에서는 백엽상 대신 종관기상관측장비를 이용하여 무인으로 날씨를 관측한다.

지면에서 강한 태양광선이 반사되는 것을 방지하였다. 관측자가 편리하게 관측할 수 있도록 백엽상 높이를 조정하였으며, 온도계(thermometer) 감부(sensor) 높이를 지면에서 1.2~1.5m 되게 하여 관측자 눈높이에서 수은주를 읽을 수 있게 하였다.

오늘날 기상청에서는 백엽상 대신에 종관기상관측장비를 이용하여 관측한다. 한국에는 기상청과 각 지방기상청 및 기상대 등 96개 관측소에 종관기상관측장비(Automated Surface Observing System; ASOS)를 설치하여 운영하고 있으며(사진 3.10), 494개소에 자동기상관측장비(Automatic Weather System; AWS)를 설치하여 운영 중이다.[25]

기온관측 간격은 목적에 따라서 다양하다. 기상청에서는 매 시간 관측하지만, 3시간별로 관측한 값(03, 06, 09, 12, 15, 18, 21, 24시)을 평균하여 일평균기온으로 사용한다. 사

---

25 자동기상관측장비는 기온, 이슬점온도, 풍향, 풍속, 강수량, 강수 유무, 기압 등을 관측하며, 종관기상관측장비는 일조와 일사량, 초상온도, 지면온도, 지중온도 등을 추가로 관측한다.

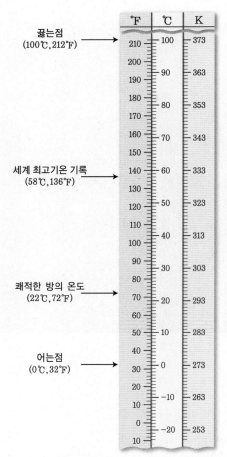

끓는점
(100℃, 212℉)

℉	℃	K
210	100	373
200		
190	90	363
180	80	353
170		
160	70	343
150		
140	60	333
130		
120	50	323
110		
100	40	313
90	30	303
80		
70	20	293
60		
50	10	283
40		
30	0	273
20		
10	−10	263
0		
10	−20	253

세계 최고기온 기록
(58℃, 136℉)

쾌적한 방의 온도
(22℃, 72℉)

어는점
(0℃, 32℉)

그림 3.22 섭씨와 화씨 온도단위 비교 물이 어는점과 끓는점 차이가 섭씨로는 100℃ 차이이고, 화씨로는 180℉ 차이이다. 두 단위 사이에는 ℃=(℉−32)/1.8의 관계가 있다.

람이 직접 목측할 때와 달리 자동관측하면 관측기기가 지속적으로 작동하고 있어서 관측 간격은 큰 의미가 없다.

기온은 유리관 수은온도계(mercury-in-glass thermometer)를 이용하여 건구온도(dry bulb temperature)와 습구온도(wet bulb temperature)를 측정하였고, 하루 중 최고기온과 최저기온을 관측하기 위하여 최고온도계와 최저온도계를 사용하였다. 일반적으로 최고온도계는 수은을 사용하여 제작하였고, 최저온도계는 얼지 않게 알코올을 사용하여 제작하였다. 각 액체가 온도 변화에 따라 체적이 변하는 원리를 이용한 것이다. 연속적인 기온변화를 파악하기 위해서 자기온도계(thermograph)가 사용되었다. 오늘날에는 대부분 자동관측을 시행하고 있어서 최고·최저온도계와 자기온도계의 필요성이 낮아졌다.

기온단위는 섭씨(Celsius, ℃)와 화씨(Fahrenheit, ℉)를 사용한다. 한국 등 동양과 유럽에서는 주로 섭씨를 사용하며, 미국을 포함한 일부 국가에서 화씨를 사용한다. 섭씨온도는 1742년에 스웨덴 천문학자 셀시우스(A. Celsius)가 고안한 것으로, 표준대기압력하에서 물이 어는점을 0℃, 끓는 점을 100℃로 하고 등분한 단위이다. 화씨온도는 섭씨온도보다 28년 일찍 독일 물리학자 파렌하이트(D. Fahrenheit)가 고안하였다. 그가 경험한 소금물과 얼음 혼합체에서 얻을 수 있는 가장 낮은 온도를 0℉, 체온에 가까운 37.8℃를 100℉로 정한 단위이다. 물이 어는점과 끓는점은 각각 32℉와 212℉이다. 물이 어는점과 끓는점 차이가 섭씨로는 100℃이고, 화씨로는 180℉여서 두 단위 사이에는 다음 관계가 있다(그림 3.22).

$$℃=(℉−32)/1.8 \quad ℉=(1.8×℃)+32$$

2) 기온의 일변화와 연변화

기온은 일사량의 영향을 크게 받아 지구자전과 공전에 따라 일변화와 연변화를 한다. 기온의 일변화와 연변화 차이는 공기밀도와 수증기량 등의 영향을 받으므로 해발고도와 수륙분포 등도 기온변화와 관련이 크다. 그러므로 기온변화는 위도대별로 다양한 양상을 보이며 동위도상에서도 지리적 특징에 따라서 차이가 크다. 큰 산지에서는 사면 간에도 일변화와 연변화 차이가 발생할 수 있다.

기온의 일변화 기온(air temperature)은 해가 뜨면서 상승하기 시작하여 오후에 최고를 기록한 후 서서히 낮아지지만, 자세히 보면 기온의 일변화는 그렇게 단순하지 않다. 일사량뿐만 아니라 대기 중의 수증기량이나 하늘상태, 강수 유무, 풍향, 풍속 등의 영향을 받아 지역마다 차이가 있고 일별로도 차이가 크다.

그림 3.23을 보면, 기온과 지구복사량의 일변화는 어느 정도 일치하고 일사량 일변화는 두 개와 다른 것처럼 보일 수 있다. 그러나 기온변동은 지표면의 가열과 냉각의 영향을 크게 받으며, 지표면의 가열과 냉각은 태양복사 에너지의 영향을 크게 받는다. 그러므로 일출시각과 일최저기온과 지구복사량이 최저에 이르는 시각, 일사량이 최고에 이르는 시각과 일최고기온과 지구복사량이 최고에 이르는 시각을 자세히 보면, 셋은 모두 연관되어 있음을 알 수 있다.

대기는 장파복사 에너지에 의해 가열되므로 기온의 일변화는 지구복사량의 일변화와 거의 일치한다. 지표면은 항상 복사에너지를 방출하므로 일사를 받지 못하는 일몰 후에는 지표면이 빠르게 냉각되어 지구복사량이 점차 감소한다. 일출과 더불어 일사를 받으면서 지표면이 가열되기 시작하여 지구복사 에너지가 증가한다. 일사량이 지구복사량보다 더 빠르게 증가하므로 일출 후 수분이 지나면 일사량과 지구복사량이 균형을 이루며, 이 시각에 일최저기온(daily minimum air temperature)이 출현한다. 이후부터 기온이 상승한다. 이와 같이 일출시각과 일최저기온 출현시각 사이에 약간의 지체가 발생한다.

일사강도는 정오 무렵에 가장 강하다. 정오를 지나면서 일사강도가 약화하지만, 여

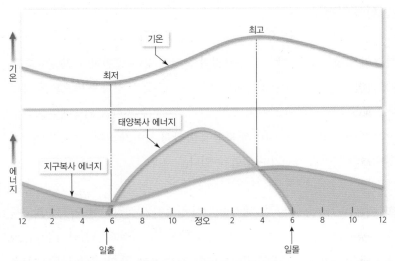

그림 3.23 기온과 일사량, 지구복사량의 일변화 최저기온은 일출 직후에 출현하고 최고기온은 일사량이 최고값을 기록한 후에 나타난다. 일사량은 정오에 극대가 되고 일몰부터 일출 사이에는 0이다. 지표면은 일사에 의하여 가열되고 지구복사 에너지를 방출하므로 일사량의 일변화와 달리 지구복사량 극대값과 극소값 출현시각이 일사량보다 지체된다.

전히 지표면에서 방출하는 지구복사량보다 일사량이 많다. 이런 상황이 일최고기온 출현시각과 일사량 최대값 출현시각 사이에 지체를 만든다. 일최고기온(daily maximum air temperature)은 일사량이 최고에 이르는 남중에서 2~4시간 후에 나타나며, 낮의 길이가 길수록 그 시간이 늦어질 수 있다. 일최고기온의 지체시간(lag time)은 대기상태에 따라 다르다. 일반적으로 구름이 없고 고요할 때나 건조한 지역에서 지표면이 태양복사 에너지를 더 많이 흡수하기 때문에 계속 가열되어 지체시간이 길어진다. 여름철 구름이 없는 날에는 일최고기온이 오후 4시 무렵에 나타나기도 한다. 반면에 습도가 높거나 대기 중에 에어로졸이 많을 때는 일최고기온이 일찍 나타날 수 있다. 토양수분과 식생에서 증발산도 일최고기온 출현시각에 영향을 미칠 수 있다.

지표면은 지구복사 에너지를 내보내어 대기를 가열시키기도 하지만, 온실효과에 의하여 하층대기가 내보내는 장파복사 에너지를 받아들이기도 한다. 일최고기온이 나타날 무렵 지표면이 대기로부터 받아들이는 장파복사 에너지가 최대에 이르며, 이 시각부터 기온이 하강한다. 일몰 후에는 태양복사 에너지를 받지 못하므로 지표면이 더 빠르게 냉각된다. 이 상태가 일출까지 이어지면서 기온이 하강한다. 구름이 없고 바람이 약한 고요한 밤에 지표면이 더 빠르게 냉각된다.

기온의 일변화는 일사량뿐만 아니라 기단이나 전선 등의 영향을 받으므로 하루 중 어느 시각에라도 일최고기온과 일최저기온이 출현할 수 있다. 기단이 바뀌거나 전선이 통과할 때는 야간에 일최저기온이나 일최고기온이 출현할 수 있다. 한반도에서 겨울철에 한랭전선이 통과한 후 강력한 시베리아기단이 영향을 미칠 때는 기온이 빠르게 하강하므로 자정 무렵에 일최저기온이 출현할 수 있다.[26] 해륙풍이 뚜렷한 해안에서는 기온의 일변화 양상이 내륙과 다를 수 있다.

일최고기온과 일최저기온 차이를 기온의 일교차(daily temperature range, diurnal range)라고 한다. 기온의 일교차는 낮과 밤에 가열과 냉각 차이에 의해서 결정되므로 지표면상태와 더불어 대기 중 습도와 바람 등의 영향을 받는다. 흐리거나 강수가 있을 때보다 맑고 고요한 날에 일교차가 크다. 날씨가 맑아서 수증기가 적은 날에는 낮에 대기가 빠르게 가열될 뿐만 아니라 야간에 열을 잡아 두지 못하여 냉각도 빠르게 일어나므로 일교차가 크다. 흐린 날에는 구름이 일사를 차단하고 있어서 지표면 가열이 더디어 기온이 크게 오르지 못한다. 이때는 대기 중에 수증기가 열을 많이 저장하고 있어서 야간에도 기온이 크게 떨어지지 않는다(그림 3.24). 비가 내리는 날에는 기온의 일변화가 작다. 습도가 높은 표면은 냉각과 가열을 더디게 하며, 이슬, 서리, 안개 등은 냉각을 방해하는 요인이다.[27]

해안과 내륙을 비교하여 보면, 수증기량이 많은 해안에서 일교차가 작다. 해안에서는 대기 중에 수증기를 더 많이 포함하고 있어서 내륙에서보다 냉각과 가열이 느리다. 해양표면과 하층대기 사이 혼합도 대기의 냉각과 가열에 영향을 미친다. 해양에서는 내륙에서보다 태양복사 에너지가 더 깊이 투과되므로 열이 보다 균등하게 전달된다. 그러므로 해양에서는 육지보다 비교적 일정한 온도를 유지할 수 있어서 일교차가 작다.

---

26 이런 이유로 일기예보에서 아침 최저기온, 낮 최고기온이란 표현을 사용한다.

27 이슬이 형성될 때 물 1g당 응결 잠열 600cal를 대기로 방출하며, 이 열이 복사에너지 형태로 잃어버리는 열을 상쇄한다. 물 1g이 서리로 승화할 때 대기 경계층으로 680cal 열을 내보낸다. 안개도 보온효과를 일으켜 복사열 손실을 막아 준다.

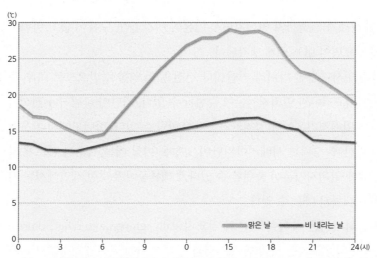

그림 3.24 맑은 날과 비 내리는 날의 기온 일변화(경기 이천, 2020년) 맑은 날(5월 30일)에는 일교차가 16.4℃이지만, 비가 내리는 날(5월 9일)에는 5℃이다. 5월 9일에는 약 30mm 강수량을 기록하였다.

고도가 높은 산지에서는 공기밀도가 낮아 해수면에서보다 기온의 일교차가 더 크다. 산지에서는 해가 지면 냉각이 급속하게 시작되므로 산지와 해수면에서 밤의 기온 차이가 더 벌어지며, 산지에서 일교차가 더 크다(그림 3.25). 낮에는 산지에서 빠르게 가열되지만, 환경기온감률이 반영되어 기온상승효과를 상쇄하기 때문이다.

바람도 난류를 일으켜 대기를 혼합시키는 역할을 하므로 대기의 가열과 냉각에 영향을 미친다. 일반적으로 바람이 강한 날에는 공기혼합이 잘 일어나므로 고요한 날보다 기온의 일교차가 작다. 낮에 지표면이 가열되어 기온이 상승할 때 바람이 불면 난류가 발생하여 주변과 상하층의 공기가 혼합되므로 기온상승이 지체된다. 같은 이유로 야간에 냉각이 빠르게 진행되다가도 바람이 불면 냉각이 지체된다. 일교차가 해안보다 내륙에서 더 큰 것은 대기 중 수증기 영향과 더불어 바람이 약하기 때문이다.

일반적으로 대기는 기온이 높을수록 수증기를 더 많이 포함하므로 저위도일수록 일교차가 작다. 기온의 연변화가 작은 열대와 아열대에서는 일교차가 연교차를 초과한다. 일교차가 50℃에 이르는 건조한 사막에서는 밤을 겨울, 낮을 여름이라고 부르기도 한다. 극야와 백야가 이어지는 극지방에서는 연교차에 비해 일교차가 훨씬 작다.

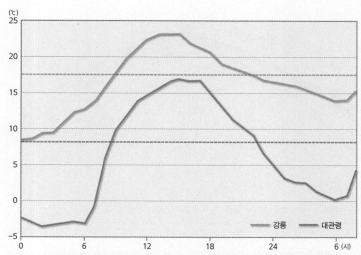

그림 3.25 산지(대관령)와 해수면(강릉)에서 기온 일변화(2020년 4월 14일) 고도가 높은 산지는 공기밀도가 낮아 쉽게 가열과 냉각이 일어나므로 해수면에서보다 일교차가 크다. 직선은 일평균기온을 나타낸다.

기온의 연변화 태양고도 변화에 따라 기온의 연변화가 일어나며, 태양고도가 높은 시기에 기온이 높다. 고위도로 갈수록 태양고도 변화가 크므로 기온의 연변화도 크다. 대체로 극지방에서 기온의 연변화가 크고 적도에서 작다.

일사에 의해 지표면이 가열된 후 지표면에서 지구복사 에너지를 방출하면서 대기가 가열되므로 기온과 일사량의 연변화 사이에 지체가 발생한다. 일 년 중 가장 더운 달(최난월, warmest month)은 태양고도가 가장 높은 하지를 지난 후에 출현하며, 가장 추운

표 3.4 최한월과 최난월 평균기온 지체

지점	최한월		최난월	
	12월(동지 월)	최한월	6월(하지 월)	최난월(월)
중강진	−12.6	−15.9	19.6	22.9(7)
원산	0.6	−1.7	20.1	23.8(8)
해주	−0.3	−2.7	21.3	25.3(8)
서울	0.2	−1.9	22.7	26.1(8)
강릉	3.3	0.9	21.3	25.0(8)
제주	8.3	6.1	21.7	27.2(8)

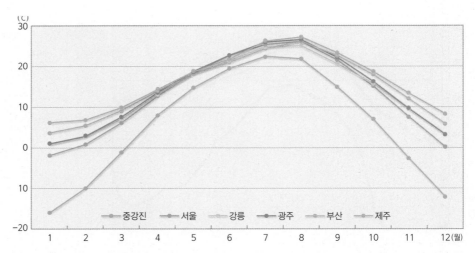

그림 3.26 한반도 주요 도시 월평균기온 연변화 최한월은 1월이지만 2월과 기온 차이는 북쪽으로 갈수록 크고 남쪽으로 갈수록 작다. 최난월은 대부분 8월이며, 북부에서는 7월인 곳도 있다.

달(최한월, coldest month)도 태양고도가 가장 낮은 동지를 지나서 출현한다. 최난월은 7월이나 8월로 지역에 따라 다를 수 있다. 최한월은 대부분 1월이며 간혹 2월 혹은 3월인 경우도 있다. 극지방에서는 겨울철에 극야가 이어지므로 최한월 출현시기가 늦어진다. 일반적으로 대륙성기후 성격이 강한 지역에서는 7월이 최난월이고, 1월이 최한월이다. 반면, 해양성기후 성격이 강한 지역에서는 그보다 약간 지체되어 각각 8월과 2월일 수 있다.

한반도에서는 북부지방 일부를 제외하면 8월이 최난월이고, 개마고원과 그 주변에서는 7월이 최난월이다(표 3.4). 최난월 출현시기가 더 늦어지는 것은 장마 영향으로 7월에 일사량이 적은 것과 관련 있다. 장마철의 많은 구름이 일사를 차단하여 기온상승을 억제한다. 여름철에 해양의 영향을 강하게 받는 것도 최난월이 늦어지는 것에 영향을 미친다. 해양의 영향으로 대기 중에 수증기가 많아 기온상승이 지체된다.

한반도 전 지역에서 최한월은 1월이지만 대체로 북쪽으로 갈수록 1월과 2월 기온 차이가 크다. 중강진에서는 그 차이가 5.7℃이지만 남쪽으로 갈수록 차이가 줄어서 해양에 위치하는 제주에서는 0.7℃에 불과하다. 연중 가장 추운 시기는 지역에 따라 차이가 있으며 대체로 남쪽으로 갈수록 늦어진다. 최한월평균기온의 남북 차이는 여름철 기온

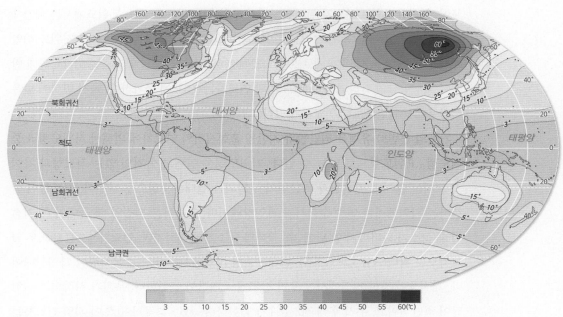

그림 3.27 **세계 연교차 분포** 연교차는 해양에서 작고 내륙으로 갈수록 크며, 고위도에서 더욱 크다.

보다 더 크다(그림 3.26).

겨울철에 남북 간 기온 차이가 큰 것은 여름철보다 건조하여 냉각과 가열 차이가 크기 때문이다. 겨울철에는 수증기량이 적어 일사량을 많이 받는 곳은 쉽게 가열되지만, 눈이 덮인 곳이나 산간 분지에서는 냉각이 빠르게 진행되어 지역 간 기온 차이가 벌어진다. 기단의 규모 차이도 겨울철 지역 간 기온 차이를 야기하는 요인이다. 여름철 한반도에 영향을 미치는 북태평양기단은 구조적으로 만들어진 것으로 규모가 크고 강력한데 반하여, 겨울철에 영향을 미치는 시베리아기단의 힘은 북태평양기단보다 약하다. 시베리아기단은 대륙에 가까운 중강진, 삼지연 등에 강하게 영향을 미치지만, 대륙에서 멀리 떨어진 제주도에 미치는 힘은 그보다 약하다. 반면, 북태평양기단은 한반도 거의 전 지역에 비슷한 정도의 힘으로 영향을 미친다.

최난월평균기온과 최한월평균기온 차이를 기온의 연교차(annual temperature range)라고 한다. 기온의 연교차는 대륙성 기후인지, 해양성 기후인지를 파악하는 중요한 지표이다. 일반적으로 연교차는 저위도에서 고위도로 갈수록 크고, 동위도에서는 해안에서 내륙으로 갈수록 크다. 그러므로 연교차는 고위도 내륙에서 가장 크고 저위도 해안에서 가장 작다. 시베리아 베르호얀스크Verkhoyansk(67.4°N)의 연교차는 61.2℃인데 반하여 태평양상의 타라와Tarawa(1.3°N)의 연교차는 0.5℃에 불과하다. 육지 면적이 넓은 북반구에서 남반구보다 연교차가 크다(그림 3.27).

기온의 연변화 유형을 최난월과 최한월 출현시기와 연교차에 의해서 저위도형과 중위도형, 고위도형으로 나눌 수 있다. 저위도형은 연변화가 거의 없는 적도형과 차이가 크지는 않지만 최한월과 최난월이 구별되는 열대몬순형으로 나뉜다. 적도형이 출현하는 지역에서는 연중 순복사량 과잉상태이다. 일사량은 분점일 때 극대이고, 지점일 때 극소가 나타나서 일 년에 2회 극대와 극소가 출현하지만, 연교차는 1℃ 내외로 일교차보다 작다(그림 3.28 타라와). 열대몬순형 지역에서도 연중 순복사량이 과잉상태이다. 계절풍이 강한 지역에서는 우기 전후에 극대값이 출현한다. 우기가 시작되기 직전 달이 최난월이고, 우기 후에 제2 극대가 출현하다(그림 3.28 뭄바이).[28] 이 지역 연교차는 5~10℃이다.

중위도형은 연변화가 적은 대륙서안형과 연변화가 비교적 큰 내륙형과 대륙동안형으로 구분할 수 있다. 중위도 대륙서안형의 연교차는 10~15℃로 비슷한 위도상의 내륙이나 동안에 비하여 적은 편이다(그림 3.28 런던). 이 지역에서는 냉각과 가열 속도가 느려 중위도 다른 지역에 비하여 최난월이나 최한월 평균기온과 그 전후 달 평균기온 차이가 크지 않다. 중위도 내륙형에서는 연교차가 35~45℃에 이르며, 하지와 동지 후에 각각 극대값과 극소값이 출현한다(그림 3.28 위니펙). 여름철 9개월(3~11월)에는 열과잉 상태이다. 중위도 대륙동안형에서는 기온의 연변화는 내륙과 비슷하지만 연교차가 작다.

고위도형 지역에서는 연교차가 60℃ 가까이에 이른다(그림 3.28 베르호얀스크). 연중 6개월 이상 기간이 열부족 상태이지만, 여름철 극지방에서는 백야가 이어지면서 열과잉 상태가 되기도 한다.

---

28 이런 기온 연변화 유형을 갠지스형이라 부른다.

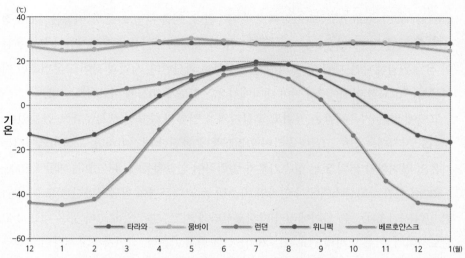

(℃)

기온

타라와   뭄바이   런던   위니펙   베르호얀스크

그림 3.28 기온의 연변화 유형 저위도에서는 기온의 연변화가 거의 없으며 고위도로 갈수록 크다. 특히 대륙 내륙에서 연변화가 크다.

3) 기온분포

기온의 수직분포 기온의 수직분포는 공기밀도 영향을 크게 받는다. 공기에 중력이 작용하므로 지표면에 가까울수록 공기밀도가 높고 수증기량이 많아 지구복사 에너지를 많이 흡수할 수 있다. 기온은 대류권에서 고도 상승에 따라 1km마다 평균 6.5℃씩 하강하며,[29] 이를 환경기온감률(environmental temperature lapse rate)이라고 한다. 이와 같이 고도 상승에 따른 기온하강은 대류권계면까지 나타나며, 권계면 부근에서는 온도 변화가 거의 없다. 산지에서 환경기온감률은 자유대기(free atmosphere)와 달리 계절과 풍향, 지리적 위치, 사면 향, 식생분포 등에 따라 다르다. 일반적으로 여름철 환경기온감률이 겨울보다 높다.

하루를 주기로 보면, 공기밀도뿐만 아니라 수증기량과 바람 등도 기온의 수직분포에 영향을 미친다. 맑고 고요할 때는 전도에 의해서 열이 지표면에서부터 대기경계층

---

29 대류권 환경기온감률은 대류권계면 고도의 평균기온(−56.5℃)과 지표면의 평균기온(15℃) 차이를 권계면 평균고도(11km)로 나눈 값이다.

(atmospheric boundary layer)으로 빠르게 이동한다. 일출 무렵 이런 열 이동은 수cm 정도 극히 제한된 층류층(laminar layer)에서만 일어나지만, 일사가 강해지면서 분자운동이 점차 활발해지면, 대류 등에 의해 열이 상부로 확산한다. 사막과 같이 고온건조한 지역에서는 고요한 아침에 2m 이하 대기에서 기온경도가 20℃에 이르기도 한다.

고도에 따른 기온체감은 저위도 고산지역을 인류의 중요한 생활무대로 만들었다. 저위도 저지대는 연중 고온다습하여 인간활동에 불편한 여건이지만, 고산지역에서는 기온의 연변화가 거의 없는 상춘기후가 출현하여 인간활동에 유리하다. 해발 1,500~2,500m 저위도 고산지역에서 잉카와 아스텍 등 고대문명이 발달하였던 것도 이와 관련 있다(사진 3.11). 중·남아메리카 멕시코시티와 키토, 라파스, 보고타 등은 대표적 고산도시이며, 이런 도시의 연교차는 거의 5℃를 넘지 않는다. 식민지시대 서양인 부유층은 저위도 고산지역에 별장을 만들었으며, 오늘날에도 다르질링Darjeeling(2,300m), 반

사진 3.11 저위도 고산지역에 발달한 문명 흔적(페루 마추픽추, 2011. 2., Eckenfels and Ayala) 저위도 고산지역은 연중 상춘기후가 출현하여 일찍이 문명이 발달하였다.

둥Bandung(750m), 바기오Baguio(1,500m) 등 저위도 고산지역은 유명한 휴양지이다.

　일반적으로 기온은 고도 상승에 따라 하강하지만, 지표면 가까이보다 고도가 높은 곳의 기온이 더 높은 경우가 있으며, 이런 상태를 기온역전(temperature inversion)이라 한다. 그런 층을 기온역전층(inversion layer)이라 하며, 중위도에서 기온역전층 고도는 수백m인 경우가 대부분이고 그 위로는 정상 기온분포이다(그림 3.29). 기온역전은 야간 복사냉각이나 골짜기에서 냉기류, 해안에서 이류 등에 의하여 발생한다.

　맑은 날, 일최고기온이 출현한 후 지표면이 경계층에서 흡수하는 에너지양보다 방출량이 많아지면서 서서히 냉각된다. 지표면에서는 일몰 후에도 장파복사가 계속되므로 냉각이 강화되며, 이와 같은 장파복사 손실에 의한 냉각을 복사냉각(radiation cooling)이라고 한다. 지표면은 대기보다 좋은 복사체이므로 냉각속도가 빨라서 시간이 흐르면, 지표면과 접하고 있는 대기의 온도가 낮아져 기온역전이 발생한다. 지표면에서 복사는 밤의 길이와 습도, 풍속 등 영향을 받아 습도가 낮으면서 맑고 고요한 밤에 복사냉각이 활발하다.

　바람은 상하층 간의 공기를 혼합시키므로 기온의 수직분포에 미치는 영향이 크다. 낮에 바람이 있을 때는 난류(turbulence)가 발생하여 뜨거운 지표면 공기와 차가운 상부의 공기가 쉽게 혼합된다. 바람이 부는 날에는 고요할 때보다 공기 분자가 쉽게 이동하여 지표면의 열이 난류에 의해 상부로 전달되므로 기온의 수직기울기가 작다. 여름철 오후에 아스팔트로 포장된 지표면에서 기온의 수직분포를 보면, 바람이 있을 때는

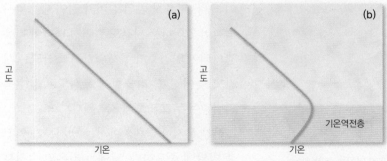

그림 3.29 기온의 수직분포(a: 정상 대기, b: 기온역전 상태 대기) 대류권에서 정상 대기는 환경기온체감률에 따라 기온이 하강한다. 지표면 가까운 곳에서 기온역전이 발생하면 고도 상승에 따라 기온도 상승한다.

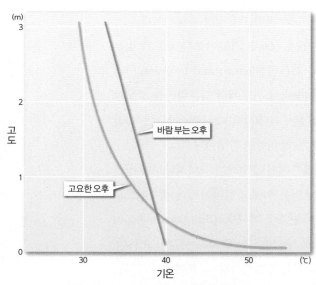

그림 3.30 포장면에서 바람이 대기가열에 미치는 영향 지표면이 아스팔트로 포장된 경우, 여름철 오후 바람이 있을 때는 지표면 열이 상층으로 효과적으로 전달되므로 바람이 없는 경우보다 기온 기울기가 훨씬 적다.

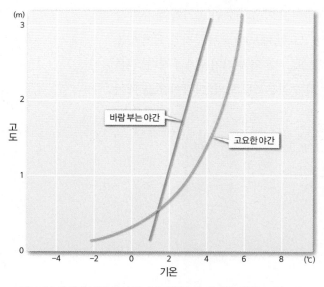

그림 3.31 야간에 바람이 기온의 수직분포에 미치는 영향(Ahrens and Henson, 2019) 바람은 상하층 공기를 혼합시켜 지표면에서 복사냉각을 방해하는 역할을 한다. 바람이 없는 밤에 복사냉각이 활발하다.

고요할 때보다 수직기울기가 훨씬 작다(그림 3.30).

바람은 공기를 혼합시키기 때문에 역전층 발달을 방해하는 요인이다. 바람이 부는 밤에 상하층 간 기온의 기울기가 작다(그림 3.31). 바람이 없을 때는 지표면 가까이 온도가 낮고 밀도가 높은 공기와 상층에 온난하고 밀도가 낮은 공기 사이에 혼합이 거의 일어나지 않는다. 그러므로 복사냉각에 의한 기온역전은 고기압 중심에 위치하거나 가까이에 있어서 맑고 바람이 없는 밤에 잘 발달한다. 이동성고기압 영향을 받을 때 기온역전이 발생하기 쉽다.

겨울철에 지표면이 눈으로 덮여 있을 때는 태양복사 에너지를 효율적으로 반사하므로 냉각이 더 효과적이다. 이럴 때는 낮에도 태양복사 에너지를 대부분 반사하여 지표면이 흡수하는 열량이 적은 데 반하여 야간에 지구복사 에너지를 계속 방출하므로 열 손실이 크다. 겨울철 밤의 길이가 길어지면 복사냉각이 일어나는 시간도 길어져 냉각이 더욱 강화되어 역전층이 두꺼워지고 소산되는 시간도 늦어진다. 겨울철에 고위도로 갈수록 역전층이 두껍고 오래 지속된다.

산간 분지나 골짜기에서는 냉기류가 역전층 발달에 중요하다. 낮에는 기온의 수직분포가 정상이지만, 밤에 종관규모 바람이 약해지면 산정에서 찬 공기가 사면을 따라 흘러내려 저지대에 쌓이면 기온역전층이 발달한다(그림 3.32). 저지대와 산정 사이에 기온 차이가 클수록 역전층이 강하다. 골짜기가 깊은 곳에서는 주변보다 냉각이 일찍 시작되고 주변에서 냉기류가 유입되므로 역전층이 두껍게 발달할 수 있다.

해안에서는 이류(advection)가 기온역전의 주 요인이다. 난류가 흐르는 연안에서 해풍이 불면 상대적으로 온난한 공기가 차가운 내륙으로 이동하여 온난한 공기가 차가운 공기 위를 덮어 역전층이 발달한다. 이와 같은 역전층 발달에는 풍향이 중요하다. 복사냉각에 의한 역전층과 달리 종관규모에 의한 바람이 어느 정도 불고 있을 때 기온역전층이 형성된다.

기온역전이 일어나면 찬 공기가 아래 있고 따뜻한 공기가 위에 있어서 대기가 안정 상태이므로 공기의 수직 이동이 일어나지 않는다. 기온역전층 안에 오염원이 있으면 오염물질이 확산하지 못하여 대기오염(air pollution)이 가중된다. 같은 지역일지라도 기온의 수직분포가 정상인 낮에는 상층과 하층 간 공기혼합이 활발하여 대기오염도가 낮아지지만, 기온역전이 발생하면 상하층 간 공기혼합이 거의 일어나지 않아 대기오염도

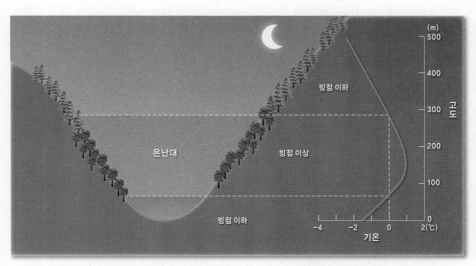

그림 3.32 골짜기에서 기온역전층의 형성 야간에 사면을 따라서 흘러내리는 냉기류가 골짜기에 쌓여 기온역전층을 형성한다. 산정과 골짜기 사이에 온도 차이가 클수록 역전층이 강하게 발달한다.

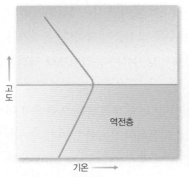

그림 3.33 기온역전 발생 시 대기오염 정상 기온분포를 할 때는 상하층 간에 대기 혼합이 원활히 이루어지므로 대기오염도가 낮지만, 기온역전이 일어날 때는 상층으로 공기 이동이 제한되어 오염도가 높아진다.

가 높아진다(그림 3.33). 세계적 대기오염 사건은 대부분 두꺼운 역전층 안에서 발생하였다. 최근 한국에서 온 국민이 관심을 갖는 미세먼지 농도도 기온역전이 발달하였을 때 더욱 높다. 기온역전이 출현하는 이른 아침에는 기온이 낮아 상쾌하게 느낄 수 있지만, 대체로 하루 중 오염도가 가장 높은 시간이라 할 수 있다. 기온역전층은 상층에서도 발생한다. 상층에서 발생한 기온역전층은 공기가 상부로 이동하는 것을 막고 있어서 대기오염을 가중시킨다. 상층에 역전층이 발생하였을 때 착륙 준비 중인 비행기에서 도시 상공을 덮고 있는 매연 띠를 볼 수 있다.

기온역전이 발생하면 짙은 안개가 낄 수 있어서 육상교통은 물론 항공 및 해상 교통이 혼란스럽다. 안개가 짙으면 시정이 짧아져 교차로 등에서 사고가 발생하기 쉽다. 안개가 끼었을 때 교통사고에 의한 치사율이 강수 시보다 높다는 보고가 있다.[30]

경작지에 기온역전이 발생하면 작물에 냉해나 서리피해[霜害]가 발생한다. 마을이나 과수원은 대부분 분지나 골짜기에서 역전층을 피하여 산기슭에 자리 잡는다. 골짜기 저지대에도 과수원이 분포할 수 있지만, 산기슭에 비하여 냉해나 서리피해를 자주 입어 생산성이 떨어진다. 서리피해에 민감한 차밭이나 과수원에서는 냉기류에 의한 기온역전을 방지하기 위하여 서리방지용 팬을 설치한다(사진 3.12). 평지에 위치하는 차밭

---

30 2006년 10월 3일 서해안고속도로 서해대교에서 발생한 교통사고는 안개에 의한 사고의 대표적 사례로 짙은 안개 속에서 달리던 29대 차량이 연쇄 추돌하여 다수 인명과 재산 피해를 입었다.

사진 3.12 녹차밭 서리방지용 팬(제주 서귀포, 2013. 8.) 녹차잎에 서리가 내리면 치명적인 피해를 입을 수 있어서 서리를 방지하기 위하여 팬을 설치한다.

에서는 서리가 내리려고 할 때 팬을 가동하여 공기를 순환시켜 기온역전층이 발달하는 것을 미리 막는다. 규모가 작은 와지에서는 소규모 모닥불을 피우는 것만으로도 냉기 호를 방지하는 데 상당한 효과를 볼 수 있다. 모닥불이 공기를 순환시킨다.

기온역전층은 바람이나 일사에 의해서 소산된다. 새벽에 바람이 불면 기온역전층이 발달하다가도 파괴되므로 안개도 함께 소산된다. 해가 뜨면 일사에 의해 지표면이 가열되면서 지표에서부터 온도가 상승하므로 기온역전층이 흩어진다. 일출 후 2~3시간 이 지나면 복사냉각이나 냉기류에 의해서 형성된 역전층이 대부분 사라진다.

지역별 기온분포 기온분포에는 여러 요인이 복합적으로 영향을 미치지만, 태양복사 에너지의 영향이 가장 크다. 같은 장소라 하더라도 일조상태에 따라 기온분포 차이가 발생한다. 그러나 지표면에서 보면, 해발고도가 지역 간 기온 차이에 미치는 영향이 가장 크다. 지구상 어디에서도 고도에 따른 환경기온감률만큼 수평적 기온변화를 볼 수 없다. 예를 들어, 국제선 항공기가 운항하는 10km 고도에서는 −50℃ 정도로 지표면과 65℃ 차이가 있지만, 비슷한 고도에서는 수백 km를 이동하여도 그런 차이를 겪을 수 없다.

고도에 따른 기온 차이가 크므로 관측지점에서 실제 관측한 자료를 이용하여 세계 등온선도(isotherm map)를 그리면, 등치선 모양이 매우 복잡하고 지형도의 반대 모양에 가깝게 그려질 것이다. 그런 등온선도는 해발고도 영향이 지나치게 강조되어 세계 기온분포를 이해하는 데 유용하지 않다. 그러므로 세계 기온분포를 그릴 때는 관측한 값을 해수면 값으로 해면경정하여 이용한다(그림 3.34).[31]

해면경정한 세계 등온선도를 보면, 만곡 부분이 있지만 대체로 적도에서 양극으로 갈수록 기온이 낮아서 대체로 동서방향을 따라 대상으로 그려진다. 이는 기온분포에 위도 영향이 크게 반영된다는 것을 잘 보여 준다. 지표면이 이상적으로 균일한 상태이면 지표면 기온은 완벽하게 대상으로 분포하지만, 지표면은 구성물질이 다양하고 기복이 있어서 분포패턴이 훨씬 복잡하다. 거기에 대기대순환과 해양순환도 기온분포에 영향을 미친다.

규모가 큰 대륙 내부와 대륙과 해양이 만나는 곳에서는 등온선 모양이 더욱 복잡하다. 북반구 대륙과 해양이 만나는 곳에서 남반구보다 등치선이 복잡하고 간격이 조밀한 것은 수륙분포가 기온분포에 미치는 영향을 반영한 것이다. 북반구에서도 겨울철에 등치선 간격이 더욱 조밀하다. 겨울철에 냉각이 심하여 해양과 대륙 간 기온 차이가 커지기 때문이다. 육지가 적은 남반구에서는 북반구에 비하여 등치선 모양이 대상에 가깝다.

해류도 기온분포에 미치는 영향이 크며, 대륙과 해양에서 등온선 만곡 방향을 다르게 하는 요인이다. 난류 연안이 한류 연안보다 기온이 높다. 유라시아대륙 서안의 겨울철 기온은 동위도의 동안에 비하여 10℃가량 높다. 대서양에서 북극해로 이어지는 해

---

31 한반도 정도 규모에서는 해면경정하지 않은 실제 관측값을 이용한 등치선이 더 유용할 수 있다. 해면경정한 값으로 한반도 등온선을 그리면, 위도와 해양의 영향이 크게 반영되고 지형과 해발고도의 영향은 거의 무시될 수 있다.

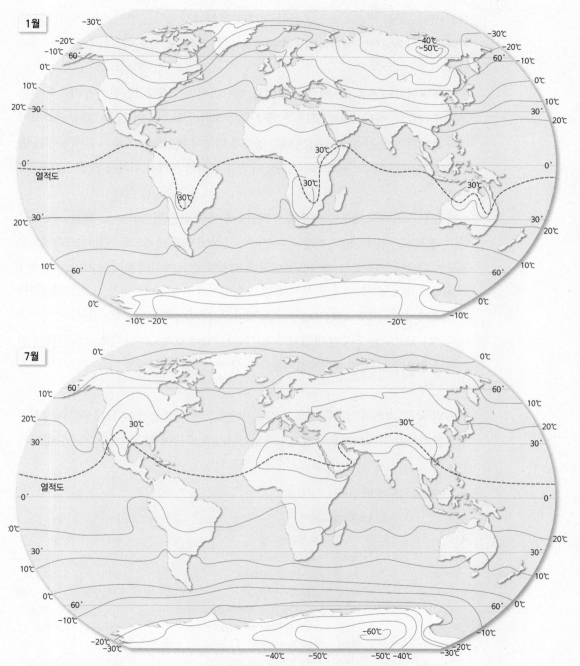

그림 3.34 세계 등온선도 등온선 값이 저위도에서 고위도로 갈수록 낮고 추운 계절에 등온선 간격이 좁다. 해양과 대륙이 만나는 곳에서 등온선 굴곡이 심하고 대륙이 많은 북반구에서 남반구보다 굴곡이 심하다.

1월

7월

열적도

역은 멕시코만류 영향으로 등온선이 극 쪽으로 크게 만곡하는 반면, 남아프리카와 남아메리카 서쪽에서는 뱅겔라해류와 페루해류의 영향으로 적도 쪽으로 등온선이 만곡한다.

지리적 위치도 기온분포에 영향을 미쳐, 바람받이인가 바람그늘인가에 따라서 기온분포가 다르다. 바람이 불어오는 쪽 해양 특성에 따라 차이가 더 클 수 있다. 유라시아대륙 동안과 서안 간 기온 차이는 해류 영향과 더불어 편서풍과 지리적 위치 차이를 반영한다. 한반도에서도 동해안과 서해안의 기온 차이에 지리적 위치가 반영되었다(글상자 3).

각 경선을 따라서 기온이 가장 높은 지점을 연결한 선을 열적도(thermal equator)라고 한다. 열적도는 열대수렴대 이동과 관련되어 계절에 따라 남북으로 이동하므로 위도상 적도와 다르다. 열적도는 대체로 북반구에 위치하지만, 계절에 따라서 차이가 크다. 1월 해양에서는 열적도가 적도 북쪽에 있지만, 남아메리카와 아프리카, 오스트레일리아 등 대륙에서는 상당히 남반구에 치우쳐 있다. 이는 태양이 남반구로 이동하여 북반구 대륙보다 남반구 대륙이 더 가열되기 때문이다. 7월에 열적도는 대체로 적도 북쪽에 위치하며 유라시아대륙과 북아메리카대륙에서는 북위 30° 이북까지 치우쳐 있다.

기온의 극값 기온의 극값은 지형과 지표면상태 등의 영향을 받는다. 대륙별로 극최저기온을 기록한 곳은 대부분 해발고도가 높거나 빙하로 덮여 있다(표 3.5). 지구상에서 가

표 3.5 대륙별 극최저기온 기록

대륙	극최저기온(℃)	지점	해발고도(m)	발생일
남극	-89.0	보스토크기지	3,366	1960. 8. 24.
아시아	-67.8	베르호얀스크(러시아)	137	1892. 2. 5.
그린란드	-66.1	노스아이스North Ice	2,341	1954. 1. 9.
북아메리카	-63.0	스네그Snag(캐나다)	578	1947. 2. 3.
유럽	-58.1	우스티슈고르Ust'Shchugor(러시아)	84	1978. 12. 31.
남아메리카	-32.8	사르미엔토Sarmiento(아르헨티나)	264	1907. 6. 1.
아프리카	-23.9	이프란(모로코)	1,609	1935. 2. 11.
오세아니아	-23.0	샬럿 고개(오스트레일리아)	1,837	1994. 6. 29.

한반도 기온분포

한반도에서 비슷한 위도대인 인천과 강릉 1월 평균기온을 비교하여 보면, 강릉(0.9℃)이 인천(−1.5℃)보다 2.4℃ 더 높다. 동해안과 서해안 기온 차이는 지형 영향과 더불어 해양과 해류가 서로 다르게 영향을 미치기 때문이다. 겨울철에는 동해 해수면온도가 황해에 비하여 상대적으로 높아서 여름철보다 겨울철에 두 지역 기온 차이가 크다.

겨울철 동해안 기온이 서해안보다 높은 것에는 지형에 의한 장벽효과도 영향을 미친다. 큰 산맥이 가로막고 있으면, 바람받이와 바람그늘 쪽 기온분포가 다르다. 태백산맥이 찬 북서계절풍을 막아 주어 산맥 연속성이 뚜렷한 중부지방에서 동해안과 서해안 간 기온 차이가 더 분명하다. 한반도 등온선 분포에는 지형 영향이 잘 반영되어 함경산맥에서부터 태백산맥을 따라 등온선이 남쪽으로 깊게 만곡한다(그림 3.a).

남부지방에서는 동서 간 차이보다는 소백산맥이 지나는 산지와 해안 간 기온 차이가 크다. 뿐만 아니라 남부에서는 태백산맥보다 소백산맥을 따라 등온선 만곡이 뚜렷하다. 해발고도가 높은 곳을 따라서 주변보다 기온이 낮은 것이 잘 보인다.

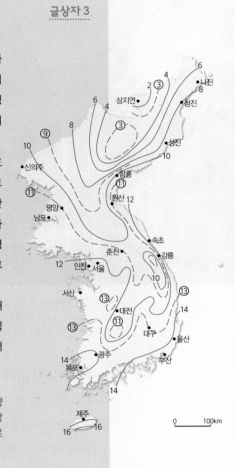

그림 3.a 한반도 연평균기온(℃) 분포 한반도 기온분포에는 해양과 위도 영향과 더불어 지형 영향이 가장 크게 반영되었다. 대체로 등온선은 주요 산지방향과 관련되어 있다. 함경산맥에서부터 태백산맥을 따라 등온선이 남쪽으로 깊게 만곡한다.

장 낮은 기온 기록은 남극대륙의 보스토크Vostok기지에서 1960년 8월 24일에 관측한 −89℃이다.

인류가 거주하는 장소 중에서는 시베리아 베르호얀스크(해발 137m)에서 1892년 2월 5일에 −67.8℃를, 시베리아 오이먀콘Oymyakon(해발 788m)에서도 1933년 2월 6일에 −67.7℃를 기록하였다. 위도를 고려한다면, 아프리카에 위치한 모로코 이프란Ifrane(해발 1,609m)과 오스트레일리아 샬럿Charlotte고개에서 각각 기록한 −23.9℃와 −23.0℃

사진 3.13 저위도 다설 경관(모로코 이프란, 2013. 7.) 이프란은 북위 33.5° 정도에 위치하지만 고도가 높아서 기온이 낮게 떨어지며, 겨울철에 온대저기압이 영향을 미치면 눈이 내린다. 주변에 스키리조트가 많이 있으며, 많은 눈에 대비한 경관을 볼 수 있다. 지붕경사가 매우 급하다.

도 주목할 만한 값이다. 아틀라스산맥에 자리한 이프란에는 온대저기압이 영향을 미칠 때 눈이 내려 스키리조트가 많이 자리하고 있어서 겨울철 추위가 꽤 출현한다는 것을 잘 보여 준다(사진 3.13).

한반도에서는 1933년 1월 12일 중강진에서 기록한 −43.6℃가 가장 낮은 기온값이며, 개마고원은 한반도에서 가장 추운 지역으로 알려져 있다. 남한에서는 1981년 1월 5일 양평에서 −32.6℃가 기록되었다. 양평, 홍천, 원주 등 중부 내륙과 철원은 다른 지방보다 한파가 자주 출현하는 곳이다. 이 중 중부 내륙은 복사냉각과 더불어 주변 산지에서 하강하는 냉기류 영향으로 기온이 낮고, 철원은 북쪽에 위치하기 때문이다.

각 대륙별로 극최고기온을 기록한 곳은 극한지와 달리 해발고도가 낮은 지역이다. 지구상에서 가장 높은 기온은 미국 데스밸리Death Valley(해발고도 −53m)에서 1913년 7월 10일에 관측한 56.7℃이다(표 3.6). 과거에는 아프리카 리비아 아지지아El Azizia(해발 114m)에서 1922년 9월 13일에 관측한 57.8℃가 극값으로 알려져 있었다.[32] 두 지역은

표 3.6 대륙별 극최고기온 기록

대륙	극최고기온 (℃)	지점	해발고도 (m)	발생일
아프리카	55.0	케빌리Kebili(튀니지)	50	1931. 7. 7.
북아메리카	56.7	데스밸리(미국)	-53	1913. 7. 10.
아시아	54.4	타이라트Tirat(이스라엘)	-217	1942. 6. 21.
오세아니아	50.7	우드나다타Oodnadatta(오스트레일리아)	121	1960. 1. 2.
유럽	50.0	세비야Seville(에스파냐)	8	1881. 8. 4.
남아메리카	48.9	리바다비아Rivadavia(아르헨티나)	203	1905. 12. 11.
남극	15.0	반다Vanda기지	8	1974. 1. 5.

아열대고기압대에 자리 잡고 있어서 적도에서 상당히 떨어진 곳이다. 데스밸리는 여름철 내내 뜨거운 곳으로 7월 평균최고기온이 47℃에 이른다. 극한고온값은 데스밸리에서 기록되었지만, 연평균기온이 가장 높은 곳은 에티오피아 댈롤Dallol(해발 -130m)이다. 댈롤 연평균기온은 34.6℃이며, 데스밸리 연평균기온은 24.0℃이다.

한반도에서는 대구에서 1942년 8월 1일에 관측한 40.0℃가 가장 높은 기온값이며, 경주에서 1942년 8월 12일에 비공식적으로 43.5℃가 기록되었다. 1942년 여름은 전국적으로 기온이 높았으며, 대구는 극값을 기록한 8월 1일을 포함하여 28일 동안(7월 8일~8월 4일) 최고기온이 35℃ 이상 지속되었고, 7월 28일부터 31일까지는 40℃를 육박하는 고온이 이어졌다. 최근에는 1994년과 2018년 여름철 무더위가 심하였다. 1994년과 2018년 여름에 극값을 기록한 관측소가 많다. 최근 기상관측지점 수가 늘면서 극값이 출현하는 지점이 바뀔 수 있다. 일부 연구에 의하면 경상남도 합천과 밀양에서 높은 기온이 자주 출현한다.[33]

---

32 이 값에 대한 논란이 이어졌고, 2012년에 세계기상기구 후원으로 전문가 협의체가 조사한 후 아지지아 기온 기록이 유효하지 않다고 선언하였다. 협의체는 관측자 자질, 관측기기 정확도, 사막을 대표할 수 없는 아스팔트와 같은 표면 위에서 관측된 점 등을 문제점으로 지적하였다.

33 밀양과 합천에서는 2018년 7월 11일부터 8월 22일까지 일최고기온이 30℃ 이상인 상태가 이어졌고, 그중 7월 13일부터 8월 3일 사이에는 하루를 제외하고 35℃ 이상을 기록하였다. 당시 대구도 비슷한 상황이었다.

3. 대기 중의 수분과 강수

항상 공기 중에 수증기가 있지만, 대부분 존재를 인식하지 못한다. 구름 한 점 없는 사막조차도 수증기가 있어서 생명체가 살아간다(사진 3.14). 공기 중의 수증기가 응결하여 물방울로 만들어졌을 때, 비로소 수증기의 존재를 인식한다. 하늘에 떠 있는 구름이나 안개는 수증기가 응결하여 만들어졌으며, 응결이 강화되면서 구름입자가 성장하여 비나 눈으로 떨어진다.

대기 중의 수분은 얼음이나 물 혹은 수증기로 상태가 바뀌면서 다양한 대기과정에서 중요한 역할을 한다. 수분은 상태가 바뀔 때마다 공기 중으로 열을 내보내거나 흡수하면서 주변에 영향을 미친다. 예를 들어, 수증기가 응결할 때는 잠열을 방출하며, 이 열이 거의 모든 기상현상의 근원이 된다. 잠열은 태풍에너지와 같은 막대한 힘을 제공한다. 수증기는 복사에너지를 흡수하여 기온변동과 체감온도에도 영향을 미친다.

수증기가 응결하여 성장하면 강수가 발달한다. 강수는 기온과 함께 인류생활에 중요한 요소로서 지표면을 거주지역(Okumene)과 비거주지역으로 구분하는 기준이 된다. 강수는 지표면에 다양한 경관을 만드는 데도 중요하다. 강수량이나 강수시기에 따라서 지역별로 독특한 식생이 분포하며, 강수지역과 무강수지역에서 식생 차이가 극명하게 드러난다.

순간적으로 쏟아지는 강수도 경관을 변화시킨다. 큰비가 쏟아지면 곧바로 흙탕물이

사진 3.14 건조한 사막(모로코 에르푸드Erfoud, 2013. 7.) 구름 한 점 없이 건조한 사막에도 수증기가 분포한다. 그로 인하여 생명체가 살아간다.

흐르며 하천을 범람시킨다. 눈이 내리면 순식간에 지표면을 완전히 다른 세상으로 뒤바꾼다. 과학이 발달한 오늘날에도 강수를 인위적으로 조절하는 것은 어려운 문제로 심각한 가뭄이나 지나친 강수에 의한 재해 앞에서 속수무책인 경우가 많다. 최근 자연 재해로 인한 사망자 중 46%가 홍수나 가뭄에 의한 것이며, 경제 손실의 33%가 홍수에 의한 것이다.

강수를 이해하기 위해서는 강수 발생과정과 분포에 대한 이해가 필요하다. 어떤 과정을 통하여 구름이 형성되고 강수가 발달하는가는 물론, 왜 지구상에 강수가 불균등하게 분포하는가를 이해하는 것은 지리학의 기본이라 할 수 있다. 인간은 물이 없이 생존할 수 없으며, 지표수 대부분은 강수에 의해서 공급된다.

1) 대기 중의 수분과 습도

지구상 어디에나 수분이 있다. 해양이나 빙하, 강, 호수, 공기, 토양 등은 지구의 수권을 구성하고 있는 물 저장고이며, 지구상에 있는 물은 모두 합하여 1.38억 km³ 정도이다(251쪽 그림 3.37 참조). 이 중 97.2%가 바다에 저장되어 있고, 2.2%는 눈이나 빙하 등으로 분포한다. 그 외 1% 미만의 담수가 호수나 하천, 지하수 등으로 분포한다. 대기 중에는 1% 미만의 수분이 포함되어 있다. 기상현상에는 대기 중에 포함된 1% 수분이 중요하지만, 지표면에 분포하는 모든 수분이 기상현상을 만드는 데 기여한다.

수증기와 물순환 대기 중의 수분은 기체나 액체, 고체 상태로 존재하며, 기체 상태로 떠 있는 수분을 수증기(water vapor)라고 한다. 대기 중의 수분은 주어진 온도와 압력 하에서 고유 상을 유지한다. 정상적인 경우 0℃ 이하에서는 얼음, 0~100℃ 에서는 물, 100℃ 이상에서는 수증기일 때 가장 안정적이다. 이런 상태는 주어진 환경에 따라 언제든지 바뀔 수 있다. 주변에서 수증기가 물이나 얼음으로, 혹은 얼음이 물로, 물이 수증기로 바뀌는 것을 쉽게 볼 수 있다.

공기 중의 수증기는 증발이나 기화에 의해 물에서 만들어지거나 고체 상태의 얼음이 승화하여 만들어진다. 공기로 유입되는 물 분자수가 공기에서 수면으로 돌아가는 물

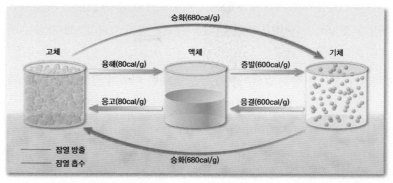

그림 3.35 수분의 상변화 수분상태는 주어진 환경에 따라 바뀐다. 상이 바뀔 때, 잠열을 방출하거나 흡수하면서 기온변동에 영향을 미친다.

분자수보다 많을 때 증발(evaporation)이 일어나며, 반대 경우 응결(condensation)한다. 즉, 증발은 액체에서 수증기로 바뀌는 과정이며, 응결은 수증기에서 액체로 바뀌는 과정이다. 수증기에서 얼음으로 바뀌거나 그 반대 과정을 승화(sublimation)라고 한다. 응결과 증발과정에서 각각 590cal/g, 승화과정에서 680cal/g의 잠열이 대기로 방출되거나 흡수된다(그림 3.35).

상이 바뀔 때 발생하거나 사용하는 열은 모든 대기과정에서 중요하다. 응결할 때 방출하는 잠열은 기온상승과 하강에 영향을 미쳐 습윤단열과정에서 기온감률을 상쇄한다. 대기 중에 축적되는 응결잠열은 온대저기압과 열대저기압의 발달에 중요한 에너지원이다. 증발할 때 대기 중의 열을 사용하면서 기온상승을 억제한다. 무더운 여름철에 지면에 물을 뿌리면 증발하면서 주변에 있는 열을 사용하므로 일시적으로 시원하게 느낄 수 있다.

사진 3.15 상고대(제주 한라산, 2018. 3.) 중위도지방의 늦가을에서 이른 봄 사이에 산지에서 대기 중의 수증기가 승화한 상고대가 형성되어 장관을 이룬다.

중위도와 저위도에서 수증기가 응결하여 구름이나 안개로 변하는 것을 쉽게 관찰할 수 있다. 고위도와 고산지역에서는 물이 얼음으로 변하는 과정 혹은 그 반대 과정을 쉽게 볼 수 있으며, 중위도에서도 늦가을부터 초봄 사이에 이런 현상을 관찰할 수 있다. 승화는 중위도의 겨울철이나 고위도에서만 볼 수 있다. 늦가을에서 이른 봄 사이에 산간 골짜기에서 볼 수 있는 상고대(rime)는 대기 중의 수증기가 승화한 것이다(사진 3.15).

물 표면에서 공기로 유입되는 물 분자수가 공기 중에서 물 표면으로 돌아가는 물 분자수와 같은 상태를 포화라고 하며, 이때 수증기에 의한 압력을 포화수증기압(saturation vapour pressure)이라고 한다. 공기에 포함된 수증기의 체적은 평균 0.01~4.24%이며, 시간과 장소에 따라 차이가 크다. 대기가 포함할 수 있는 수증기량은 기온에 따라 다르며, 포화수증기압은 기온이 높을수록 급격하게 증가한다(그림 3.36).[34] 기온 0℃인 대기는 수증기압(vapor pressure)이 6.11hPa이지만 30℃인 대기는 42.43hPa이다. 그러므로 30℃인 대기는 0℃인 대기보다 수증기를 약 7배 더 포함할 수 있다. −5~35℃ 범위에서는 기온 10℃ 하강할 때마다 포화수증기량이 절반 정도씩 감소한다.

위도대별로 보면, 공기가 포함할 수 있는 수증기량은 저위도에서 가장 많고 극으로 갈수록 감소한다. 보통 사막에서 극지방보다 수증기량이 적을 것으로 생각할 수 있지만, 극지방에서 수증기량이 더 적다(글상자 4). 지표상 수증기량은 남극과 시베리아 극한지에서 0.1ppm부터 페르시아만에서 35,000ppm까지 극단적 차이가 있다. 극지방에서는 수증기량이 적어 눈이 대부분 건설(dry snow)로 내린다. 극지방의 눈은 가벼워 쉽게 날리며, 블리자드가 지난 후에는 건물 벽 등에 붙어 있다(사진 3.16).

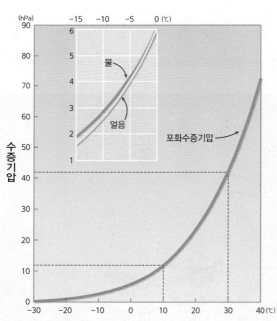

그림 3.36 포화수증기압 곡선 기온상승에 따라 포화수증기압이 급격하게 증가한다. 0℃ 이하에서는 물에 대한 포화수증기압이 얼음에 대한 경우보다 항상 크다.

---

34 고체일 때 액체일 때보다 물 분자 간 결합력이 커서 물에 대한 포화수증기압이 얼음에 대한 포화수증기압보다 항상 크다.

사진 3.16 블리자드가 지난 후 건물에 붙은 눈(캐나다 케임브리지 베이|Cambridge Bay, 2019. 10.) 극지방에서는 눈이 건설이어서 쉽게 바람에 날려 건물 벽 등에 붙어 있다.

공기 중의 수증기량 최대값은 홍해 연안에서 여름철에 기록되었다.

지표면에서 물이 끝없이 이동하는 것을 물순환(water cycle, hydrologic cycle)이라고 한다(그림 3.37). 물은 태양복사 에너지를 원천으로 대기와 해양, 육지 사이에서 끊임없이 순환한다. 물은 해양과 대륙에서 대기로 증발하고, 증발한 수증기는 응결하여 구름을 만들어 강수로 해양이나 육지에 떨어진다.[35] 해양으로 떨어진 강수는 다시 증발하여 새로운 순환을 시작한다. 육지에 떨어진 물은 지하수로 침투하거나 지표면을 따라 흐르면서 호수나 하천을 지나 바다로 흘러간다. 지표면으로 스며들거나 흐르는 물 중 일부는 증발하여 다시 대기로 돌아간다. 식물뿌리는 지표면에서 침투한 물의 일부를 흡수

---

35 매년 해양에서 426,000km^{3}가 증발한다. 그중 386,000km^{3}은 해양에서 강수로 떨어지고, 40,000km^{3}은 육지로 이동한다. 육지에서는 매년 74,000km^{3}이 증발하고 해양에서 이동하여 온 수증기와 더해져 114,000km^{3}이 강수로 떨어진다(그림 3.37).

왜 여름철에 비가 많이 내릴까?

사진 3.a 한랭한 극지방과 건조한 사막
(상: 노르웨이 니알슨 과학기지, 하: 중국 아이딩호)

눈으로 뒤덮인 극지방과 활활 타오를 것 같은 사막 중 어디에 수증기가 더 많을까? 수증기는 눈으로 덮인 극지방에 더 많을 것 같지만, 극지방을 방문하여 보면 실내에 가습기가 켜져 있는 것을 쉽게 볼 수 있다. 극지방에서는 눈이 내리는 날에도 매우 건조하다. 물론 사막에서도 건조함을 느낀다.

극지방에서 눈이 내리는 날, 기온이 −10℃이고 포화상태라고 한다면 수증기량은 2g/kg이다. 사막(해발고도가 가장 낮은 지점이 −154m인 중국 아이딩Ayding호)에서 기온이 40℃이고 습도가 20%라고 한다면 수증기량은 9.4g/kg이다. 뜻 밖에도 타오를 듯한 사막에 오히려 수증기가 더 많다. 사실, 기온이 높을수록 수증기를 많이 포함할 수 있다는 사실만 고려한다면, 한랭한 곳보다 기온이 높은 사막에 수증기가 많은 것은 당연하다.

같은 원리로 겨울철보다 여름철에 비가 많이 내린다. 기온이 높을수록 강수량이 많을 가능성이 커진다. 25℃인 날 포화상태일 때 수증기량은 20g/kg이지만, 0℃인 날은 3.5g/kg에 불과하다. 그러므로 추운 겨울철보다 여름철에 강수량이 많다.

한 후 증발산(transpiration)을 통하여 다시 대기로 내보낸다. 이와 같은 물순환과정에서 일어나는 증발과 응결, 증발산 등이 대기에서 여러 가지 현상을 일으키는 데 중요한 역할을 한다.

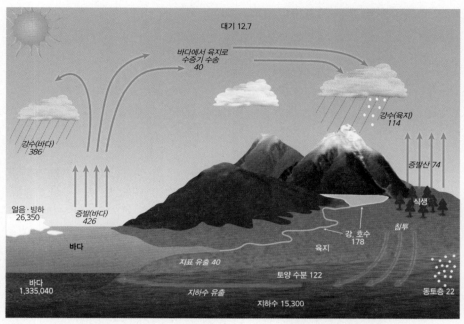

그림 3.37 **물순환 모형** 물은 태양복사 에너지를 원천으로 바다와 육지에서 대기로 증발하고, 증발한 수증기는 응결하여 구름을 만들어 강수로 바다나 육지에 떨어지면서 끝없는 순환을 이어간다(단위: 1,000km³, 1,000km³/년).

습도 표현 습도(humidity)는 대기 중에 포함되어 있는 수증기량의 정도를 나타내는 것으로 상대습도와 비습, 혼합비 등으로 다양하게 표현할 수 있다. 지리학 분야에서는 주로 상대습도를 사용하여 습도를 나타낸다.

상대습도(relative humidity)는 주어진 온도에서 포화상태일 때 최대 수증기량에 대한 실제 수증기량 비율이다. 실제 수증기압을 실제 수증기량의 척도로 대신할 수 있으므로 상대습도는 최대 수증기압인 포화수증기압에 대한 실제 수증기압의 비율이며, [실제 수증기압/포화수증기압×100(%)]으로 구할 수 있다. 상대습도(RH)와 수증기압(e)의 관계는 식 [e=E×RH/100]으로 표현한다. 여기서 E는 포화수증기압이다. 표 3.7에서 20℃인 공기의 실제 수증기압이 17hPa이면, 상대습도는 73%(17hPa/23.4hPa×100)이다. 기온이 15℃까지 하강하면 포화상태에 이르러 상대습도가 100%로 응결하여 구름이나 안개, 이슬, 서리 등이 만들어진다.

표 3.7 온도별 포화상태 대기 중 수증기량

온도(℃)	포화수증기압(hPa)	혼합비(g/kg)	비습(g/kg)
0	6.11	3.84	3.82
5	8.73	5.50	5.47
10	12.27	7.76	7.70
15	17.04	10.83	10.72
20	23.37	14.95	14.73
25	31.67	20.44	20.04
30	42.43	27.69	27.02

상대습도는 기온이나 수증기량의 변동으로 바뀔 수 있지만, 기온변동이 상대습도 변동에 더 효과적으로 영향을 미친다. 수증기량이 일정할 때, 기온이 상승하면 포화수증기압도 상승하여 상대습도가 낮아지고, 기온이 하강하면 포화수증기압도 낮아져 상대습도가 높아진다. 실제 공기 중에서 수증기가 응결하는 것은 대부분 기온하강에 의해서 포화수증기압이 낮아지는 경우이다.

하루 중 상대습도 최댓값은 최저기온 시각에, 최소 상대습도는 최고기온 시각에 출현하여 두 요소는 거의 반대로 일변화 한다(그림 3.38). 예를 들어, 2020년 4월 29일 이천에서 관측한 결과를 보면, 기온과 상대습도의 일변화 관계를 잘 볼 수 있다. 일최저기온이 출현한 오전 6시에 상대습도는 98%로 최대를 기록하였고, 일최고기온 시각인 오후 4시에 상대습도는 27%로 최소이다. 전날에 이어서 쾌청한 날씨가 이어지면서 수증기량 변화가 거의 없었다. 포화수증기압은 오전 6시에는 기온이 7.0℃이므로 10.0hPa이고, 최고기온(23.2℃) 출현시각인 오후 4시에는 28.4hPa로 거의 3배 증가하였다. 오전 6시에 비하여 오후 4시에 수증기를 3배 이상 포함할 수 있는 상태가 되어 상대습도가 낮아진 것이다. 이와 같이 냉각과 가열이 진행되면서 상대습도가 변한다.

수증기량 변화도 상대습도를 변화시킨다. 바다에서 증발에 의해 공기로 수증기가 더해질 수 있으며, 식물과 토양, 작은 수체도 대기로 수증기를 공급한다. 그러나 이런 과정을 통해서 공급되는 수증기량은 포화상태에 이를 정도로 빠르게 늘지 않으며, 일반적으로 기온변동에 의한 경우보다 변동 폭이 작다.

이슬점온도도 습도를 나타낼 수 있는 지표이다. 기압과 수증기량이 일정할 때, 기

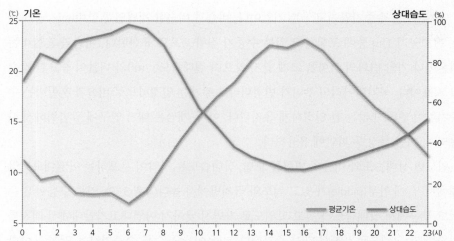

그림 3.38 상대습도와 기온 일변화(2020년 4월 29일, 이천, 자료: 기상청) 기온과 상대습도는 거의 역으로 일변화한다. 상대습도는 일최저기온이 출현할 때 최대이고, 일최고기온일 때 최소이다.

온하강으로 포화상태에 이르는 온도를 이슬점(dew point) 혹은 이슬점온도(dew point temperature)라고 한다. 상대습도가 높을수록 이슬점과 기온의 차이가 적다. 공기에 수증기가 더해지면 이슬점이 상승하고, 수증기를 제거하면 이슬점이 낮아진다. 이슬점온도는 이슬과 서리, 안개 등을 예측할 때 중요한 척도이며, 적운형 구름의 운저 고도를 결정하는 데 유용하다.

이슬점온도는 습구온도계(wet bulb thermometer)로 측정할 수 있다. 습구온도계는 물을 잘 흡수할 수 있는 얇은 헝겊으로 구부를 감싼 것이다. 구부를 감싼 헝겊에 물을 적시면 증발하면서 열을 사용하여 습구온도와 건구온도의 차이가 발생하며, 이것을 이용하여 상대습도를 구한다. 건조한 대기일수록 건구온도와 습구온도 차이가 크다. 습도 변화에 민감한 머리카락을 이용한 모발습도계(hair hygrometer)나 자기습도계(self-recording hygrometer)를 사용하여 측정하기도 한다.

비습(specific humidity)은 공기가 수증기를 포함한 정도를 양으로 나타낸 것으로 수증기를 포함한 1kg 공기가 포함하고 있는 수증기 질량(g)으로 표현한다. 비습(s, g/kg)은 다음 식을 이용하여 구할 수 있다.

$$s = 0.622e/(p-0.378e) \times 1,000(g)$$

여기서 e는 수증기압이고, p는 기압이다. 비습과 비슷한 개념인 혼합비(mixing ratio)는 건조공기 1kg 중에 포함하고 있는 수증기 질량(g)으로 표현한다. 비습과 혼합비는 기온이나 기압 변화의 영향을 크게 받지 않으며 절대습도(g/m³)와 더불어 중요한 강수량 지표이다. 공기덩어리의 부피가 변하더라도 무게는 일정하므로 비습과 혼합비는 수증기량이 변하지 않는 한 일정하게 유지된다. 이 두 개념은 대기 연구에 광범위하게 사용되며, 기단 특징 등 파악에 유용하다.

위도별 상대습도와 비습의 변화를 보면, 상대습도는 사막이 분포하는 아열대고기압대에서 두 개 안부(saddle)가 있고 적도와 극지방에서 높다(그림 3.39). 연중 구름이 많은 적도 부근에서 상대습도가 높고 고위도로 가면서 낮아져 아열대고기압대에서 최저를 기록한 후 고위도로가면서 다시 증가한다. 기온이 높을수록 수증기량을 많이 포함할 수 있으므로 비습은 적도지방에서 최대이고 극지방으로 갈수록 낮아진다. 세계적인 사막이 분포하는 북위 30°의 비습이 북위 50°의 두 배 정도이다. 즉, 사하라 공기가 한랭한 지방보다 많은 수증기를 포함하고 있다.

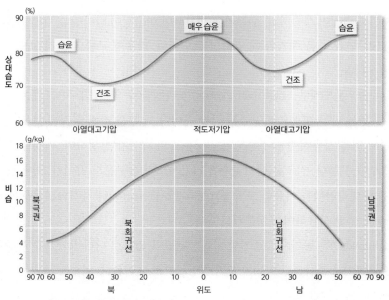

그림 3.39 위도별 상대습도와 비습 상대습도는 적도 부근에서 가장 높고 중위도에서 낮아졌다가 극에 가까워지면서 높아진다. 비습은 적도에서 가장 높고 고위도로 가면서 낮아진다.

실효습도와 건조주의보

실효습도(effective humidity)는 상대습도를 응용한 지수로 건조한 정도를 나타낼 때 사용한다. 실효습도는 수 일 전부터 상대습도에 시간 경과에 따른 가중치를 두어 산출한 건조도로 현재 건조 상태와 더불어 수일 전부터 건조 상태가 반영된다. 다음 식으로 실효습도(He)를 구할 수 있다.

$$He = (1-r)(H_0 + rH_1 + r^2H_2 + \cdots)$$

여기서 H_0, H_1, H_2는 각각 당일, 전일, 전전일 평균 상대습도, r은 당일 습도가 다음 날 습도에 영향을 미칠 수 있는 계수로 보통 0.7을 사용한다. 기상청에서는 실효습도가 50% 이하이면 화재 위험성이 높아지므로 당일 최소습도와 풍속 등을 고려하여 특보를 발표한다. 실효습도 35% 이하 상태가 2일 이상 예상될 때 건조주의보를 발표하고, 2일 이상 25% 이하로 예상될 때 건조경보를 발표한다.

2) 응결과 대기안정도

바람이 없는 고요한 밤을 보낸 새벽에 풀밭을 걸으면 신발과 바지 밑부분이 젖어 있다. 풀잎에 내린 이슬이 신발과 옷을 적신 것이다. 심지어 물 한 방울 보기 어려운 사막에서도 이른 아침에 물방울이 맺혀 사막의 생명체에게 귀중한 생명수 역할을 한다. 이와 같이 모든 공기에는 수증기가 포함되어 있어서 기온이 이슬점까지 떨어지면 응결한다.

응결이 일어나려면 냉각이 중요하므로 냉각과정을 응결과정이라고 할 수 있다. 자연 상태에서 발생하는 냉각은 지표면에서 발생하는 복사냉각과 대기 중에서 발생하는 단열냉각이 있다. 냉각은 대기안정도와 밀접한 관련이 있다. 앞에서 살펴본 바와 같이 복사냉각이 활발하게 일어나려면 대기가 안정되어야 하므로 지표면에서 응결은 대기가 안정되어 있을 때 잘 일어난다. 대기 중에서 응결은 공기가 상승하여 이슬점까지 냉각되어야 하므로 대기가 불안정할 때 잘 일어난다.

지표면과 하층 대기에서 응결 야간에는 지표면에서 냉각이 일어난다. 맑고 고요한 밤에 지표면과 나뭇잎이나 풀잎 등은 장파복사 에너지를 내보내어 빠르게 냉각되므로 주변 공기보다 차가워진다. 차가운 물체와 접하고 있는 공기도 전도에 의해서 냉각된다. 이때 물체와 접하고 있는 공기 온도가 이슬점까지 내려가면 응결한다. 이와 같이 지표면이나 주변 물체에서 응결한 것이 이슬, 서리, 안개이다. 이슬과 서리, 안개는 맑고 고요한 밤에 잘 발생하며, 이동성고기압 중심이 가까이에 자리하고 있을 때는 바람이 거의 없으므로 발생하기 좋은 조건이다.

이슬(dew)은 나뭇잎이나 풀잎 등을 둘러싸고 있는 공기가 응결하면서 물체 표면에 물방울이 달라붙은 것이다. 일반적으로 이런 조건일 때 지표면에 접하고 있는 공기가 가장 차가운 상태이므로 이슬은 지표면 수m 위에 있는 물체보다 지표에 가까운 풀잎에서 잘 발생한다. 기온이 빙점 이하로 떨어지면 이슬이 얼면서 언이슬(frozen dew)로 바뀐다.

서리(frost)는 0℃ 이하 포화상태에서 수증기가 땅이나 물체에 접촉하여 얼어붙은 얇은 얼음이다. 맑고 고요할 때 이슬점이 빙점 이하로 떨어지면 서리가 내린다. 서리는 기온이 빙점 이하로 계속 떨어지면서 수증기가 직접 승화하여 얼어붙은 것이다. 서리가 발생하는 온도를 서릿점(frost point)이라고 하며, 이슬점보다 높다.[36] 서리 모양은 구형인 이슬과 달리 마치 나뭇가지처럼 뻗어 있다. 매우 건조한 지역에서는 서릿점에 이르지 않은 상태에서 기온이 빙점 이하로 떨어질 수 있다. 이럴 경우 식물 잎이 타들어가듯 검은 색으로 얼어붙으며, 이를 검은 서리(black frost)라고 한다. 검은 서리는 작물에 치명적 피해를 줄 수 있다.

수증기가 응결하여 시정이 1km 미만인 상태를 안개(fog)라고 한다. 안개는 수증기가 응결하였다는 점에서 구름과 비슷하지만, 지표면에 닿아 있는 것이 다르다. 상대습도의 차이로 연무(haze)와 구별한다. 상대습도가 75%에 이르면 흡습성 응결핵에서부터 응결이 시작되어 안개입자를 만들면서 시정이 떨어진다. 계속 냉각되어 상대습도가 100%에 이르면, 안개입자가 크게 성장하고 대부분 응결핵에서 응결이 일어나면서 안

---

36 얼음에 대한 포화수증기압이 물에 대한 경우보다 낮기 때문에 서릿점이 이슬점보다 높다.

사진 3.17 복사안개(전북 순창, 2013. 10.) 새벽에 복사냉각으로 기온이 하강하여 이슬점에 이르면 안개나 이슬 등이 발생한다.

개가 짙어진다.

　장파복사 에너지의 방출로 지표면에 접한 대기가 냉각되어 기온이 이슬점에 이르면 안개가 발생할 수 있으며, 이를 복사안개(radiation fog) 혹은 지표안개(ground fog)라고 한다(사진 3.17). 복사안개는 지표면 가까이 습한 공기층이 얇을 때 잘 발달한다. 습한 공기층이 얇아서 장파복사 에너지를 많이 흡수하지 못하여 지표면 가까이 공기가 냉각되는 반면, 장파복사 에너지가 상부의 공기로 전달되어 기온역전이 일어난다. 습한 공기층이 빠르게 냉각되면서 포화상태에 이른다. 밤이 길어질수록 냉각시간이 길어져 안개가 낄 가능성이 높다.

　바람도 복사안개 발달에 영향을 미친다. 바람은 지표면에 접한 공기와 상층의 건조한 공기를 혼합시키므로 복사안개가 끼는 것을 방해한다. 한반도에서 복사안개는 가을과 겨울에 자주 발생한다. 특히 황해상에 이동성고기압의 중심이 있을 때(그림 3.40), 바

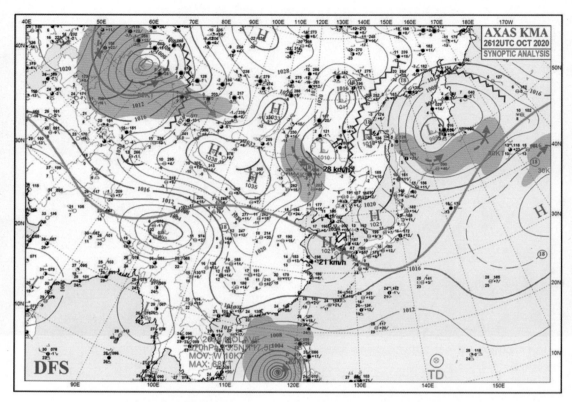

그림 3.40 한반도에 안개가 발생할 수 있는 기압배치(2020년 10월 26일 21시) 황해에 이동성고기압 중심이 놓여 있을 때 안개가 발생하기 쉽다. 이동성고기압 중심에 가까이 위치하고 있어 바람이 약하고 맑아서 기온역전층이 쉽게 발달한다.

람이 약하고 대기가 안정되어 있어서 복사안개가 끼기 쉽다. 이런 날 한반도 내륙에 짙은 안개가 낀 곳이 많다. 한반도에서 발생하는 복사안개는 보통 일출 2~3시간 전에 발생하여 일출 1~3시간 후에 사라진다.

차갑고 무거운 공기는 사면을 따라 흘러내려 골짜기에 쌓이므로, 높은 산 사이 깊은 골짜기에서는 일몰 무렵에 엷은 안개가 끼기 시작한다. 이런 안개를 골안개(valley fog)라고 부른다(사진 3.18). 강물이 흐르는 깊은 골짜기에는 습도가 높은 데다 주변에서 찬 공기가 흘러내려 쉽게 안개가 발달할 수 있다. 종종 주변 산지는 쾌청하지만 골짜기에 짙은 안개가 낀 것을 볼 수 있다. 골짜기에 낀 안개는 이른 아침에 바람을 타고 이동하

사진 3.18 골안개(프랑스 파리 근교, 2011. 7.) 골짜기에 낀 안개는 아침에 바람을 따라서 이동하기도 한다.

기도 한다. 산간에서 기온이 낮은 시기에 낀 안개 입자가 나뭇가지 등에 달라붙어서 얼은 상고대가 장관을 만든다(247쪽 사진 3.15 참조).

바다에서 지표면보다 충분히 온난습윤한 공기가 해안으로 이동해 오면 육지를 덮고 있는 보다 차가운 공기와 만나는 면이 포화상태가 되어 안개가 발생한다. 이와 같이 이류에 의해 해안에 끼는 안개를 이류무(advection fog)라고 한다. 난류 위의 공기가 한류 쪽으로 이동할 때에도 이류무가 발생한다. 바다에 낀 안개가 바람을 타고 육지로 이동하기도 한다(사진 3.19). 이런 안개는 경계가 명확하여 안개가 없는 곳은 쾌청하다. 바다에서 발생하는 안개는 해상교통을 방해한다.

이류무 발달에는 풍향이 중요하다. 이류무는 온난한 공기가 차가운 곳으로 이동하면서 발달하므로 일단 안개가 끼면 풍향이 바뀔 때까지 지속된다. 종관규모 풍향은 쉽게 바뀌지 않으므로 이류무가 형성되면 오랜 시간 지속된다. 세계적으로 안개가 빈번한 곳은 대부분 이류무가 쉽게 발달할 수 있는 지역이다. 한국 동해안과 영국 해안이나 북

사진 3.19 해안 이류무(강원 삼척, 2016. 6.) 해안에서는 종종 바다에 발생한 안개가 내륙으로 이동하여 이류무가 발생한다. 해안의 안개는 경계가 명확하여 안개가 없는 곳은 쾌청하다.

사진 3.20 증기무(강원 양양 앞바다, 2019. 1.) 찬 공기가 따뜻한 수면을 이동할 때 온도 차이에 의해서 증기무가 형성된다. 이른 아침 내륙 호수나 해안에서 볼 수 있다.

아메리카 뉴펀들랜드에서 볼 수 있는 안개는 대부분 이류에 의한 것이다. 한국 동해안 안개는 다른 지역에 비하여 지속시간이 길며 발생시각도 일정하지 않은 편이다.

찬 공기가 따뜻한 수면을 이동할 때는 증기무(steam fog) 혹은 증발무(evaporation fog)가 발생한다. 찬 공기와 따뜻한 물 사이 온도 차이에 의해서 증발이 일어나고, 증발한 수증기가 찬 공기와 만나 응결하면서 안개를 만든다. 그러므로 물과 공기 간 온도 차이가 클수록 안개가 짙다. 가을에 접어들면서 긴 여름 동안 가열된 호수에 갑자기 찬 공기가 덮일 때 증기무가 발생하며, 겨울철에 따뜻한 바다 위로 찬 공기가 덮일 때도 증기무가 낀다(사진 3.20).

단열변화와 응결 수증기량이 일정한 상태에서 공기가 수직으로 이동할 때, 외부와 열교환 없이 압력 변화에 의해서 기온이 변하는 것을 단열변화(adiabatic change)라고 한다. 공기덩어리가 상승하면 압력이 감소하여 팽창한다. 이때 열교환 없이 공기덩어리가 팽창하므로 단열팽창(adiabatic expansion)이라고 한다. 이 과정에서 공기 부피가 팽창하면서 내부 에너지를 사용할 뿐만 아니라 부피 증가로 분자 간 충돌이 감소하여 기온이 하강하며, 이를 단열냉각(adiabatic cooling)이라고 한다. 이와 반대로 공기가 하강하면 압력이 증가하여 공기덩어리가 압축된다. 공기덩어리가 압축되어 부피가 작아지면 분자 간 충돌이 빈번해지면서 기온이 상승하며, 이를 단열승온(adiabatic heating)이라고 한다.

공기상승에 의한 단열변화과정에서 나타나는 기온감률을 단열감률(adiabatic lapse rate) 혹은 단열변화율이라고 한다. 즉, 공기덩어리가 수직방향으로 이동할 때 온도 변화율이 단열감률이다. 불포화상태에서 공기가 상승하면 기온은 열역학법칙에 따라 $1℃/100m$ 비율로 하강한다. 이것을 건조단열감률(dry adiabatic lapse rate)이라 하고, 이런 과정을 건조단열변화(dry adiabatic change)라고 한다.

공기가 상승하여 기온이 이슬점에 이르면 응결하여 구름이 발생하며, 이 고도를 응결고도(condensation level)라고 한다.[37] 불포화상태 공기덩어리가 상승하면, 단열팽창하면서 부피가 증가하여 수증기압이 낮아져 이슬점도 낮아진다. 이와 같은 이슬점 변화

---

[37] 공기덩어리가 지표면의 가열로 자유대류에 의하여 상승하여 응결하는 고도를 대류응결고도, 지형에 의하여 강제상승하여 응결하는 고도를 상승응결고도라고 한다.

를 이슬점감률이라 하며, 0.2℃/100m 정도이다. 그러므로 응결고도는 건조단열감률로 상승한 공기덩어리의 온도(T)와 이슬점변화율로 하강한 이슬점(Td) 값이 같아지는 고도이다.[38] 구름이 낮은 고도에 발달하였을 때, 운저가 수평으로 일정하게 발달한 것을 볼 수 있으며(사진 3.21), 이때 구름의 운저가 응결고도이다.

수증기가 응결할 때 응결잠열을 방출하여 기온하강을 상쇄시키므로 응결이 일어난 후부터 기온은 건조단열감률보다 낮은 비율로 하강한다. 이를 습윤단열감률(moist adiabatic lapse rate) 또는 포화단열감률(saturation adiabatic lapse rate)이라고 하며, 이 과정을 습윤단열변화(moist adiabatic change)라고 한다. 대류권에서 습윤단열감률은 대기 중에 포함된 수증기량에 따라 다르지만 평균적으로 0.5℃/100m이며 수증기량이 적을 때

사진 3.21 운저와 응결고도(경기 여주, 2020. 9.) 맑은 날에 발달한 적운형 구름의 운저는 일정한 고도를 유지하며 응결고도와 일치한다.

---

38 기온을 T, 이슬점을 Td, 응결고도를 H라고 한다면, [T−(1℃/100m×H)=Td−(0.2℃/100m×H)]이므로 H=125(T−TD)m이다.

는 0.9℃/100m에 이르기도 한다.

수증기가 응결하려면 기온하강과 더불어 응결핵(condensation nuclei)이 있어야 한다. 대기 중에 떠 있는 에어로졸(aerosol) 중에서 흡습성이 좋은 것이 응결핵이 될 수 있다. 상대습도가 100%일 때 응결하지만, 흡습성이 좋은 응결핵이 많은 경우에는 그 이하에 서도 응결할 수 있다. 반면, 응결핵이 부족하면 상대습도가 100%를 넘어도 응결하지 않는 과포화상태를 유지한다. 고도가 높은 상층에서는 응결핵이 부족하여 과포화상태 일 때가 흔하다.

지표면 부근에서 측정된 에어로졸수는 장소에 따라 달라서, 해양에서 가장 적은 10^9 개이며 육상에서는 10^{10}개, 도시에서는 10^{11}개 정도이다. 입자가 큰 에어로졸 직경은 가 시광선 영역(0.4~0.7μm)에 해당하여 시정(visibility)이나 일사량에 영향을 미칠 수 있다. 그러므로 입자가 큰 에어로졸이 많으면 연무가 낀 것과 같이 수평시정이 떨어진다. 또

사진 3.22 에어로졸 농도가 높은 날(서울, 2019. 1.) 대기 중에 에어로졸 농도가 높으면 수평시정을 떨어뜨 리고, 하늘이 뿌옇게 보인다. 이때 미세먼지 농도가 높다.

한 일사를 차단하여 맑은 날이지만 하늘이 뿌옇게 보인다(사진 3.22). 최근 에어로졸은 미세먼지로 주목받고 있다.

대기안정도 쾌청한 날이어도 어떤 때는 구름 한 점이 없지만, 구름이 곳곳에 떠 있기도 한다. 게다가 구름이 두꺼울 때도 있고 아주 얇을 때도 있다. 이런 차이는 어디서 오는 것일까? 이는 상승기류의 유무나 강도와 관련 있다. 공기가 상승하면서 냉각이 일어날 때 구름이 발달할 수 있다. 그렇다면 상승기류를 만드는 힘은 무엇일까? 공기가 상승하는 것은 대기안정도(atmospheric stability)와 밀접하게 관련되어 있다. 공기가 이동하다 장애물을 만나면 상승하지만, 장애물을 넘어서서 더 이상 상승할지 여부는 대기안정도에 따라서 결정된다.

대기안정도에 따라 강수의 종류와 입자 크기가 다르다. 대기가 안정 상태일 때는 강수가 발생하더라도 강수량이 적고 강수입자도 작다. 반면에 불안정한 대기에서는 소나기와 같이 강한 강수가 발달할 수 있고, 심할 때는 뇌우(thunderstorm)와 우박(hail)을 동반하며 강수입자가 크다. 불안정한 대기일수록 상승과 하강 운동을 반복하므로 주변 입자를 흡수하면서 강수입자가 성장하여 커진다. 충분히 성장하여 중력 때문에 더 이상 떠 있기 어려울 때 낙하한다. 상승과 하강 운동을 많이 할수록 강수입자가 커진다. 우박입자가 큰 것은 대기가 불안정하여 상승과 하강을 수없이 반복하였기 때문이다.

대기안정도는 대기오염에도 영향을 미친다. 대기가 안정 상태일 때는 상승기류가 거의 없거나 미약하여 상하 대기 간 혼합이 약하여 대기오염도가 높다. 반면, 불안정한 대기에서는 대류가 활발하여 혼합길이(mixing length)가 높아져 오염물질이 상층으로 쉽게 전달되므로 대기오염도가 낮아진다. 오염물질이 멀리 확산되어야 대기오염도가 떨어진다. 대체로 혼합길이가 높을 때 하늘이 쾌청하고, 낮을 때 뿌옇다.

대기안정도는 환경기온감률과 단열감률 사이의 관계에 의하여 결정된다. 건조단열감률과 습윤단열감률 값은 거의 고정되어 있으므로 환경기온감률이 대기안정도를 결정한다. 대기안정도는 안정과 불안정, 조건부불안정, 중립으로 구분할 수 있으며, 상태에 따라 날씨가 다르다. 대기안정도에 따라서 구름이 발달 유무가 결정되기도 하고, 두껍게 발달하거나 얇게 발달하기도 한다.

대기안정도 개념은 넓은 밑면을 바닥에 둔 삼각기둥과 그것을 거꾸로 세워 놓은 경우, 그리고 누워 있는 원기둥으로 설명할 수 있다(그림 3.41). 넓은 밑면을 바닥에 둔 삼각기둥에 힘을 가하면 기울어지지만, 힘을 빼면 원래 상태로 되돌아간다. 이와 같이 가했던 힘을 뺐을 때 원래 상태로 돌아가려는 것을 '안정'이라고 한다. 즉, 평형상태[39]에서 공기덩어리를 이동시켰을 때 원래 위치로 돌아가려 하는 경우가 안정 상태이다(그림 3.41 a). 반면, 삼각기둥 모서리를 밑으로 두고 세웠을 경우, 아주 작은 힘이라도 가하면 쓰러져 원래 상태로 되돌아가지 못한다. 이와 같이 힘을 가하면 다른 상태로 변하는 경우를 '불안정'이라고 한다. 즉, 평형상태에서 공기덩어리를 이동시켰을 때 계속하여 이동하려는 경우가 불안정이다(그림 3.41 b). 편평한 바닥에서 원기둥에 힘을 가하여 굴리면 가한 힘만큼 이동하고 멈춘다. 이와 같이 가한 힘만큼 이동하고 멈추는 경우는 '중립'이라고 한다(그림 3.41 c).

환경기온감률이 습윤단열감률보다 작은 대기는 안정 상태이다. 예를 들어, 환경기온감률이 0.5℃/100m, 습윤단열감률이 0.6℃/100m인 상태에서 지표면에서 기온 20℃인 공기덩어리가 2,000m에서 응결한다고 가정해 보자. 지표면에서부터 건조단열변화하면서 상승하는 공기는 2,000m 고도부터는 습윤단열감률에 따라 상승한다. 이때 1,000m 고도에서 보면 상승하는 공기 온도는 10℃이고 주변 공기는 15℃로 상승하는 공기가 주변 공기보다 기온이 낮다(그림 3.42). 고도 2,000m 혹은 그 이상 고도에서도

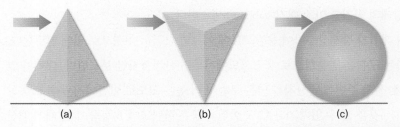

그림 3.41 대기안정도 개념 삼각기둥에 힘을 주면 기울어지지만 가했던 힘을 빼면 원래 상태로 돌아간다. 이와 같이 가했던 힘을 제거하였을 때 원래 상태로 돌아가는 경우를 안정이라고 한다. 반면, 어떤 힘을 가하면 원상태로 복구하지 못하는 경우를 불안정이라고 한다. 편평한 바닥에서 원기둥에 힘을 가하여 굴리면 그 힘만큼 이동하고 멈춘다. 이와 같이 가한 힘만큼 이동하고 정지하는 상태를 중립이라고 한다.

---

39 국지적인 가열, 저기압, 전선, 지형 등의 영향을 받지 않고 수직운동이 정지된 상태를 평형상태라고 한다.

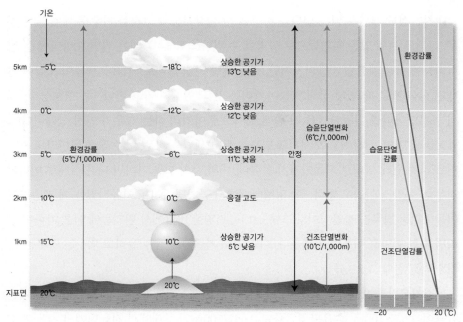

그림 3.42 안정 상태의 대기구조 환경기온감률이 습윤단열감률보다 낮은 경우는 대기가 안정 상태이다. 어느 고도에서도 상승한 공기가 주변 공기보다 기온이 낮아 상승시키는 힘을 제거하면 원래 위치로 되돌아간다.

이와 같은 상태가 유지된다. 즉, 상승하는 공기가 항상 주변 공기에 비하여 무거운 상태여서 공기를 상승시키는 힘을 제거하면, 어느 고도에서든지 원래 위치로 되돌아간다. 이와 같은 상태의 공기를 안정 대기(stable air)라고 한다.

　안정 상태 대기가 강제상승하여 응결고도에 이르면 구름이 수평으로 얇게 발달한다. 이때 발달하는 구름은 층운형으로 응결고도에서부터 산정까지만 분포한다. 대기가 안정 상태일 때, 산지 주변에서 산지를 넘은 구름이 더 높은 고도로 발달하지 못하고 층상으로 흩어지는 것을 볼 수 있다(사진 3.23). 이런 구름은 한반도에 북동풍이 불 때 태백산맥이나 한라산 등의 주변에서 볼 수 있다.

　환경기온감률이 건조단열감률보다 크면 대기가 불안정하다. 예를 들어, 환경기온감률이 1.2℃/100m이고, 기온 40℃인 공기가 상승하여 2,000m 고도에서 응결한다고 가정해 보자. 상승하는 공기는 2,000m에서 20℃이지만 주변 공기의 온도는 16℃로(그림

사진 3.23 **안정 대기에서 층상으로 발달한 구름**(미국 와이오밍, 2019. 7.) 대기가 안정 상태일 때는 구름이 층상으로 넓게 발달한다.

3.43), 상승하는 공기의 기온이 4℃ 높다. 2,000m에서 응결한 후에도 항상 상승하는 공기가 주변 공기보다 따듯하다. 그러므로 어느 고도에서 보아도 상승하는 공기가 주변보다 가벼운 상태여서 상승하는 힘을 빼도 계속 상승한다. 더욱이 상승할수록 상승하는 공기와 주변 공기 간 기온 차이가 더 커져서 부력이 커진다. 이런 상태 대기를 불안정 대기(unstable air)라고 한다. 유원지 등에서 볼 수 있는 열기구는 불안정 대기의 원리를 이용한 것이다. 기구 안에 들어 있는 공기를 뜨겁게 가열하여 주변 공기보다 가벼워지게 하여 기구를 띄워 올린다(사진 3.24). 한낮이 아닌 오전 이른 시간이나 오후 늦은 시간에 열기구를 띄우는 것은 그 무렵이 기구 안의 공기와 주변 공기 간 온도 차이를 만드는 것이 용이한 조건이기 때문이다.

불안정 대기는 일단 상승하는 힘이 가해지면 계속 상승하려고 한다. 불안정 대기가 이슬점까지 상승하면, 응결하여 구름이 수직으로 발달한다. 대기가 불안정한 여름철

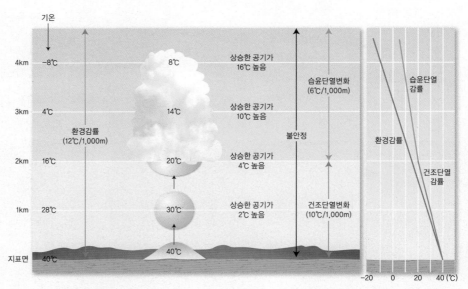

그림 3.43 **불안정 상태의 대기구조** 환경기온감률이 건조단열감률보다 큰 경우는 대기가 불안정 상태이다. 어느 고도에서도 상승한 공기덩어리가 주변 공기보다 기온이 높기 때문에 상승시키는 힘을 제거하여도 계속 상승하려고 한다.

맑은 오후에는 국지적 가열이나 지형 장애물에 의하여 상승하는 힘이 가해지면 공기가 지속적으로 상승하려 하므로 일단 구름이 형성되면 적란운으로 발달할 수 있다. 대기가 상당히 불안정할 때는 적란운의 운정(cloud top)이 대류권계면까지 이르기도 한다. 대류권계면까지 도달한 구름은 더 이상 상승할 수 없으므로 상층바람을 타고 수평으로 퍼진다. 여름철에 중위도를 운항하는 항공기에서 비행고도와 거의 비슷하거나 더 높이 발달한 적란운을 볼 수 있다. 대기가 불안정한 오후에는 적란운이 상당히 빠른 속도로 뭉게뭉게 피어오른다(사진 3.25).

중위도에서 여름철 오후에 지표면이 강하게 가열되면, 불안정 상태가 강화된다. 지표면이 주변보다 더 많이 가열되면, 가열된 공기가 주변 공기보다 뜨거워져 밀도가 낮아지므로 상승기류가 발달한다. 이를 대류상승(convective lifting)이라고 한다. 중위도에서는 이와 같은 대류상승에 의하여 여름철 오후에 소나기가 내린다. 한반도에서도 대류상승에 의하여 어디서나 국지적으로 소나기가 발생할 수 있다. 더욱이 도시에서는 열섬효과(heat island effect)가 더해질 수 있어서 주변 지역에 비하여 소나기나 뇌우가 잦

사진 3.24 열기구(터키 카파도키아, 2012. 2.) 기구 안의 공기를 가열하여 주변 공기보다 가벼워지면서 기구가 떠오른다.

사진 3.25 불안정한 대기에서 발달하는 적란운(서울, 2021. 8.) 대기가 불안정 상태일 때는 상승기류가 발달하면 쉽게 적란운으로 성장한다.

은 편이다. 불안정한 공기가 이동하다 산을 만나도 급격하게 상승기류가 발달하면서 강한 소나기가 내릴 수 있다. 대기가 심하게 불안정할 경우에는 적란운에서 천둥, 번개와 더불어 우박이 떨어질 수 있다. 겨울철에도 대기가 불안정 상태일 수 있다. 비교적 온난한 상태에서 한랭한 공기가 지표면 위를 덮으면 대기가 불안정해진다.

환경기온감률이 건조단열감률과 습윤단열감률 사이 값일 경우, 조건부불안정 대기 (conditional unstable air)라고 한다. 예를 들어, 환경기온감률이 0.8℃/100m인 상태이며 기온 40℃인 공기덩어리가 상승하여 2,000m 고도에서 응결한다고 가정해 보자. 그림 3.44에서 볼 수 있듯이 4,000m 고도 이하에서는 상승한 공기가 주변 공기보다 기온이 낮은 안정 상태이다. 그 고도에서는 상승한 공기와 주변 공기의 기온이 각각 8℃로 같

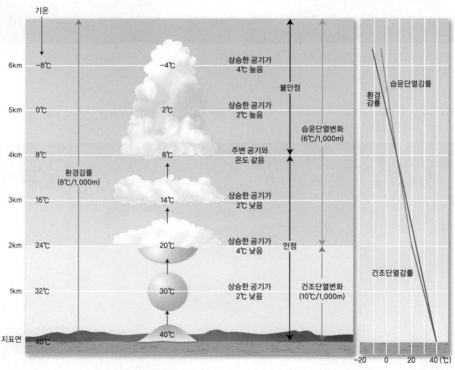

그림 3.44 조건부불안정 상태의 대기구조 환경기온감률이 건조단열감률과 습윤단열감률 사이인 경우를 조건부불안정 대기라고 한다. 이때 대기가 불안정한 고도까지 상승했을 때는 지속적으로 상승하지만, 그렇지 않은 경우 원래 위치로 돌아가려고 한다.

고, 그 위부터는 상승하는 공기덩어리가 주변 공기보다 기온이 높아 불안정 상태로 바뀐다. 이와 같이 상승하는 공기 온도가 주변 공기보다 높아질 때까지 상승하면 계속 상승하지만 그렇지 않을 때는 원래 상태로 돌아가는 공기를 조건부불안정 대기라고 한다.

불포화상태에서 환경기온감률과 건조단열감률이 같은 공기를 중립 상태라고 한다. 고도별로 비교하여 보면 상승하는 공기와 주변 공기의 기온이 항상 같다. 그러므로 상승한 공기에 가했던 힘을 제거하여도 그 자리에 머무르려 한다. 포화한 공기는 환경기온감률과 습윤단열감률이 같은 상태일 때 중립이다.

대기안정도는 주로 기단 특성에 따라 결정되지만, 하루 중에도 시간에 따라 지표면이 가열되거나 냉각되면서 차이가 있을 수 있다. 일반적으로 맑고 고요한 밤에는 지표면 온도가 위를 덮은 공기보다 낮은 상태여서 대기가 안정 상태이다. 일출 후에 지표면이 가열되기 시작하면, 지표면 가까이 공기가 가열되어 하층 대기부터 점차 불안정해진다. 이후 대기는 점점 불안정해져 하루 중 최고기온 출현 무렵에 가장 불안정한 상태이다.

3) 구름과 강수 형성

구름의 종류 수증기가 물방울[水滴]이나 빙정상태로 대기 중에 떠 있는 것을 구름(cloud)이라고 한다. 구름이 낮은 고도에 끼어 있으면 안개와 구별하기 어렵지만, 운저(cloud base)가 지표면에서 떨어져 있다는 점에서 안개와 구별된다. 안개는 지표면에 닿아 있다. 안개는 대기가 안정되어 기온역전이 발생할 때 지표면에 발생하지만, 구름은 상승기류에 의한 단열냉각으로 발달한다. 구름이 산에 걸려 있으면, 저지대에서는 구름으로 관측되지만 산에서는 안개로 관측되기도 한다. 산을 오를 때 볼 수 있는 안개는 대부분 낮은 고도에 낀 구름이다.

날씨, 운저 고도, 구름의 색상과 모양 등에 의해서 구름의 종류를 판단할 수 있다. 구름은 우선 수평으로 발달하는 것과 수직으로 발달하는 것으로 나뉜다. 세계기상기구는 구름의 종류를 기본 운형 10가지로 정하고, 고도에 따라서 상층운, 중층운, 하층운과 수직으로 발달하는 적운형 구름으로 구분하였다(표 3.8, 그림 3.45). 구름 고도는 모양이나 색상, 관측소 주변 높은 산지 등을 고려하여 판단할 수 있다. 운형을 판단할 때 구름 고도는 중요한 요소이다.

기본 운형의 명칭에는 권, 층, 적이 포함된다. '권'은 성긴 얇은 구름을 나타내며, 곱실거리는 머리털에 해당하는 라틴어 'cirrus'로 표현한다. '층'은 넓게 퍼지는 구름으로 층이라는 의미의 라틴어 'stratus'로 표현한다. '적'은 수직으로 피어오르는 구름으로 덩어리라는 라틴어 'cumulus'로 표현한다. 기본운형 10종 명칭은 셋 중 하나이거나 세 단어를 조합한 것이다. 다만, 강수를 내리는 두 개 유형에는 맹렬한 비를 의미하는 라틴어 'nimbus'가 붙는다.

상층운(high cloud)은 운저 고도가 6,000~12,000m로 가장 높은 층에 발달하며, 권운, 권적운, 권층운이 있다. 상층운은 수증기량이 적은 데다 고도가 높아 대체로 두께가 얇고 입자는 빙정이다. 보통 흰색을 띠지만 일출, 일몰 무렵 운저에서 반사되는 빛이 산란되어 붉은 색조를 띠기도 하고, 넓게 끼어 있을 때 밝은 회색으로 보이기도 한다. 국내선 여객기 비행고도와 비슷한 높이에서 이런 구름을 볼 수 있다.

권운(cirrus; Ci)은 상층운 중 가장 높은 고도에 발달하는 미세한 빙정상태 구름이다. 쾌청한 하늘에서 볼 수 있는 권운은 흰색을 띠며 햇빛이나 달빛을 차단하지 않는다. 권

표 3.8 기본 운형 10종(WMO)

구분	고도(m)	운형(기호)	특징
상층운	6000m 이상	권운(Ci)	빙정상태이고 흰색을 띠며 햇빛을 거의 차단하지 않음.
		권적운(Cc)	빙정상태이며 광환을 볼 수 있음.
		권층운(Cs)	빙정상태이고 연속적으로 하늘을 덮으며 무리가 만들어짐.
중층운	2000~6000m	고적운(Ac)	물방울이나 빙정상태이며 광환을 볼 수 있음.
		고층운(As)	물방울과 빙정상태이며 하늘을 거의 덮으나 태양의 존재를 확인할 수 있음.
하층운	2000m 이하	층적운(Sc)	물방울상태로 진한 회색을 띠고 하늘 전체를 차단, 약한 강수 동반함.
		난층운(Ns)	운저가 혼란스러운 암회색, 많은 강수를 동반함.
	1200m 이하	층운(St)	안개구름, 균일한 회색의 운저
적운형 (수직으로 발달)		적운(Cu)	운저가 수평
		적란운(Cb)	소나기와 뇌우 동반

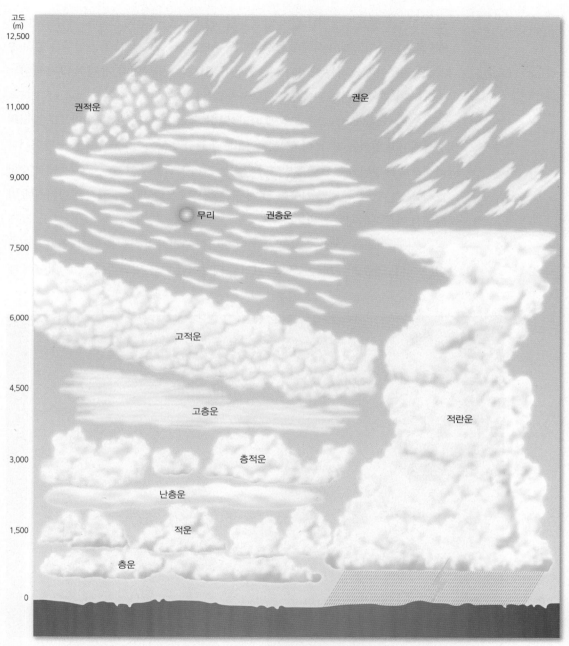

그림 3.45 기본 운형 10종 구름의 발달 상태에 따라서 수직적으로 발달하는 적운형과 수평적으로 발달하는 층운형으로 구분할 수 있으며, 층운형은 운저고도에 따라서 상층운, 중층운, 하층운으로 구분한다.

운은 직선으로 뻗은 모양이나 털이 엉킨 모양, 쉼표 모양, 갈고리 모양 등 다양하다(사진 3.26). 권운은 중위도에서 서에서 동으로 이동하며, 구름 고도의 탁월풍 방향을 알려 준다. 보통 권운이 분포하는 모양과 이동방향이 제트기류 방향이다. 운량이 많지 않아서 무리(halo)가 끼어 있어도 원형으로 발달하지 않는다.

권적운(cirrocumulus; Cc)은 모양에 따라서 비늘구름 또는 새털구름이라고도 불리며 빙정상태이고 흰색을 띤다. 이 구름은 권운보다 관찰 빈도가 낮다. 작고 둥근 덩어리가 규칙적으로 배열된 구름으로 햇빛이나 달빛을 거의 차단하지 않는다. 권적운에서 광환(corona)을 볼 수 있다. 해가 기울어 갈 때 붉은 색조나 노란 색조가 권적운 덩어리에 반사되면서 아름다운 하늘을 만든다.

권층운(cirrostratus; Cs)은 얇고 넓게 끼어 있어서 관찰자의 하늘을 거의 가리며, 입자는 빙정이다. 권층운이 하늘을 덮고 있어도 태양이나 달을 명확하게 볼 수 있어서 태

사진 3.26 권운(미국 네브래스카, 2019. 7.) 권운은 맑은 날 파란 하늘에 하얀색으로 볼 수 있으며 양이 많지 않다.

양을 직접 바라보면 눈이 손상될 수 있고 지표면에 그림자가 만들어진다. 권층운의 색은 얇은 경우 하늘이 살짝 뿌옇게 보이는 정도지만, 두꺼워지면 회색에 가깝다. 온대저기압이나 온난전선 전면에 위치할 때 회색으로 보이며, 이때 무리가 잘 만들어진(사진 3.27). 오래전부터 햇무리나 달무리는 강수가 다가오고 있음을 알려 주는 징조로 알려졌다. 권층운에 이어 중층운이 뒤따를 경우에는 대체로 12~24시간 안에 강수가 내린다. '햇무리가 끼면 비가 다가온다'는 우리 기상속담은 조상들이 오래전부터 무리와 강수 간의 관계를 잘 이해하고 있었음을 보여 준다.

중층운(middle cloud)의 운저는 중위도에서 2,000~6,000m이며, 상부는 상층운 고도까지 이른다. 고적운과 고층운이 중층운에 해당한다. 중층운 알베도는 0.48 정도로 상층운보다 높다. 중층운의 입자는 주로 미세한 물방울이지만, 고도가 높아서 온도가 낮은 층에는 빙정을 포함할 때도 있다. 중층운에서 강수는 거의 내리지 않는다.

사진 3.27 권층운(노르웨이 니알슨Ny-Alesund, 2019. 5.) 권층운은 온대저기압이나 온난전선 전면에 발달하며 일단 끼면 거의 하늘 전체를 가리고, 태양 주변에 햇무리가 발달한다.

고적운(altocumulus; Ac)은 양떼가 모여 있는 것과 같은 모양이어서 양떼구름이라고 불리며, 빙정과 물방울로 구성되어 있다. 모양은 권적운과 비슷하지만, 낮은 고도에 발달하므로 덩어리가 더 크게 보인다. 고적운 색은 흰색이 우세하지만 상층운보다 수증기량이 많고 고도가 낮아서 운저가 회색을 띠는 경우도 있어서(사진 3.28) 권적운과 명확하게 구별된다. 구름이 두껍지 않을 때는 광환이 발달하기도 한다.

고층운(altostratus; As)은 물방울과 빙정상태이지만, 물방울이 우세하다. 고층운이 낄 때는 하늘 대부분을 가리며 관찰자에게 회색으로 보인다. 고층운이 끼었을 때 무리는 발달하지 않으며, 태양 위치를 확인할 수 있다는 점에서 하층운과 구별된다(사진 3.29). 직접 바라보아도 눈에 무리가 되지 않는 점이 권층운과 다르다. 권층운이 낀 후에 고층운이 다가오는 것은 강수가 점차 가까워지고 있음을 알려 주는 징조이다. 온대저기압이나 온난전선이 접근할 때, 고층운이 하늘 대부분을 가릴 무렵 서서히 하층운이 끼기 시작하고, 약한 강수가 시작될 수 있다. 고층운의 고도가 낮을 때 약한 강수가 내릴 수 있지만, 양이 매우 적어서 느끼기 어렵다.

하층운(low cloud)은 2,000m 이하에 운저를 두고 있으며, 입자는 대부분 물방울이다. 한랭한 날씨일 때 입자에 빙정이 있을 수 있다. 하층운의 알베도는 0.69로 수직으로 발달하는 적운형 구름과 비슷하다. 층적운과 난층운, 층운이 하층운에 속한다. 하층운은 비교적 수증기를 많이 포함하고 있어서 강수 가능성이 크다.

층적운(stratocumulus; Sc)은 진한 회색을 띠며 판상이거나 괴상 혹은 롤상이다(사진 3.30). 층적운은 낮은 고도에 떠 있어서 양이 적더라도 하늘 전체를 차단하는 것처럼 보인다. 종종 층적운이 두껍게 끼어 있지만 상층에 구름이 없을 때, 구름 사이로 내리 쬐는 태양광선이 인상적으로 보일 수 있다. 층적운에서 강수가 시작되지만, 이 구름에서 내리는 강수량은 많지 않다. 맑은 날 지형적 요인으로 층적운이 발달하는 경우도 있다. 대기가 안정 상태일 때 바람받이에서 구름이 발달하여 강수를 내리기도 한다. 이때 바람그늘에서는 층상으로 끼어 있는 구름을 볼 수 있다. 한반도에 북동풍이 불 때, 대기가 안정 상태이면 영동지방에는 강수가 있어도 양이 많지 않고 가랑비에 가깝다. 이때 영서지방에는 층적운이 넓게 끼어 있으나 강수는 거의 내리지 않는다.

난층운(nimbostratus; Ns)은 비구름이라 불리며, 운저가 매우 불규칙적이고 어두운 회

사진 3.28 고적운(제주 서귀포, 2021. 7.) 고적운은 중층에서 발달하는 베나르형 대류에 의해 형성된 구름으로 생긴 모양에서 유래하여 양떼구름이라고도 부른다. 운저 부분에 음영이 보인다.

사진 3.29 고층운(독일 Freienhagen, 2012. 8.) 고층운은 하늘을 거의 덮고 있으나 태양 윤곽을 파악할 수 있다. 검게 보이는 구름조각은 하층운이다. 보통 태양 윤곽이 사라질 무렵부터 빗방울이 떨어진다.

사진 3.30 층적운(미국 모건타운Morgantown, 2013. 4.) 층적운은 진한 회색을 띠며 운저가 불규칙적이다. 사진에서 뒤로 보이는 능선은 애팔래치아산맥이다.

색을 띤다. 중위도지방에서 난층운은 한대전선대 영향을 받을 때 전형적으로 볼 수 있으며, 지속적이고 많은 양의 강수를 동반하는 것이 특징이다. 난층운은 층적운이 더욱 발달한 구름으로 적란운을 제외하고 가장 두꺼우며, 많은 비가 내릴 때는 햇빛을 거의 차단하여 낮에도 어두컴컴하다(사진 3.31). 난층운에서 내리는 강수는 층적운에 비하여 입자가 크고 양도 많다. 강수가 끝날 무렵에 난층운 운저 밑에서 안개가 발생하기도 한다. 난층운은 두꺼워서 운정이 중층운 고도에 이르므로 중층운으로 분류하는 경우도 있다.

층운(stratus; St)은 층상으로 넓게 발달하는 구름으로 운저가 가장 낮다. 안개구름이라 불리기도 하며, 이른 새벽에 높은 산에 올라 보면 골짜기로 층운이 낀 것을 볼 수 있다(사진 3.32). 층운은 운저와 운정이 수평으로 일정하며 고도가 낮아 안개와 구분하기 어려울 때도 있다. 국지적으로 발달하지만 낮게 끼어 있어서 하늘을 완전히 가리는 것이

사진 3.31 난층운(미국 볼더, 2019. 7.) 난층운은 어두운 회색을 띠며 운저가 매우 불규칙적이며 분위기가 전반적으로 어둡고 음산하다. 난층운에서 내리는 강수는 입자가 크다.

사진 3.32 층운(말레이시아 캐머런Cameron, 2016. 1.) 층운은 낮은 고도에 발달하므로 안개와 비슷하여 둘을 구별하기 어렵다.

일반적이다. 대기가 안정되었을 때, 층운이 걷히고 나면 파란 하늘을 볼 수 있다. 난층운에서 많은 비가 쏟아진 후 산지를 따라서 층운이 발달하기도 한다.

　수직으로 발달하는 구름에는 적운과 적란운이 있다. 적운(cumulus; Cu)은 수직으로 발달하는 초기단계 구름이다. 적운의 모양은 다양하지만, 운저는 대체로 평평하고 응결고도와 일치한다. 가장자리가 솜이 피어오르는 듯하다. 적운 입자는 대부분 물방울이며, 운저 색조는 밝은 회색 혹은 흰색을 띤다. 적운은 구름 덩어리가 조각조각 떨어져 있어서 파란 하늘을 훨씬 넓게 볼 수 있다는 점에서 층적운과 구별된다(사진 3.33). 적운은 중위도에서 여름철에 대기가 불안정할 때 지표면의 국지적 가열에 의해서 발달하거나, 이동하던 공기가 지형에 부딪혀 강제상승할 때 바람받이 사면을 따라 발달한다. 자세히 관찰해 보면, 구름 상부에서 가장자리가 거품처럼 혼란스러운 상태로 계속 발달하는 것을 볼 수 있다.

사진 3.33 적운(미국 콜로라도, 2019. 7.) 중위도에서 적운은 여름철 오후에 국지적 가열에 의해서 발달하며, 구름 덩어리가 조각조각 떨어져 있어서 파란색 하늘을 훨씬 넓게 볼 수 있는 것이 층적운과 구별된다.

적운이 계속 성장하면 적란운(cumulonimbus; Cb)으로 발달한다. 중위도에서 여름철에 대기가 매우 불안정한 맑은 날 적운이 적란운으로 성장하는 과정을 쉽게 볼 수 있다.[40] 적란운은 보통 소나기와 뇌우를 동반하고 있어서 뇌운(thundercloud)이라고 하며, 한국에서는 뭉게구름이라고 부른다(269쪽 사진 3.25 참조). 적란운 입자는 대부분 물방울이지만 고도가 높은 곳에서는 빙정을 포함한다. 두께가 두꺼워서 뭉게구름 아래서는 먹장구름이라 부를 정도로 컴컴하다. 이와 같이 어두운 색을 띠는 것은 물방울이 태양빛을 흡수하기 때문이며, 멀리 보이는 뭉게구름은 태양빛이 구름입자에 산란되어 눈이 부실 정도로 밝은 흰색을 띤다. 중위도에서 여름철 오후에 발생하는 소나기와 천둥, 번개는 적란운에 의한 것이며, 우박도 적란운에서 떨어진다. 적란운에서 수증기가 응결하면서 엄청난 에너지를 방출하여 강력한 공기의 상하 운동이 발생한다.[41] 물방울과 빙정이 상하로 이동하면서 주변 구름입자를 병합하여 더욱 성장한 상태에서 강수가 발달하므로 강수입자가 크고, 이런 과정에서 형성된 우박은 얼음과 달리 나무의 나이테와 같은 결이 있다.

강수 형성 일반적으로 공기는 수직으로 이동하지 않으려는 경향이 있어서, 지표면 가까이 있는 공기는 지표에 머물고, 상층 공기는 상층에 머물려고 한다. 강수가 발달하려면 상승기류가 발달해야 한다. 상승기류는 부력이 충분하거나 외부에서 상승시키는 힘이 가해질 때 발생한다. 국지적 가열에 의하여 부력이 발생하거나, 공기가 이동하다 산지와 같은 장애물을 만났을 때, 혹은 밀도가 낮은 공기가 이동하다 밀도가 높은 공기를 만나거나 공기의 수렴이 있을 때 상승기류가 발달한다(그림 3.46).

여름철 맑은 날에 지표면이 불균등하게 가열되면 주변보다 더 많이 가열되는 에어포켓(air pocket)이 발달한다. 주변이 숲으로 둘러싸인 포장된 주차장을 생각해 보면 쉽게 이해할 수 있다. 주차장을 덮고 있는 공기는 숲을 덮고 있는 공기보다 훨씬 빠르게 가열되므로 공기밀도가 낮아져 부력이 발생한다. 이런 부력이 공기를 상승시키며, 이를 열기포(thermal)라고 한다. 행글라이더와 패러글라이더나 독수리 등이 이런 부력을 이

---

40 한반도에서는 장마 후에 이런 날씨가 자주 출현한다.
41 공기의 상하 이동속도가 35m/sec에 이르므로 항공기는 반드시 적란운을 피해야 한다.

(a) 국지적 가열에 의한 상승   (b) 지형에 의한 강제상승

(c) 전선에 의한 상승   (d) 수렴에 의한 상승

그림 3.46 상승기류 발달 상승기류는 국지적 가열, 지형에 의한 강제상승, 전선에 의한 상승, 저기압 역에서 공기 수렴 등에 의하여 발달한다.

용하여 높이 솟아오른다(사진 3.34). 이와 같이 국지적 가열 차이에 의해서 주변보다 많이 가열되어 공기가 상승하는 것을 자유대류(free convection) 혹은 대류상승(convective lifting)이라고 한다(그림 3.46 a).

자유대류는 저위도에서 열대수렴대를 따라서 연중 발달할 수 있으며, 중위도에서는 주로 대기가 불안정한 여름철 오후에 잘 발달한다. 저위도에서는 열대수렴대를 따라서 대상으로 적운형 구름이 넓게 발달하지만, 중위도에서는 국지적으로 적운형 구름이 발달한다(사진 3.33 참조). 상승하는 공기는 단열변화하면서 냉각되어 이슬점에 이르면 응결하고, 계속 상승하면 적란운으로 발달하여 소나기가 내린다. 이런 강수를 대류성 강수(convective precipitation)라고 한다. 중위도에서 자유대류에 의한 강수는 국지적이며 단시간에 그친다. 한반도를 포함한 중위도에서 한여름 오후에 전형적으로 볼 수 있는 소나기가 이에 해당한다. 중위도에서 소낙성 강수는 순간적으로 강도가 강하지만 오래

사진 3.34 패러글라이딩(강원 평창, 2015. 8.) 패러글라이딩은 상승기류에 의한 부력을 활용하는 대표적인 레포츠이다.

사진 3.35 국지적 가열에 의한 소나기(몽골 오브르항가이, 2010. 7.) 국지적으로 가열되어 발달한 강수는 순간적으로 강도가 강하지만 좁은 지역에서 단시간에 쏟아 붓는다.

지속되지 않고 일시적으로 쏟아 붓고 만다(사진 3.35). 심할 경우 강한 우박이 동반된다. 건조지역에서는 이런 강수가 식생성장에 큰 도움이 된다.

공기가 이동하다 산지와 같은 지형에 부딪히면 사면을 따라 상승하면서 단열냉각되어 구름을 발달시키고 많은 강수를 초래할 수 있다. 세계적 다우지는 대부분 큰 산지의 바람받이이다. 산지는 공기흐름을 느리게 하여 기압계 이동을 지연시키기도 한다. 저기압이 이동하다 산지를 만나면, 이동이 느려질 뿐만 아니라 강제상승하는 힘이 더해지면서 더욱 발달하여 바람받이에 많은 강수가 내릴 수 있다. 이런 이유로 산지 바람받이에 내리는 강수량이 주변보다 많다. 또한 산지가 만드는 불규칙적인 지형은 국지적으로 가열 차이를 야기하여 대류상승의 원인이 될 수 있다. 산지에서는 이런 조건이 결합되어 주변 저지대에 비하여 많은 강수가 내린다. 이와 같이 공기가 이동하다 산지를 만나 강제적으로 상승하는 것을 강제대류(forced convection) 혹은 지형적 상승(orographic convection)이라고 한다(그림 3.46 b). 공기가 산 사면을 따라 상승하여 단열변화하면서 발달하는 강수를 지형성 강수(orographic precipitation)라고 한다.

한반도에서는 산줄기가 대체로 북쪽에서 남쪽 방향으로 뻗어 있으면서 편서풍의 영향을 받기 때문에 지형에 의한 강제상승이 발달하기 쉽다. 여름철 한반도에 남서기류가 유입될 때 태백산맥을 따라 발달하는 적운형 구름이 이런 사례이다. 노령산맥 서사면이나 영동지방, 한라산 북사면에 구름이 발달하거나(사진 3.36) 겨울철에 많은 눈이 내리는 것도 산지에서 강제상승에 의한 것이다.

온난한 공기와 한랭한 공기가 만나면 전선이 발생한다. 밀도가 높은 한랭한 공기가 밀도가 낮은 온난한 공기 이동을 막아서 전선면을 따라 온난한 공기가 한랭한 공기 위로 상승한다. 한랭한 공기가 이동하다 온난한 공기를 만나면, 온난한 공기를 파고들면서 상승기류가 발달한다(그림 3.46 c). 이와 같이 전선면에 발달하는 상승기류에 동반된 강수를 전선성 강수(frontal precipitation)라고 한다.

중위도에서 지속적으로 내리는 강수는 대부분 전선성이며, 한반도의 장마철 강수가 대표적 사례이다. 봄과 가을은 물론 연중 지속적으로 내리는 강수는 대부분 전선에 동반된 온대저기압에서 형성된 것이다. 온대저기압은 거의 전선을 동반하고 있어서 전선상에서 내리는 강수와 온대저기압에서 내리는 강수를 구분하기 어렵다.

사진 3.36 지형에 의하여 발달한 구름(비양도에서 바라본 한라산, 2020. 10.) 동풍이 불면서 바람받이인 동사면에 구름이 발달하였고 바람그늘인 서사면은 맑은 날씨이다.

두 개 이상의 방향에서 유입되는 공기도 상승기류를 만든다. 공기 수렴(convergence) 도 상승기류를 만드는 중요한 요인이며(그림 3.46 d), 단열변화하면서 구름을 발달시킨다. 지표면에서 공기가 이동하다 장애물을 만나 주변 공기와 흐름의 차이가 발생하였을 때도 수렴이 발달할 수 있다.

기압배치를 놓고 보면, 주변보다 기압이 낮은 저기압 중심으로 공기가 수렴한다. 온대저기압이나 열대저기압에서는 중심으로 강한 수렴이 일어난다. 저기압 중심으로 수렴한 공기는 상승하면서 단열냉각되어 구름과 강수를 발달시키며, 이런 강수를 저기압성 강수(cyclonic precipitation)라고 한다. 한반도에서 늦여름과 초가을에 태풍에 동반된 강수가 저기압성 강수의 대표적 사례이다. 저기압에서 발달하는 구름은 대기의 수렴 정도와 안정도에 따라서 적운형이나 층운형 구름이 발달한다.

4) 강수량 분포

강수량의 지리적 분포 강수량은 다양한 요인의 영향을 받지만, 공기 중에 포함된 수증기량이 강수의 기본이다. 수증기량은 기온의 영향을 받아서 지역과 계절에 따라 차이가 크다. 단위면적 내 공기기둥에 포함된 수증기가 모두 응결하여 내릴 수 있는 강수량을 가강수량(precipitable water)이라고 한다. 가강수량은 지역과 계절별로 차이가 크며, 수증기량이 많은 적도에서 가장 많고 극에서 가장 적다. 중위도에서는 여름철에 가강수량이 많고 겨울철에 적다.[42]

수증기량이 강수 형성에 중요한 요인이지만 충분조건은 아니다. 예를 들어, 서해안에 자리한 목포는 남해안 거제에 비하여 7월 평균 수증기압이 높지만, 강수량은 거

표 3.9 목포와 거제의 7월 평균 수증기압과 강수량

지점	수증기압(hPa)	강수량(mm)
목포	26.2	236.7
거제	23.9	426.4

제에서 목포보다 두 배가량 더 많다(표 3.9). 이는 강수량 분포에 수증기량 이외에도 다른 인자가 영향을 미친다는 것을 잘 보여 준다. 강수량 분포에는 대기대순환, 기단과 기압대 이동, 수륙분포와 지리적 위치, 해류, 지형 등 다양한 인자가 영향을 미친다.

강수 형성에는 상승기류가 중요하므로 대체로 대기대순환에 의해서 상승기류가 발달하는 지역에서 강수량이 많고, 하강기류가 발달하는 지역에서 적다. 위도대별로 보면, 저위도에서 강수량이 많고 남·북위 30°에서 줄어들며, 다시 40~50° 부근에서 많아졌다가 고위도로 가면서 감소한다. 적도저기압대는 연중 상승기류가 발달하여 강수 가능성이 높은 반면, 아열대고기압대는 연중 하강기류가 형성되므로 강수가 발달하기 어렵다. 남·북위 40~50° 주변 아극저기압대도 상승기류가 발달하기 유리하다. 이와 같은 기압대 분포는 대기대순환과 관련이 있는 것으로, 지표면에서 강수분포는 일차적으로 대기대순환에 의해서 결정된다고 할 수 있다.

비슷한 위도대에서 보면, 해안과 내륙 간 강수량 차이가 크다. 중앙아시아와 중국 내륙, 몽골 등에서는 연평균강수량이 250mm에 못 미치지만, 비슷한 위도대인 서유럽이

---

42 1cm² 기준에서 가강수량은 적도 부근에서 25mm이며, 극지방에서는 2~8mm이다. 중위도에서는 여름철 가강수량은 20mm 이상이며, 겨울철에는 10mm 정도이다.

나 한국 등에서 연평균강수량은 1,000mm에 근접하거나 훨씬 초과한다. 대륙 내륙은 수증기원으로부터 멀리 떨어져 있어서 강수 발달이 어렵다. 즉, 대륙도가 높은 지역일수록 강수량이 적다. 한반도의 개마고원은 함경산맥에 의하여 수증기원과 차단되어 있어 강수량이 적다.

해류도 연안에서 강수량 분포에 미치는 영향이 크다. 대체로 난류가 흐르는 지역에서 강수량이 많고, 한류 연안을 따라 강수량이 적다. 미국 서부 샌디에이고의 연평균강수량은 249에 불과하지만, 비슷한 위도대의 동부에 위치한 찰스턴Charleston의 연평균강수량은 1,124mm에 이른다. 샌디에이고 연안에는 한류인 캘리포니아해류가 흐르고, 찰스턴은 난류인 멕시코만류의 영향을 받는다.

지형도 강수량의 지역 차이를 가져오는 요인이다. 동일한 위도대일지라도 아프리카 저위도에서는 동안보다 서안에서 강수량이 많다. 이런 강수량 차이는 탁월풍과 지형 간 상호작용에 의한 것이다. 지형은 공기를 강제적으로 상승시키므로 바람받이에서 강수량이 많지만, 바람그늘은 강수그늘(rain shadow)에 해당한다. 인도 아삼지방과 같이 세계적으로 강수량이 많은 곳에서는 대부분 지형과 관련되어 산지 바람받이 사면에서 많은 강수가 내린다. 인도의 남서몬순이 인도양과 벵골만을 지나오면서 많은 수증기를 흡수한 데다 대기상태가 불안정하여 아삼지방에 많은 비가 쏟아진다.

미국 서해안을 사례로 지형단면과 강수량 분포를 비교하여 보면, 지형이 강수량 분포에 미치는 영향을 잘 볼 수 있다(그림 3.47). 바람받이 쪽에 강수량이 많고 바람그늘 쪽에 강수량이 적어지는 것과 해발고도가 높은 지역에서 강수량이 많은 것이 눈에 띈다. 코스트산맥 서사면인 샌타크루스Santa Cruz와 해밀턴산지 서쪽에 강수량이 많고, 바람그늘에 해당하는 새너제이San Jose와 로스바노스Los Banos에 강수량이 상대적으로 적다. 해발고도가 높으면서 바람받이인 요세미티와 레인저관측소에 강수량이 더욱 많다. 바람그늘일 뿐만 아니라 해안에서 멀리 떨어진 그레이트베이슨에 위치한 비숍Bishop과 토노파Tonopah는 강수량이 적다.

한반도 강수량도 남북 간 차이가 크고 해안과 내륙 간 차이도 크지만, 지형이 강수량의 큰 차이를 만든다. 대체로 바람받이 쪽에 강수량이 많고 바람그늘 쪽에 강수량이 적다. 그러나 지형성 강수에 의한 양을 정량적으로 계산하는 것은 어렵다. 최근 '게릴라성

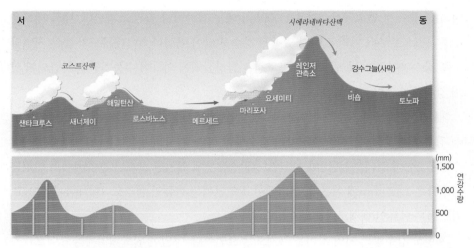

그림 3.47 **지형과 강수량 분포** 미국 서해안에서 지형과 강수량 분포 관계를 보여 준다. 대체로 바람받이와 바람그늘 차이, 해발고도, 해양으로부터의 거리 등이 강수량 분포에 영향을 미치고 있음을 보여 준다.

호우'라고 불릴 정도로 강하고 국지적인 집중호우도 지형의 영향이 커서 산지 바람받이에서 발달하는 경우가 대부분이다. 대체로 많은 비가 내릴 때 바람받이 사면과 바람그늘 사면 간 강수량 차이가 더 크게 벌어진다.

다우지와 소우지 세계 연평균강수량은 약 880mm이지만, 분포 패턴은 여러 인자의 복합적인 영향을 받아 복잡하다. 연평균강수량이 10,000mm를 초과하는 지역이 있는가 하면 0mm에 가까운 지역도 있다(그림 3.48). 대체로 저위도와 중위도 대륙 서안에 강수량이 많고, 아열대고기압대와 극지방 등에서 강수량이 적다.

연중 습윤한 열대 공기가 수렴하는 적도 부근에서 강수량이 많다. 해양으로부터 공기가 수렴하는 빈도가 높은 열대 산지에서는 연평균강수량이 10,000mm에 이르기도 한다.[43] 열대 대기는 불안정 상태일 뿐만 아니라 해양을 이동하면서 수증기를 많이 흡수한 후에 열대수렴대에서 마주치므로 적도 부근은 어느 지역보다도 강수가 발달할 가능성이 높다.

---

43 하와이 카우아이Kauai섬 와이알레알레Waialeale산(1,569m) 지역은 연평균강수량이 11,684mm에 이른다.

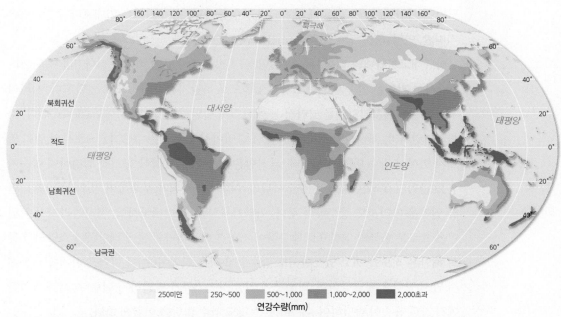

그림 3.48 **연평균강수량 분포** 대체로 저위도에서 고위도로 가면서 연평균강수량이 감소하는 경향이지만, 지리적 위치와 지형, 해류 등 영향으로 보다 복잡하게 분포한다.

인도대륙 서해안과 동남아시아 서쪽 해안, 아프리카 서해안 등 저위도 해안에서는 연평균강수량이 2,000mm에 가깝다.[44] 이들 지역에서는 지표면의 국지적 가열에 의한 대류가 활발할 뿐만 아니라 지형에 의한 강제상승이 탁월하다. 또한 열대수렴대가 북반구로 이동하였을 때 고온다습한 남서몬순의 영향을 받는다. 인도 아삼지방 모신람 Mawsynram은 세계에서 강수량이 가장 많은 곳으로 연평균강수량이 11,872mm이다.[45]

남·북위 50~60°에 분포하는 중위도 대륙 서안도 강수량이 많은 지역이다. 이 지역은 연중 편서풍의 영향을 받으며, 지형에 의하여 편서풍이 거의 직각으로 상승하는 바

---

44 아프리카 서쪽 기니만 연안 카메룬 데분즈차Debundscha는 연평균강수량이 10,299mm로 아프리카에서 강수량이 가장 많다. 남서몬순이 유입될 때, 카메룬산(4,095m)에서 상승기류가 발달하면서 많은 강수가 내린다.

45 인접한 체라푼지Cherrapunji 강수량도 그와 비슷한 11,857mm이다. 두 지점 모두 해발 1,500m에 가까운 고도에 위치하며, 카시Khasi 구릉지 남사면에 있어서 남서몬순이 유입될 때 상승기류 발달이 유리하다. 체라푼지는 1년(1860. 8.~1861. 7.) 강수량 극값인 26,460mm를 기록하였다.

람받이 사면에서 상승기류가 강화되어 강수량이 많다. 이 지역은 열대보다 수증기량은 적지만, 연평균강수량이 1,500mm 정도로 많은 편이다.

아열대고기압대와 대륙 내륙의 사막, 극지방은 강수량이 적은 곳이다. 남·북위 20~30° 사이 지역은 연중 아열대고기압 영향으로 하강기류가 대규모로 발달한다. 사하라사막은 아열대고기압대를 따라서 동서로 길게 발달한 열대사막(tropical desert)이다. 타클라마칸사막, 고비사막, 키질쿰사막 등 중앙아시아 사막은 수증기원으로부터 멀리 떨어져 있어서 강수 발달이 어렵다. 극지방은 연중 기온이 낮아 공기가 침강하여 상승기류를 만들지 못하는 지역일 뿐만 아니라 수증기량 자체가 부족하여 강수량이 적다. 한류 연안을 따라서도 강수량이 적다. 아타카마사막, 나미비아사막, 서사하라사막은 연안을 흐르는 한류의 영향으로 강수량이 적다.[46] 아프리카의 뿔에 해당하는 소말리아 동쪽 해안은 적도를 끼고 있으면서도 강수량이 적은 지역이다. 이 지역은 산지가 북동에서 남서 방향으로 발달하여, 탁월풍에 의한 상승기류가 발달하기 어렵다. 게다가 연안에서 강한 용승이 발달하여 수온이 낮은 것도 강수 발달을 어렵게 한다.

한반도는 연평균강수량이 1,350mm 정도로 세계 연평균강수량에 비하여 많은 편이다. 지역별로 차이가 커서 많은 곳은 2,000mm에 이르지만 적은 곳은 700mm를 밑돈다(그림 3.49). 주변 지역보다 강수량이 많은 곳은 한라산 남동사면과 남해안과 지리산 주변, 대관령을 포함한 태백산지, 영동 해안, 청천강 유역 등이다. 대부분 여름철 남서기류가 유입될 때 상승기류가 발달하기 쉬운 지형조건을 갖추고 있고, 영동 해안은 북동풍이 불 때 강수가 발달하기 쉽다.[47] 겨울철 노령산맥 서사면과 한라산 북사면에 내리는 강수도 대부분 지형의 영향을 받는다.

반면, 강수량이 주변보다 적은 곳은 개마고원,[48] 관북 해안, 대동강 하류, 영남 내륙, 서해안 등으로 개마고원과 같이 수증기원으로부터 떨어져 있거나 산지로 막혀 있어서 강수그늘에 해당하는 곳, 지형이 편평하여 상승기류가 발달하기 어려운 곳 등이다. 지

---

46 아타카마사막 아리카Arica(칠레)는 지구상에서 강수량이 가장 적은 곳이다. 아타카마사막은 안데스산지의 바람그늘에 해당한다.

47 한반도에서 강수량이 가장 많은 곳은 제주도 동쪽 성산포로 연평균강수량이 2,030.0mm이며, 서귀포 (1,989.5mm)와 남해안의 거제(1,930.2mm), 남해(1,921.2mm)도 강수량이 많은 곳이다.

48 개마고원의 혜산은 연평균강수량이 591.4mm로 한반도 관측지점 중 가장 적다.

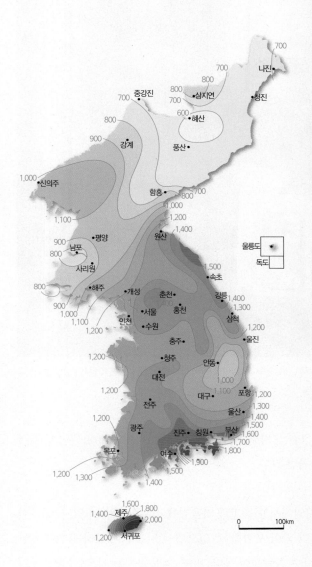

그림 3.49 한반도 강수량 분포(자료: 기상청) 한반도 강수량은 대체로 남쪽에서 북쪽으로 갈수록 감소하지만, 탁월풍의 바람받이에 해당하는 곳에서 더욱 많다.

형적으로 저평하여 강수가 발달하기 쉽지 않은 서해안에서는 밭농사에서 물관리를 위하여 특수시설을 설치한 것을 쉽게 볼 수 있다(사진 3.37). 영남 내륙은 주변이 산지로 둘러싸여 있어서 강수그늘에 해당한다. 이 지역은 동쪽으로는 태백산맥으로 막혀 동해와 차단되어 있고, 서쪽과 북쪽으로는 소백산맥, 남쪽으로는 운문산(1,188m), 천황산(1,189m), 신불산(1,209m) 등 소위 '영남알프스'라고 불리는 산지로 둘러싸여 있어 어느

사진 3.37 서해안 물 저장시설(전남 나주, 2013. 8.) 강수량이 상대적으로 적은 서해안에서는 밭에 물을 대기 위한 물탱크를 곳곳에서 볼 수 있다.

방향의 바람에 대해서도 바람그늘인 강수그늘에 해당한다. 이 지역에 일찍이 다목적 댐이 건설된 것도 이런 상황과 관련 있다.

계절별 강수량 분포 대부분 지역에서 여름철과 겨울철에 강수량 차이가 있다. 여름철에는 기온이 높아서 수증기를 더 많이 포함할 수 있으면서 지표면이 강하게 가열되어 대기가 불안정한 상태이므로 강수 가능성이 높다. 반면, 겨울철에는 기온이 낮아 공기 중에 포함하는 수증기량이 적은 데다 냉각이 강화되어 고기압이 발달할 수 있는 조건이므로 강수 발달이 어렵다. 계절에 따라 냉각과 가열 차이가 큰 대륙의 영향이 강한 곳에서 강수량의 계절 차이가 뚜렷하다. 이런 지역에서는 대부분 여름철에 강수량이 많다. 반면, 해안에서는 계절별로 강수가 비교적 고른 편이다. 특히 풍향이 비교적 일정한 대륙 서안에서는 연중 강수량이 고른 편이다(그림 3.50).

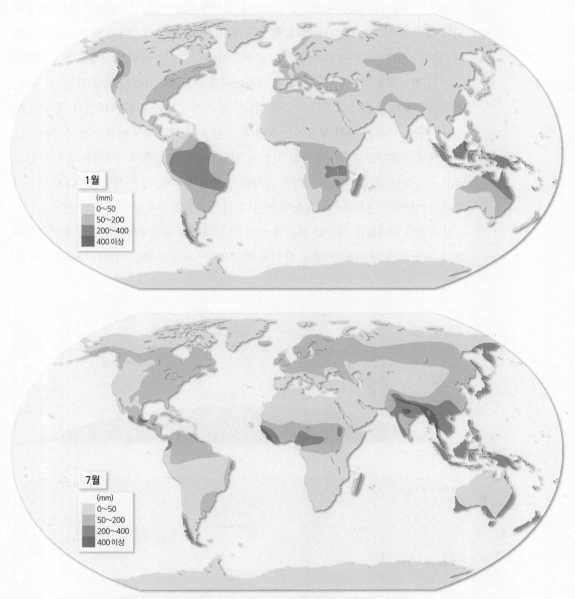

그림 3.50 세계 1월과 7월 강수량 분포 강수량이 많은 곳이 1월에는 남반구에 분포하고, 7월에는 북반구로 이동한다. 태양고도 변화에 따른 기압계와 계절별 탁월풍 방향 등이 강수분포에 반영된 것이다.

열대수렴대의 이동은 저위도에서 계절별 강수량 분포에 미치는 영향이 크다. 태양회귀에 따라서 열대수렴대가 남북으로 이동하며, 이에 따라 기압대도 남북으로 이동한다. 열대수렴대는 1월에 가장 남쪽으로 이동하여 아프리카에서 남위 20°까지 남하하며, 7월에는 가장 북쪽으로 이동하여 아시아에서 북위 30° 가까이 북상한다(그림 3.51). 열대수렴대 이동과 그에 따른 기압대 이동으로 시기에 따라 풍향이 바뀐다. 풍향에 따라서 영향을 미치는 공기 성질이 달라진다. 고온 수역 해양에서 이동하는 공기는 불안정하면서 수증기를 많이 포함하고 있으며, 한랭건조한 대륙에서 이동하는 공기는 안정하고 건조하다. 또한 풍향에 따라서 지형의 영향이 달라져, 같은 지역일지라고 계절에 따라서 바람받이이거나 바람그늘이 될 수 있어서 계절별 강수량 차이가 발생한다.

강수량의 극대값은 대부분 여름에 출현한다. 대체로 북반구에서는 7월에 강수량이 많고, 남반구에서는 1월에 많다. 강수량 계절변화가 가장 뚜렷한 지역은 인도대륙과 동

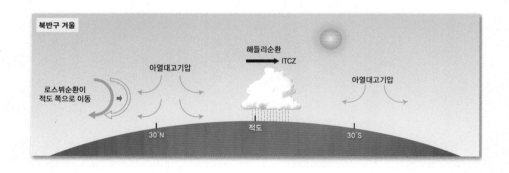

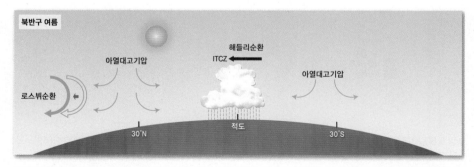

그림 3.51 **열대수렴대 남북 이동** 열대수렴대는 태양회귀에 따라 1월에는 남위 20°까지 이동하며 가장 북쪽으로 이동한 7월에는 북위 30°까지 걸쳐 있다.

남아시아, 동아시아, 오스트레일리아 북부, 서아프리카 기니만 연안이다. 대부분 계절풍이 탁월한 곳이며, 대체로 태양고도가 높은 시기에 강수량이 많고 낮은 시기에 강수량이 적다.

계절별 강수량 분포에 따라 세계의 강수 특성을 크게 일곱 가지 유형으로 구분할 수 있으며(그림 3.52), 대체로 위도대별로 분포하는 대기대순환에 의한 기압대 분포와 밀접

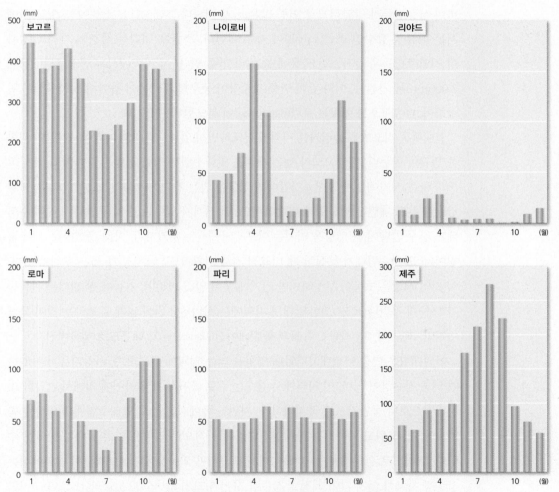

그림 3.52 주요 강수 유형별 월별 강수량 분포 월별 강수량 분포에 따라서 세계 강수지역을 6개로 구분할 수 있다.

하게 관련 있다. 즉, 대기대순환에서 적도저기압대와 아열대고기압대에 분포하는 유형과 편서풍대와 아극저기압대에 분포하는 유형, 극고기압대에 분포하는 유형이 있다. 저위도 강수분포 유형은 적도형, 열대형, 아열대형으로, 중위도는 지중해형, 온대 서안형, 온대 동안형으로 구분할 수 있다. 고위도지방은 강수량 자체가 적어서 계절별 분포 유형을 구분하는 것이 큰 의미 없다.

적도형 지역은 거의 연중 열대수렴대 영향으로 북동무역풍과 남동무역풍이 수렴하여 상승기류가 발달하므로 연중 많은 비가 내린다(그림 3.52 보고르Bogor). 이 지역에서는 대류성 강수인 스콜(squall)이 자주 내린다. 스콜은 내리는 시간이 거의 일정하여 지역주민들은 갑작스런 폭우에 늘 대비할 수 있다. 이 지역에서는 연평균강수량이 2,000mm에 가깝다. 이와 같이 연중 강수량이 풍부하고 기온이 높아서 식물성장이 왕성하여, 다층구조를 이루는 우림(rain forest)이 분포한다(사진 3.38).

열대형은 적도형을 둘러싸는 지역에 분포하면서 열대수렴대와 아열대고기압대 영향을 번갈아 받는다. 태양고도가 높은 계절은 열대수렴대 영향을 받는 우기이고, 태양고도가 낮은 시기에는 아열대고기압대의 영향을 받는 건기이다(그림 3.52 나이로비). 월별 강수량 분포 패턴은 적도형과 비슷하지만, 긴 건기가 있다는 점이 구별된다. 열대수렴대가 강수 발달에 큰 영향을 미치는 아프리카에서는 우기가 두 차례 출현하는 것이 특징이다. 열대수렴대가 북상할 때 비교적 긴 우기가 있고, 남하할 때 짧은 우기가 있다. 이 지역 식생은 초목이 무성하지만 건기에 풀이 말라 버리며, 가뭄에 잘 견디는 관목류가 드물게 자란다(사진 3.39). 열대형 지역에는 사바나초원이 넓게 분포하는 것이 특징이지만, 최근 벼, 차, 사탕수수 등의 플랜테이션(plantation)도 대규모로 행하여진다.

아열대형은 연중 아열대고기압대 영향을 받는 지역에 분포하며, 하강기류가 탁월하여 연중 강수량이 적다. 이 지역에서 강수는 주로 국지적 가열 차이에 의해서 발달하며, 시간적으로나 공간적으로 국지적이다. 저위도 쪽에서는 간혹 열대수렴대의 영향을 받기도 하며, 고위도 쪽에서는 한대전선대가 일시적으로 영향을 미쳐 강수가 발달할 수 있다. 그러므로 강수량 변동이 매우 커서 평균치가 의미를 갖지 못한다. 이 지역에서는 강수량 자체가 많지 않아 계절별 강수량 차이가 크지 않다(그림 3.52 리야드). 이런 지역에는 사하라사막, 아라비아사막, 그레이트샌디사막 등과 같은 세계적 사막이 분포한

사진 3.38 적도형 강수지역의 식생(말레이시아 타만네가라Taman Negara, 2016. 1.) 적도형 강수지역은 연중 고온다습하여 식물이 왕성하게 자라며 이곳에 분포하는 정글은 다층구조를 이룬다.

사진 3.39 열대형 강수지역의 건기 식생(케냐 키암부Kiambu 동아프리카지구대 전망대, 2012. 2.) 열대형 강수지역에서 건기에는 풀이 거의 말라 있어서 드물게 자라는 관목류가 도드라진다.

사진 3.40 아열대형 강수지역의 식생(우즈베키스탄 키질쿰사막, 2006. 8.) 아열대형 강수지역에는 가뭄에 견딜 수 있는 가시가 발달한 관목류 식생만 자란다.

다. 중앙아시아에 분포하는 사막 등 대륙 내부의 건조지역도 여기에 포함된다. 사막에는 식생이 거의 없거나 낙타풀과 같이 가뭄에 강한 관목류만 자란다(사진 3.40).

중위도의 지중해형은 여름에 건조한 아열대고기압대 영향을 받고, 겨울철에 한대전선대 영향을 받을 수 있는 지역에 분포한다. 이 지역은 겨울철에 강수량이 많고 여름철에 적은 것이 특징이다(그림 3.52 로마). 겨울철이 우기이므로 연평균강수량이 많지 않은 편이다. 겨울철에는 북쪽에 위치하는 기단이 강화되면서 한대전선대가 남하하여 강수를 초래하고, 여름철에는 아열대기단의 영향으로 사막과 같은 날씨가 이어진다. 이 지역 식생은 잎이 작고 단단하며 나무껍질이 두꺼워 수분 증발을 최대한 억제한다. 고온 건조한 여름철에 견딜 수 있게 나무 간격이 넓고 여름철에 풀은 누렇게 말라 있다(사진 3.41). 이 지역에서는 여름철 건조에 적응한 올리브, 코르크, 오렌지, 포도 등을 재배하는 수목농업이 발달하였다. 지중해 연안 남부유럽, 북아프리카, 캘리포니아, 오스트레

사진 3.41 지중해형 강수지역의 식생(에스파냐 다로카Daroca, 2008. 8.) 지중해형 강수지역 식생은 여름철 고온건조에 견딜 수 있게 나무 간격이 넓으며 잎이 단단하다. 여름철에 풀은 누렇게 말라 있다.

일리아 남부 등이 대표적 지역이다.

온대 서안형은 연중 편서풍 영향을 받는 중위도 대륙 서안에 분포하며, 연중 강수가 고르게 내리는 것이 특징이다(그림 3.52 파리). 편서풍과 관련되어 강수가 발달하므로 배후의 산지 유무에 따라서 연강수량 차이가 크다. 배후에 산지가 없는 서유럽의 강수량은 500~750mm에 불과하지만, 산지를 끼고 있는 북아메리카 태평양 연안, 노르웨이, 칠레 남부 등에서는 2,000mm를 초과한다. 서유럽은 강수량이 적지만 여름철 기온이 낮아 증발량이 적어 물 부족을 거의 겪지 않는다. 또한 연중 고른 강수는 운하를 운용하기에 유리한 조건이다(사진 3.42). 유럽인이 일광욕을 즐기는 것도 이 지역의 연중 고른 강수와 관련 있다.[49]

온대 동안형은 중위도 유라시아대륙 동안에서 탁월하다. 이 지역은 계절에 따라서 대륙과 해양의 영향을 번갈아 받는다. 강수량은 해양의 영향을 받는 여름철에 많고, 대

사진 3.42 온대 서안형 강수지역의 운하(네덜란드 알크마르Alkmaar, 2011. 8.) 온대 서안형 강수지역에는 연중 고른 강수로 운하를 운용하기 유리하다.

류의 영향을 받는 겨울철에 적다(그림 3.52 제주). 이 지역 연강수량은 우기 지속기간에 따라 차이가 커서 가장 많은 해와 적은 해 차이가 3배 이상에 이른다. 우기가 일찍 시작되어 늦게까지 지속되면 평년 강수량을 훨씬 초과하지만, 우기가 짧을 경우 물 부족을 겪기도 한다(사진 3.43). 뿐만 아니라 집중호우가 빈번하여 대형 댐에서 홍수조절에 실패하면 하류지역에서 물난리를 겪는다. 한국을 포함한 동아시아에서는 집중호우로 인한 물난리를 종종 겪는다. 이와 같이 강수량이 불규칙하기 때문에 일찍부터 물관리를 중요하게 여겼다. 농업을 중시하였던 한반도에서는 예로부터 적절한 물관리를 위하여 보(洑), 저수지 등을 축조하였다.

마지막으로 고위도형은 극고기압대 영향을 받는 지역에 분포한다. 이 지역은 기온이

---

49 일사량이 절대적으로 부족하여 맑은 날에는 화상을 입을 정도로 일광욕을 즐기기도 한다(78쪽 글상자 2 참조).

사진 3.43 온대 동안형 강수지역의 가뭄(충남 태안, 2012. 6.) 온대 동안형 강수지역에는 강수량 연변동이 커서 극심한 홍수나 가뭄을 겪을 수 있다.

낮고 수증기량이 적다. 연중 고기압대 영향을 받으므로 강수가 쉽게 발달하지 않으며, 대부분 눈으로 내리고, 수증기량이 적어서 건설이다. 매달 평균 강수량이 10mm에 못 미친다.

제4장 세계 여러 지역의 기후와 주민생활

1. 기후분류

지리학은 지역성을 밝히는 것이 핵심 주제이다. 지역성은 기후, 지형, 식생, 토양 등 자연환경과 그 위에서 살고 있는 인간 사이 상호작용을 통하여 형성된다. 그러므로 자연환경을 구성하고 있는 하나하나 요소뿐만 아니라 인간의 역할도 지역성 형성에 중요하다. 자연환경이 비슷한 지역이라 하더라도 전혀 다른 지역성을 띠는 경우를 쉽게 볼 수 있다. 예를 들어, 미국 와이오밍주 남부와 몽골 초원은 기후와 지형 특징이 상당히 유사하지만, 지역성이 같다고 볼 수 없다.

이 책에서는 다양한 모습을 지니는 지표면을 기후 측면에서 바라보았다. 그러기 위해서 지표면을 기후 특성에 따라 비슷한 지역끼리 분류하려 하였다. 이미 수없이 많은 선학의 노력이 있었다. 이 책도 그 틀에서 벗어나지 않으면서 지표면을 단순화하여 기후형별로 기후 특성과 그와 관련된 주민생활을 설명하였다. 지표면에는 기후 특성이 같은 지역끼리 완벽하게 분류하는 것은 불가능하리만큼 다양한 기후가 분포한다. 그러므로 기후를 분류하는 과정에서는 규모가 중요하다. 목적에 맞게 적절한 규모에서 기후를 분류할 수밖에 없으며, 결과 활용에서도 분류 취지를 이해하는 것이 우선되어야 한다.

기후분류는 지표면을 단순화하려는 시도 중 하나이다. 이 책에서는 기후를 단순히 열수지 측면에서 분류하였다. 지표면을 열과잉과 열부족, 그리고 열균형을 이루고 있는 3

개 지역으로 나누었다. 열과잉은 저위도에서, 열부족은 고위도에서 볼 수 있는 특징이며, 사이에 열균형을 이루는 중위도가 있다. 그러므로 지표면을 크게 저위도기후지역, 중위도기후지역, 고위도기후지역으로 나누어서 각 지역의 기후 특징을 설명하였다.

기후분류 필요성과 방법 지표상에 나타나는 여러 가지 기후를 쉽게 이해하기 위해서는 비슷한 특성에 의하여 유형화할 필요가 있다. 이처럼 비슷한 특성을 보이는 유형별로 기후지역(climatic region)을 구분하는 것은 기후와 주민생활 간 관계와 식생, 토양 등 자연환경 간 관계를 파악하는 데 유용하다.

인류는 오랜 경험을 통하여 지역마다 다른 기후 특성에 적절하게 적응하면서 고유문화를 발달시켰다. 기후 특성에 따라 지역별로 가옥형태와 작물 종류나 재배방식 등의 차이가 발생한다. 식생도 각 지역 기후 특성을 반영하면서 지표면에 다양하게 분포한다(그림 4.1). 토양형성과정에서도 기후 특성이 중요하게 반영된다. 심지어 땅 모양에도 기후 특성이 영향을 미친 경우가 적지 않다. 예를 들어, 빙하지형이나 해안단구, 하안단구 등은 과거 기후환경을 반영한 것이다. 건조지역에서 볼 수 있는 사구나 해안사구의

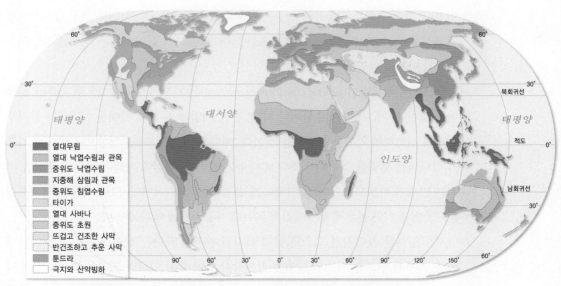

그림 4.1 **지표면의 다양한 식생** 식생은 대체로 기후 특성을 반영하면서 지역별로 다양하게 분포한다.

모양과 이동 등도 탁월풍의 영향을 받는다. 그러므로 기후를 분류하는 것은 지표면에 펼쳐지고 있는 다양한 인간생활과 자연환경을 이해하기 위한 기본이다.

기후분류는 아리스토텔레스가 기온에 따라서 지구를 열대, 온대, 한대로 구분하려 하였던 고대부터 이어져 왔다. 이와 같이 기후를 분류하는 목적은 지표면의 어느 지역이 어떤 기후형(climatic type)에 속하는가, 즉 그 지역이 어떤 기후 특성을 띠고 있으며 그것이 주민생활과 어떤 관계를 갖고 있는가를 규명하기 위한 것이다. 그런 점에서 기후를 분류하는 것은 다양한 지표면 특성을 이해하기 위한 첫걸음이라 할 수 있다.

기후분류(climatic classification) 방법은 경험적 분류방법과 발생론적 분류방법으로 나눌 수 있다. 경험적 분류방법(empiric classification system)은 기후값을 기준으로 기후를 분류하는 것으로 쾨펜의 기후분류체계가 대표적 예이다. 이 방법은 식생과 같이 기후 특성을 잘 반영할 수 있는 지표를 선정하고, 분포에 영향을 미치는 기후요소 평균값을 분류 기준으로 삼는 것이다. 이런 방법은 기후가 유형별로 분류되는 원인을 설명하기는 어렵지만, 지도화하여 실용적으로 활용할 수 있다는 점에서 의미가 있다. 그러므로 교과서에서는 대부분 이 방법에 의한 기후분류를 활용한다.

한국에서는 일제강점기부터 경험적 분류방법으로 기후를 구분하기 위한 시도가 이어졌다. 과거 기후분류에 관한 연구는 기후요소 평균값을 사용하거나 고정 임계값으로 경계선을 긋는 것이 대부분이었다. 최근 들어 기후 특성을 반영하는 지표를 선정하고 기후를 나누려는 연구가 시도되었다.

발생론적 분류방법(genetic classification system)은 기후인자를 중심으로 기후를 분류하는 것이다. 이는 대기대순환이나 기단, 전선, 기압계 등 기후 차이를 야기하는 동기후 인자에 기초하여 기후를 분류하는 것이다. 예를 들면, 같은 기단 영향으로 비슷한 기후가 나타나는 범위를 하나의 기후구로 나누는 것이다. 계절에 따라서 기단이 영향을 미치는 범위가 바뀌므로 경계를 명확하게 설정하는 것이 어렵다. 그런 이유로 발생론적 분류방법에 의한 분류체계는 지리적 목적에 사용하기에 어려움이 따른다.

기후는 다른 자연환경 요소와 달리 시기별 차이가 크다는 점이 기후분류를 어렵게 한다. 기후를 만드는 기초인 날씨는 시시각각 변할 뿐만 아니라 연별로 보아도 변동이 있으며, 같은 시기라 하여 항상 같은 날씨가 출현하지도 않는다. 또한 장기적으로 보아도 기후는 변화하고 있다. 그러므로 어떤 값을 이용하여 기후를 분류할 것인가도 주의하여야 할 사항이다.

쾨펜의 기후분류 쾨펜의 기후분류체계는 지표상에 다양하게 분포하는 식생을 지표로 기후를 분류한 것이다. 기후형별로 비교적 명확하게 경계선을 그을 수 있어서 오늘날까지 가장 널리 사용되고 있는 기후분류 방법이며, 경험적 기후분류의 근간이 되었다고 할 수 있다. 쾨펜은 1918년에 첫 번째 기후분류 방법을 제시하였고, 그 후 계속 수정하여 1936년에 최종 결과를 발표하였다.[1]

쾨펜은 식생분포에 기초하여 기후를 분류하였다. 식생은 기온, 수분효율 등과 밀접하다고 여기고, 식생분포를 경계로 기후를 분류하였다. 쾨펜의 기후분류에서는 식생분포에 영향을 미치는 월평균기온, 월평균강수량, 연평균강수량 등이 중요한 기준이다. 이 방법은 문자를 사용한 것이 특징으로 기온과 강수량에 기초하여 기후를 문자로 유형화하였다. 제1차 문자는 알파벳 대문자 A, B, C, D, E를 사용하였고, 제2차와 제3차 문자는 알파벳 소문자를 사용하였다. 대체로 제2차 문자는 강수량 계절분포를, 제3차 문자는 기온에 의하여 분류하였다. 제2차 문자는 자체가 각각 의미를 갖지만, 제3차 문자는 단순히 기호로 나타낸 것이다.

쾨펜은 우선 지표면에 분포하는 기후를 나무가 자랄 수 있는 기후형(A, C, D형)과 물이 부족하거나(B형) 기온이 낮아(E형) 나무가 자랄 수 없는 기후형으로 나누었다. 아열대는 물이 부족하여 나무가 자라기 어렵고, 고위도는 기온이 낮아 나무가 자랄 수 없다. 결과적으로 기온에 의하여 저위도와 고위도 각각 한 가지 기후형과 중위도 두 가지 기후형, 건조도에 의하여 앞의 4개 기후형과 구별되는 건조기후형으로 분류하였다(표 4.1).

저위도기후는 기호 'A'를 사용하며 습윤한 열대기후에 해당한다. 이 기후의 고위도 쪽 경계

표 4.1 쾨펜의 기후분류체계에 의한 제1차 기후형

기호	명칭	특징
A	열대습윤기후	나무가 자람.
B	건조기후	나무가 자라지 못함.
C	온화한 중위도습윤기후	나무가 자람.
D	한랭한 중위도습윤기후	나무가 자람.
E	한대기후	나무가 자라지 못함.

---

1   이 결과는 쾨펜과 가이거(R. Geiger)가 공동으로 편집한 *Dsa geographische System der Klimate*에 포함되어 있다.

는 열대식물의 한계라고 여긴 최한월평균기온 18℃ 선이다. 중위도기후는 기호 'C'와 'D'를 사용하여 최한월평균기온 −3℃를 기준으로 겨울이 온화한 중위도습윤기후(C)와 겨울이 한랭한 중위도습윤기후(D)로 구분하였다. 최한월평균기온 −3℃는 겨울철에 땅이 어는 경계와 대략 일치한다. 고위도기후는 기호 'E'를 사용하는 한대기후로 중위도기후와 경계는 기온에 의한 나무 생육한계선인 최난월평균기온 10℃ 선이다. 다섯 번째 기후형은 기호 'B'를 사용하는 건조기후로 앞의 4개 기후와 달리 기온과 강수량 간 관계에 의한 수분효율을 고려하여 분류하였다. 기후형은 대체로 적도에서 극으로 가면서 알파벳순으로 A 기후형에서부터 E 기후형으로 바뀌어 간다.

습윤한 기후형인 A, C, D 기후형은 강수량 계절분포에 의하여 제2차 기호를 부여하고 기후를 세분하였다. A 기후형에서는 f, m, w를 사용하였으며, 그 기준은 다음과 같다(316쪽 그림 4.a 참조).

f: 가장 건조한 달 강수량이 60mm 이상

m: 가장 건조한 달 강수량이 60mm 미만이지만 [10−(r/25)] 이상이며, 2,500mm 이상이면 가장 건조한 달 강수량과 관계없이 m에 해당

w: 태양고도가 낮은 시기가 건기이고 가장 건조한 달 강수량이 60mm 미만이며, [10−(r/25)] 이하

* 여기서 r은 연평균강수량(cm)이다.

저위도기후는 제1차로 구분된 문자 A와 제2차 문자 f, m, w를 조합하여 Af, Am, Aw 기후형으로 분류한다. C와 D 기후형에서는 제2차 분류기호로 w, s, f를 사용하였다. 각 기호 기준은 다음과 같다.

w: 여름철 최다우월 강수량이 겨울철 최소우월 강수량보다 10배 이상 많음.

s: 겨울철 최다우월 강수량이 여름철 최소우월 강수량보다 3배 이상 많고, 강수량 40mm 이하인 달이 최소한 1달 이상

f: 매달 강수량이 40mm 이상이거나 w나 s가 아닌 경우

표 4.2 쾨펜의 기후분류체계에 의한 주요 기후형

기후형	명칭	기후형	명칭
Af	열대습윤기후	Cw	온화한 중위도습윤건조기후
Aw	열대습윤건조기후	Cf	온화한 중위도습윤기후
Am	열대몬순기후	Dw	한랭한 중위도습윤건조기후
BS	스텝기후	Df	한랭한 중위도습윤기후
BW	사막기후	ET	툰드라기후
Cs	지중해성기후	EF	빙설기후

중위도기후는 앞의 두 개 문자를 조합하여 Cf, Cw, Cs, Df, Dw 기후형으로 분류할 수 있다. 실제에서 Ds 기후형은 나타나지 않는다. 이와 더불어 중위도기후는 기호 a, b, c, d를 사용하여 제3차 분류를 시도하였으며, 그 기준은 아래와 같다.

a: 최난월평균기온 22℃ 이상

b: 최난월평균기온 22℃ 미만이지만, 월평균기온 10℃ 이상인 달이 4개월 이상

c: 월평균기온 10℃ 이상인 달이 4개월 미만

d: 최한월평균기온 −38℃ 이하

앞 두 문자와 조합하면, Cfa, Cfb, Cfc, Cwa, Cwb, Csa, Csb, Dfa, Dfb, Dfc, Dfd, Dwb 등으로 구분할 수 있다. 제3차 문자 d는 D 기후형에만 나타난다.

E 기후형은 최난월평균기온 10℃를 기준으로 D 기후형과 구별되며, ET 기후형과 EF 기후형으로 나뉜다. ET 기후형은 최난월평균기온이 0℃ 이상이며, 그 이하이면 EF 기후형이다. 즉, EF 기후형에서는 연중 땅이 얼어 있어서 식생이 자랄 수 없다.

B 기후형은 증발량이 강수량을 초과하는 기후로 수분효율과 더불어 강수량 계절분포에 의해서 기준을 달리하였다. 연평균강수량을 r(cm), 연평균기온을 t(℃)라고 할 때, 연중 강수량이 고른 기후에서는 r=2(t+7), 여름철이 습윤한 기후에서는 r=2(t+14), 겨울철이 습윤한 기후에서는 r=2t를 이용하여,[2] 강수량이 주어진 식으로 구한 값보다 적으

---

2   여름철 6개월 동안에 연강수량의 70%가 내리면 여름철 습윤, 겨울철 6개월 동안 70%의 강수량이 내리면 겨울철 습윤이라고 하였다.

면 B 기후형에 해당한다. B 기후형은 연평균강수량에 의해서 스텝(steppe; BS)기후형과 사막(desert; BW)기후형으로 분류하였다. 연평균강수량이 위 공식에서 구한 값의 1/2 이하이면 사막기후형, 그 이상이면 스텝기후형으로 분류하였다. 또한, B기후형은 연평균기온 18℃를 이상이면 제3차 문자 h를 붙이고, 그 이하이면 k를 붙였다. 안개(독일어 nebel)가 빈번한 기후에는 제3차 문자로 n을 붙였다.

수정한 쾨펜의 기후분류체계 오늘날 교과서에서는 대부분 수정한 쾨펜의 기후분류체계를 사용한다. 쾨펜이 기후분류체계를 만든 이후, 여러 가지 수정한 쾨펜의 기후분류체계가 소개되었다. 이들은 기본적으로 쾨펜의 기후분류 방법을 적용한 것이며, 대부분 쾨펜체계에서 사소한 것을 수정하였다. 쾨펜의 제자인 가이거(R. Geiger)와 폴(W. Pohl)이 그와 공동으로 쾨펜체계를 수정하였으며, 쾨펜-가이거체계로 알려졌다. 그들은 쾨펜 사후에도 기후분류체계를 계속 수정하였다. 한국 교과서에는 대부분 1953년 쾨펜-가이거체계에 의한 기후분류를 소개한다(표 4.3). 서양에서는 지리학자인 트레와다(G. Trewartha)가 수정한 기후분류체계도 많이 사용한다.

　트레와다 수정체계는 생육기간과 여름철 평균기온을 강조한 것이 쾨펜체계와 구별된다. 트레와다 수정체계에서는 쾨펜체계와 달리 최한월평균기온 −3℃보다 생육기간과 관련 있는 0℃에 더 의미를 두었다. 최한월평균기온 0℃를 C 기후형과 D 기후형의 경계와 건조기후에서 세 번째 문자 h와 k의 경계로 사용하였다. 최한월평균기온 0℃는 상록활엽수림과 낙엽활엽수림 경계와 대략 일치하고 있어서 기후분류에 중요한 기준이 될 수 있다. 중위도기후(C, D) 분류에서는 강수량 계절분포보다 여름철 기온을 더 중요하게 여겨, 두 번째 문자로 강수량 계절분포가 아닌 여름철 기온에 의하여 구분된 문자를 사용하였다. 예를 들어, 쾨펜체계에서 Cfb이면 트레와다 수정체계에서는 Cbf가 된다. 그 밖에 고산지역 기후형을 'H'로 따로 분류한 것은 수정한 쾨펜체계 이후 방법을 그대로 적용하였다.

　그림 4.2는 수정한 쾨펜의 기후분류체계에 의하여 세계 기후형 분포를 나타낸 것이다. 이와 같은 기후분류체계는 대부분 소축척 지도에 기후형을 나타낸 것으로 지구 전체 기후형 분포를 파악하려는 것이 주요 목적이다. 이런 규모 지도를 이용하여 특정 지

표 4.3 쾨펜-가이거 기후분류체계 기준

기호 1차	2차	3차	어원	설명	기준	기후형
A			알파벳 문자	저위도습윤기후	최한월평균기온 18℃ 이상	열대 습윤(Af)
	f		독일어 습윤 (feucht)	건기가 없음.	최건월 강수량이 60mm 이상	열대 몬순(Am) 열대 사바나(Aw)
	m		몬순 (monsoon)	짧은 건기가 있음.	1~3개월의 월강수량이 60mm 미만	
	w		겨울 건조 (winter dry)	겨울이 건기	3~6개월의 월강수량이 60mm 미만	
B			알파벳 문자	증발량이 강수량 초과		아열대 사막 (BWh)
	W		독일어 사막 (Wuste)	건조기후	저위도; 연평균강수량 380mm 이하 중위도; 연평균강수량 250mm 이하	아열대 스텝 (BSh)
	S		스텝(Steppe)	반건조기후	저위도; 연평균강수량 380~760mm 중위도; 연평균강수량 250~640mm	중위도 사막 (BWk)
		h	독일어 뜨거운 (heiss)	저위도 건조기후	연평균기온이 18℃ 이상	중위도 스텝 (BSk)
		k	독일어 한랭 (kalt)	중위도 건조기후	연평균기온이 18℃ 이하	
C			알파벳 문자	온화한 중위도기후	최한월평균기온이 –3~18℃	지중해성 기후 (Csa, Csb)
	s		여름 건조 (summer dry)	건조한 여름	여름철 최건월 강수량이 겨울철 최습월 강수량의1/3 미만	아열대 습윤 (Cfa, Cwa)
	w		겨울 건조 (winter dry)	건조한 겨울	겨울철 최건월 강수량이 여름철 최습월 강수량의 1/10 미만	서안해양성 (Cfb, Cfc)
	f		독일어 습윤 (feucht)	연중 습윤	위 두 가지에 해당하지 않음.	
		a	알파벳 문자	뜨거운 여름	최난월 평균 기온이 22℃ 이상	
		b	알파벳 문자	고온의 여름	최난월평균이 22℃ 미만 월평균기온이 10℃ 이상인 달이 4개월 이상	
		c	알파벳 문자	시원한 여름	최난월평균이 22℃ 미만 월평균기온이 10℃ 이상인 달이 4개월 이하	
D					최한월평균기온이 –3℃ 미만	대륙성 습윤(Dfa, Dfb, Dwa, Dwb)
		C 기후형의 제 2차 3차 기호와 같음				아극(Dfc, Dfd, Dwc, Dwd)
		d	알파벳 문자	한랭한 겨울	최한월평균기온이 –38℃ 이하	
E			알파벳 문자	극기후(여름 없음.)	월평균기온 10℃ 이상이 없음.	툰드라(ET)
	T		툰드라(Tundra)	툰드라 기후	월평균기온 0℃ 이상인 달이 있음.	빙설(EF)
	F		빙결(Frost)	빙설기후	월평균기온 0℃ 이상인 달 없음.	
H			고산(High land)	고산 기후	해발고도가 주요 인자	고산기후(H)

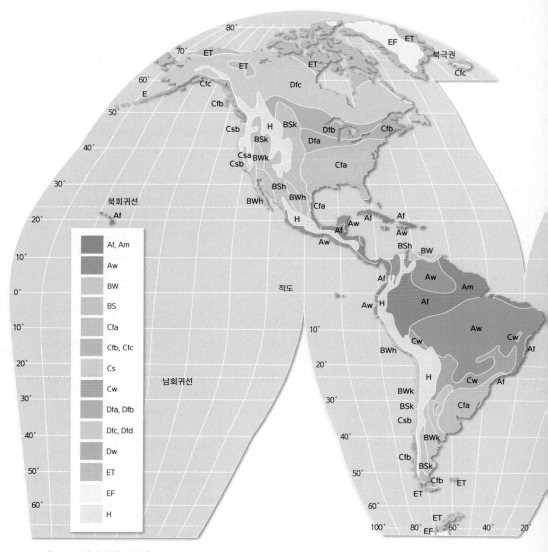

그림 4.2 수정된 쾨펜의 기후분류에 의한 기후형 분포

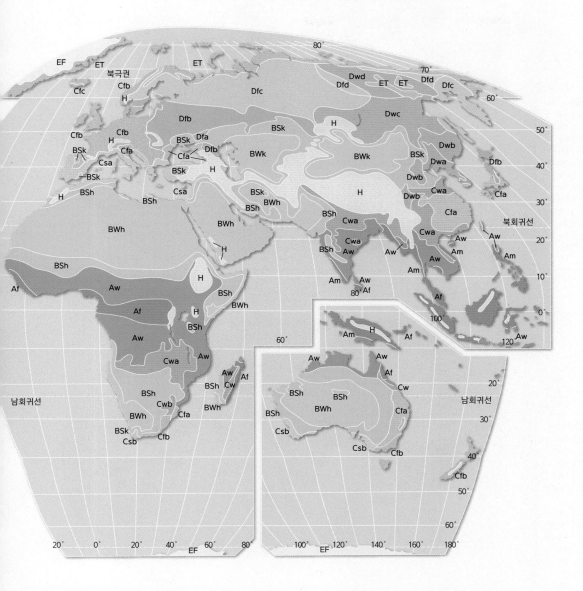

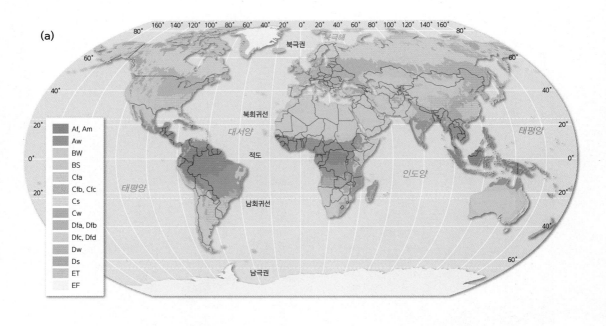

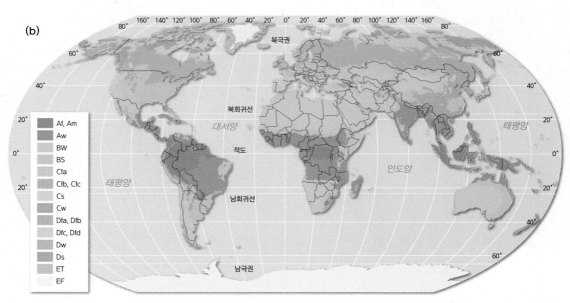

그림 4.3 최근 자료(a. 1980~2016)와 미래기후(b. 2071~2100)를 적용하여 수정된 쾨펜 기후분류에 의한 기후지역(Beck *et al.*, 2018)

역에서 기후형이 무엇인가를 확인하거나 기후형 경계를 명확하게 그으려 하는 것은 적절하지 않다. 더욱이 기후는 변화하고 있어서, 과거 D 기후형에 속하던 지역이 오늘날에는 C 기후형에 속할 수 있고, C 기후형이었던 곳이 A 기후형에 속할 수 있다(그림 4.3). 예를 들어, 서울은 1961~1990년 기간 평균에 의하면 D 기후형에 속하지만, 1991~2020년 평균으로는 C 기후형으로 분류된다(그림 4.4). 그렇다고 그 값이 바뀔 때마다 세계기후도를 새롭게 작성하는 것은 거의 불가능할 뿐만 아니라 큰 의미도 없다. 최근 연구(Rubel and Kottek, 2010)에서 21세기 기후 평

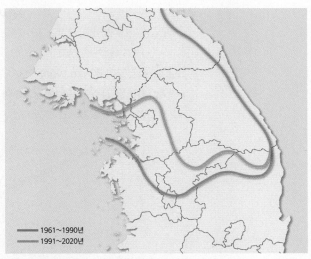

1961~1990년
1991~2020년

그림 4.4 한반도에서 최한월평균기온 −3℃ 선의 변화 전구 기온상승으로 한반도에서도 최한월평균기온 −3℃이 북쪽으로 이동하였다.

균값을 20세기 평균값과 비교하여 쾨펜 기후체계 E 기후형 지역 중 2.6~3.4%가 D 기후형으로, D 기후형 지역 중 2.2~4.7%가 C 기후형으로, C 기후형 중 1.3~2.0%가 B 기후형으로, C 기후형 중 2.1~3.2%는 A 기후형으로 바뀔 것으로 분석되었다.

글상자 6

쾨펜의 기후분류 방법

쾨펜의 기후분류는 다음 절차로 이루어진다.

1단계: 최난월평균기온이 10℃ 이하이면, E 기후형으로 10단계로 간다. 10℃ 이상이면, 2단계로 간다.

2단계: 연평균강수량(cm)이 2t(겨울철 습윤한 지역)~2(t+14)(여름철 습윤한 지역) 이하이면, B 기후형으로 3단계로 간다. 이상이면, A, C, D 기후형이며 4단계로 간다.

3단계: 연평균강수량(cm)이 t~t+14 이하이면, BW 기후형이고, 이상이면, BS 기후형이고 11단계로 간다.

4단계: 최한월평균기온이 18℃ 이상이면, A 기후형이고 5단계로 간다. 18~−3℃이면,

C 기후형이고, 7, 12, 13, 14단계로 간다. −3℃ 이하이면, D 기후형이고, 7, 12, 13, 14단계로 간다.

5단계: 최건월이 60mm 이상이면, Af 기후형이고, 60mm 이하이면, 6단계로 간다.

6단계: 최건월 강수량과 연평균강수량의 관계가 그림 4.a에서 대각선의 오른편에 있으면 Am 기후형이고, 그렇지 않으면 Aw 기후형이다.

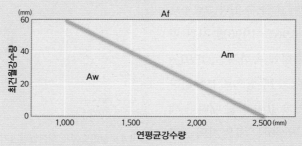

그림 4.a A기후형 세분 기준

7단계: 최건월이 여름철에 출현하면, 8단계로 가고, 겨울철에 출현하면, 9단계로 간다.

8단계: 최건월 강수량이 겨울철 최습월의 1/3 미만이고, 40mm 미만이면, Cs 혹은 Ds 기후형이고, 그렇지 않으면, Cf, Df 기후형이다.

9단계: 최건월 강수량이 여름철 최습월의 1/10 미만이면, Cw, Dw 기후형이고, 그렇지 않으면, Cf, Df 기후형이다.

10단계: 최난월평균기온이 0℃ 이상이면, ET 기후형이고, 0℃ 이하이면, EF 기후형이다.

11단계: 연평균기온이 18℃ 이상이면, 3차 기호가 h이고, 18℃ 이하이면, 3차 기호가 k이며, 안개가 잦은 지역에서는 3차 기호로 n을 붙인다.

12단계: 최난월평균기온이 22℃ 이상이면, 3차 기호로 a를 붙이고, 22℃ 이하이면 13단계로 간다.

13단계: 평균기온 10℃ 이상인 달이 4개월 이상이면, 3차 기호 b를, 4개월 이하이면 14단계로 간다.

14단계: 최한월 평균기온이 −38℃ 이상이면, 3차 기호로 c를 붙이고, −38℃ 이하이면 3차 기호로 d를 붙인다.

2. 저위도지역 기후

적도에서 남·북위 30° 사이에서 무역풍의 영향을 받는 지역을 저위도지역이라 한다. 이 지역은 연중 기온이 높지만, 위도별로 연평균강수량과 강수량 계절분포 차이가 크다. 그러므로 저위도라 할지라도 위도와 지리적 위치에 따라서 식생분포의 차이가 크다. 연중 강수량이 풍부한 지역에는 열대우림이 무성하게 자라지만, 극단적으로 강수량이 부족한 곳에서는 식생이 없는 사막이 발달하거나 작은 풀만 자라는 초원이 발달한다.

이 지역 기후를 지배하는 것은 열수지에서 열과잉과 대기대순환으로 발달하는 해들리순환이라 할 수 있다. 저위도는 연중 태양고도가 높아 일 년 내내 태양복사 에너지를 많이 받고 있어 열과잉이 이어지며, 이 지역 날씨는 대부분 열과잉과 관련 있다. 그러므로 저위도기후는 열대기후(tropical climate)와 거의 같은 의미로 사용된다.

연중 기온이 높아서 연교차가 적고, 건기 유무와 지속기간에 따라서 연교차가 달라진다. 건기가 없는 곳에서는 연교차가 1~2℃에 불과하며, 건기가 있는 곳에서는 우기에 기온이 주춤하면서 연교차가 다소 커질 수 있다. 일반적으로 저위도지역에서는 연교차보다 일교차가 더 커서 기온 일변화가 생활 리듬을 조절하는 데 중요하다.

저위도지역 강수는 해들리순환의 이동과 관련이 크다. 해들리세포의 남북 이동에 따른 열대수렴대 위치가 저위도 지역 강수를 결정한다. 대체로 연중 열대수렴대 영향을 받는 적도 부근에서 강수량이 많고, 열대수렴대에서 상승한 공기가 고위도로 이동하다 하강기류를 형성하는 남·북위 30° 부근에서 건조한 기후가 발달한다(그림 4.5). 그러므로 저위도기후는 연중 열대수렴대 영향을 받는 지역과 계절에 따라 그 영향을 받는 지역, 연중 하강기류가 발달하는 지역의 기후로 구별할 수 있다.

'열대지방' 하면 연중 비가 많이 내리는 것을 연상하지만, 실제로 연중 강수량이 많은 지역은 일부에 불과하다. 아프리카의 경우에도 매달 많은 비가 내리는 지역은 10%에도 못 미친다. 아프리카와 달리 해양이 넓고 산지가 발달한 섬이 많은 아시아에서는 지형과 풍향도 강수량 분포에 중요한 요인이다. 연중 편동풍이 불고 있어서 산지 동쪽 사면에 강수량이 많은 편이며, 계절풍 풍향에 따라서 강수량 분포가 크게 달라진다. 아시아에서는 산지와 더불어 수온 등 해양 상태도 강수량 분포에 미치는 영향이 크다.

이와 같이 저위도지역의 기후 특징은 기온보다 강수량에 의해서 결정된다고 할 수 있어서 연평균강수량과 강수량 계절분포에 의해서 기후형을 나눌 수 있다. 연중 강수량이 고르게 분포하는 열대우림기후형과 건기가 있는 열대사바나기후형, 연중 강수량이 부족하여 건조한 아열대기후형 등으로 구분한다. 즉, 저위도기후는 습윤한 열대기

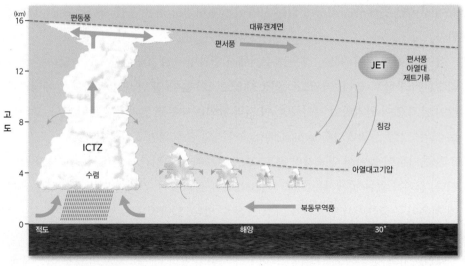

그림 4.5 열대 대기순환과 강수분포 열대수렴대에서 상승한 공기가 고위도로 이동하다가 남·북위 30° 부근에서 하강하면서 비가 많은 곳과 적은 곳이 만들어진다.

후와 건조한 아열대기후, 그 사이 점이지대 성격을 띠는 사바나기후로 구별된다.

1) 습윤한 열대(A)기후

열대습윤기후(Af, Am) 쾨펜의 기후분류체계에서 Af와 Am 기후형이 열대습윤기후에 해당한다. 열대습윤기후는 태양회귀에 따라 남북으로 이동하는 열대수렴대 위치와 관련이 크다. 북반구에 태양고도가 높은 시기에는 열대수렴대와 그에 따르는 강수대가 북쪽으로 이동하고, 태양이 남반구로 이동할 때 강수대도 남쪽으로 이동한다(294쪽 그림 3.51 참조). 이 기후형은 적도에서부터 남·북위 15~20°의 범위에 분포하면서 거의 연중 열대수렴대 영향을 받는 지역에 발달한다(그림 4.6).

그림 4.6 **습윤한 열대기후지역 분포** 습윤한 열대기후지역은 적도에서 남·북위 15~20°사이에 분포한다. 분포 범위가 대륙 동안에서 더 고위도로 확대된다.

비슷한 위도대에서도 탁월풍과 지형, 해양 상태 등에 따라서 강수량 분포 차이가 발생한다. 열대습윤기후는 해양의 영향을 받는 높은 산지 바람받이에서 더 고위도까지 확장되지만, 바람그늘에는 발달하지 않을 수 있다. 예를 들어, 남위 25°인 아프리카 남부 인도양 연안과 남아메리카에는 열대습윤기후가 분포하지만, 북위 10° 부근인 북부 아프리카 내륙과 동부에는 건조기후가 발달하였다. 인도차이나반도 벵골만 연안에서도 해양과 탁월풍, 지형 등의 영향으로 북위 20° 이북까지 열대습윤기후가 발달하였다. 이와 같이 위도뿐만 아니라 지리적 위치, 수륙분포, 해양의 영향 등도 열대습윤기후 분포에 중요한 영향을 미친다.

열대우림기후(Af; tropical rain forest climate)는 적도를 따라서 동서로 길게 펼쳐지며, 적도에서 남·북위 5~10° 사이에 분포한다. 무역풍 영향을 직접 받는 대륙 동안의 바람받이에서는 남위 25°까지 열대우림기후가 확대되기도 한다. 열대우림기후가 가장 광범위하게 분포하는 곳은 아프리카 콩고분지와 남아메리카 아마존분지, 동남아시아의 인도네시아와 주변 국가 등이다.

열대우림기후는 거의 연중 비슷한 날씨가 지속되는 것이 특징이다. 일 년 내내 계절변화가 없이 단조로운 날씨가 이어진다. 연중 기온이 높고 비가 자주 내리며 강수량도 많다(그림 4.7). 이 지역은 연교차가 1.0~1.5℃에 불과하여 기온에 의하여 계절을 구별하는 것이 의미 없으며, 기온의 일변화가 연변화보다 훨씬 크다. 해양에서 멀어질수록, 고도가 높아질수록 기온의 일변화가 크다. 이런 기후지역에서는 '밤이 곧 겨울'이라고 할 수 있어서 오후에는 기온이 30℃ 이상 오르지만 새벽에는 20℃ 가까이 떨어지기도 한다. 태양고도가 낮은 시기에 고위도 대륙에서 바람이 불어오면 기온이 상당히 하강할 수 있다. 아침 기온이 낮을 때는 열대우림에서 증산하는 수분이 응결하여 안개가 발생할 수 있다(사진 4.1). 북반구 겨울철 동남아시아에서는 티베트고원에서 북동풍이 불어오므로 야간에는 쾌적함을 느낄 수 있을 정도로 기온이 떨어지며 습도가 낮다. 이 시기에 도시 곳곳에서 정원 등에 관수하는 장면을 쉽게 볼 수 있다(198쪽 사진 3.3 참조). 그러나 해양의 영향을 받을 때는 습도가 높아서 기온보다 체감온도가 훨씬 더 높다. 이 지역에서는 낮에 바다에서 불어오는 해풍이 체감온도를 낮추어 준다.

이 지역은 기온이 높아서 수중기량이 많고 대기가 불안정하여 거의 매일 오후에 소

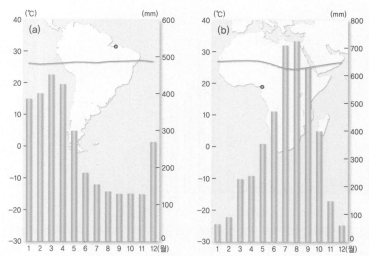

그림 4.7 **열대우림기후지역 기후그래프** (a)는 브라질 벨렝Belém, (b)는 카메룬 두알라Douala 기후그래프이다. 두 지점에서 매달 강수량이 60mm를 초과하며, 기온변화가 거의 없다.

사진 4.1 **열대우림에 형성된 안개**(말레이시아 타만네가라Taman Negara, 2016. 1.) 이른 아침에 기온이 떨어지면서 증산으로 발생하는 수증기가 응결하여 안개가 발달한다.

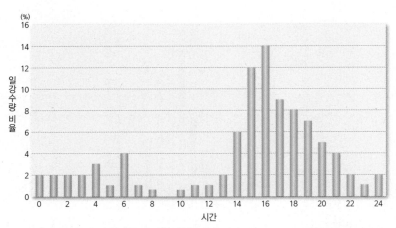

그림 4.8 **열대우림기후지역 시간별 강수량 분포** 대류성 강수가 잦은 열대우림지역에서는 오후 특정 시간대에 강수가 집중된다.

나기성 강수가 내릴 수 있다. 이런 강수를 스콜(squall)이라 하며, 날씨에 관심을 갖는 주민이라면 강수가 시작되는 시각을 예측할 수 있을 정도로 거의 일정한 시간에 발생한다(그림 4.8). 동남아시아 해양에서는 주변 섬과 산지에서 불어오는 바람이 수렴하는 야간에 일강수량 극대가 출현하기도 한다. 일반적으로 아침에는 맑지만, 오후로 가면서 적운이 점차 적란운으로 발달하여 오후에 맹렬한 대류성 폭풍으로 발달하기도 한다. 마치 한반도 한여름 날씨를 더욱 강화시켜 놓은 듯하다. 저녁 무렵 강수가 끝난 후 구름이 소산되면서 화려한 일몰을 볼 수 있다. 종종 야간에 구름이 다시 발생하면서 뇌우를 일으키기도 하지만, 밤중에 소멸하므로 항상 맑은 아침을 맞을 수 있다. 이런 날씨가 거의 매일 되풀이된다.

열대우림기후지역에서는 매달 강수량이 60mm 이상이며 연평균강수량은 1,500~2,500mm에 이른다. 지역에 따라서 이보다 훨씬 많은 양의 비가 내릴 수 있다. 이 지역은 무역풍이 수렴하면서 만들어지는 열대수렴대 영향으로 상승기류가 쉽게 발달할 수 있어서 강수량이 많다. 거기에다 해안에서 불어오는 무역풍은 일정하게 수증기를 공급해 줄 뿐만 아니라 배후에 산지가 분포할 경우 지형성 강수를 일으키면서 다우지를 발달시킨다.[3] 이 지역 강수 발달에는 불안정한 대기와 지형의 역할이 중요하다. 이런 점이 중위도에서 온대저기압이나 전선과 관련되어 내리는 강수와 크게 구별된다. 그러므로

사진 4.2 **열대습윤기후지역 고상가옥**(말레이시아 브린창Brinchang, 2016. 1.) 연중 고온다습한 열대습윤기후지역에서는 가옥 바닥을 높게 하여 환기를 돕고 습기를 피할 수 있게 한다.

저위도에서 강수량이 많은 곳은 대부분 바람받이에 해당하는 산지 동쪽 사면이다.

　바람이 약한 것도 열대우림기후 특징이다. 저위도에서는 지역 간 기온 차이가 크지 않아 기압 차이가 적다. 종관규모 바람이 약하여 해풍이나 산풍 등 국지규모 바람이 쉽게 발달할 수 있다. 해륙풍이 발달하는 해안이나 산곡풍이 발달하는 지역을 제외하면 바람이 거의 없다. 그러므로 이 기후지역에서는 건물 내 환기가 어려워 개방적인 수상가옥이나 고상가옥을 지어 공기가 잘 통하게 한다(사진 4.2).[4] 가옥 내부에 공간을 나누지 않는 것도 이 기후지역 가옥의 특징이다. 열대우림이 수십m 높이로 무성하게 자랄

3　산지가 발달한 인도네시아에서는 대류활동과 지형효과가 더해지면서 폭우로 쏟아지는 강수량이 총강수량의 20%가 넘으며, '비의 도시'라 불리는 인도네시아 보고르에서는 폭우에 의한 강수량이 80% 이상을 차지한다.

4　열대우림지역에서는 환기, 채광, 물 처리가 가옥 건축에 중요한 요소이다.

수 있는 것도 바람이 약하기 때문이다.

열대몬순기후(Am; tropical monsoon climate)는 열대우림기후에 이웃하여 남·북위 5~25° 사이에 분포한다. 이 기후형에서는 탁월풍의 풍향과 지형이 강수량 분포에 중요한 역할을 한다. 열대몬순기후지역에서 지형성 강수가 발달하는 곳에서는 열대우림기후지역의 강수량을 훨씬 초과하지만, 열대수렴대 영향에서 벗어나는 시기에 짧은 건기가 있다(그림 4.9). 태양고도가 높은 시기에는 열대수렴대 영향을 받아 강수량이 많고, 열대수렴대가 다른 반구로 이동하여 아열대고기압 영향을 받으면 강수량이 급격히 줄어든다. 이 기후형에서는 연평균강수량이 많을 뿐만 아니라 건기가 짧아서 열대우림기후형과 비슷한 식생경관이 발달한다.

무역풍이 부는 해안에서 수증기가 풍부한 열대해양기단과 적도기단의 영향을 받으면 강수가 쉽게 발달한다. 무역풍이나 몬순순환을 따라서 고온다습한 공기가 내륙으로 이동하면 산지에 의한 지형효과로 대류활동이 더욱 강화된다. 열대수렴대가 가까이에 있을 때, 대륙 동안에서 대류활동이 강화되면서 무역풍효과가 뚜렷하여 많은 강수가 내린다. 중앙아메리카와 남아메리카 동안, 카리브제도, 마다가스카르, 동남아시아,

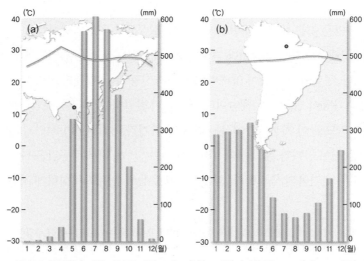

그림 4.9 열대몬순기후지역의 기후그래프 (a)는 미얀마 양곤Yangon, (b)는 브라질 마나우스Manaus 기후그래프를 나타낸다. 연강수량은 많지만 짧은 건기가 있다.

필리핀, 오스트레일리아 북동부가 여기에 해당한다. 아시아의 여름몬순지역에서도 열대해양기단이 대륙으로 영향을 미칠 때 강수가 강화된다. 남부아시아와 동남아시아에서는 여름몬순이 남서쪽에서 불어오므로 대륙 서안의 높은 산지가 발달한 곳에서 이런 종류의 강수가 전형적으로 발달한다. 인도 서고츠산맥 서사면과 미얀마 아라칸산맥 서사면 등이 여기에 해당한다.

지형의 영향으로 폭우가 잦아 강수량이 많은 곳은 연평균강수량이 2,500~5,000mm로 열대우림기후지역보다 많다. 이 기후지역에 속하는 인도 아삼지방과 방글라데시는 폭우로 유명하다. 아삼 체라푼지는 연평균강수량이 10,650mm이며, 3일 동안 강수량이 2,100mm를 초과한 기록이 있다. 이 기후지역에서 태양고도가 높은 계절에 여름몬순과 관련되어 상당한 양의 강수가 쏟아지며, 여름몬순이 강화되는 2, 3개월 동안 매달 700mm가 넘는 강수가 쏟아진다. 월평균강수량이 60mm 이하인 건기는 1~4개월이며 그중 1, 2개월 동안에는 강수가 거의 없다.

기온의 연변화는 열대우림기후지역에서보다 약간 크다. 이 지역에서 최난월은 여름몬순이 시작되기 직전인 5월경에 출현한다. 여름몬순이 시작되면 두꺼운 구름이 태양복사 에너지를 차단하여 기온상승을 억제하므로 7, 8월 기온이 전 달보다 낮다. 이와 같이 우기 직전에 극값 기온이 출현하고 우기 이후에 제2극값이 출현하며, 열대몬순기후형에서 흔히 볼 수 있다.[5]

열대습윤기후지역의 환경과 주민생활 이 지역에서 연중 높은 기온과 많은 강수량은 어느 기후지역보다도 울창한 열대우림(tropical rain forest) 식생을 발달시켰다. 열대우림은 계절변화 없이 연중 초록이며 잎이 넓다. 열대우림은 다양한 종으로 구성되어 1km² 안에 수백 종의 식물이 섞여 있는 것이 일반적이다. 이와 같이 수종이 다양한 것은 다른 기후지역에서 볼 수 있는 삼림과 뚜렷하게 구별되는 특징이다. 열대우림의 나무는 키가 크고 껍질이 부드럽다. 여기에 덩굴식물이 엉켜 있으며 하층 2/3 정도까지는 가지가 발달하지 않는다. 열대우림은 잎이 무성한 수관(樹冠, canopy)이 연속적으로 발달한다.

---

5 몬순기의 풍향에 따라 건기와 우기가 명확하게 구별되는 인도 대부분 지역에서 기온 극값이 연 2회 출현한다.

사진 4.3 열대우림(말레이시아 타만네가라, 2016. 1.) 열대우림은 다층구조를 이루고 있어서 하층에는 햇볕이 거의 들지 않으며 덩굴식물이 우거져 있다.

저위도에서는 이런 우림에서 발생하는 증산작용이 수증기 공급에 중요하다.

열대우림은 3개 층으로 구성된다. 지표면에서 5~15m까지는 그리 굵지 않는 나무의 좁은 수관이 뚜렷하게 발달한다. 그 위로 20~30m까지는 잎이 무성한 수관을 형성한다. 최상부층은 높이가 40m 가까이 이르며 태양광선을 많이 받을 수 있지만, 지표면까지 도달하는 양이 아주 적어서 햇볕이 부족한 숲 바닥은 어슴푸레하여 잎이 드문드문 자란다. 하층까지 빛이 도달하는 곳에는 거의 헤아리기 어려울 정도로 우거진 덩굴과 관목, 작은 나무 등이 자란다(사진 4.3). 이러한 식생을 정글(jungle)이라고 하며, 아마존에서는 셀바(selvas)라고 부른다.

열대우림에서 생산되는 다양한 자원은 경제적으로 가치가 크다. 특히 마호가니(mahogany), 흑단(ebony), 발사(bal-sawood)와 같은 열대우림 목재는 이 기후지역에서 중요한 수출품이다. 키니네, 코카인 등 의약품도 열대식물의 잎과 껍질에서 얻으며, 천연고무도 고무나무 수액에서 채취한다. 19세기 이후 원산지가 아마존인 고무나무를 아프리카와 동남아시아의 인도네시아와 말레이시아에 식재하였다.[6]

---

6 고무나무는 아마존이 원산지로 브라질이 유일한 천연고무 수출국이었으나, 산업혁명 이후 고무 수요가 급증하면서 영국인이 빼돌린 씨앗 중 살아남은 일부를 당시 식민지였던 말레이시아로 보내어 오늘날에 이른다고 한다.

고무나무는 이외에도 태국, 베트남, 인도, 스리랑카 등에서 플랜테이션으로 재배되면서 각 나라에서 주요 자원 역할을 한다.

열대습윤기후 환경에서 형성되는 토양은 매우 척박하여 농업에 부적합하다. 식생이 조밀하고 무성하게 우거져 있지만, 강우가 폭우로 쏟아지는 경우가 잦아 용탈(leaching)이 심하므로 토양 자체에는 영양분이 빈약하다.[7] 열대우림에서 공급되는 영양분은 대부분 나무 자체에 가두어져 있으면서 우림 스스로 영양분을 재순환하기도 한다. 나무가 죽고 분해되면 영양분이 토양으로 전달되기 전에 살아 있는 나무뿌리가 그것을 흡수한다. 그러므로 나무가 죽고 분해되면서 지속적으로 영양분을 재순환한다. 열대습윤기후지역에서는 젊은 나무가 오래된 나무에서 영양분을 흡수하면서 성장하는 것을 흔히 볼 수 있다.

작물을 경작하기 위해서 열대우림을 벌채하면 영양분이 쉽게 제거될 수 있다. 그러므로 열대우림 개간은 식물의 영양분 공급원을 제거하는 것일 뿐만 아니라 토양침식을 가속할 수 있는 조건이 된다. 식생이 있을 때는 뿌리가 토양을 잡아 주고 잎과 가지가 지표로 직접 쏟아지는 폭우의 충격을 막아 주어 토양침식을 방지하는 데 중요한 역할을 한다. 열대우림이 제거된 곳에서는 스콜이 내릴 때 곧바로 붉은색 흙탕물이 넘쳐 흐를 만큼 토양침식이 쉽게 일어난다.

식생이 제거되면 토양 표면이 태양광선에 직접 노출된다. 이 지역 토양인 라테라이트(laterite)[8]는 건기에 태양광선에 구워지다시피 하여 마치 벽돌처럼 딱딱하게 굳어 작물 경작이 거의 불가능하다. 딱딱하게 굳은 라테라이트에서 경작하기 위해서는 괭이와 같은 손 도구를 사용하여 덩어리를 부수어야 한다. 라테라이트는 고온다습한 환경에서 극단적인 화학적 풍화작용으로 만들어진 것으로 토양층이 두껍고 짙은 붉은 색을 띠며 척박하다. 라테라이트는 농업에 부적합하지만, 용탈에 의해서 용해 물질이 모두 제거된 상태이므로 쉽게 용해되지 않는 안정 상태이다. 그러므로 습윤한 열대기후 환경하에서도 라테라이트로 건축한 역사 유적지가 잘 보존되어 있는 편이다. 캄보디아 앙코르와트와 주변 유적지가 대표적 사례이다(사진 4.4).

---

7 오래된 나무는 충분한 영양분을 흡수하기 위하여 뿌리를 수십m 넓게 뻗어 나간다.

8 라테라이트는 벽돌을 의미하는 라틴어 'latere'에서 온 것이다.

사진 4.4 라테라이트를 이용하여 만든 유적지(캄보디아 씨엠레아프, 2008. 5.) 라테라이트는 용탈에 의해 용해물질이 모두 제거된 상태이므로 고온다습한 기후에서도 라테라이트로 만든 역사 유적지가 잘 보존되어 있다.

이 지역에는 연중 풍부한 강수량으로 하계망이 조밀하게 발달하였고, 하천을 따라서 풍부한 유량과 퇴적물이 넘쳐 흐른다. 이런 지역에 발달한 하천은 부유하중에 의해서 거의 누런색을 띤다. 그만큼 폭우에 의한 토양침식이 활발하다는 것을 반증한다. 이런 하천의 하구에는 퇴적물이 넓게 쌓이면서 삼각주지형을 발달시킨다. 이런 지형은 비옥하여 대표적 삼각주지형이 발달한 메콩강 하류는 세계적 쌀 생산지이다. 지표면이 평평한 지역에서는 배수가 불량하여 습지가 널리 발달한다. 이런 곳에서는 도로교통보다 하천을 이용한 수상교통이 훨씬 편리하다. 동남아시아 저지대에서는 하천을 이용한 수상교통이 발달하여 육상교통 못지않게 주민들의 주요 교통수단으로 이용되며(사진 4.5) 습지를 따라 발달하는 호수와 하천에 수상마을이나 수상시장이 분포한다. 베트남, 캄보디아, 태국 등 저지대에서는 하천을 따라서 이런 경관을 쉽게 볼 수 있다.

이 기후지역 농업활동에서는 건기 존재 여부에 따라 차이가 크다. 건조한 수확기가

사진 4.5 열대습윤기후지역 수상교통(베트남 메콩강 지류, 2013. 8.) 하계망이 밀집된 열대습윤기후지역 저지대에서는 하천을 이용한 수상교통이 일상적이다.

필요한 커피와 같은 작물은 반드시 건기가 있어야 한다. 커피 플랜테이션은 건기가 있는 지역에서 일찍부터 발달하였다. 열대몬순기후형이 발달한 코스타리카, 베트남 등 고원지역은 세계적인 커피 생산지이다(사진 4.6).[9] 최근 연중 비가 많이 내리는 인도네시아 만델링Mandheling에서도 커피를 재배하기 위하여 열대우림을 제거하고 있다. 비가 적게 내리는 짧은 시기가 커피 수확에 큰 도움을 준다. 아시아 저지대 열대몬순기후지역은 벼농사가 대표적이다. 벼농사지역은 다른 농업지역에 비하여 단위면적당 생산량이 높아 경지규모가 작더라도 인구부양력이 커서 세계적 인구밀집지역을 이룬다. 이 지역에서는 일반적으로 벼농사가 이기작으로 행하여지며, 물관리가 가능한 지역에서는 삼기작도 가능하다. 이동식경작도 이 지역에서 오래전부터 행하여지는 농업 방식이

---

9 베트남은 한국의 주요 커피 수입국이다.

사진 4.6 열대습윤기후지역 커피재배(베트남 바오록Bảo Lộc, 2018. 11.) 짧은 건기가 있는 열대몬순기후지역 고원에는 일찍부터 플랜테이션으로 커피가 널리 재배되었다.

다. 우림을 제거하고 태운 뒤에 농사를 짓는다. 우기에 파종하고 건기에 수확하고 나무를 제거하는 것이 특징이다. 토양이 척박하므로 오랜 기간 농사짓기 어려워 자주 이동해야 한다. 기온이 높은 데다 강우량이 풍부하여 농사가 끝난 후에 쉽게 천연식생이 회복되는 점이 다른 기후지역과 구별된다. 오늘날에도 라오스 고산지역에서 화전에 의한 이동식경작이 행하여지는 모습을 쉽게 볼 수 있다(사진 4.7).

열대우림기후지역에서는 긴 건기가 없어도 재배할 수 있는 수종인 고무나무와 팜나무 등이 플랜테이션으로 일찍부터 재배되고 있다. 아시아 열대우림지역에서는 오늘날에도 플랜테이션을 위해서 우림을 제거하는 모습을 자주 목격할 수 있다. 열대우림기후가 넓게 분포하는 인도네시아와 말레이시아는 대표적인 팜유 생산국이다. 이 지역의 농장은 대부분 열대우림을 제거하고 조성된 것이다. 베트남 등 열대몬순기후지역에서도 최근 고무나무 플랜테이션이 확대되고 있다(사진 4.8). 고무나무 수액 채취기간이 30

사진 4.7 열대습윤기후지역 이동식경작(라오스 포캄Pho Kham, 2013. 11.) 기온이 높고 강우량이 풍부한 열대 산간에서는 오늘날에도 이동식경작이 행하여진다.

사진 4.8 열대습윤기후지역 고무나무 플랜테이션(베트남 호찌민 근교, 2013. 8.) 아시아의 열대습윤기후지역에서는 플랜테이션으로 고무나무 재배지역이 확대되고 있다.

년 정도에 불과하여 어린 고무나무와 성목 농장이 이웃한 것을 쉽게 볼 수 있다. 대규모 플랜테이션농업은 단일경작과 거대한 토지를 필요로 한다는 문제점을 안고 있다. 거대한 토지를 개간하기 위해서는 열대우림 파괴가 필수적이며, 이는 새로운 환경문제를 초래하기 마련이다.

사바나기후(Aw) 사바나기후(tropical savanna climate)는 습윤한 열대기후 중 분포 면적이 가장 넓다. 열대우림기후와 열대몬순기후지역을 남북으로 둘러싸고 있으며, 아프리카와 남·북아메리카에서는 남·북위 5~20° 사이, 아시아에서는 북위 10~30° 사이에 분포한다(319쪽 그림 4.6 참조). 이는 열대수렴대가 아시아에서 더 북쪽으로 이동하는 것과 관련 있다. 사바나기후지역 고위도 한계는 열대수렴대 한계와 거의 일치한다. 사바나기후는 브라질고원을 비롯하여 아마존분지 남북으로, 그리고 아프리카 콩고분지를 남북으로 둘러싸고 광범위하게 분포한다. 인도차이나반도와 인도, 오스트레일리아 북부, 중앙아메리카, 카리브제도, 마다가스카르섬 서부에도 사바나기후가 분포한다. 이 기후형이 아프리카에서는 열대습윤기후지역 동쪽으로 분포한다.

사바나기후지역에서는 시기에 따라서 기후 차이가 크며, 저위도 쪽과 고위도 쪽 기후 차이가 크다. 이는 기후에 미치는 영향이 극단적으로 다른 열대수렴대와 아열대고기압의 영향을 받기 때문이다. 우선 이 기후지역에서는 태양 이동에 따라 건기와 우기가 명확하게 구별된다(그림 4.10). 이 기후형 지역은 태양고도가 높은 시기에 열대수렴대 가까이에 놓이면서 습윤한 열대해양기단과 적도기단의 영향을 받는다. 이때는 열대수렴대가 고위도로 이동하는 시기로 사바나기후지역에서도 열대우림기후처럼 후텁지근한 날씨가 이어지면서 대류성 강수가 자주 내린다.

태양고도가 낮은 시기에 사바나지역은 열대수렴대에서 멀어져 아열대고기압의 영향을 받는다. 이 시기에는 바람과 기압계 이동이 반대쪽 반구를 향한다. 이때 사바나기후지역은 대부분 아열대고기압의 영향으로 안정된 대륙기단 세력하에 들면서 건조한 날씨가 이어진다. 이때는 사막을 연상하게 할 만큼 물이 마르고 초목이 타들어 간다.

사바나기후는 습윤한 열대기후와 건조한 열대기후 사이에 분포하는 점이적 기후형이다. 열대습윤기후에 접한 지역에서는 건조기후지역 쪽에 비하여 열대수렴대의 영향

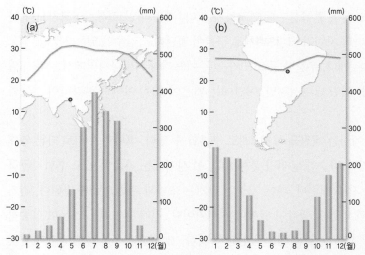

그림 4.10 열대사바나기후지역 기후그래프 (a)는 인도 콜카타Kolkata, (b)는 브라질 쿠이아바Cuiabá 기후그래프이다. 열대습윤기후형 중 연교차가 비교적 크고 건기가 명확하다.

을 더 길게 받아 비교적 강수량이 많은 편이다. 반면, 건조기후에 접한 고위도 쪽에서는 열대수렴대 한계지역에 해당하여 우기가 짧다.

사바나기후지역 연평균강수량은 열대습윤기후지역보다 적은 500~1,800mm이며, 지역 간 차이가 크다. 태양고도가 높은 시기에는 월평균강수량이 250mm를 초과하며, 지형의 영향으로 강제상승하는 지역에서는 300mm를 초과한다. 반면, 태양고도가 낮아지는 3, 4개월 동안에는 강수가 거의 없는 달도 있다. 저위도에 인접한 열대몬순기후에 비하여 건기가 길고 뚜렷하다. 동아프리카 사바나지역에서는 우기가 두 차례 출현한다. 열대수렴대가 북상하는 4~5월 무렵에 비교적 길게 우기가 출현하고, 남쪽으로 이동하는 10~11월에 짧은 우기가 지나간다.

이 기후지역의 기온은 열대우림기후지역 못지않게 높지만, 최난월과 최한월 평균기온 차이가 더 커서 연교차가 3~10℃에 이른다. 최난월은 열대몬순기후와 같이 첫 번째 우기가 시작되기 바로 전인 태양고도가 정점에 이르기 직전에 출현한다. 북반구에서는 3월, 4월, 5월 기온이 6월, 7월 기온보다 더 높을 수 있다.[10] 우기가 시작되면 강수에 의한 증발과 구름효과로 기온상승이 억제되며, 우기가 지난 후에 기온이 약간 상승한다.

대체로 해안과 적도에서 멀어질수록 연교차가 크다. 기온의 일교차는 연교차보다 큰 편이지만, 시기에 따라 차이가 크다. 대체로 구름이 발달하고 강수가 있는 시기에 적고 건조한 시기에 크다. 케냐, 우간다 등 고도가 높은 아프리카 사바나지역에서는 건기 일 최고기온이 30℃를 훨씬 넘어서지만, 야간에는 기온이 20℃ 이하로 하강하여 서늘함 을 느낄 수 있다.

사바나기후지역에서는 계절을 크게 3개로 구분할 수 있다. 하나는 우기로 다른 열대 습윤기후지역 우기와 비슷한 날씨가 출현한다. 이 시기에는 기온이 높고 후텁지근하 며, 대류성 강수가 자주 내린다. 다른 계절인 건기는 초반과 후반으로 구별된다. 건기 초반은 맑은 하늘과 약간의 냉각이 일어나는 시기이다. 건기 후반에는 기온이 상승하 면서 '불의 시기'라고 할 수 있을 정도로 산불이 잦다. 거의 매년 산불이 발생하여 마른 풀과 관목을 태우면서 현재 사바나 경관을 형성하였다.

사바나기후지역 식생은 극단적으로 건조한 기후와 습윤한 기후에 적응한 것으로 대 부분 건기에 휴면하다가 우기가 찾아오면 다시 잎과 꽃을 피운다. 사바나는 열대우림 과 스텝 사이에 분포하는 점이형으로 키 큰 풀과 나무가 드물게 자라는 것이 큰 특징이 지만, 열대우림 쪽과 스텝 쪽의 식생 차이가 명확하다. 열대우림으로 갈수록 수목밀도 가 높아지고 풀의 키도 크다. 우기에는 풀이 무성하여 초식동물이 서식하기에 좋은 조 건이다. 초식동물은 육식동물을 끌어들이면서 사바나 초원을 '동물의 왕국'으로 만든다 (사진 4.9).

열대우림 가까운 곳 식생은 사바나 숲(savanna wood land)이라고 불린다. 우기의 사바 나 숲에는 거친 풀밭이 광활하게 펼쳐지며 곳곳에 가시가 있고 거친 껍질의 나무가 드 물게 자란다. 건기에는 모든 풀은 지푸라기처럼 마르고 나무 잎도 가뭄을 이겨내기 위 하여 모두 떨어진다. 이런 사바나 숲이 열대우림을 둘러싼다. 이곳 나무는 주로 땔감용 으로 베어지고, 대부분 주민들이 음식을 만들기 위한 연료로 사용한다(사진 4.10). 캐슈 너트나무와 케이폭나무 등이 이 지역 중요한 수출품이다. 건조지역에 가까워지면 작 은 가시덤불과 관목이 군데군데 몰려서 분포한다. 이런 경관을 가시나무-장초 사바나

---

10 이런 경향은 위도가 낮을수록 뚜렷하다.

사진 4.9 열대사바나 식생(케냐 마사이마라, 2012. 2.) 열대사바나지역에는 풀이 무성하게 자라고 있어서 동물의 왕국을 이루고 있다. 건기 후반에 접어들면서 풀이 상당히 말라 있다.

사진 4.10 사바나지역의 땔감(우간다 캄팔라 근교, 2012. 2.) 사바나지역에서 비교적 무성한 곳의 나무는 땔감용으로 베어져, 도로변에서 숯으로 판매하는 경우가 흔하다.

(thorntree-tall-grass savanna)라고 하며, 아카시아와 같은 가시나무가 대부분이다.

사바나기후지역 하천은 건기에 바싹 말라 있고 우기에 쉽게 차오르며 흙탕물이 흐른다. 강수량 변동이 클 뿐만 아니라 우기 시작시기 차이가 커서 관개 없이 농사를 지을 경우 기근을 겪기 쉽다. 토양은 물리적 특성이나 비옥도가 열대습윤기후지역과 비슷하여 척박하고 붉은 색조를 띤다.

사바나지역이라 하여도 아시아와 아프리카에서 농업방식과 작물 차이가 크다. 동남아시아의 사바나기후지역에서는 대체로 강수량이 풍부하여 주로 벼를 재배하거나 용과 등을 대규모로 재배한다(사진 4.11).[11] 이 지역 농업은 남서몬순의 영향을 크게 받아서 주로 우기에 성장하고 건기에 수확한다. 아프리카의 사바나는 열대우림과 사막 사이에 자리하고 있어서 농작물과 경작방식이 위도대에 따라서 서서히 바뀐다. 비교적 우기가 긴 사바나지역 농업은 열대우림에서 행하여지는 화전농업과 비슷한 방식으로 경작하기도 한다. 좁은 지역에 나무를 베어 내고 그것을 태워 경작지로 이용한다. 이때 발생한 재가 토양을 비옥하게 하는 거름 역할을 한다. 몇 년이 지나면 더 이상 농사를 짓는 것이 어려워지고 원래 상태로 돌아가서 관목류(shrub)가 자라기 시작한다. 얌(yam)과 콩, 사탕수수, 담배, 면화 등이 비교적 습윤한 사바나지역에서 재배되는 작물이다. 우기가 짧은 건조한 사바나지역에서는 옥수수와 기장, 사탕수수, 땅콩 등이 재배된다. 사탕수수는 땅콩과 더불어 사바나지역의 중요한 식량작물이다. 이 작물들은 짧은 우기와 길고 뜨거운 건기에 잘 적응한 식물이다. 서아프리카에서 재배되는 땅콩은 면화와 함께 주요 수출품인 환금작물이다. 오늘날 동아프리카 사바나에서는 두 번의 우기를 활용하여 이모작농업을 한다. 저지대에서는 벼와 사이잘이 재배되고, 고원에서는 커피와 차, 밀 등을 대규모로 재배한다. 아프리카에서 강수량이 부족한 농업지역 주변에서는 소를 유목한다. 이런 곳에서는 기린, 가젤 등 야생 초식동물이 서식한다. 우기에는 소 떼가 풀을 찾아서 스텝으로 이동하였다가 사바나초원으로 돌아온다. 오늘날에도 아프리카 마사이족은 유목 형태로 소를 키우는 경우가 흔하며, 소는 소유한 숫자가 부의 상징일 정도로 중요한 가축이다(사진 4.12).

---

11 열대사바나 외에도 열대와 온대몬순기후지역에서 벼를 널리 재배한다.

사진 4.11 습윤한 열대사바나지역 플랜테이션(베트남 판티엣, 2018. 11.) 비교적 강수량이 풍부한 동남아시아 사바나지역에서는 용과 등 환금작물을 대규모로 재배한다.

사진 4.12 건조한 열대사바나지역 유목(케냐 마사이마라, 2012. 2.) 강수량이 부족하여 경작이 어려운 사바나지역에서는 소를 키우는 유목이 널리 행하여진다.

2) 건조한 열대(B)기후

건조기후는 육지 면적의 30% 가까이에 분포하고 있을 정도로 지구상에서 가장 넓은 지역에 걸쳐 있다. 이 중 저위도 건조기후는 강한 하강기류가 광범위하게 발달하는 지역을 중심으로 발달하였다(그림 4.11). 여기에서는 강한 하강기류를 형성하는 아열대고기압대와 한류가 흐르는 연안을 따라 발달한 건조기후를 대상으로 설명하였다. 두 경우는 형성 원인에서 큰 차이가 있지만, 위도상으로 비슷한 범주에 분포된다.

아열대사막기후(BWh) 아열대사막기후(subtropical desert climate)는 남·북반구 아열대고기압대를 따라서 발달하였다. 이 기후형은 남·북위 15~25° 사이에 분포하며, 남·북회귀선에 가까울수록 건조도가 높다. 북아프리카에서 남아시아로 이어지는 사하라사막, 아라비아사막, 루트Lut사막, 타르사막 등의 사막 벨트와 오스트레일리아 중앙에 넓게 분포하는 사막이 가장 광범위한 아열대사막기후지역이다. 이들 지역은 모래사막뿐만 아니라 자갈이나 비교적 큰 암석으로 덮여 있는 황무지이다(사진 4.13). 미국 남서

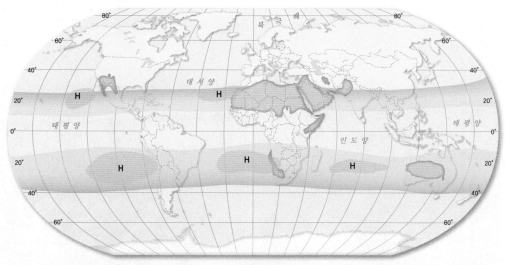

그림 4.11 아열대고기압대와 저위도 건조한 열대기후지역 분포 저위도 건조한 열대기후는 대체로 아열대고기압대를 따라서 동서로 넓게 분포한다.

사진 4.13 아열대사막기후 모래사막(모로코 에르푸드Erfoud, 2013. 7.) 사막기후지역에는 모래나 자갈, 암석으로 덮인 사막이 분포한다. 사진에서 규모가 큰 사구 뒤로 멀리 자갈사막이 분포한다.

부와 멕시코 북부에 걸쳐 있는 치와와Chihuahua사막과 남아프리카 칼라하리사막에도 이 기후형이 분포한다.

사막기후지역은 구름이 거의 없고 습도가 낮다. 사하라사막에서는 여름철 운량이 3% 미만이며 겨울철에도 10%를 넘지 않는다. 내륙에 위치하는 사막에서 낮에 상대습도는 10~30%에 불과하다. 대기 중에 수증기량이 적으므로 낮에는 태양이 지표면을 빠르고 강렬하게 가열시켜 기온이 급격히 상승한다. 반면, 야간에 빠르게 냉각되어 일교차가 크게 벌어진다. 일반적으로 일교차는 15~25℃에 이르며 심할 때는 30℃를 넘어선다.[12] 태양고도가 높은 시기에는 불볕더위가 지속되어 낮 최고기온이 쉽사리 43~48℃까지 올라간다. 태양고도가 낮은 시기에는 비교적 선선하여 최한월평균기온

---

12 일교차 최고 기록은 사하라사막에 위치하는 알제리 살라Salah에서 1927년 10월 3일에 기록된 55.5℃이다 (최고기온 52.2℃, 최저기온 −3.3℃).

이 16℃에 이르기도 하지만, 영하로 떨어지는 날은 드물다. 연교차는 열대습윤기후에 비하여 매우 커서 30℃ 가까이에 이른다(그림 4.12).

아열대사막기후지역에서는 연중 아열대고기압에 의한 하강기류가 대규모로 발달하고 대기가 매우 안정되어 있어서 강수가 발달하기 어렵다. 이 지역에서 강수는 빈도가 적고 불규칙적이다. 간혹 습윤한 공기가 이 지역으로 유입될 때 국지적 가열 차이로 상승기류가 발달하면 일시적으로 폭우가 쏟아진다. 이와 같은 일시적 강수가 사막기후지역에서 평균강수량을 좌우하므로 사막에서 평균값은 큰 의미를 갖지 못한다. 심한 경우 몇 년 동안 비가 내리지 않다가도 일시에 내린 강수량이 평균값에 반영될 수 있다.

사막의 하천은 대부분 말라 있다가 비가 내릴 때 일시적으로 흐르며, 와디(wadi)라고 부른다(사진 4.14). 호우가 쏟아지면 순간적으로 국지적인 홍수가 발생하면서 점토와 모래, 자갈, 큰 바위 등이 범람하여 도로가 유실되기도 한다. 이와 같이 넓게 퍼지면서 흐르는 홍수를 포상홍수(sheet flood)라고 한다. 증발이 워낙 심하기 때문에 대부분 하천은 흐르다 사라지기도 한다. 여기에 용해되기 쉬운 소금과 함께 점토가 침적된다. 이런 분지에는 얕은 염호(saline lake)가 형성된다. 강수가 거의 없는 사막에 흐르는 하천을 외래

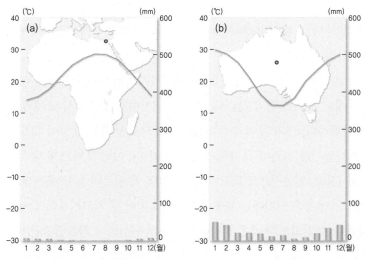

그림 4.12 아열대사막기후지역 기후그래프 (a)는 이집트 카이로, (b)는 오스트레일리아 앨리스스프링스 Alice Springs 기후그래프이다. 강수량이 매우 적고 연교차가 큰 것이 특징이다.

사진 4.14 사막기후에 발달한 와디(모로코 에라시디아Errachidia, 2013. 7.) 사막의 하천은 평시에 말라 있지만 일시적으로 많은 비가 내리면 넘쳐흐르면서 심할 경우 주변에 홍수를 발생시킨다. 드물게 낙타풀과 같은 사막식생이 분포한다.

하천이라고 한다. 외래하천은 다른 기후지역에서 발원한 후 사막을 통과하여 흐르며, 나일강, 티그리스강, 아무다리야강 등이 대표적인 예이다.

아열대사막기후지역에서는 넓고 건조한 하천 양안을 제외하고는 거의 식생을 보기 어렵다. 자세히 들여다보면 키가 작고 잎이 부실한 낙타풀과 같은 사막식생을 볼 수 있다. 사막식생은 대부분 수년에 한 번 내리는 강우에 적응한 것이다. 비가 내리면 토양 수분이 사라지기 전에 빠른 속도로 성장한다. 건조 상태에서 씨로 남아 있다가 비가 내리면 빗물이 마르기 전에 싹이 트고 자라서 꽃을 피우고 씨를 맺는다. 비가 내리면 삭막한 사막이 순식간에 아름다운 화원으로 변하기도 한다. 사막에서 볼 수 있는 목본식물은 증산에 의한 수분손실을 막을 수 있게 딱딱한 잎이나 가시로 둘러싸인 관목이 대부분이다. 사막기후지역에는 절대적으로 물이 부족하여 인류가 거주하기 어렵지만 오아시스나 하천변을 따라서 작은 마을이나 비교적 규모가 큰 도시가 발달하기도 한다(사

사진 4.15 사막에 발달한 도시(모로코 부말네다데스Boumalne Dades, 2013. 7.) 사막에서도 오아시스나 하천을 따라서 마을이나 도시가 발달한다. 부말네다데스는 아틀라스산맥에서 발원하여 남쪽으로 흐르는 다데스강 변 해발 약 1,560m에 자리한 도시로 인구 12,000여 명이 거주한다.

사진 4.16 사막에서 재배되는 대추야자(모로코 에르푸드, 2013. 7.) 사막에서 농사가 가능한 오아시스 주변 등에는 사막기후에 적응한 대추야자를 대규모로 재배한다.

진 4.15). 이런 곳에서는 대부분 대추야자를 재배한다(사진 4.16). 대추야자는 오아시스의 상징으로 보일 정도로 사막을 대표한다. 이 지역에서 대추야자는 탄수화물 공급원으로 이용하며, 사막을 가로지르는 여행에 중요한 식량 역할을 한다.

아열대스텝기후(BSh) 아열대고기압대에 발달하는 아열대스텝기후(subtropical steppe climate)는 아열대사막기후를 둘러싼다. 다만, 서사하라에서와 같이 한류 영향을 받는 대륙 서안에서는 해안까지 사막기후가 이어질 수 있다.

저위도 쪽 아열대스텝기후는 사바나기후와 아열대사막기후 사이에 분포하며, 고위도 쪽에서는 아열대사막기후와 온화한 중위도기후 사이에 분포한다. 두 지역에서 기온과 강수량 분포 등은 비슷하지만 강수를 발달시키는 요인이 다르다. 아프리카 사헬지대와 오스트레일리아 북부와 동부 스텝이 대표적인 예이며, 최근 지나친 방목 등에 의하여 심각한 사막화(desertification)를 겪고 있는 곳이 많다. 아프리카 사헬지대는 1970년대 이후 극심한 가뭄(그림 4.13)과 지나친 방목으로 심각한 사막화를 겪고 있다.

저위도 쪽에서는 열대수렴대가 가장 고위도 쪽으로 이동하는 태양고도가 높은 시기에 짧은 우기가 출현한다. 사헬지대에는 열대수렴대가 가장 북쪽으로 이동하는 7, 8월에 강수가 발달하며, 열대수렴대가 남쪽으로 이동하기 시작하는 9월에 우기가 끝난다. 열대수렴대가 다가오지 않으면 강수가 거의 없으므로 강수량 변동이 매우 크다. 고위도 쪽 아열대스텝기후지역에서는 저위도 쪽과 반대로 태양고도가 낮아지는 시기가 우

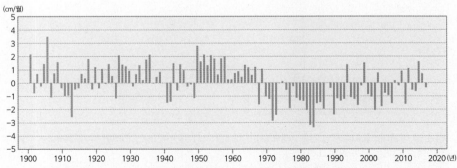

그림 4.13 사헬지대(10~20°N, 20°W~10°E) 우기(6~10월) 강수량 편차(워싱턴대학교, doi:10.6069/H5MW2F2Q) 1970년대부터 2000년대에 걸쳐서 강수량이 급격하게 줄었다는 것을 보여 준다.

기여서, 대부분 강수는 겨울철에 내린다(그림 4.14). 태양고도가 낮은 시기에 중위도 C 기후지역을 지나는 한대전선대와 온대저기압이 일시적으로 남하하여 비를 내린다.[13] 사하라 북부와 아라비아반도, 멕시코 북부, 오스트레일리아 남부 등의 강수가 이런 예이다. 일반적으로 이 기후형 고위도 쪽에 지중해성기후가 발달하였다. 이 지역 강수는 저위도 쪽과 달리 기온이 낮은 시기에 내리므로 증발이 적어 수분효율이 높다. 인도 데칸고원에도 북서–남동 방향을 따라 좁게 아열대스텝기후가 분포하며, 주변은 사바나기후로 둘러싸여 있다. 데칸고원은 인도의 우기에 해당하는 남서몬순기에 서고츠산맥의 강수그늘에 해당하여 강수량이 많지 않다.

아열대스텝기후지역에서는 우기를 제외한 대부분 시기에 아열대고기압의 영향을 받는다. 그러므로 건기에는 사막의 날씨와 별반 다르지 않다. 이런 곳에는 키 작은 풀과 관목이 드물게 자란다. 가축을 방목하지만, 관개 없이 농사짓는 것은 거의 불가능하다. 강수량 자체가 적을 뿐만 아니라 변동이 커서 농사에 매우 불리하다. 그러므로 작물의 시장가격이 불안정하며 계절변동이 매우 크다(그림 4.15). 물을 공급할 수 있는 곳에

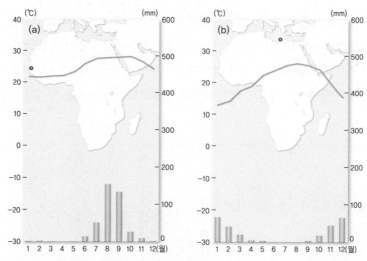

그림 4.14 아열대스텝기후지역 기후그래프 (a)는 세네갈 다카르Dakar, (b)는 리비아 벵가지Benghazi 기후그래프이며, 건기에는 비가 거의 내리지 않는다.

---

[13] 간혹 사하라사막에 눈이 내렸다는 보도는 이와 관련 있다.

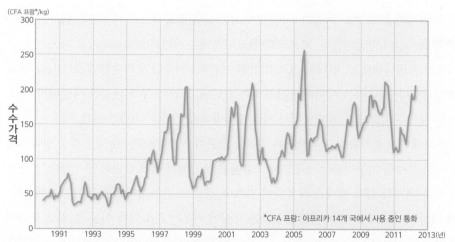

그림 4.15 아열대스텝기후지역에서 식량가격 변동(FAO) 니제르 진데르Zinder에서 수수가격 변동을 나타낸다. 해에 따른 변동이 클 뿐만 아니라 계절변동도 매우 크다.

사진 4.17 튀니지의 관개시설: 제소르(튀니지 수스, 2008. 8.) 경사지에 제소르라는 둑을 쌓아 지표수를 모은다. 사진 왼편 둑이 제소르이다.

는 농업지역을 조성할 수 있다. 이런 곳에서는 물을 효율적으로 이용하기 위하여, 독특한 관개시설이 발달하였다. 모로코의 건조지역에는 케타라(Khettara)라고 하는 지하 관개수로가 발달하였고, 튀니지 건조지역에는 한국의 저수답과 비슷한 제소르(Jessour)가 발달하였다. 케타라는 아시아에 분포하는 카나트, 카레즈 등과 비슷한 시설이며, 제소르는 지표수를 모으기 위하여 경사 기슭에 제방을 쌓는 것이다(사진 4.17).

작물재배가 불가능한 지역에서는 유목을 행한다. 먹이가 되는 풀의 고갈을 방지하기 위해서 가축을 이동하면서 키우므로 소유물을 운반하기 쉽게 간단히 구성한다. 가옥은 조립과 해체가 쉽게 천막을 사용하여 지으며, 중위도 건조지역의 이동식 가옥에 비하여 개방적이다(사진 4.18). 생활필수품은 자신이 키우는 가축이나 이동 중 일부 오아시스에서 구한다. 말과 낙타는 정착민을 약탈하기 위해 중요하였다. 그러므로 유목민은 주변 농경민족에게 경계 대상일 수밖에 없다.

사진 4.18 아열대스텝기후지역 생활과 경관(모로코 제브자트Zebzat, 2013. 7.) 아열대스텝기후지역에는 드물게 관목과 풀이 자라며, 관개하기 어려운 지역에서는 이동하면서 유목을 한다.

서안사막기후(BWn) 서안사막기후(west costal desert climate)는 한류가 흐르는 대륙 서안에 발달한 건조 기후이다. 지형과 한류 방향과 관련되어 남북으로 비교적 길게 발달한다. 카나리아해류가 흐르는 북아프리카 서안 서사하라사막과 페루해류 연안 아타카마Atacama사막, 캘리포니아해류 연안 모하비Mohave사막과 소노란Sonoran사막, 벵겔라해류 연안 나미브Namibu사막 등이 대표적이며, 서안사막으로 불린다. 아열대고기압 중심 동쪽에 해당하는 대륙 서안에 사막기후가 탁월하게 발달한다(그림 4.16).

연안에 한류가 흐르는 곳은 하층 기온이 낮아서 대기가 안정되어 있으므로 강수를 내리게 할 만한 상승기류가 발달하기 어렵다. 상승기류 발달이 어려우므로 국지적인 대류성 강수도 거의 없어서 아열대사막기후보다 더 건조하다. 하층공기가 냉각되면서 얇은 기온역전층이 발달하고 뜨거운 공기가 찬 바다를 만나 기온이 이슬점까지 떨어지면 짙은 안개나 층운이 형성되어 아주 약한 가랑비가 날릴 수 있다. 이곳의 안개는 대부분 이류무이다(사진 4.19). 이런 안개를 칠레에서는 카만차카(*camanchaca*), 페루에서는 가루아(*garúa*)라고 부른다. 안개와 층운이 태양을 가리고 있어서 아열대사막기후에 비하여 일조율이 낮다. 안데스산지도 아타카마사막의 발달에 영향을 미친다. 아열대고기압대에서 남동무역풍이 불어올 때 아타카마사막은 바람그늘에 해당하여 강수가 발달

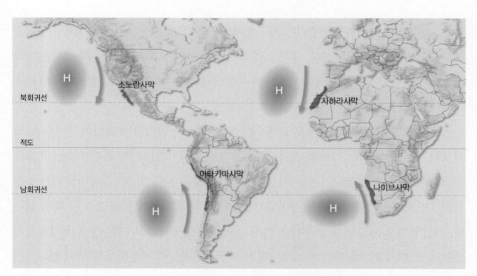

그림 4.16 서안사막기후지역 분포 서안사막은 대체로 아열대고기압 동쪽 한류 연안을 따라서 분포한다.

사진 4.19 대륙 서안 한류 연안에 발달한 안개(모로코 카사블랑카, 2013. 7.) 한류가 흐르는 연안에는 건조 기후가 발달하지만, 하층에 낮은 기온으로 대기가 안정되어 있어서 쉽게 안개가 발생한다.

하기 더욱 어렵다. 아타카마사막은 지구상에서 가장 건조한 곳으로 어디에서도 연평균 강수량이 10mm에 못 미친다. 내륙으로 들어가면 거의 무강수 지역에 해당한다. 아타 카마사막 남쪽에서는 겨울철에 전선대가 북상하여 강수가 발달할 수 있으나 매우 이례 적이다.

이 지역은 한류 영향을 받으므로 비슷한 위도대 다른 지역과 비교하여 기온이 낮고 연교차도 작다(그림 4.17). 예를 들어, 남위 29°14′에 위치하는 남아프리카 서안의 포트 놀러스Port Nolloth 연평균기온은 14.7℃이고 연교차는 3.6℃인 반면, 남아프리카 동쪽 해안 더반Durban 연평균기온은 20.6℃이고 연교차(7.6℃)는 포트놀러스 두 배를 넘는 다. 최난월에도 해양에서 냉각된 공기가 내륙으로 이동하므로 기온이 크게 상승하지 못한다. 반면에 최한월에는 아열대사막기후지역과 비슷한 기온분포를 보여 연교차가 작다. 그러나 해안에서 조금만 내륙으로 이동하여도 연교차가 커진다.[14] 야간에도 습도

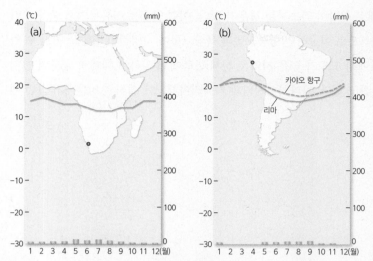

그림 4.17 서안사막기후지역의 기후그래프 (a)는 남아프리카공화국 포트놀러스Port nolloth, (b)는 페루 리마 기후그래프이다. 강수량이 극단적으로 적은 것이 특징이다.

가 높은 편이어서 기온이 쉽게 떨어지지 않으므로 아열대사막에서보다 일교차가 작다.

이 지역에서는 안개가 두껍고 충운이 끼어 있는 경우가 많은 데다 기온이 낮아서 습도가 높은 편이다. 해안에 인접한 곳에는 초록색 풀이 자라는 것을 쉽게 볼 수 있다. 최한월에 일평균상대습도는 80%에 이른다.[15] 여름철에 최고기온이 나타날 무렵 아열대사막기후에서는 상대습도가 30%를 밑돌지만, 이곳에서는 60~70%에 이른다. 안개가 빈번히 발생하여 일사를 차단하므로 일조시간이 다른 기후지역에 비하여 짧다.

이 기후지역에서는 안개가 주민생활에 미치는 영향이 크다. 안개가 빈번한 해안에서는 안개를 포집하여 생활용수로 활용할 수 있다. 나미브사막 연안은 해골해안이라 불

---

14 페루 리마의 호르헤 차베스 국제공항에서 기온 연교차는 8km 정도 떨어진 카야오Callao 항구보다 거의 두 배 크다(그림 4.17 b).

15 페루 리마의 경우, 최난월인 1월 평균상대습도가 81.6%로 비슷한 위도상에 위치한 대서양 연안 사우바도르Salvador 79.4%보다 더 높다. 사우바도르는 연중 비가 많이 내리는 열대습윤기후지역으로 1월평균 강수량이 82.5mm이며, 리마는 0.8mm이다. 리마 연평균일조시간은 1,230시간에 불과하지만, 사우바도르는 2,500시간에 가깝다. 이와 같이 리마에서 상대습도가 높고 일조시간 짧은 것은 자주 발생하는 안개 때문이다.

릴 만큼 짙은 안개로 선박이 좌초하는 경우가 많다. 이런 안개는 이류무여서 풍향에 따라서 해안에서 내륙으로 이동하면 항공교통과 육상교통에 치명적인 영향을 미칠 수 있다.[16] 이 기후지역에서 고도가 높은 지역은 천체 관측에 유리하여 세계적 규모의 천체관측소가 자리를 잡고 있다. 아타카마사막과 카나리아제도에 설치된 천문대가 그런 예이다.

---

16 카나리아제도 테네리페Tenerife 공항 참사로 알려진 1977년 3월 27일 항공기 충돌사고는 짙은 안개가 주요 원인이었다. 갑자기 짙어진 안개로 이륙 중이던 네덜란드항공 항공기와 지상 이동 중이던 팬아메리카 항공기가 서로 인지하지 못하여 충돌하여 583명이 사망하는 참극이 빚어졌다.

3. 중위도지역 기후

　중위도는 대략 남·북위 30~60°에 해당한다. 중위도는 열과잉지역과 열부족지역 사이에 위치하여 번갈아 두 지역의 영향을 받는다. 중위도는 저위도나 고위도와 달리 지역 내에서 기후 차이가 커서 고위도 쪽과 저위도 쪽은 전혀 다른 기후 특성을 지닌다.

　중위도에서는 계절별로 태양고도가 변하므로 저위도에서 강수량에 의해 계절이 결정되는 것과 달리 기온에 의하여 계절이 구별된다. 중위도순환은 저위도와 고위도에 발달하는 열 순환 사이에 동적 원인에 의하여 발달하며, 두 순환의 발달 정도에 따라서 각 순환 사이 경계가 남북으로 이동한다. 태양고도 변화가 두 순환 경계의 남북이동에 직접 영향을 미친다. 그러므로 성질이 전혀 다른 저위도순환과 고위도순환이 번갈아 이 지역의 기후에 영향을 미쳐 다양한 기후가 출현한다. 순환 경계의 상층에는 각각 아열대제트기류와 한대제트기류가 형성되어 중위도기후에 영향을 미친다. 한대제트기류가 발달하는 하층에는 한대전선대가 형성되어, 중위도기후에 결정적인 영향을 미친다(그림 4.18).

　여름철에는 중위도에서도 태양복사 에너지 강도가 강할 뿐만 아니라 낮의 길이가 길어지면서 마치 열대기후를 연상하게 할 만큼 무더운 지역도 있다. 여름철에 위도 20~30°에서는 거의 수직으로 태양광선을 받는다. 이 무렵, 위도 20°에서는 낮의 길이가 13시간 21분이지만 위도 30°에서는 14시간 5분으로 저위도보다 중위도에서 태양복

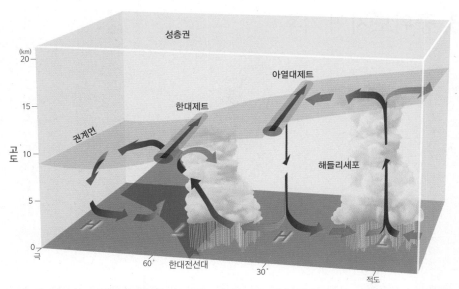

그림 4.18 중위도순환과 제트기류 위치
중위도기후는 열대순환세포와 한대순환세포 사이에 만들어진 간접순환 영향을 받으며, 그 경계를 따라서 상층에 아열대제트와 한대제트가 발달한다. 한대제트 하층에 한대전선대가 발달한다.

사 에너지를 더 받을 수 있다. 중위도 여름철 월평균기온은 대부분 20~25℃에 이르며, 고위도로 가면서 서서히 낮아진다.

겨울철에는 태양복사 에너지 강도가 약할 뿐만 아니라 낮의 길이도 짧아 기온이 크게 하강하면서 열대와 차별되는 날씨가 이어진다. 고위도로 갈수록 겨울철 기온이 급격하게 떨어지므로 지역별로 연교차 차이가 커서 저위도에서는 8℃ 정도이지만, 고위도에서는 40℃에 이른다. 겨울철에는 습도가 낮아 여름에 비하여 기온 일변화가 크다.

1) 온화한 중위도(C)기후

온화한 중위도기후는 중위도 내에서 저위도 쪽으로 분포하며, 해양의 영향이 큰 대륙 서안에서는 훨씬 고위도까지 확대된다(그림 4.19). 이 기후형은 저위도기후와 한랭한 중위도기후의 중간형으로 여름이 길고 더운 편이며, 겨울은 짧고 온화하다. 겨울철에

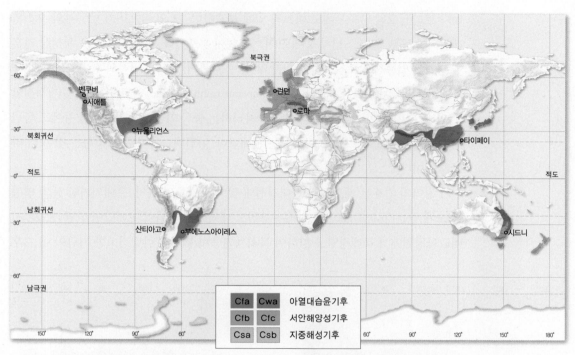

그림 4.19 온화한 중위도기후지역 분포 온화한 중위도기후는 중위도에서 저위도 쪽에 분포하며 대륙 서안에서는 더 고위도로 확대된다.

서리가 내릴 때도 있지만 대부분 지역에서 연중 농사를 지을 수 있다.

이 기후지역의 강수량은 연변동이 크고 계절 차이도 커서 연평균강수량이 많은 지역에서도 계절에 따라 물 부족을 겪을 수 있다. 이 기후형은 계절별 강수량 분포와 여름철 기온에 따라서 주로 대륙 동안에 분포하는 아열대습윤기후(Cfa, Cwa)와 서안에 분포하는 지중해성기후(Csa, Csb), 서안해양성기후(Cfb, Cfc)로 구분한다.

아열대습윤기후(Cfa, Cwa) 아열대습윤기후(humid subtropical climate)는 동남아시아, 동아시아, 남·북아메리카 등에서 남·북위 20~40°에 걸쳐서 광범위하게 분포한다. 이 기후형은 대체로 중위도 대륙 동안에 분포하며, 연속적이지 않지만 위·경도상으로 넓은 범위에 걸쳐 있다. 아시아에서는 인도대륙 북부에서부터 동중국해 연안과 한반도 중부와 남부, 일본 남부까지 이어진다. 미국 남동부에도 동서로 넓게 분포하며, 남아메리카 브라질고원 남동부에도 비교적 넓게 분포한다. 그 외 아프리카 남동부와 오스트레일리아 동부, 알프스 남부 등에도 이 기후형이 분포한다. 이와 같은 분포 특성상 기후형 명칭을 일률적으로 적용하기 쉽지 않다. 예를 들어, 알프스 남부와 한반도 남부와 중부에서는 아열대보다 '온대습윤기후(temperate humid climate)'라고 하는 것이 더 적절할 수 있다. 그러나 이 기후형은 더 남쪽에 자리하는 중국 화남지방과 타이완 등에도 광범위하게 분포하고 있으며, 이곳에서는 온대보다 '아열대습윤기후'라고 하는 것이 더 타당할 것이다.[17]

이 지역의 기후는 계절풍과 한대전선대 및 제트기류의 위치, 온대저기압 등의 영향을 크게 받는다(그림 4.20). 겨울에는 고위도 대륙이 냉각되어 고기압이 발달하므로 시베리아평원에서 북태평양을 향하여 북서계절풍이 불면서 한랭건조한 기단이 이 기후

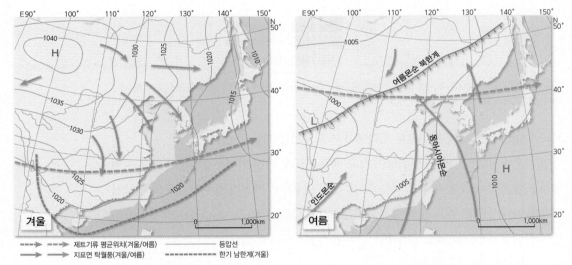

그림 4.20 동아시아의 계절별 풍향과 제트기류 위치 동아시아는 계절풍 영향을 받으며, 제트기류 위치도 변한다. 대륙이 냉각되는 겨울에는 대륙에서 해양으로, 가열되는 여름에는 해양에서 대륙으로 바람이 분다. 제트기류는 겨울에 북위 30° 부근까지 남하하고, 여름에는 40° 가까이 북상한다.

---

17 쾨펜의 기후분류체계에서 사용하는 기호에 상응하는 기후형 명칭을 정하는 것이 쉽지 않다. 이 기후형의 고위도 쪽에서는 온대습윤기후라고 부르는 것이 적합하고 저위도 쪽에서는 아열대습윤기후라고 부르는 것이 적합하다. 한국에서도 최한월 평균기온이 0℃ 이상인 지역에는 상록활엽수림이 분포하고 있어서 아열대기후라고 부르는 것이 더 적절하다 할 수 있다.

지역에 영향을 미친다. 이때 아열대제트기류는 북위 30° 가까이 위치한다. 여름에는 고위도 쪽 대륙이 가열되면서 저기압이 발달하여 해양에서 발달한 아열대기단이 이 기후지역에 영향을 미치며, 제트기류는 북위 40° 가까이 북상한다. 그로 인하여 남서 혹은 남동계절풍이 불면서 간혹 열대기후를 연상할 정도로 고온다습하다. 이와 같이 계절에 따라 영향을 미치는 기단이 바뀌면서 한대전선대가 지나게 되어 비교적 긴 우기가 출현한다. 또한, 연중 주기적으로 통과하는 온대저기압이 많은 강수를 초래한다.

이 기후지역에서는 여름철이 매우 무덥다. 최난월평균기온이 24~28℃에 이르는 데다(그림 4.21) 고온다습한 해양기단의 영향으로 습도도 높아서 체감온도가 더욱 높다. 여름철 일최고기온이 흔하게 30℃를 넘어서며, 간혹 40℃에 육박한다. 겨울철에는 대체로 온화한 편이지만 일시적으로 한랭한 대륙기단이 영향을 미치면서 한파가 출현한다. 아시아와 북아메리카에서는 일최저기온이 간혹 −10℃ 이하로 떨어지면서 서리가 내린다. 서리는 작물분포 등에 미치는 영향이 크다. 예를 들어, 오렌지 재배한계는 서리 영향을 받으며, 주요 생산지역 분포가 아열대습윤기후가 우세하게 분포하는 대륙 동안보다 지중해성기후가 우세한 대륙 서안에서 고위도로 확대된다(그림 4.22).[18] 지중해성

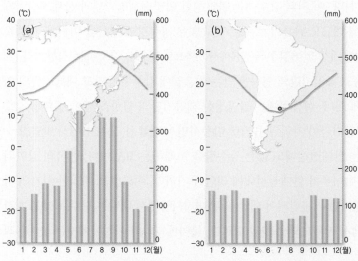

그림 4.21 아열대습윤기후지역 기후그래프 (a)는 타이완 타이베이, (b)는 아르헨티나 부에노스아이레스 기후그래프이다. 여름철에 기온이 높고 겨울철에 온화하며, 연중 강수량이 많은 것이 특징이다.

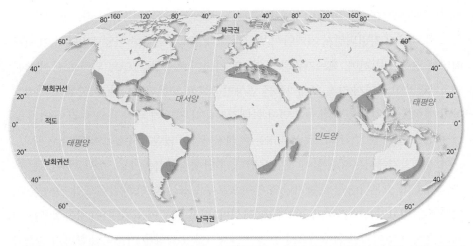

그림 4.22 주요 오렌지 생산지역 분포 오렌지는 온화한 중위도기후에서 주로 재배되며, 재배지역은 아열대 습윤기후가 분포하는 대륙 동안보다 지중해성기후가 분포하는 대륙 서안에서 고위도로 확대된다.

기후지역에서는 겨울철에도 서리가 거의 내리지 않는다.

이 기후지역에서 연평균강수량은 1,000~1,500mm로 많은 편이지만 지역에 따라 차이가 크다. 강수량이 많은 곳은 2,000mm를 초과하는 곳도 있지만 적은 곳은 1,000mm에 못 미친다. 이 지역 강수에는 불안정한 아열대해양기단과 온대저기압의 영향이 크며, 근해에 대규모 난류가 흐르는 것도 많은 강수량에 영향을 미친다. 대체로 연평균강수량은 해양에서 멀어질수록(동쪽에서 서쪽으로 갈수록) 감소하는 경향이다. 계절별로는 기온이 높고 해양기단의 영향을 받는 여름철에 강수량이 많고 대륙기단의 영향을 받는 겨울철에 적다. 여름철에는 불안정한 해양기단의 영향을 받아 대류성 강수가 잦은 편이다. 해양기단이 가열된 육지로 이동하면서 대류성 강수가 쉽게 발달할 수 있다. 동아시아에는 한대전선대도 많은 강수량을 초래하는 요인이다. 한국의 장마와 중국 메이유, 일본 바이우가 한대전선대에 의한 우기이다. 여름철을 제외한 시기의 강수는 대부분 온대저기압과 관련되어 내린다. 온대저기압에서 내리는 강수는 발생 시간이나 지속시간 등에서 저위도의 스콜과 다르다. 북아메리카와 아시아에서는 늦여름과

---

18 미국에서 오렌지 생산의 경제적 북한계가 동부에서는 북위 29°이지만, 지중해성 기후지역인 서부에서는 약 1,000km 더 북쪽인 북위 38°까지 확대된다.

초가을 사이에 열대저기압이 통과하면서 많은 강수가 쏟아지기도 한다.

이 기후형이 분포하는 대부분 지역에서는 강수량이 풍부하지만, 하절기에 해당하는 반년 동안에 75% 가까이 집중된다. 여름철에는 하천유량이 풍부한 편이지만, 고위도 쪽에서는 겨울철에 물부족을 겪을 수 있어서 물관리가 중요하다. 여름철에 집중되는 강수는 홍수 원인이 되지만, 풍부한 물은 급격한 경제성장과정에서 중요한 요소가 될 수 있었다. 풍부한 강수량으로 농업용수에 대한 큰 우려 없이 도시화와 산업화를 위한 담수원을 확보할 수 있었다는 점에서 의미가 있다.

이 기후형은 남북으로 광범위하게 분포하고 있어서 남북 간 식생 차이가 큰 편이다. 이 기후지역 중에서 위도가 높은 한반도 남부와 중부 등 동북아시아와 미국 동부에는 참나무, 너도밤나무, 단풍나무 등과 같은 낙엽활엽수림(broadleaf deciduous forest)이 분포한다.[19] 주로 키 큰 활엽수로 이루어져 있으며 가을에 잎을 떨구어 수분 증산을 막는다. 하층에는 다년생초본류나 진달래, 철쭉 등 관목류가 자란다(사진 4.20). 중국 남부와 한반도 남해안, 일본 남부, 미국 플로리다 등에는 동백나무, 녹나무 등 상록활엽수(evergreen broadleaf forest)가 넓게 분포한다. 특히 타이완, 중국 남중국해 연안 등에서는 열대우림에 가까운 무성한 상록수림이 분포한다(사진 4.21). 비교적 겨울이 추운 곳에는 추위에 적응하기 위하여 잎이 작고 두꺼우며 반짝이는 나무가 자라며, 이런 숲을 조엽수림이라고 한다. 하층식생도 잘 발달하며, 양치류와 대나무, 관목류 등과 송악과 같은 덩굴식물이 풍성하게 자란다.

여름철 고온다습한 기후환경은 토양층에 포함된 영양분을 씻어내는 데 효과적이다. 이 기후형 저위도 쪽 토양에는 산화철이 쌓여 있어서 색이 붉다. 이런 곳은 비옥도가 낮아 곡물을 재배하려면 비료가 필요하다. 뿐만 아니라 많은 비가 토양침식을 일으킬 수 있어서 농사에 불리한 곳이 많다.

동아시아와 북아메리카에는 같은 기후형이 분포하지만, 농업방식 차이가 크다. 아시아에서는 여름철 고온다습한 기후에 적합한 벼농사가 발달하였다. 이 기후형의 저위도 쪽에서는 일 년에 두 번 이상 벼농사가 가능하지만, 한반도 등 고위도에서는 이모작농

---

19 한반도에서 산지를 제외한 참나무 숲은 대부분 농경지로 개간되었다.

사진 4.20 아열대습윤기후지역 식생(울릉도 성인봉 북사면, 2008. 5.) 울릉도 성인봉 북사면은 원시림지역으로 너도밤나무와 단풍나무, 고로쇠나무 등이 무성하게 분포하며, 하층에 키가 작은 관목류가 자란다.

사진 4.21 아열대습윤기후지역 겨울철 식생(타이완 화롄, 2012. 2.) 아열대습윤기후지역에서는 한겨울에도 조엽수림이 울창하게 자라며, 하층에 양치류 등이 풍부하다.

사진 4.22 아열대습윤기후지역 이모작농업 경관(전남 나주, 2007. 6.) 아열대습윤기후지역 중에서 고위도 쪽에서는 이모작농업이 행해진다. 한국에서는 벼농사 후에 보리, 마늘 등을 재배한다.

업이 행해진다. 한반도에서는 전통적으로 벼농사 후에 이모작 작물로 보리를 재배하였으나(사진 4.22), 최근 마늘, 감자 등을 재배하면서 겨울철 작물이 다양해졌다. 아시아의 저위도 쪽에서는 대규모로 차를 재배하기도 한다. 미국 남서부에서는 밀과 옥수수, 콩 등이 대규모로 재배되며, 미시시피강에 가까운 지역에서는 벼농사도 발달하였다.

지중해성기후(Csa, Csb) 지중해성기후(mediterranean climate)는 주로 남·북위 30~40° 대륙 서안에 분포한다. 북반구에서는 45°까지 확대된다. 이 기후형은 지중해 연안과 한류 연안을 따라 분포하며, 지중해 연안과 캘리포니아 중부와 남부, 칠레 중부, 아프리카 남서단, 오스트레일리아 남부 등이 대표적 지중해성기후지역이다. 지중해 연안과 달리 한류 연안에서는 해안을 따라서 남북으로 좁고 길게 분포한다. 이 기후형 분포면적은 육지면적의 1.7%로 그리 넓지 않다.

지중해성기후는 강수량의 계절분포가 독특한 것이 특징이다. 이 기후지역의 강수량 계절분포는 기압계 이동과 관련 있다. 아열대고기압대가 고위도 쪽으로 확장하는 여름철에 건조한 대륙기단의 영향을 받고, 겨울철에는 온난습윤한 해양기단과 온대저기압의 영향을 번갈아 받는다. 겨울철 강수는 대부분 한대전선대를 따라 발달하는 온대저기압에 의한 것이다. 기온이 낮은 시기에 강수가 집중되므로 강수량이 많지는 않아서 저위도 쪽에서는 연평균강수량이 500mm 정도에 불과하며, 고위도 쪽에서도 650mm 내외이다. 겨울철 월평균강수량은 80~150mm이며, 여름철 2, 3개월은 매우 건조하다(그림 4.23). 지중해 주변 겨울철과 여름철 강수량 비율을 보면, 어느 정도 지형의 영향이 반영된 것을 볼 수 있다. 북서쪽 기단의 영향을 받는 겨울철에는 대체로 남쪽으로 갈수록 강수량 비율이 높고, 남쪽 기단의 영향을 받는 여름철에는 북쪽 산지에 가까울수록 강수량 비율이 높다(그림 4.24). 대체로 계절별 탁월풍 바람받이에서 강수량 비율이 높다.

지중해성기후는 여름철 기온이 높은 내륙형(Csa)과 비교적 선선한 해안형(Csb)으로 구분되며, Csa 기후형이 넓게 분포한다. 지중해 연안과 해안에서 멀리 떨어진 내륙에서는 Csa 기후형이 나타나며, 여름철에 매우 고온인 반면, 겨울철에는 해안보다 기온이 더 떨어진다. 이 기후지역 여름철 월평균기온은 22~26℃이고, 일최고기온은 35℃를 쉽게 오르며 간혹 40℃를 넘기도 한다. 지중해성기후지역은 겨울에 해양의 영향을

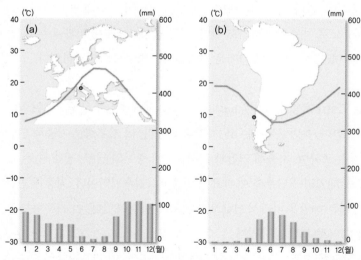

그림 4.23 지중해성기후지역 기후그래프 (a)는 이탈리아 로마, (b)는 칠레 산티아고 기후그래프이며, 여름철 강수량이 적은 것이 특징이다.

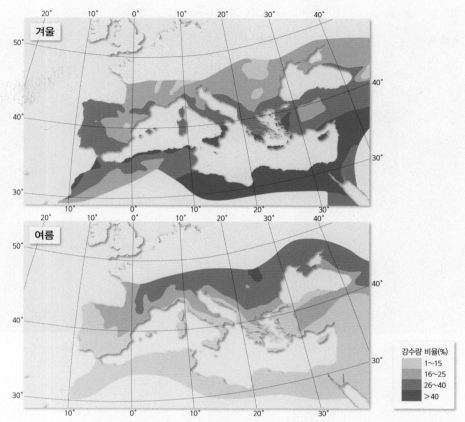

그림 4.24 지중해 연안 겨울과 여름 강수량 비율(Huttary, 1950) 겨울에는 남쪽으로 갈수록, 여름에는 북쪽
으로 갈수록 산지 바람받이 쪽으로 강수량 비율이 높다.

받아 온화하여 지표면이 녹색을 띠고 있다(사진 4.23). 최한월평균기온은 10℃ 정도이
지만, 간혹 영하로 떨어진다. 비슷한 위도대의 유라시아대륙이나 북아메리카대륙 다른
기후지역에서와 같은 혹한은 거의 나타나지 않는다.

Csb 기후형은 미국 서부 해안과 칠레 중부와 같이 주변에 한류가 흐르는 연안에 발
달한다. 여름철에 해풍의 영향으로 발달하는 하층운과 안개가 기온상승을 막아 준다.
Csa 기후형에 비하여 여름철이 선선한 편이어서 최난월평균기온이 16~21℃이며, 겨
울철은 Csa 기후형에 비하여 약간 온화하다. Csb 기후지역은 습도가 비교적 높아 야간
에 안개가 발생하기 쉽고 종종 층운이 하늘을 덮는다.

사진 4.23 지중해성기후지역 겨울철 경관(터키 셀추크Selcuk, 2012. 2.) 겨울철이 온난다습하여 바닥이 초록색을 띠고 있다.

지중해성기후지역의 식생은 긴 여름철 가뭄에 견딜 수 있는 것이다. 이 지역 나무는 증산작용으로 인한 수분손실을 막을 수 있게 잎이 작고 딱딱하며 두껍다. 뿐만 아니라 나무껍질도 수분증발을 최대한 억제할 수 있게 두껍다. 한여름 풀밭은 큰 불이라도 쉽게 날 듯 말라 있으며, 실제로 여름철에 산불을 자주 목격할 수 있다. 나무는 겨울철에도 초록색을 유지하며, 이런 나무가 자라는 식생을 상록경엽수림(sclerophyll forest)이라고 한다. 이 기후지역에서 마끼(maquis)[20]라고 부르는 가시덤불과 같은 관목이 자라기도 한다(사진 4.24).

---

20 프랑스 작가 모파상은 소설 『여자의 일생』에서 마끼를 다음과 같이 묘사하였다. "마끼는 초록색 떡갈나무, 노간주나무, 소귀나무, 유향나무, 갈매나무, 히스, 로리에텡, 도금양, 회양목 등으로 이루어져 있었는데, 뒤얽힌 참으아리, 기괴한 고사리 무리, 인동덩굴, 시스트, 로즈메리, 라벤더, 나무딸기가 산등성이에 얼기설기 엉킨 머리타래처럼 늘어져서, 나무 사이를 머리채처럼 엮어 잇고 있었다."(이동렬(역), 2014, 민음사)

사진 4.24 지중해성기후지역 식생: 마끼(에스파냐 안달루시아, 2008. 7.) 마끼는 소림이 제거된 후 발달한 2차 식생으로 알려져 있으며, 주로 관목이 자란다.

이 지역에서는 겨울철에 밀, 귀리, 보리 등 곡물농업을 행하며, 여름철에는 올리브, 포도, 오렌지 등 수목농업을 한다. 이곳에서 생산되는 과일은 일사량이 많고 일교차가 큰 편이어서 당도가 높다. 코르크나무 껍질로 만든 코르크도 경제적으로 가치가 높다. 코르크는 와인병 마개로 유용하게 사용하고 있으나 지나치게 벗겨 내어 고갈위기에 처하였다. 물을 많이 필요로 하는 시기인 여름철에 강수량이 적은 데다 증발이 심하여 가뭄을 극복하기 위한 기술이 필요하다. 이 지역 과수원에서 나무와 나무 사이 간격을 넓게 하는 것은 수분을 충분히 확보할 수 있게 하려는 것이다(사진 4.25). 최근에는 관개를 이용하여 나무 사이의 간격을 좁히기도 한다. 에스파냐, 이탈리아, 그리스, 튀니지 등 지중해 연안은 올리브 주요 생산지이며, 포르투갈은 전 세계 코르크의 절반을 생산하는 나라이다. 미국 캘리포니아 남부와 중부에서도 오렌지와 포도, 견과류 등 과실을 널리 재배한다. 여름철 곡물농업을 위해서는 관개가 필요하다. 여름철 지나친 관개는 염

사진 4.25 지중해성기후지역 수목농업(포르투갈 베자Beja, 2008. 7.) 지중해성기후지역 수목농업은 나무 사이 간격이 넓은 것이 특징이며, 여름철 주변 천연식생은 가뭄으로 모두 말라 있다.

사진 4.26 지중해성기후지역 해변(에스파냐 바르셀로나, 2013. 7.) 지중해성기후지역은 여름철이 쾌청하여 관광·휴양지로 주목받는다.

류를 집적시킬 수 있어서 환경문제를 일으킬 수 있다. 강수량이 적기 때문에 영양분이 토양 중에 그대로 남아 있어서 이 기후지역 저지대나 골짜기는 비옥한 편이다. 이런 저지대에서는 관개를 이용하여 생산성을 높여 당근, 양상추, 양배추, 브로콜리, 딸기 등의 채소작물을 재배한다.

여름철 쾌청한 날씨로 이 기후지역은 관광·휴양지로 주목받는다. 지중해를 끼고 있는 니스, 모나코, 나폴리, 말라카, 튀니스 등은 세계적인 관광·휴양지이다. 특히 일조율이 낮은 지역에 거주하는 북유럽인들이 일광욕을 즐기기 위하여 이 지역을 많이 찾는다(사진 4.26). 이탈리아에서 프랑스로 이어지는 지중해 리비에라 해안은 여름철에 북적이는 휴양객으로 도로 정체가 심하다. 일찍부터 미국 캘리포니아에서 영화와 필름산업이 발달한 것도 여름철 쾌청한 날씨와 관련 있다.

지중해성기후지역 가옥은 여름철 고온에 적응할 수 있게 고안되었다. 이 지역 가옥은 태양빛을 잘 반사할 수 있도록 벽을 밝은색으로 칠하였으며, 햇볕이 가옥 안으로 들어오는 것을 최소화할 수 있게 창문을 작게 한다(사진 4.27). 고온건조한 환경에서는 기온이 높은 날이라도 햇볕을 피할 수 있는 곳에서는 열을 잡아 두는 수증기가 적어 선선함마저 느낄 수 있다. 포르투갈, 에스파냐, 이탈리아, 그리스 등 지중해 연안 국가에서는 일최고기온이 출현하는 시각을 전후하여 휴식을 취하는 시에스타(siesta)라는 전통이 있다.[21] 이 시간에는 수면을 취할 수 있게 가옥 창문에 셔터 등을 설치하여 햇볕이 드는 것을 완

사진 4.27 지중해성기후지역 가옥(튀니지 튀니스, 2008. 7.) 지중해성기후지역의 가옥은 태양광선을 쉽게 반사할 수 있게 밝은색 벽이며, 태양열이 집안으로 들어오는 것을 최소화하고자 창문을 작게 한다.

벽히 차단한다. 이 지역에서는 풍부한 일사량을 이용하기 위하여 건물 지붕에 태양광 집광시설이 설치된 것을 쉽게 볼 수 있다. 특히 태양고도가 높은 여름철에 날씨가 쾌청하여 태양광발전에 유리하다.

서안해양성기후(Cfb, Cfc) 서안해양성기후(marine west coast climate)는 중위도 대륙 서안에 발달하는 대표적 기후형이다. 이 기후형은 남·북위 35~65°에서 편서풍 바람받이를 따라 분포하며, 아열대습윤기후보다 더 고위도까지 확대된다(353쪽 그림 4.19 참조). 이 기후형이 가장 광범위하게 분포하는 지역은 서유럽으로 아일랜드와 영국, 프랑스, 네덜란드 등 북해와 대서양을 끼고 있으면서 연중 편서풍의 영향을 받는 곳이다. 노르웨이 해안에서는 멕시코만류의 영향이 더해져 북극권에 인접한 곳까지 이 기후형이 확대되며,[22] 지형적 장애가 없는 유럽에서는 해양의 영향이 내륙까지 이어지면서 중부 유럽의 폴란드에까지 광범위하게 분포한다. 아이슬란드 남부도 서안해양성기후지역에 속하며, 보기 드물게 여름철에도 기온이 크게 오르지 않는 Cfc 기후형에 속한다.[23] 유럽 이외 지역에서는 지형 등 영향을 받아서 남북으로 길고 좁게 발달한다. 북아메리카대륙에서는 높은 산맥이 해양의 영향을 가로막고 있어서 해안을 따라서 좁고 길게 분포한다. 칠레 남부에서도 같은 이유로 이 기후형이 남북으로 좁고 길게 분포한다. 뉴질랜드와 오스트레일리아 남동부, 아프리카 남동부 등에서는 대륙 동안에 역시 좁고 길게 분포한다.

이 지역의 기후는 연중 광대한 해양에서 불어오는 편서풍과 저기압 폭풍(cyclonic storm), 습윤한 한대해양기단의 영향을 받는다. 즉 대륙 서안이라는 점이 이 기후형 발달에서 중요한 요인이다. 연중 편서풍에 의하여 해양의 영향을 받을 수 있다. 대체로 서쪽 해양은 난류가 흐르고 있어서 겨울철에 온대저기압이 발달하기 좋은 조건이다.

이 기후지역은 비슷한 위도대 다른 지역에 비하여 겨울 기후가 온화하여 연교차가

21　이 시간에 대부분 가게는 물론 관공서도 문을 닫고 휴식 시간을 갖는다. 대신 저녁 시간이 늦어지며, 도시에서는 노천에서 늦은 밤까지 여흥을 즐긴다.

22　북극권 바로 남쪽인 북위 66.3°에 위치한 모이라나Mo i Rana는 6, 7, 8월 평균기온이 10℃를 넘어서 Cfb와 Cfc 기후형 경계에 있다고 할 수 있다.

23　Cfc 기후형은 스코틀랜드 북부 해안과 노르웨이 북서 해안, 칠레 남부 해안에도 분포한다.

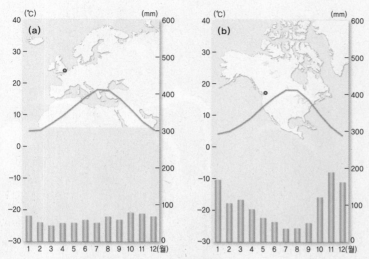

그림 4.25 서안해양성기후지역 기후그래프 (a)는 영국 런던 햄스테드Hampstead, (b)는 캐나다 밴쿠버 기후 그래프이다. 강수가 비교적 연중 고르게 분포한다.

작다. 최난월평균기온은 16~21℃이며 최한월평균기온은 2~7℃이다(그림 4.25). 간혹 아열대기단이나 극기단이 영향을 미치면 평균에서 크게 벗어나는 기온이 출현한다. 예를 들어, 2003년 8월에 사하라기단이 유럽을 덮치면서 프랑스 파리에서는 40℃(2003년 8월 10일)를 기록하였다.[24] 아열대습윤기후형에 비하여 아열대기단이 영향을 미치는 기간이 아주 짧지만, 최근 유럽에 영향을 미치는 빈도가 증가하였다. 아열대기단이 영향을 미치는 정도 차이가 두 지역 농작물 분포에서 큰 차이를 가져왔다. 아열대습윤기후 지역과 달리 여름철 기온이 높지 않은 서유럽에서는 벼농사가 불가능하여 곡물농업으로 밀을 택할 수밖에 없었다.

간혹 주변에서 한랭한 대륙기단이 영향을 미칠 때는 추운 날씨가 출현하며 서리도 내린다. 이 기후형은 대부분 대륙 서안에 분포하므로 한랭한 대륙기단이 영향을 미치는 경우는 흔치 않다. 특히 북아메리카 동부에서는 높은 산지가 한랭한 대륙기단 확장을 막고 있어서 갑작스러운 한파 출현은 아주 드물다. 유럽 내륙을 제외하면 거의 서리

---

24 이 시기에 유럽 대부분 지역에서 20세기 이후 최고기온을 기록하였다. 런던 히드로공항 주변에서도 37.9℃, 스위스 그로노 지역은 41.5℃를 기록하였다. 이로 인하여 프랑스에서만 14,800여 명, 유럽 전역에서 35,118명이 사망하였다.

사진 4.28 서안해양성기후지역 겨울철 경관(북아일랜드 뉴리Newry, 2004. 12.) 서안해양성기후지역에는 선선한 여름철 기후와 온화한 겨울철 기후를 이용하여 일찍이 낙농업이 발달하였다.

를 보기 어려우며, 북위 52°에 위치하는 런던에서는 1월에도 거의 영하로 떨어지지 않는다. 그러므로 위도가 50°를 훨씬 넘는 곳에서도 한겨울에 초록색 들판을 쉽게 볼 수 있으며, 이는 일찍이 낙농업 발달에 유리한 조건이었다(사진 4.28). 겨울철에도 목초재배가 가능할 뿐만 아니라 여름철 기온이 낮아 부드러운 목초를 키울 수 있다.

이 지역 기온분포에는 위도 못지않게 해양의 영향도 커서 등치선이 해안선을 따라 나란하게 그려진다. 1월평균기온 0℃ 선이 해양을 따라서 북위 70°까지 뻗어 있다.[25] 해양이 기온경도에 미치는 영향이 잘 반영되어서 위도에 따른 차이보다 해안에서 내륙 방향으로 차이가 훨씬 크다.[26] 이 지역에서는 해양의 영향으로 하층운이 비교적 두껍게

---

25 북위 71°에 자리한 함메르페스트에 부동항이 발달하였다.

26 프랑스 루아브르(4.3℃)와 그곳에서 내륙으로 약 430km 떨어진 룩셈부르크(0.8℃) 간의 1월평균기온 차이 (3.5℃)와 해안을 따라 북쪽으로 그 세배 정도(약 1,250km) 떨어진 베르겐(0.7℃)과 기온 차이(3.4℃)가 비

사진 4.29 서안해양성기후지역에 발달하는 하층운(아일랜드 두린Doolin, 2016. 9.) 서안해양성기후지역에는 연중 비교적 두꺼운 하층운이 끼어서 낮의 기온상승을 막는다.

발달한다(사진 4.29). 수증기를 많이 포함한 공기가 내륙으로 이동하다 산지를 만나 상승하면서 구름이 발달한다. 이 지역의 하층운은 연중 습도를 높은 상태로 유지시키면서 낮에 가열과 야간에 복사냉각을 느리게 하여 일최고기온과 일최저기온 차이를 적게 한다.

　서안해양성기후지역 연평균강수량은 대부분 750~1,250mm이며 적은 곳은 500mm 내외이다. 산지 바람받이에 자리한 곳에서는 강수량이 꽤 많아 2,500~3,750mm에 이른다. 북아메리카 코스트산맥과 남아메리카 안데스산맥 해안 쪽은 강수량이 많다.[27] 고도가 높은 산지에서는 겨울철에 많은 눈이 내린다. 이 기후지역에서는 강수량

　　숫하다.

27　안데스산맥 바람받이에 해당하는 칠레 발디비아Valdivia 강수량은 1,753mm이며, 캐나다 브리티시컬럼비아 후쿡틀리스Hucuktlis호 강수량은 6,903mm에 이른다.

보다 강수 빈도가 잦은 것이 중요하다. 운량과 강수일수가 많고, 전선에서 가랑비가 내리는 날이 잦다. 연중 습윤하지만 겨울철 강수량이 여름철 보다 많은 편이다. 내륙으로 가면서 해안보다 강수량이 줄어들며, 여름철 강수량이 많은 곳도 있다. 이 기후지역은 일조시간이 짧다. 예를 들어, 아일랜드 연평균 일조시간은 약 3시간 정도로 한국의 절반 정도이다. 아일랜드에서 해를 볼 수 없는 날이 60~80일에 이른다. 그러므로 서유럽 사람들은 쾌청한 휴일에는 장소를 가리지 않고 어디서나 일광욕을 즐기려 한다.

이 지역에서는 겨울철에 폭풍이 심하다. 겨울철에는 북쪽의 해양기단과 온대저기압이 빈번하게 영향을 미쳐 비교적 많은 비가 내린다. 특히 겨울철에는 난류를 지나면서 발달한 온대저기압이 폭풍을 동반하여 많은 강수를 가져올 수 있다. 겨울철에 주변보다 수온이 더 높아지는 것이 저기압 발달에 유리하다. 겨울철 서유럽에 발달하는 폭풍은 종종 태풍 못지않은 강한 바람을 몰고와 오래된 숲을 초토화시키기도 한다. 겨울철 북대서양에서 발달하는 온대저기압은 위험한 겨울철 날씨로 주목받는다. 온대저기압은 열대저기압과 달리 내륙을 지나면서도 강력한 힘을 유지할 수 있어서 피해가 커진다. 서유럽에 영향을 미치는 온대저기압에는 고유 명칭이 주어지기도 한다(그림 4.26).

이 지역 대표적 식생은 참나무 중심의 낙엽활엽수림으로 아일랜드와 잉글랜드 남부, 프랑스 등 강수량이 많지 않은 지역에서 특징적이다. 서유럽 오래된 도로에는 참나무 고목이 가로수로 조성된 것을 종종 볼 수 있다(사진 4.30). 강수량이 비교적 많은 지역에서는 일찍이 농경을 위해서 천연식생이 상당히 제거되었다. 특히 중세온난기가 서유럽에서 천연식생 제거에 큰 영향을 미쳤다. 오늘날 서유럽의 천연식생은 경작지 사이에 드문드문 작은 숲에서 볼 수 있다. 북태평양 연안 산지에서는 전나무와 삼나무, 솔송나무, 가문비나무 등 침엽수가 지배적으로 분포한다.

이 지역 토양은 기온이 낮아 유기물 분해가 느려 비교적 척박하다. 이런 환경이 일찍이 가축사육을 유도하였다고 할 수 있다. 게다가 연중 비가 내리는 날이 많아 토양 중 영양분이 많지 않아 경작을 위해서는 비료가 필수적이다. 유럽이나 캐나다 브리티시컬럼비아, 칠레 남부, 뉴질랜드 남섬 등 서안해양성기후지역은 마지막 빙기 때 빙하로 덮여 있던 곳이어서 토양 발달 상태가 미약하며 척박하다. 이와 같은 척박한 토양과 연교차가 적고 겨울철 온화한 기후가 서유럽을 대표하는 혼합농업 발달에 영향을 미쳤다(사

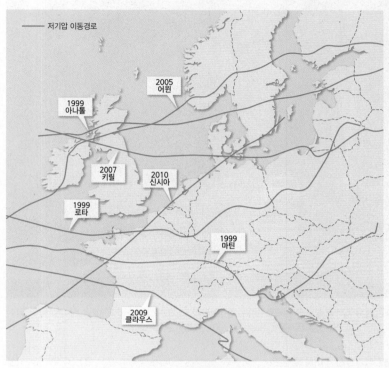

그림 4.26 서유럽에 큰 피해를 입히면서 통과한 온대저기압 경로 온대저기압은 열대저기압과 달리 내륙에서 강한 힘을 유지할 수 있어서 내륙에 큰 피해를 입힐 수 있으며 고유 명칭이 부여되기도 한다. 발생연도와 저기압의 명칭이 표시되어 있다.

진 4.31). 토양이 척박하여 지력을 회복할 시기가 필요한 반면, 연중 작물재배가 가능할 정도로 온화하여 토지 이용에 여유를 가질 수 있었다. 프랑스 등 서부유럽에서 여름철에 비교적 강수량이 적고 기온이 높은 곳에 포도밭이 넓게 분포하며, 이런 지역은 세계적 와인산지이다.

이 기후지역에서는 일찍부터 바람을 이용하는 경관이 발달하였으며, 오늘날에도 해안은 물론 내륙 곳곳에 조성된 풍력발전단지가 편서풍의 중요성을 보여 준다. 일찍부터 네덜란드에서 간척사업이 발달한 것은 넓게 발달한 갯벌뿐만 아니라 이 지역 기후가 중요한 역할을 하였다. 겨울철 빈번하면서 강력한 폭풍은 연안 주민들의 삶에 큰 고통을 안겼으므로 이에 대비하는 시설이 필요하였다. 또한 연중 일정하게 부는 편서풍

사진 4.30 서안해양성기후지역 참나무 가로수(독일 브란덴부르크, 2012. 8.) 이 지역에는 참나무 숲이 널리 분포하며, 종종 오래된 도로변에 참나무류가 가로수로 심어진 것을 볼 수 있다.

사진 4.31 서안해양성기후지역 여름철 경관(스코틀랜드 스톤헤이븐Stonehaven, 2004. 8.) 서유럽에는 곡물과 사료작물을 경작하는 혼합농업이 발달하였다.

사진 4.32 서안해양성기후지역에서 풍력 이용(네덜란드 잔세스칸스Zaanse Schans, 2011. 7.) 서안해양성기후지역에서는 일찍부터 풍력을 중요한 자원으로 활용하였다. 네덜란드 폴더에서는 물관리를 위하여 풍력을 활용하였다.

은 물관리를 위한 에너지원으로 활용하기에 적합하였다(사진 4.32). 네덜란드 폴더(polder)를 비롯하여 영국 워시만Wash Bay 연안 등 서유럽 간척지에서는 풍력을 이용하여 물을 관리한 흔적이 곳곳에 남아 있다. 네덜란드 폴더에서 도로를 따라 여러 겹으로 가로수가 조성된 것도 해양에서 불어오는 바람을 줄이기 위한 것이다. 이런 곳에서는 가옥 주변으로도 바람을 막기 위한 방풍림을 빽빽하게 조성한다.

2) 건조한 중위도(BWk, BSk)기후

중위도건조기후 분포와 특징 중위도건조기후는 위도상으로 대략 35~55°에 분포하며(그림 4.27), 저위도 건조기후에 비하여 연평균기온이 낮다. 이 기후지역은 대부분 해

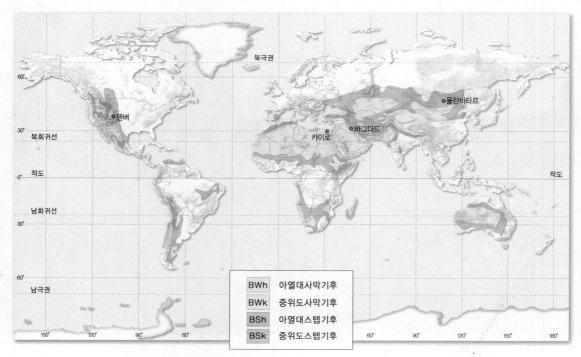

그림 4.27 건조기후지역의 분포

양에서 멀리 떨어져 있거나 높은 산지로 둘러싸인 강수그늘로 해양기단의 영향을 거의
받지 못한다. 이 기후는 유라시아대륙에 광범위하게 분포하여 흑해 주변에서부터 중앙
아시아를 지나 몽골과 중국 네이멍구까지 이어진다. 이 중 키질쿰사막과 타클라마칸사
막, 고비사막이 대표적인 중위도건조기후지역이다. 이 기후지역은 대륙도가 높아 수증
기량이 절대적으로 부족하다. 히말라야산지와 이어지는 티베트고원이 인도몬순을 가
로막고 있어서 해양으로부터 수증기 공급이 막혀 있다. 북아메리카에서는 그레이트베
이슨Great basin과 컬럼비아고원, 그레이트플레인스Great Plaines를 포함하는 서부 내륙
반건조지역이 이에 해당한다. 북아메리카 해안을 따라 발달한 캐스케이드산맥과 시에
라네바다산맥이 해양의 영향을 가로막아 미국 서부에 건조기후가 발달하였다. 남아메
리카 파타고니아 남부에도 이 기후형이 발달하였다. 파타고니아는 남태평양에서 불어
오는 편서풍에 대하여 안데스산지의 바람그늘에 해당하여 건조하다.

이 기후형은 연평균강수량에 의하여 중위도스텝기후(BSk)와 중위도사막기후(BWk)로 나뉜다. 겨울철에 한랭한 대륙기단 영향을 받으므로 기온이 낮아 저위도 건조기후와 구별된다. 최한월평균기온이 영하로 떨어지며, 일부 지역은 월평균기온이 영하인 달이 6개월 이상인 곳도 있다.[28] 그러나 여름철에는 아열대기후지역과 별 차이 없이 가열되므로 연교차가 크다. 몽골 울란바토르에서는 1월평균기온 −21.6℃, 7월평균기온 18.2℃로 연교차가 39.8℃에 이른다(그림 4.28). 중앙아시아에 분포하는 사막과 타클라마칸사막, 고비사막에서는 겨울철에 기온이 영하로 곤두박질한다.

중위도사막기후지역에서는 아열대사막기후와 같이 강수량이 매우 적고 불규칙적이어서 연변동이 크다. 이 기후지역의 강수는 지표면이 가열되어 불안정해지는 시기인 여름철에 주로 내리며, 양이 많지 않다. 여름철 오후에 지표면이 가열되어 대기가 극단적으로 불안정해지면, 짧지만 강력한 대류성 폭풍이 발생하여 순간적으로 강풍과 우박이 쏟아질 때도 있다(사진 4.33). 폭풍은 발생 후 이동하므로 한 지점에서 보면 30분 이내

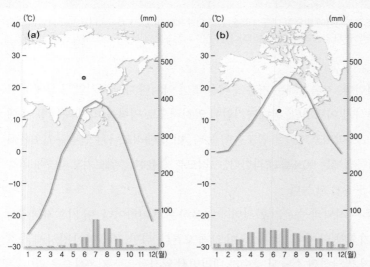

그림 4.28 건조한 중위도기후지역 기후그래프 (a)는 몽골 울란바토르, (b)는 미국 덴버 기후그래프이다. 강수량이 적고 연교차가 매우 큰 것이 특징이다.

---

28 위도(53°17′N)가 높은 곳에 위치하는 카자흐스탄 콕셰타우Kökshtau는 연평균기온 3.4℃, 최한월평균기온 −14.3℃이며, 11월부터 3월까지 월평균기온이 영하이다. 연교차는 32.1℃이다.

사진 4.33 중위도건조기후지역에 발달한 대류성 폭풍(몽골 오브르항가이, 2010. 7.) 지표면이 가열된 오후에 대류성 폭풍이 발달하면서 강풍과 우박이 쏟아진다. 폭풍은 사진 왼편에서 오른편으로 이동하고 있다.

짧은 시간에 통과한다. 겨울철에는 기온이 낮을 뿐만 아니라 대륙고기압 중심에서 가까워 강수가 발달하기 어렵지만, 온대저기압이 일시적으로 영향을 미칠 때는 눈이 내릴 수 있다. 중위도사막기후지역은 일조율이 높다. 미국 애리조나는 연평균일조율이 85%에 이르며 여름철에는 90%를 초과한다. 그러므로 습윤한 중위도기후지역에 비하여 여름철 기온이 5~8℃ 더 높다.

중위도스텝기후는 사막과 습윤기후 사이에 분포하는 점이형이다. 이 기후지역에서 여름철에는 사막기후와 별 차이 없이 기온이 크게 오른다. 다만, 지표면이 강하게 가열되면서 상승기류가 발달하면 소낙성 강수가 내리면서 일시적으로 기온상승을 막아 준다. 북아메리카 서부에서는 스텝기후지역이 사막기후지역보다 더 넓게 분포한다. 그레이트플레인스가 여기에 해당한다.

중위도 건조기후지역에는 바람이 강하다. 대기가 건조하여 쉽게 가열되면서 부등가

사진 4.34 중위도건조기후지역 바람(중국 허텐Hotan, 2009. 7.) 건조지역에서는 쉽게 가열 차이가 발생하면서 강풍이 분다. 이런 바람은 입자가 고운 모래를 날려 일상생활을 불편하게 한다.

열에 의한 기압 차이가 발생하기 쉽다. 게다가 낮에 가열되면 주변 높은 산지와 기온 차이가 크게 벌어진다. 국지적 가열 차이나 산지와 기온 차이가 기압 차이를 유발하여 강력한 바람을 일으킨다. 사하라사막에서 부는 하르마탄과 하부브도 이에 해당한다. 중위도 건조지역에서는 지표면이 많이 가열되는 봄부터 초가을까지 바람이 더욱 강하다. 이런 바람은 입자가 고운 모래 먼지를 날리게 하여 인접한 지역에서 일상생활을 불편하게 할 뿐만 아니라, 장거리를 이동하기도 한다. 동아시아에 발생하는 황사는 이런 모래 먼지가 날아온 것이다. 사막에 건설된 도로는 관리가 부실할 경우, 이런 바람에 의하여 모래에 묻히기도 한다(사진 4.34).

중위도건조기후지역의 환경과 주민생활 중위도사막기후지역에도 저위도 건조기후지역과 같이 식생이 거의 없으며 간혹 있더라도 사막식생만 자란다. 낙타풀이나 키 작

사진 4.35 중위도사막기후지역 식생(중국 고비사막 자위관Jiayuguan, 2007. 7.) 중위도사막기후지역에서도 거의 식생을 보기 어려워 아열대사막기후지역과 거의 구별하기 어렵다. 멀리 산지에 눈이 쌓여 있어서 아열대지역과 구별된다.

은 관목류가 분포하지만, 그것조차 듬성듬성 자란다. 나무는 키가 작아도 대부분 수령이 수백 년에 이른다. 잎이 회색조를 띄고 있을 뿐만 아니라 가시가 왕성하게 자라고 있어서 더욱 황량하게 보인다. 태양고도가 높은 시기에는 기온이 급격히 상승하여 경관 자체가 아열대사막기후지역과 크게 구별되지 않는다(사진 4.35).

중위도스텝에서 자라는 천연식생은 여름철 가뭄을 이겨 낼 수 있는 작은 풀이다. 최근 이 지역에는 과목과 물관리 실패, 기후변화 등에 의해서 식생이 심각하게 훼손된 경우가 늘고 있다. 식생이 제거되면 강한 바람에 의해 토양이 쉽게 침식되면서 황무지로 바뀐다. 이런 과정을 사막화라고 한다. 최근 중국과 몽골에 걸쳐 분포하는 고비사막 주변도 심각한 환경변화를 겪고 있다. 중위도스텝의 토양은 대부분 영양분을 많이 포함하고 있어서 수분만 공급되면 비옥한 곡창지대가 될 수 있다. 그레이트플레인스 서부에서는 관개에 의해 대규모로 옥수수와 밀을 재배하고 있다(사진 4.36). 우크라이나에

사진 4.36 중위도건조기후지역에 발달한 옥수수지대(미국 콜로라도주, 2019. 7.) 북아메리카에서 비교적 강수량이 적은 건조기후지역에서는 관개에 의존하면서 옥수수를 대규모로 재배한다. 스프링클러로 물을 주고 있으며 멀리 로키산지를 따라 눈이 덮여 있다.

널리 분포하는 체르노젬(chernozem)은 이 기후형에 분포하는 대표적 토양이다. 최근 몽골 스텝지역에서도 관개에 의하여 이루어지는 대규모 밀농사를 목격할 수 있다.

이 기후형이 분포하는 우크라이나에서부터 카자흐스탄에 이르는 스텝지역이 세계적 밀산지이다. 중위도스텝기후지역에서 밀생산량은 강수량 계절변동의 영향을 크게 받는다. 타림분지와 고비사막에서도 물을 구할 수 있는 곳에서는 포도와 여름 과일 등 대규모 농업이 행하여진다(사진 4.37). 이런 곳에서 재배된 과일은 당도가 높아 주민들에게 인기가 높다. 이곳에 공급되는 물은 대부분 지하수나 주변 높은 산지에서 빙하나 만년설이 녹아내린 것으로 카레즈(칸얼칭)라는 시설을 통하여 공급된다(사진 4.38).

카레즈는 관개수로를 지하에 설치하는 것으로 건조지역에서는 어디에서든지 쉽게 볼 수 있다.[29] 여름철에 지표면이 매우 건조한 데다 기온이 높아서 증발이 활발하므로 물이 이동 중에 손실되는 것을 줄이기 위하여 지하에 수로를 연결한 것이다. 주변에 높

사진 4.37 중위도사막기후지역 포도농업(중국 투루판, 2009. 7.) 중위도사막기후지역에서도 물을 공급할 수 있는 곳에서는 포도와 여름 과일 등이 대규모로 재배된다. 사진에서 나무 뒤로 건조한 산지가 드러난다.

사진 4.38 지하 관개수로 수직 우물(중국 투루판, 2009. 7.) 건조지역에서는 물이 이동 중에 증발하는 것을 방지하기 위하여 지하에 수로를 설치한다. 주변 산지에서 녹아내린 물을 관개 수로를 통하여 포도밭 등으로 보내고 있다.

사진 4.39 중위도스텝기후지역에 조성된 목화밭(우즈베키스탄 타슈켄트, 2006. 8.) 스텝지역인 우즈베키스탄에서는 관개에 의하여 불모지를 세계적인 목화밭으로 개간하였다. 반면 지나친 관개로 '아랄해의 사막화'라는 환경재앙을 초래하기도 하였다.

은 산지가 있는 건조지역에서 쉽게 볼 수 있는 시설이다. 산지에 쌓인 눈이나 만년설이 녹아내리는 물을 이용하는 경우가 대부분이다.

구소련은 파미르고원과 톈산산맥 등에서 눈이나 만년설이 녹아 아랄해로 흐르는 아무다리야강Amudarya과 시르다리야강Syrdarya을 막아 중앙아시아 스텝지역에 관개하고 목화를 재배하게 하여 우즈베키스탄을 세계적 목화생산국으로 만들었다(사진4.39). 그러나 지나친 관개는 지하수나 하천수 고갈을 초래하여 새로운 문제를 야기할 수 있다. 물 대부분을 경작지에 빼앗기면서 1970년대부터 아랄해 수위가 급격히 낮아졌다. 오늘날 아랄해와 그 주변은 거의 사막으로 변하고 있으며, 이는 지나친 관개로 인하여

---

29 이런 시설은 서아시아, 사하라 주변 등 건조지역에서 흔히 볼 수 있다. 이란에서는 카나트(Qanat), 모로코 등에서는 케타라(Khettara), 아프카니스탄, 파키스탄 등에서는 카레즈, 오만과 아랍 에미리트에서는 파라즈, 중국에서는 칸얼칭 등으로 불린다.

사진 4.40 중위도스텝기후지역 유목(몽골 오브르항가이, 2010. 7.) 중위도 스텝기후 지역에서는 계절에 따라서 풀을 쫓아 이동하는 유목이 발달하였다. 몽골에서는 염소와 양 등을 유목하면서 이동식 가옥인 게르를 짓고 생활한다.

사막화를 초래한 대표적 사례이다.

우즈베키스탄과 몽골, 중국 내륙 등 아시아 스텝기후지역에서는 일찍이 유목이 행하여졌다(사진 4.40). 중앙아시아 스텝에서도 수 세기에 걸쳐서 양과 염소를 몰고 드문 풀을 찾아다니는 유목이 발달하였다. 이곳에서는 쉽게 조립하고 해체할 수 있는 이동식 가옥이 발달하였다. 이를 중앙아시아에서는 유르트(yurt), 몽골에서는 게르(ger), 중국 네이멍구에서는 파오(Bao)라고 부르며, 모양과 구조, 기능이 비슷하다. 유목민 음식에 양이나 염소 고기가 많이 등장하는 것은 건조한 기후조건을 반영한 것이다. 건조지역에서 발생한 이슬람을 신봉하는 무슬림 음식에는 돼지고기를 사용하지 않는다. 돼지는 이동이 느리고 잡식성이어서 유목생활을 하는 건조지역에서 사육하기 어렵다. 비교적 풀이 길게 자라는 북아메리카 스텝에서는 소를 방목한다. 스텝은 세계적인 양과 소의 방목장이다. 그레이트플레인스 서부 광대한 땅은 한때 아메리칸 들소(bison)의 낙원이

사진 4.41 중위도스텝기후지역 방목(미국 와이오밍, 2019. 7.) 북아메리카 스텝지역에서는 대규모로 소를 방목한다. 미국 와이오밍주 농업소득에서 소 등 가축사육에 의한 것이 절대적 비중을 차지한다.

었고, 오늘날에는 광대한 초원을 배경으로 방목이 발달하였다(사진 4.41). 이 지역에 스테이크 요리가 발달하였다.

이 지역에서 강풍은 종종 먼지폭풍(dust storm)을 일으켜 주민생활을 어렵게 하지만, 최근 중요한 자원으로 주목받고 있다. 중위도 건조지역에서는 대규모로 조성된 풍력발전단지를 쉽게 볼 수 있다. 특히 산지에 가까운 곳에서 바람이 강하여 풍력단지가 널리 조성되어 있다.[30] 지나친 관개나 경작을 위한 식생제거는 강풍에 의하여 먼지폭풍을 일으키는 원인이 될 수 있다. 1930년대 북아메리카에서 발생한 더스트 볼(dust bowl)은 긴 가뭄과 더불어 지나친 식생제거가 초래한 참사였다.

---

[30] 중국 신장위구르지역에는 톈산산맥 주변을 따라서 대규모 풍력단지를 조성하였다.

3) 한랭한 중위도(D)기후

한랭한 중위도(D)기후는 북반구에만 분포한다. 남반구에는 이 기후형이 분포할 수 있는 위도대인 남위 40~70°가 바다이다. 이 기후형은 대체로 북위 40° 이북에 분포하지만, 아시아 내륙에서는 이 위도대에 건조기후가 분포하고 있어서 대략 북위 50° 이북에서부터 나타나며, 난류 영향이 강한 서유럽에서는 북위 55° 이북에 분포한다. 경도상으로 동경 20°에서부터 서경 50° 사이에 걸쳐서 광대하게 분포한다. 유라시아대륙을 동서로 가로지르고, 알래스카와 캐나다, 미국 동부에 걸쳐 넓게 분포하여 이 기후형이 분포하는 위도대 육지 면적이 가장 넓다. 이 기후형은 위도와 대륙의 영향이 중요하므로 해양보다 대륙의 영향을 더 강하게 받는 대륙 동안에 넓게 분포한다(그림 4.29).

이 기후지역에서는 겨울과 여름 기온 차이가 뚜렷하여 연교차가 크다. 겨울철에는

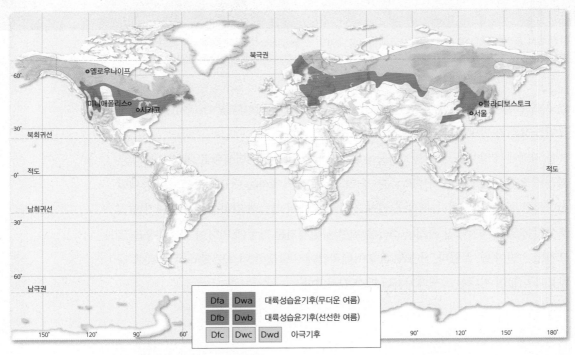

그림 4.29 한랭한 중위도기후지역 분포

기온이 크게 떨어지면서 한랭한 대륙기단 발원지가 되거나 인접한 지역에서 기단이 발원한다. 반면 여름철은 짧지만 고온인 해양기단의 영향을 받거나 지표면이 가열되면서 기온이 크게 오른다. 두 계절 사이 봄과 가을은 온화하여 시기별로 다양한 모습을 관찰할 수 있다. 가을에는 일교차가 커지면서 나뭇잎에 물든 단풍이 아름답다. 단풍시기는 지역 차이가 커서 고위도 쪽 타이가 지대에서는 8월부터 나뭇잎 색이 변하지만, 늦은 곳은 10월에 물들기 시작한다(사진 4.42).

한랭한 중위도기후는 여름철 기온에 의하여 다시 둘로 나뉜다. 하나는 대륙성습윤기후로 여름이 비교적 길고 덥다. 여기에는 Dfa, Dfb, Dwa, Dwb형이 포함된다. 다른 하나는 아극기후로 여름이 짧고 겨울이 길어서 매우 춥다. 여기에는 Dfc, Dfd, Dwc, Dwd형이 포함된다.

사진 4.42 한랭한 중위도기후지역 가을단풍(강원 정선, 2012. 10.) 가을이 깊어지면서 일교차가 커지면 낙엽활엽수에 단풍이 들기 시작한다.

대륙성습윤기후(Dfa, Dfb, Dwa, Dwb) 대륙성습윤기후(humid continental climate)는 아시아와 북아메리카에서 북위 35~55°에 걸쳐 있으며,[31] 유럽에서는 북위 45~60°에 해당한다. 분포지역은 한반도 중부 내륙과 북부를 포함하여 일본 북부, 중국 화북지방과 만주 등 동북아시아와 동유럽에서 쐐기모양으로 시베리아까지 이어지는 지역, 그리고 북아메리카 서경 100° 동쪽과 로키산지 주변 등이다.

이 기후지역은 연중 편서풍의 영향을 받으면서 계절별로 서로 다른 기단의 영향을 받는다. 편서풍의 영향으로 기압계가 비교적 빠르게 이동하면서 날씨도 빠르게 바뀐다. 특히 겨울철 날씨 변화가 심하다. 겨울철에는 한대대륙기단이나 아극지방에서 발원한 대륙성 극기단의 영향을 받고, 여름철에는 아열대해양기단의 영향을 받아 연교차가 크다. 아열대습윤기후에 버금가게 다양한 기후가 출현한다. 대륙 동안에서 이런 특징이 뚜렷하다. 이 기후지역 내에서도 고위도로 갈수록 연교차가 크다.

대륙 동안에서는 겨울철에 대륙에서 발달하는 한랭한 공기의 영향을 받아 혹한을 겪으며, 영하 날씨가 수일 동안 이어질 수 있다. 최근 북극에서 가파른 기온상승으로 북극 한기가 중위도로 침투하면서 강력한 한파가 출현할 수 있다.[32] 이 지역 최한월평균기온은 −12~−3℃이며, 1~5개월은 월평균기온이 영하이다(그림 4.30). 위도가 높아질수록 겨울철 기온이 급격히 낮아지며, 하얼빈(45°45′N)이나 위니펙(49°55′N) 등은 최한월평균기온이 −15℃ 이하로 떨어진다. 그러므로 생육기간(growing period)은 이 기후지역 남쪽에서는 200일에 가깝지만 북쪽에서는 100일 정도로 크게 줄어든다(그림 4.31). 반면, 최난월평균기온은 아열대해양기단의 영향을 받아 25℃에 육박하여 연교차가 크다. 이 기후형 중 Dfa, Dwa 기후형지역에서는 여름철에 아열대습윤기후 못지않게 무덥고, 봄과 가을은 온화하여 계절마다 다양한 모습을 관찰할 수 있다.

이 기후지역 연평균강수량은 500~1,000mm이며, 해안에 가까운 곳에서 강수량이 많고 내륙으로 갈수록 감소한다. 또한 남쪽에서 북쪽으로 갈수록 강수량이 감소하는

---

31 이 기후형은 대체로 북위 40°이북으로 분포하지만, 서아시아와 동아시아, 미국 로키산지 주변 등 해발고도가 높은 곳에서 북위 35°까지 확대된다.

32 한국에서 2011년 겨울은 예년에 비하여 추웠다. 대륙성습윤기후지역에 속하는 춘천에서는 2010년 12월 23일부터 2011년 2월 7일까지 47일 동안 연속으로 일평균기온이 영하였으며, 2011년 1월평균기온은 −9.5℃를 기록하여 예년보다 4.9℃ 낮았다. 이때 북극 한기가 중위도로 유입되었다.

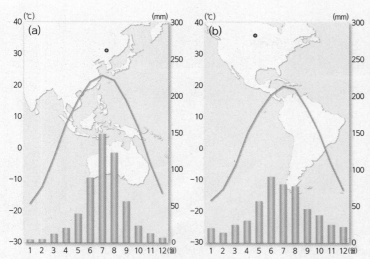

그림 4.30 대륙성습윤기후지역 기후그래프 (a)는 중국 하얼빈, (b)는 캐나다 위니펙 기후그래프를 나타낸다. 연교차가 비교적 큰 것이 특징이다.

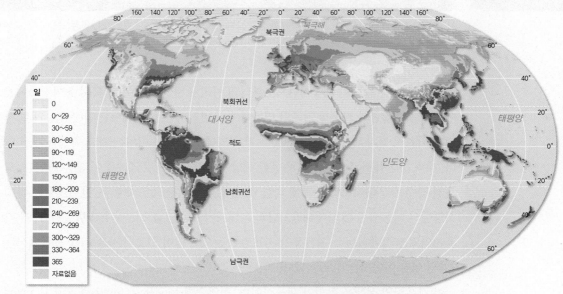

그림 4.31 생육기간 분포 저위도에서는 연중 작물생육이 가능하지만, 고위도로 갈수록, 해안에서 내륙으로 갈수록 생육기간이 짧아진다. 대륙성습윤기후지역 남쪽에서는 생육기간이 200여 일에 이르지만, 북쪽에서는 100일 이하로 떨어진다.

사진 4.43 겨울철 대륙성습윤기후지역의 들판과 산지(강원 철원, 2008. 2.) 겨울철 대륙성습윤기후지역의 산지는 눈으로 덮여 있으며 들판에도 잔설이 남아 있는 것을 볼 수 있다.

경향이다. 이는 습윤한 해양기단으로부터의 거리가 반영된 것이다. 특히 동아시아에서 여름철 강수집중과 겨울철 건조가 명확하게 구별되지만, 해안에서는 강수량의 계절 차이가 비교적 적다. 강수의 계절변동은 각 시기별로 영향을 미치는 기단 특성과 관련 있다. 대륙 동안에서는 여름철에 습윤한 해양기단의 영향으로 강수량이 많은 편이다. 겨울철 강수는 온대저기압 통과에 의한 것이며, 대체로 눈으로 내린다. 유럽에서는 북대서양에서 이동해 오는 한대해양기단과 온대저기압의 영향으로 강수가 발달한다. 이 기후지역의 남쪽에서는 2~3주 동안 지표면이 눈으로 덮여 있으나(사진 4.43), 북쪽에서는 8개월 이상 이어지는 경우도 있다.

이 기후지역 식생은 삼림이 대표적이며, 침엽수림(coniferous forest)과 혼효림(mixed forest)으로 구분된다. 침엽수림은 주로 아극기후형에 인접한 고위도와 산지에 분포한다. 북아메리카 태평양 연안 산지를 따라서 침엽수림이 울창하다(사진 4.44). 혼효림은

사진 4.44 대륙성습윤기후지역 식생(미국 로키산지, 2019. 7.) 대륙성습윤기후지역에는 혼효림과 침엽수림이 분포하며, 침엽수림은 고위도나 산지를 따라서 우세하게 분포한다.

소나무, 전나무 등의 침엽수림과 낙엽활엽수림이 섞여 있으며, 이 기후지역 중에서 위도가 낮은 곳에 분포한다. 미국 북동부와 캐나다 남동부 지역은 혼효림이 우세하다.

삼림지대 토양은 용탈을 받아 영양분이 빈약하다. 이런 현상은 침엽수림이 우세한 추운 북쪽에서 잘 나타나고, 토양층은 사질이며 산성을 띤다. 한반도, 유럽 중부와 동부, 중국 중부와 북부에는 낙엽활엽수림이 우세하게 분포한다. 이런 곳 토양은 갈색삼림토나 회갈색포드졸이다.

대륙 내륙으로 깊숙이 들어가면 점차 건조해진다. 이 기후지역에는 비교적 키 크고 조밀한 초원이 광범위하게 분포한다. 이런 초원을 큰 키 프레리(tall-grass prairie)라고 부른다. 이곳 토양은 강수량이 적어 용탈이 덜 진행되어 비옥한 편이므로 생육기간 중에 수분을 공급할 수 있으면 식량생산 잠재력이 높다. 미국에서는 이런 지역에서 '옥수수지대(corn belt)'라고 할 정도로 집중적으로 옥수수를 재배한다.

사진 4.45 대륙성습윤기후지역 농업(일본 홋카이도, 2016. 9.) 일본 대륙성습윤기후지역에서는 사탕무와 밀, 콩 등을 재배하고 낙농업도 활발하다.

유럽에서는 오래전부터 이 기후지역에서 삼림을 개간하고, 밀과 해바라기 등을 재배하는 경작지나 목초지로 활용하였다. 이 기후지역 남부는 토양이 비옥하여 옥수수와 밀, 호밀, 귀리, 보리 등 곡물재배에 적합하다. 옥수수는 동유럽 헝가리와 루마니아 등에서 중요한 수출품이다. 그 외 유럽에서는 사탕무를 많이 재배하고, 미국과 중국 북부에서는 콩, 한국에서도 벼와 더불어 콩, 밀 등을 재배한다. 일본 홋카이도에서는 밀, 콩, 사탕무 등을 재배하며 낙농업도 발달하였다(사진 4.45). 이 기후지역에서 북아메리카와 유럽 더 북쪽에서는 대규모로 낙농업이 행하여진다. 이곳은 산성 토양이면서 이탄과 호수, 바위 구릉지, 자갈밭 등의 조건 때문에 경작하기에 적합하지 않다.

아극기후(Dfc, Dfd, Dwc, Dwd) 아극기후(subarctic climate)는 중위도기후와 고위도기후 사이에 발달한 점이형으로 위도상으로 50~70°에 걸쳐 있어서 중위도기후나 고위도

기후에 포함할 수 있다. 위도상으로 북극권 이북에 위치한 곳은 명백히 고위도이지만, 이 책에서는 쾨펜의 분류체계상 D 기후형에 해당하여 중위도기후에 포함하였다. 아극기후형이 분포하는 곳은 스칸디나비아 북부에서 시베리아 동단까지 이어지는 광대한 지역과 알래스카에서 캐나다를 가로질러 뉴펀들랜드까지 이어지는 지역이다. 캐나다에서는 이 지역을 그리스어 '북쪽의(northern)'를 의미하는 Boreal이라고 부르며, 유라시아대륙에서는 타이가(taiga)라고 한다. 최난월평균기온 10℃ 선에 의해 북쪽에 분포하는 극기후와 경계를 이룬다.

이 기후형은 분포하고 있는 위도대 폭이 넓어서 대륙도가 중요한 인자이다. 해양의 영향을 받기 힘든 대륙 내부에서는 해안에서보다 저위도로 분포지역이 확대된다. 이 기후형이 대륙 동안에 넓게 분포하는 것도 서안보다 대륙도가 높기 때문이다.

대륙도가 높다는 것은 기후가 건조하다는 의미이다. 겨울철에는 태양고도가 낮은 데다 대기 중에 수증기량이 적어 빠르게 냉각된다. 그러므로 겨울이 길고 어두우며 혹독한 추위가 이어진다. 대부분 지역에서 9월이나 10월부터 얼음이 얼기 시작하여 다음 해 5월이나 그 후까지도 남아 있다. 월평균기온은 6, 7개월 동안 영하이다. 최한월평균

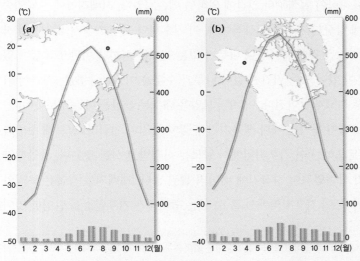

그림 4.32 아극기후지역 기후그래프 (a)는 러시아 아쿠츠크Yakutsk, (b)는 캐나다 도슨Dawson 기후그래프이며, 두 지점에서 연교차가 매우 큰 것이 특징이다.

기온은 −40℃ 가까이까지 떨어진다(그림 4.32). 세계에서 가장 추운 곳도 이 기후지역에 분포한다.[33] 여름은 짧지만 낮 길이가 길어서 최난월평균기온이 20℃ 가까이에 이른다.[34] 여름철에도 북극해에서 찬바람이 불어오면 서리가 내릴 수 있다. 이 기후지역은 기온의 연교차가 세계에서 가장 크다. 대체로 대륙도가 높아질수록 연교차가 크다. 대부분 지역에서 연교차가 45℃를 넘으며 일부 지역에서는 50℃ 이상이다. 시베리아 베르호얀스크의 연교차는 세계에서 가장 큰 값인 82℃이다.

이 기후지역은 기온이 낮아 수증기량이 적어서 강수량이 많지 않다. 연평균강수량이 150~500mm에 불과하며, 해안에서 강수량이 비교적 많고 내륙으로 갈수록 적다. 고기압 발달조건이 우세한 것도 강수 발달을 어렵게 한다. 증발량이 적고 토양이 얼어 있을 때가 많아 연중 삼림 성장을 위한 토양수분은 충분한 편이다. 여름철 강수는 대부분 대류성이다. 겨울철에 눈이 조금 내리며 적설량은 100cm 미만이다. 눈은 10월부터 내리기 시작하여 다음 해 5월까지 잔설이 남아 있다(사진 4.46). 눈이 자주 내리는 것은 아니지만, 여러 달 동안 지속적으로 땅에 눈을 볼 수 있다.

이 기후지역 식생은 소나무와 전나무, 가문비나무 등으로 이루어진 '타이가'라고 불리는 침엽수림이며, 사이에 자작나무가 섞여 있다(사진 4.47). 침엽수림은 수종이 단순하므로 개발하기 유리하여 일찍부터 인간에 의하여 훼손되었다. 시베리아에는 낙엽송이 많아서 겨울철에 앙상한 가지가 인상적이다. 이 기후지역 북쪽 가장자리로는 키 작은 검은 가문비나무 같은 것이 분포하며 나무가 없는 곳에는 이끼나 이탄으로 덮여 있다. 토양 중에 수분이 얼어 있는 기간이 길어 나무가 수분을 이용할 수 있는 기간이 짧아 고위도로 갈수록 수고가 낮아진다. 이 지역 토양은 대부분 산성을 띠는 포드졸이다.

이 기후지역은 토양이 척박한 데다 생육기간이 짧아 농경이 어렵다. 발트해 주변과 핀란드, 스웨덴에 분포하는 이 기후지역에서 규모는 작지만 농사를 짓는다. 서안해양성기후지역과 달리 삼림면적이 경작지에 비하여 훨씬 넓다. 재배되는 작물은 보리와 귀리, 호밀, 밀 등이다. 이 기후지역에서 볼 수 있는 귀리죽은 기후환경을 반영한 것이

---

33 지구상에서 가장 추운 곳으로 알려진 오이먀콘 1월 평균 기온은 −46℃이며, 10월에서 4월 사이 월평균기온이 영하이다.

34 북위 60°에서는 하지 무렵에 일조시간이 18시간을 초과한다.

사진 4.46 아극기후지역 5월 경관(노르웨이 트롬쇠, 2018. 5.) 아극기후지역은 연중 기온이 낮은 편이어서 5월에도 곳곳에 눈이 덮여 있다.

사진 4.47 아극기후지역 식생(핀란드 로바니에미Rovaniemi, 2012. 8.) 아극기후지역에는 소나무, 전나무, 가문비나무 등 침엽수가 우세하며 곳곳에 자작나무가 섞여 있다.

사진 4.48 아극기후지역 가옥(핀란드 Kivijuärvi, 2012. 8.) 아극기후지역에는 주로 목재를 사용하여 집을 지으며, 목재가 썩는 것을 방지하기 위하여 암석이나 콘크리트로 터돋움을 한다.

다. 침엽수림을 이용한 펄프와 목재생산이 중요한 경제활동이며, 타이가 숲이 발달한 핀란드는 오늘날에도 목재 및 펄프와 관련된 산업 비중이 상대적으로 높다.

가옥은 주변에서 구하기 쉬운 나무를 재료로 사용한다(사진 4.48). 겨울철에 눈이 쌓여 쉽게 녹지 않으므로 목재가 썩는 것을 방지하기 위하여 지표면에 암석이나 콘크리트로 터 돋움하고 집을 짓는다. 이 기후가 분포하는 북유럽과 러시아 가옥에는 중앙에 겨울철 혹한을 이겨내기 위하여 '페치카'라고 불리는 대형 난로를 설치한다.

4. 고위도와 고산지역 기후

1) 고위도기후

대체로 고위도지역은 극권보다 위도가 높은 극지방을 일컬으나, 이 책에서는 쾨펜의 분류체계상 E 기후형이 분포하는 곳을 의미한다. 극권(polar circle)보다 고위도를 극지방이라 하지만, 수목한계선(tree line) 혹은 최난월평균기온 10℃ 선 이북을 북극지방으로 정의하기도 한다(그림 4.33). 이 지역에서는 위도 영향이 커서 태양고도가 낮은 것과 높은 알베도가 기후를 좌우한다. 극지방은 연중 한랭한 편이지만, 입사하는 태양복사량이 일 년 주기로 크게 변동하므로 기온변동이 크다. 극지방의 기후를 이해하기 위해서는 태양복사 에너지의 연변화를 파악하는 것이 중요하다.

극지방에서는 여름철에 백야(white night)가 나타나면서 지표면이 받아들이는 대부분 에너지를 이때 얻는다. 북위 69°에 위치하는 러시아 무르만스크Murmansk에서는 하절기 70일 동안 낮만 지속되며, 북위 80°에 위치하는 노르웨이 스피츠베르겐Spitsbergen에서는 163일 동안 낮이 계속된다. 하지 때 낮의 길이가 가장 길며, 이날 북위 66.5°보다 고위도에서는 태양이 수평선 이하로 떨어지지 않는다.

적도에서 태양이 수직인 춘분점일 때 북극에서는 일출이고 남극에서는 일몰이다. 반면, 추분점일 때는 그 반대이다. 북반구 고위도에서는 추분점을 지나면서 태양복사량

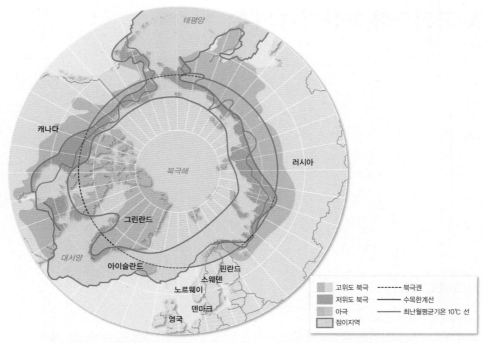

그림 4.33 북극의 정의 북극권 혹은 수목한계선 이북 등 다양하게 북극지방을 정의할 수 있다.

이 거의 0에 가깝게 떨어진다. 동지는 북반구에서 낮의 길이가 가장 짧은 날이다. 이날 북위 66.5°보다 고위도에서는 태양이 떠오르지 않는다. 북극에서는 이날을 중심으로 176일 동안 밤이 지속된다. 스피츠베르겐에서는 150일, 무르만스크에서는 55일 동안 밤이 지속된다. 이런 현상을 극야(polar night)라고 한다. 극지방에서 겨울철에는 직달복사는 없고 천공복사가 복사에너지의 전부이다. 태양이 수평선에서 18° 이하로 내려갈 때까지는 반사나 산란에 의한 복사에너지가 입사될 수 있다.[35]

극지방에서는 태양고도가 45° 이상인 경우가 없어서 일사강도가 약하다. 여름이라 할지라도 태양복사 에너지 강도가 약하여 기온을 크게 상승시키지 못한다. 그나마도 태양복사 에너지 일부는 눈이나 빙하를 녹이는 데 사용된다.

---

35 태양의 고도가 수평선 이하 18°까지를 천문박명이라고 하며, 이때까지 해는 졌지만 천공복사에 의해서 태양복사 에너지가 입사된다.

사진 4.49 해빙(캐나다 케임브리지 베이 앞바다, 2019. 10.) 가을부터 봄 사이에 해빙이 발달하여 태양복사 에너지를 반사한다.

    같은 극지방이라 하여도 남극과 북극은 지리적 특성 차이가 크다. 남극은 바다가 넓고 높은 대륙을 둘러싸고 있지만, 북극은 육지가 바다를 둘러싸고 있다. 남극대륙 면적은 1,420만 km²로 북극분지Arctic Basin의 세 배에 이른다. 남극대륙 95% 이상이 빙상으로 덮여 있으며, 두꺼운 곳에서는 두께가 4,000m에 이른다. 북극해는 겨울철에는 해빙(sea ice)으로 덮여 있었으나(사진 4.49), 최근 전구 기온상승으로 면적이 크게 줄고 있다. 해빙은 봄이 되면서 가장자리에서부터 녹았다가 가을이 되면서 다시 확대된다. 해빙면적은 겨울철에는 1,170만 km²에 이르며 최난월 다음 달에는 780만 km²로 축소된다. 해빙은 태양복사 에너지를 반사시킨다. 이와 같은 두 지역의 육지와 해양 간 다른 관계가 서로 다른 기후를 만든다.

툰드라기후(ET) 툰드라기후(tundra climate)는 남·북위 60~75° 사이에 분포하지만,

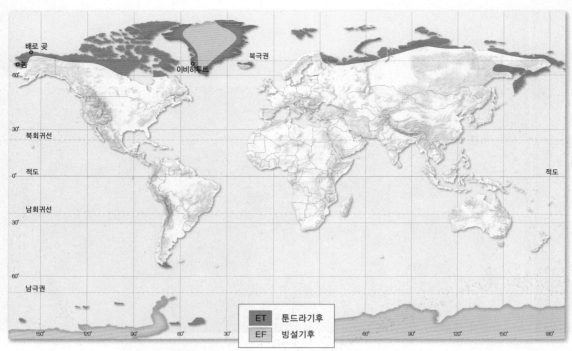

그림 4.34 극기후 분포

대부분 북반구에 해당한다. 북극해를 둘러싸고 있는 유라시아대륙 북부, 알래스카 북쪽 사면과 허드슨만Hudson bay 등 북아메리카 북부, 그린란드 주변 해안과 북극해 제도, 아이슬란드 북부 등에 툰드라기후가 분포한다. 아이슬란드는 여름철 기온이 낮아서 C 기후형에서 바로 툰드라기후로 바뀐다. 그린란드섬 북쪽에는 북위 80°를 넘는 지역에도 해안을 따라 이 기후가 분포한다. 남반구에서는 남아메리카 남서단과 남극반도 Palmer Peninsula 북부와 세종과학기지가 있는 킹조지섬에 툰드라기후가 분포한다(그림 4.34). 툰드라기후의 저위도 쪽 한계는 최난월평균기온 10℃ 선으로 나무가 자랄 수 있는 한계선과 일치한다. 즉, 저위도 쪽 한계가 수목한계선이다. 툰드라기후 극 쪽 한계는 최난월평균기온 0℃ 선으로 빙설기후(EF)와 경계를 이룬다.

툰드라기후는 위도와 알베도, 해양의 영향을 크게 받는다. 연중 태양고도가 낮은 데다 지표면이 눈으로 덮인 기간이 길어서 알베도가 높아[36] 연중 일사량이 적지만, 해양의 영향으로 기온이 크게 떨어지는 것을 어느 정도 완화시켜 준다. 이 지역에서는 기온이 낮은 것이 특징이면서 또한 중요한 기후인자이다. 낮은 기온으로 대기가 안정 상태이며, 포화수증기압이 낮아 수증기를 많이 포함하지 못하여 강수 발달이 어렵다.

툰드라기후지역은 겨울이 길고 추우며, 여름은 짧고 냉량하다. 일 년 중 3개월 정도만 지표면이 녹아 있다. 기온은 거의 매일 영하로 떨어질 수 있으며, 최난월평균기온은 4~10℃이다. 한여름을 제외하면 언제든지 서리가 내릴 수 있다. 툰드라기후지역은 겨울이 춥지만 대부분 해양의 영향을 받아 아극기후지역보다 오히려 덜한 편이다. 툰드라기후지역 내륙에서는 최한월평균기온이 −35℃에 이르며 해안에서는 그보다 온화한 편이다. 극야와 해양의 영향으로 최한월은 주로 2월이며(그림 4.35), 3월 기온이 2월보다 낮은 곳도 있다. 낮과 밤 동안 일사량 차이가 크지 않아서 기온의 일교차는 작다.

툰드라기후지역은 해양을 접하고 있는 지역일지라도 기온이 낮은 편이어서 대기 중에 수증기를 많이 포함할 수 없으므로 절대습도가 낮다. 포화수증기압이 낮아 기온이 조금만 냉각되어도 쉽게 응결할 수 있어 다른 위도대보다 하층운 고도가 낮다. 이

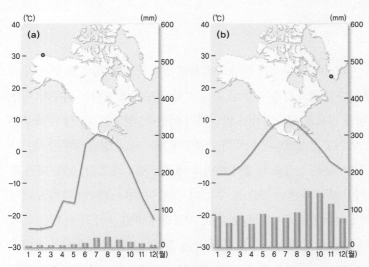

그림 4.35 툰드라기후지역 기후그래프 (a)는 알래스카 배로곶Point Barrow, (b)는 그린란드 이빅투트Ivigtut 기후그래프를 나타낸다. 강수량이 적고 연교차가 큰 편이다.

---

36 오래된 눈일지라도 알베도가 0.5 이상으로 삼림지역의 5~10배에 이른다.

사진 4.50 북극해 하층운(노르웨이 니알슨Ny-Alesund, 2011. 4.) 하층운 운저 고도가 낮아서 구름이 주변 낮은 산봉우리를 가리고 있다.

런 지역에서는 200~300m 산봉우리가 하층운에 가려 있는 모습을 흔히 볼 수 있다(사진 4.50). 그러나 대기가 대체로 안정되어 있고, 고기압 영향권에 놓이는 경우가 대부분이어서 강수가 내릴 정도로 상승기류가 발달하기 어렵다. 연평균강수량은 대부분 250mm 이하이다. 강수량 중 상당량은 따뜻한 여름철에 내리지만, 월별 강수량 차이가 거의 없을 정도로 적다. 눈은 건설로 알갱이 형태로 내리는 경우가 많다. 눈이 내린 후에는 눈으로 건물 벽이 하얗게 변한 것을 볼 수 있다. 강풍이 지나고 나면 마치 모래언덕이 바람에 이동하듯 눈이 새로운 언덕을 만든다. 지표면에 쌓인 눈이 잘 녹지 않고 바람에 날리는 경우가 많아 실제 강설보다 더 많은 눈을 볼 수 있다. 지역에 따라 차이가 있지만, 5월까지도 지표면에서 눈을 볼 수 있으며, 9월이면 새로운 눈이 내리기 시작한다. 툰드라기후지역의 안개는 복사무가 일반적이지만, 낮에 해안을 따라서 해무가 낄 때도 있다.

사진 4.51 블리자드 날씨(노르웨이 니알슨, 2011. 4.) 블리자드가 불면 강풍이 몰아치면서 눈이 날리고 바닥에 쌓인 눈까지 날리므로 시정이 악화되어 수십m 앞을 분간하기 어렵다.

　이 지역에 블리자드가 종종 출현한다. 블리자드는 풍속 14m/sec 이상 강풍과 낮은 시정, 낮은 기온을 동반한다. 저기압이 이 지역을 통과할 때 블리자드가 출현할 수 있으며, 지표면에 쌓인 눈이 강풍에 날리면서 시정을 크게 떨어뜨려 수십m 앞을 분간하기 어렵게 한다(사진 4.51).

　기후형 명칭은 식생에서 유래하였다. 툰드라(tundra)라는 말은 고위도나 해발고도가 높은 지역 땅바닥에 붙어서 자라는 식생을 의미한다. 툰드라의 대표적 식생은 이끼류(moss) 등 작은 식물이다. 하천이나 호수 주변 등에는 드물게 관목류가 자라기도 하며 키 작은 버드나무 사이로 풀이나 이끼 등이 덮여 있다(사진 4.52). 토양 밑으로는 영구동토층이 분포하고 있어서 토양수분이 밑으로 침투하지 못하여 얼어 있는 경우가 많다. 여름철에 툰드라 표면층인 활동층이 녹으면 배수가 되지 않으므로 포화상태가 되어 습지를 만든다. 기복이 조금이라도 있는 곳에는 여름철에 융해호가 발달하고 있어서 높

사진 4.52 툰드라 식생(캐나다 빅토리아섬, 2018. 8.) 여름철이 되면 쌓였던 눈이 녹으면서 툰드라식생이 드러난다. 키 작은 버드나무가 간간이 자라며 풀과 이끼 등이 덮여 있다. 사진에서 왼편 위쪽으로 융해호가 보인다.

은 곳에서 내려다보면 곳곳에서 융해호를 볼 수 있다. 이런 곳에서는 여름철에 모기가 많이 서식하여 인간활동을 어렵게 한다.

이 기후지역에는 토양 발달 상태가 빈약하며, 이탄층이 광범위하게 분포한다. 영구동토층에는 온실기체인 메탄이 상당량 저장되어 있다. 전구 기온상승으로 영구동토층이 녹으면 대기 중으로 메탄이 방출될 수 있으므로 온실기체가 증가할 수 있다. 툰드라에서는 활동층에서 결빙과 융해를 반복하면서 발달하는 구조토와 유상구조토가 분포한다(사진 4.53). 볼록하게 솟은 돌기를 유상구조토라고 하며 유기물을 많이 포함하고 있어서 밟으면 쉽게 꺼지는 느낌이 들어서 위를 걷기 어렵다.

툰드라의 동물 종은 많지 않지만 종별로 개체수가 많은 것이 특징이다. 순록(rein-deer)[37]은 이 지역 대표적인 동물이며 항상 방목지를 돌아다니면서 풀이나 이끼류를 뜯는다. 스칸디나비아에서는 순록을 대규모로 방목한다. 순록은 발바닥이 눈을 쉽게 파

사진 4.53 툰드라기후지역 유상구조토(아이슬란드 Kröflustöð, 2011. 6.) 툰드라환경에서는 활동층에서 결빙과 융해를 반복하면서 볼록하게 솟은 돌기가 발달한 유상구조토가 형성된다.

헤칠 수 있도록 되어 있어서 눈 속의 이끼를 찾아 돌아다닌다. 이곳 이끼는 향이 짙어 순록은 깊은 눈 속에 있는 것을 쉽게 찾는다.[38] 사향소(musk-ox) 떼도 툰드라식생을 뜯어 먹고 살아간다. 툰드라 전통음식 중에는 순록이나 사향소 고기가 포함된다. 늑대와 북극여우, 북극곰도 이 지역에서 볼 수 있는 특징적인 동물이다. 최근 기온상승 영향으로 북극여우나 북극곰이 인간 거주지에 출현하는 일이 잦다는 보고가 있으며, 북극여우가 새로운 질병을 옮기는 사례도 보고된다.

툰드라에는 이누이트, 코미, 사모예드 등 원주민이 거주하고 있으며, 최근 과학 목적과 자원개발을 위하여 인간 거주지가 점차 확대되고 있다. 한국에서도 남극대륙(장보고

---

37 북아메리카에서는 이와 아주 비슷한 동물을 카리부(caribou)라고 부르며, 원주민들은 야생에서 사냥한 것을 날로 혹은 익혀서 먹는다.

38 최근 남쪽에서 들어온 요리사들이 이끼 향을 요리에 활용하기도 한다.

사진 4.54 툰드라기후지역 가옥(캐나다 케임브리지베이, 2019. 10.) 툰드라환경에서는 고상가옥을 짓는다. 대부분 가정에는 이동수단으로 스노모빌을 갖추고 있다.

기지)과 킹조지King George섬(세종기지), 노르웨이 스발바르 니알슨(다산기지)에 과학기지를 세우고 극지연구에 참여하고 있다. 과거 탄광촌이었던 툰드라 마을이 오늘날에 극지의 특수한 환경을 이용하여 관광지로 주목받는다. 스발바르제도의 롱위에아르뷔엔 Longyearbyen이 대표적 사례이다. 이 지역에서는 '고위도'라는 것 자체가 상품으로 활용된다.

툰드라 가옥은 열대 고상가옥과 같이 바닥을 높게 짓는다. 기둥을 영구동토층에 고정시키고 그 위에 집을 짓는 것이 안정적이다(사진 4.54). 중위도에서와 같이 가옥을 지표면에 지으면 기온이 상승하면서 활동층이 녹으므로 가옥이 붕괴될 수 있다. 최근 기온상승으로 활동층이 변하면서 가옥이 붕괴되는 것을 막기 위해 가옥 바닥과 지표면 사이 높이를 수시로 조절할 수 있는 장치도 설치한다. 상하수도관이나 가스관 등은 대부분 지표에 노출되어 있다(사진 4.55). 관을 지하에 묻으면 영구동토층을 녹게 할 우려

사진 4.55 툰드라기후지역 관로(노르웨이 롱위에아르뷔엔, 2011. 4.) 툰드라 환경에서는 가스관이나 상하수도관을 지표 위에 노출시킨다. 관 열기가 영구동토층에 전달되는 것을 줄이기 위한 것이다.

가 있기 때문이다. 상하수도관을 지표면에 닿게 하는 경우, 관에 보온시설을 추가하여 영구동토층에 미치는 영향을 최소화할 수 있게 한다.[39]

빙설기후(EF) 빙설기후(ice cap climate)는 북반구에서 그린란드 내륙과 남반구에서 남극반도 해안을 제외한 남극대륙 대부분 지역에 분포한다(398쪽 그림 4.34 참조). 대부분 빙설로 덮인 고원이다. 빙설기후지역은 북극기단이나 남극기단 발원지이거나 그 영향을 받는 곳이며, 지표면은 항상 얼음이나 눈으로 덮여 있다.

---

39 캐나다 북극지방 공동체에서는 학교, 병원 등 주요 기관을 제외하고는 파이프를 사용한 상하수도 체계가 갖추어져 있지 않다. 가정집에는 특수시설 트럭이 거의 매일 생활용수를 공급하고 하수를 처리한다. 가옥마다 생활용수와 하수 상태를 나타내는 등을 설치하여 외부에서 쉽게 판단할 수 있게 한다. 하수용량이 제한적이므로 외부인이 화장실을 사용하는 것이 쉽지 않을 수 있다. 주민들 증언에 의하면 가족 간에도 화장실 사용 횟수를 제한하기도 한다.

이 지역은 최난월에도 월평균기온이 0℃ 이하로 지구상에서 가장 혹독한 지역이다. 빙설기후가 분포하는 그린란드와 남극대륙은 해발고도 3,000m 이상이다. 이 지역은 고위도라는 점과 더불어 고도가 높은 것이 중요한 기후인자이다(그림 4.36). 고위도이므로 태양복사 에너지 강도가 약한 데다 지표면이 신선한 눈이나 빙상으로 덮여 있어서 (사진 4.56) 알베도가 높아 입사되는 에너지가 대부분 반사되어 우주로 되돌아간다. 신선한 눈이나 빙상은 알베도가 높다. 또한 해발고도가 높으므로 환경기온체감률에 의한 기온체감으로 기온이 더욱 낮아 최한월평균기온은 −51~−34℃에 이른다. 남극대륙 기상관측소에서는 −88.3℃(러시아 보스토크기지, 1960. 8. 24.)를 기록한 적이 있으며, 가장 기온이 낮은 한극(78°S, 96°E)에서는 연평균기온이 −58℃에 이른다.

이 지역의 공기는 바닥의 얼음에 의해서 심하게 냉각되므로 거의 항상 기온역전이 발생한다. 한랭한 공기가 퇴적되어 충분히 쌓이면 중력풍으로 맹렬하게 몰아친다. 이는 남극지방에서 뚜렷하며 블리자드와 함께 눈을 날린다. 수증기가 희박하므로 강수량이 매우 적어서 연평균강수량이 150mm를 넘지 못한다(그림 4.37). 공기가 안정 상태이므로 강수를 만들 정도로 상승기류가 발달하기도 어렵다.

연중 기온이 낮아 빙상으로 덮여 있어서 식생이나 토양이 발달할 수 없지만, 빙상 가장자리에서 간혹 해양에 서식하는 동물을 볼 수 있다. 이곳은 식량이나 연료자원이 없

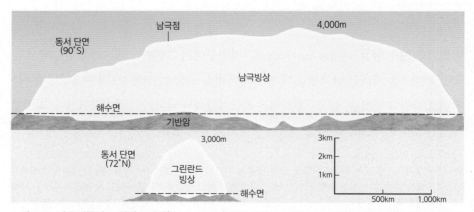

그림 4.36 남극대륙과 그린란드빙상(Earle, 2015) 남극대륙과 그린란드는 거의 3,000m에 이르는 빙상으로 덮여 있다. 빙상 고도가 높아서 기온이 낮은 데다 알베도가 높아서 극단적으로 낮은 기온을 유지한다.

사진 4.56 남극빙상(2011. 1., 하호경) 남극대륙은 빙상으로 덮여 있어서 알베도가 높아 태양복사 에너지를 대부분 반사한다.

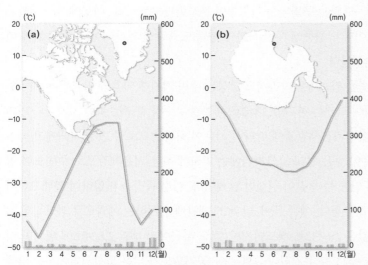

그림 4.37 빙설기후지역 기후그래프 (a)는 그린란드 에이스미테Eismitte, (b)는 남극대륙 맥머도기지Mcmurdo station 기후그래프이다. 강수량이 적고 연교차가 매우 크다.

을 뿐만 아니라 기온이 극심하게 낮고 바람이 강하여 인류가 거주하기 불가능하다. 이
곳에 인간이 거주하기 위해서는 막대한 양의 에너지가 있어야 한다. 그럼에도 불구하
고 최근 과학연구를 위해서 인간이 상주하고 있다. 세계 각국에서는 이미 과학기지 건
설을 위하여 남극대륙에 진출하고 있다. 한국도 2014년에 동남극 노던빅토리아랜드
Northern Victorial Land에 장보고과학기지(74°37.4′S, 164°12.0′E)를 건설하였다.

2) 고산(H)기후

지금까지 설명한 기후형은 대부분 기온이나 강수량의 월별 분포에 의하여 구분된 것
으로 대기대순환과 수륙분포, 지리적 위치 등이 중요한 기후인자이다. 고산기후(high-
land climate) 발달에는 해발고도가 중요한 인자이다. 고산기후는 해발고도가 높은 남아
메리카 안데스와 동남아시아 보르네오섬과 뉴기니섬의 높은 산지, 그리고 동아프리카
킬리만자로, 케냐산 등에 분포한다. 중위도에 위치하는 아시아 히말라야와 유럽 알프
스, 북아메리카 로키, 뉴질랜드 남알프스 등 세계적으로 규모가 큰 산지에도 해발고도
영향으로 주변 저지대와는 구별되는 기후형이 분포한다(그림 4.38). 이곳에서는 해발고
도와 더불어 햇볕이나 탁월풍에 대한 사면의 향 등도 중요한 인자이며, 사면의 향에 따
라 기후 차이가 발생한다.

고산기후는 비슷한 위도대를 따라서 발달하는 주변 저지대 기후와 밀접한 관련이 있
다. 해발고도 영향이 크기는 하지만, 대체로 계절별 강수량 분포는 주변 저지대와 거의
비슷하다. 다만, 환경기온체감률에 따라서 기온이 하강하므로 주변 저지대에 비하여
기온이 낮다. 기온이 높은 열대 고산지역에는 고도에 따른 기온체감으로 주변보다 항
상 기온이 낮아서 연중 봄과 같이 선선한 날씨이다. 이런 특징을 반영하여 열대고산기
후를 상춘기후라고 부른다. 예를 들어, 남위 2° 해안에 위치하는 에콰도르 과야킬의 일
최고기온 월평균값은 29~32℃ 정도이지만, 적도 부근에서 해발 2,824m에 위치한 키
토에서는 연중 21~22℃를 유지한다(그림 4.39). 공기밀도가 낮은 고산지역에서는 낮에
대기가 빠르게 가열되고 야간에 빠른 속도로 냉각되므로 일교차가 커 위도가 높은 산

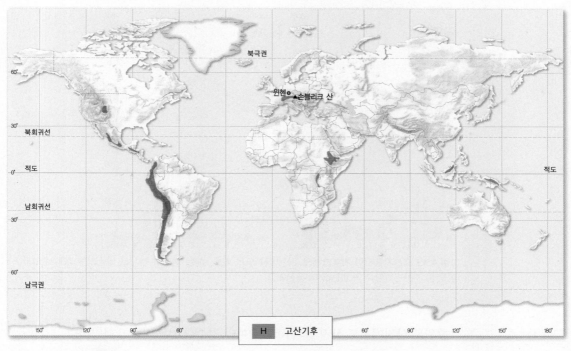

그림 4.38 고산기후 분포

지에서는 동결과 융해가 반복된다.

　고산지역 강수량은 지형과 해발고도 영향을 크게 받으며, 향과 고도에 따라서 강수량 차이가 크다. 대류성 강수 비율이 높은 저위도에서는 해발 1,000~1,500m에서 강수량의 최대 고도가 나타나며, 그 고도를 넘어서면 오히려 강수량이 감소한다. 예를 들어, 하와이 마우나로아 동쪽 사면의 해발 700m에서는 연평균강수량이 5,500mm에 달하지만, 산 정상(3,298m)에서는 440mm에 불과하다. 열대수렴대에 분포하는 해발 3,000m 정도 산지(케냐산, 카메룬산 등)에서는 최대 강수량 지점에 비하여 10~30% 강수량이 내린다(Barry, 1992). 고원에서는 또 다른 강수패턴을 보인다. 멕시코고원 사면에서는 600~1,400m에서 강수량 최대 지점이 나타나고, 해발 3,000m 부근에서 2차 극대 지점이 나타난다. 이는 고원에서 가열에 의하여 발생하는 국지적인 대류에 의한 것이다. 에티오피아고원에서도 비슷한 강수량 분포패턴을 보인다.

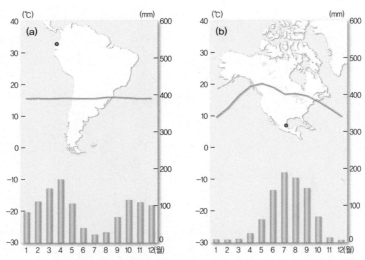

그림 4.39 고산기후지역 기후그래프 (a)는 에콰도르 키토, (b)는 멕시코 멕시코시티 기후그래프를 나타낸다. 연중 기온변화가 거의 없는 것이 특징이다.

중위도 산지에서도 산지 향과 고도에 따라 강수량 분포패턴이 다양하다. 스위스 알프스의 경우, 남서쪽 발레주 470~1,700m에서는 강수량이 고도 100m마다 27mm 비율로 증가하고 1,700~3,810m에서는 99mm씩 증가한다. 알프스 북동쪽의 경우, 380~1,700m 사이에서는 고도 100m마다 85mm씩 증가하고 1,700m 이상 고도에서는 57mm씩 증가한다. 그림 4.40은 오스트리아 알프스산지 두 지점에서 고도별 연평균강수량 분포를 보여 준다. 바람받이인 브레겐체르아슈Bregenzer Ache와 바람그늘인 외츠탈Ötztal을 비교한 것으로 분포패턴이 전혀 다르다. 브레겐체르아슈에서는 고도 상승에 따라 강수량이 빠르게 증가한 후 서서히 증가하지만, 외츠탈에서는 거의 변화가 없다가 2,000m를 넘어서면서 빠르게 증가한다. 북아메리카 서부 코스트산맥에서는 정상까지 강수량이 꾸준히 증가하고, 시에라네바다산지에서는 해발 1,600m에서 최대 강수량 고도가 나타난다. 콜로라도 로키산지에서는 3,200m 고도에서 겨울철 강수량이 1,750m에 자리한 분지보다 거의 6배 많아(Barry, 1992), 고도별 강수량 차이가 여름철보다 겨울철에 더 크다.

고산지역에서는 날씨가 급격하게 변한다. 풍향 변동에 따라서 기온뿐만 아니라 습

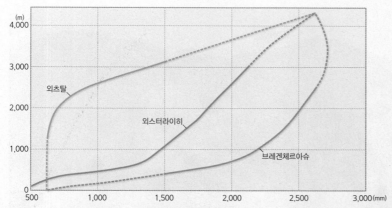

그림 4.40 오스트리아 알프스산지에서 고도별 강수량 비교 브레겐체르아슈에서는 고도 상승에 따라 강수량이 빠르게 증가한 후 서서히 증가하지만, 외츠탈에서는 거의 변화가 없다가 2,000m에서부터 빠르게 증가한다.

도, 하늘상태 등 날씨가 쉽게 바뀐다. 산지가 해안에서 가까울 경우 변동이 더욱 크다. 산지에서는 급격한 날씨 변화에 대하여 주의하라는 문구를 자주 접할 수 있다. 공기가 희박한 고산지역에는 저지대에 비하여 자외선과 같은 단파복사 에너지가 풍부하다. 고산지역에서는 그을린 피부빛을 하고 있는 주민을 쉽게 볼 수 있다(사진 4.57). 높은 산지를 등산하는 사람들도 햇볕에 노출되면 피부가 검게 그을린다. 수증기와 먼지 등이 적기 때문에 쉽게 자외선에 노출된다.

안데스산맥과 같은 열대 높은 산지에서는 고도별로 기온체감에 따라 기후대가 수직적으로 분포한다. 안데스산맥 기슭에서 동쪽으로는 아마존분지에 열대우림기후가 나타나고, 서쪽에서는 한류에 의한 건조기후가 분포한다. 그러나 해발 1,200m를 넘어서면 아열대기후 환경으로 바뀐다. 해발 2,400m를 넘어서면 온대기후로 바뀌면서 식생도 마치 지중해성기후지역을 연상하게 한다. 해발 3,600m부터는 한랭한 중위도기후 환경이 되며, 4,800m를 넘어서면 극기후와 같이 눈과 얼음이 덮여 있다(그림 4.41).

산지 남쪽과 북쪽 사면에서 태양복사량 차이가 크다. 북반구 산지 북쪽 사면에서는 겨울철에 일사를 거의 받지 못하므로 남쪽 사면에서 받는 태양복사 에너지가 훨씬 많다. 이와 같은 복사량 차이가 식생분포에도 영향을 미친다. 북쪽 사면은 기온이 낮고 증발량이 적어 식생이 풍부한 반면, 남쪽 사면은 기온이 높고 건조하여 식생피복이 미약

사진 4.57 고산지역 주민(페루 쿠스코, 2011. 2., Eckenfels and Ayala) 고산지역에는 자외선복사 에너지가 많아서 주민들 피부가 쉽게 그을린다.

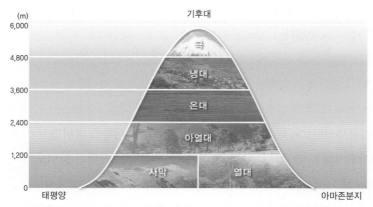

그림 4.41 열대고산지역 기후대 수직 분포 열대 고산지역에서는 수직적으로 기후대가 다르게 분포한다.

하다. 마찬가지로 동쪽과 서쪽 사면 간의 차이도 있다. 서쪽 사면은 비교적 뜨거운 오후에 직달복사를 많이 받고, 동쪽 사면에서는 냉량한 아침에 햇볕을 받는다. 또한 탁월풍이 불어오는 쪽과 그 반대 사면 간에도 기후 차이가 발생한다. 바람받이 사면에서는 공기가 상승하면서 강한 비가 내릴 수 있지만, 바람그늘에서는 강수그늘에 해당하여 비가 적다.

안데스산맥과 같은 열대 고산지역은 강렬한 태양복사나 낮은 기온과 같은 환경으로 농사가 불리하다. 해발 3,200~4,300m에 이르는 볼리비아고원이나 알티플라노Altipla-no와 같은 고산 분지는 열대우림 상층 한계를 완전히 벗어나 있다. 이곳에서는 소규모로 옥수수나 밀, 보리, 감자 등 냉량한 기후에서 경작할 수 있는 작물을 재배하며, 주변 산지를 따라서 가축을 방목하기도 한다. '안데스 낙타'라고 불리는 라마가 이 지역 대표적인 가축이다. 아시아와 아프리카 열대고산지역에서는 상춘기후를 활용하여 대규모로 차를 재배한다(사진 4.58). 해발고도가 높은 케냐는 세계적 차 산지이다.

저위도 고산지역에서 낮은 기온은 주민생활에 미치는 영향이 크다. 저위도 고산지역은 저지대에 비하여 선선한 기후로 일찍부터 인류 거주지로 주목받았다. 적도가 지나는 곳에 자리 잡은 키토는 대표적인 고산기후에 발달한 도시이다. 그 외에도 중앙아메리카와 남아메리카에 분포하는 멕시코시티, 라파스, 보고타 등이 고산도시이다. 열대 고산지역은 휴양지로 적합하여 아시아의 반둥과 바기오, 심라, 다르질링, 사파 등은 일찍부터 서양인들이 휴양지로 조성한 도시이다(사진 4.59). 안데스산지를 중심으로 고대 잉카문명이 발달한 것도 연중 온화한 기후 덕분이다.

중위도 고산지역은 일부 지역을 제외하면, 기온이 낮아 인류가 거주하기에 적합하지 않다. 높은 산지는 대부분 연중 눈이나 얼음으로 덮여 있으며, 등산객들이 정상에 도전하려 애쓴다. 티베트와 히말라야산지 남쪽 사면에 자리한 네팔, 부탄 등은 국토 상당 부분이 해발고도가 높은 곳에 자리한다.

그림 4.42는 비슷한 위도상에 자리를 하지만, 해발고도가 다른 독일 남부 뮌헨(447m)과 오스트리아 손블리크Sonnblick산(3,105m)의 기후를 나타낸 것으로 중위도에서 해발고도 차이가 기후에 미치는 영향을 잘 보여 준다. 두 지점은 150km 정도 떨어져 있지만, 기후 차이가 뚜렷하다. 뮌헨에는 최한월평균기온도 0℃를 넘는 비교적 온화한 서안해양성기후가 발달하였고, 손블리크는 겨울철 6개월 동안 월평균기온이 0℃ 이하로 떨어진다. 최난월평균기온도 뮌헨에서는 23℃ 정도이며, 손블리크에서는 10℃ 정도이

사진 4.58 고산지역 차 재배(말레이시아 캐머런, 2016. 1.) 열대 고산지역에서는 연중 온화한 기후와 풍부한 강수량을 활용하여 대규모로 차를 재배한다.

사진 4.59 고산지역 휴양지(베트남 사파Sapa, 2017. 10.) 열대 고산지역은 일찍부터 서양인들에게 휴양지로 주목받았다. 사파는 최근 휴양객이 몰리면서 빠르게 휴양시설이 늘고 있다.

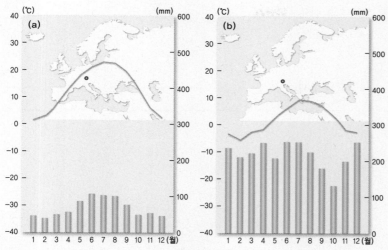

그림 4.42 산지와 주변 기후 차이((a): 뮌헨, (b): 손블리크산): 손블리크산에서 기온이 훨씬 낮고 강수량이 많다.

다. 강수량 차이는 더욱 커서 뮌헨 연평균강수량은 약 810mm이지만, 지형성 강수가 자주 발생하는 손블리크에서는 2,670mm에 이른다.

중위도 고산지역에서는 겨울철에 눈이 많이 쌓이므로 다설에 대비한 독특한 가옥이 발달하였다(34쪽 사진 1.3 참조). 눈이 많이 쌓이면 밖으로 출입이 어려우므로 대부분 시설이 한 건물에 집중되어 있어서 가옥 규모가 크게 보인다. 겨울철에 눈이 많이 쌓이므로 1층에는 사람이 거주하지 않는 공간을 둔다. 또한, 겨울철 많은 눈은 산지 특유의 겨울철 레포츠를 발달시켰다. 몽블랑산을 배경으로 하는 프랑스 샤모니Chamonix(1,037m)는 규모가 작은 도시이지만, 동계올림픽 발상지이며 두 차례 올림픽을 개최한 곳으로 유명하다.[40]

---

40 경사가 급한 알프스에서는 알파인 경기가 발달하였고, 비교적 경사가 완만한 북유럽에서는 노르딕 경기가 발달하였다.

제5장 기후변화

1. 기후변화의 증거와 특징

기후는 지구 탄생 이래 지속적으로 변하고 있다. 오늘날 세계 곳곳에서 발생하는 이상기상과 이상기후로 기후변화(climate change)가 전지구인의 관심을 끌고 있다. 기후변화와 관련된 중요한 이슈는 장기간 기후변동(climatic variation)에 비하여 최근 100~150년 동안 기후변화가 어느 정도 규모인가, 그리고 최근 기후변화에서 인류활동으로 배출되는 온실기체 영향이 어느 정도인가 등이다.

최근 세계 여러 곳에서 급격한 기후변화 증거를 다양하게 볼 수 있다. 북극해에서 해빙이 줄고 있고, 알프스빙하가 19세기 후반에 비하여 절반 가까이 감소하였다는 사실은 기후변화의 심각한 상황을 보여 주는 대표적 사례이다(사진 5.1). 2016년에는 과학적 기상관측이 시작된 이래로 전구평균기온 최고값을 기록하였으며, 최근 20여 년은 기상관측 이래 가장 더운 시기로 기록되었다.

지역적으로 보면, 기후변화 특징이 다양하게 전개되고 있으며 변화 규모가 더욱 커지고 있다. IPCC(2021) 제6차 보고서에 의하면, 전구평균기온은 1850년 이후 1.07℃ 상승하였지만 최근 상승폭이 더 크다. 뿐만 아니라 세계 곳곳에서 가뭄과 홍수, 이상고온, 한파 등 다양한 이상기상이 빈번하다. 한국에서도 최근 10여 년 동안 극한기상 출현이 잦다. 전국적으로 여름철 폭염일수가 증가하였고, 겨울철 한파일수도 증가하였다. 2002년 여름에는 태풍 루사의 영향으로 강릉에 900mm에 가까운 강수량이 단 하루에

사진 5.1 점차 줄고 있는 론빙하(스위스 발레, 2011. 7.) 전구적으로 기온이 계속 상승하면서 알프스빙하가 곳곳에서 녹아내리고 있다. 19세기 말에는 사진에 보이는 대부분이 빙하로 덮여 있었고, 1996년 여름에도 사진에서 왼편 상단 함몰지 입구까지 빙하가 있었다.

집중되었다. 2010년 1월에는 서울에 관측 이래로 가장 많은 눈이 쏟아졌으며, 2005년 12월에는 서해안에 폭설이 쏟아져 막대한 피해를 입었다. 과거 태풍피해가 주로 남동 해안에 집중되었고, 겨울철 폭설피해도 영동 산간지방에 집중되었던 것에 비하여 이례적이다. 기후변화로 인하여 예측하기 어려울 정도로 극한기상이 빈번하게 출현하고 있음을 보여 준다.

1) 기후변화의 증거

전 세계 과학자들이 첨단기술과 정밀한 도구를 활용하여 과거기후를 재구성하기 위하여 노력하고 있다. 한국 과학자들도 국내에서는 물론 북극권과 남극대륙, 산악 등에서 빙하코어와 해양퇴적물 등을 분석하여 고기후 재구성을 위하여 애쓰고 있다. 그런 기술과 도구는 최근에 발명된 것으로 지구 역사에 비하면 아주 짧은 기간의 자료를 얻을 수 있는 수준이다. 미래기후를 정확하게 예측하기 위해서는 보다 광범위한 시간 동안 기후가 어떻게 변하였는지를 파악하는 것이 필요하다.

관측기기에 의한 기록은 200년을 넘지 못하므로 분석기간이 길어질수록 자료 신뢰도가 떨어질 수밖에 없다. 그러므로 과학자들은 관측자료 부족을 극복하기 위해서 간접 증거를 이용하여 과거기후를 재구성해야 한다. 이런 간접 자료를 프록시(proxy) 자료라고 하며, 해양퇴적물, 빙하, 화분, 동식물 화석, 나이테, 역사자료 등을 포함한다.

해양퇴적물 심해에서 채취한 퇴적물은 고기후(paleoclimate) 복원을 위한 중요한 프록시 자료이다. 해양퇴적물(marine sediment)을 이용한 기후복원은 과학자들이 1872년부터 1875년 사이에 영국 군함 챌린저호를 타고 해안에서 멀리 떨어진 열대와 온대 해역에서 유공충화석을 발견하면서부터 시작되었다. 그 후 1947년에 스웨덴 해양학자 쿨렌베리(B. Kullenberg)가 15m 깊이까지 퇴적물코어(sediment core)를 만들 수 있는 시추기를 개발하면서 진일보하였고, 이듬해까지 이어진 스웨덴 심해탐사에서 얻은 대서양과 태평양 해양퇴적물코어를 분석하여 빙기가 최소한 9회 있었다는 결과를 얻었다.

1968년부터 미국을 중심으로 수행하고 있는 기후변화 관련 국제프로젝트인 심해시추사업(Deep Sea Drilling Project)도 해양퇴적물분석을 포함하고 있다. 이 사업은 1983년부터 새로운 시추선을 도입하여 대양시추프로그램(Ocean Drilling Program)으로 대체하였고, 2003년 10월부터 새로운 통합대양시추프로그램(IODP; Integrated Ocean Drilling Program)을 시작하였다. 오늘날에는 해저에서 1km 두께까지 이르는 퇴적물을 얻을 수 있다. 과학자들은 이런 해양퇴적물분석으로 과거 250만 년 동안 50회 빙기가 있었음을 밝혔고, 250만 년에서 100만 년 전 사이에는 매 4.1만 년마다, 100만 년 전 이후는 매 10만 년마다 빙기와 간빙기가 출현하였다는 것을 확인하였다(그림 5.1 참조). 현재 심해코어에서 공식적으로 확인된 동위원소는 총 63단계에 이르며, 비공식적으로는 90단계까지 확대되었다. 한국 극지연구소도 북극해에서 해양퇴적물을 시추하여 분석한다(사

사진 5.2 해양퇴적물코어(남승일) 갈색 부분은 간빙기, 밝은색 부분은 빙기에 퇴적된 것이다. 총 길이는 7.8m이다.

사진 5.3 해양퇴적물에 포함된 유공충화석(남승일) 북극해 동시베리아 부근 퇴적물에서 채취한 부유 유공충화석이다. 유공충껍데기는 탄산칼슘으로 구성되어 있어서 산소동위원소분석을 통해 당시 기후를 판단할 수 있는 근거를 제공한다.

진 5.2).

　해양퇴적물은 물이나 빙하, 바람 등에 의해 침식과 퇴적이 일어나는 육상 퇴적물에 비하여 서서히 연속적으로 해저에 가라앉은 것이어서 고기후 복원에 유용하다. 해양퇴적물은 기후자료의 보고라고 할 수 있을 만큼 고기후 추정을 위한 귀중한 정보가 담겨 있다. 해양퇴적물에는 당시 바다와 대기 사이에서 상호작용하면서 해양 표면 가까이에 살던 유기체 잔해가 포함되어 있다(사진 5.3). 해양표면에서 유기체가 죽으면, 껍데기가 서서히 해저로 가라앉으면서 퇴적물에 묻힌다. 기후 조건에 따라서 해양표면에 살던 유기체 종류와 숫자가 달라지므로 해저퇴적물은 고기후를 복원하는 데 유용하다.

　해양퇴적물에서 채취한 미생물의 화석 껍데기에서 산소동위원소를 추적하여 과거

2, 3백만 년 동안 해양 동위원소 조성변화를 확인할 수 있으며, 이를 통하여 고기후에 관한 정보를 얻을 수 있다. 해양퇴적물에 포함된 해양 유기체 껍데기에는 산소동위원소(oxygen isotope)가 포함되어 있어서 $^{18}O/^{16}O$의 비율을 구할 수 있다. 산소는 주로 산소-16(^{16}O) 형태로 존재하지만 드물게 조금 더 무거운 산소-18(^{18}O)이 있으며, ^{16}O와 ^{18}O의 비율[1]을 사용하여 산소동위원소를 분석한다. 산소동위원소비는 다음 식으로 구할 수 있다.

$$\delta^{18}O = \frac{(^{18}O/^{16}O)_{표본} - (^{18}O/^{16}O)_{기준}}{(^{18}O/^{16}O)_{기준}}$$

H$_2$O 중 산소 분자는 ^{16}O와 ^{18}O 중 하나이며, 이 중 가벼운 ^{16}O가 빨리 증발한다. 한랭한 시기에는 바다에서 가벼운 ^{16}O가 빨리 증발하므로 해양에는 무거운 ^{18}O가 더 많이 남아 있다. 그러므로 빙하가 확장하는 시기에는 바닷물에 ^{18}O의 농도가 증가하고, 간빙기에는 ^{16}O가 바다로 돌아가서 해양에 ^{18}O의 비율이 감소한다. 이런 산소동위원소의 비율 변화를 통해서 고기후를 추정할 수 있다(그림 5.1).

해양퇴적물에서 얻은 플랑크톤이나 다른 해양 미생물화석과 시추코어에서 층별로 나타나는 탄산칼슘 농도 변동에 의해서 과거 해수면온도를 추정할 수 있다. 빙기에는 탄산을 포함하지 않는 빙하쇄설물 파편이 해양으로 유입되므로 심해퇴적물에서 탄산

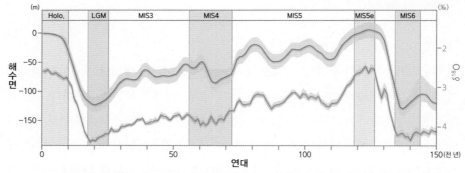

그림 5.1 해양퇴적물에서 구한 산소동위원소비와 해수면(Cartapanis et al., 2016) 해양퇴적물의 산소동위원소분석을 통하여 해수면을 복원하였다. MIS는 각 해양 동위원소단계를 의미하며, LGM은 최종빙기 최성기(Last Glacial Maximum)를 나타낸다. 노란색은 간빙기, 파란색은 빙기를 의미한다.

1　일반적으로 ^{16}O에 대한 ^{18}O의 비율로 나타낸다.

칼슘 농도가 상대적으로 낮다. 반면, 간빙기에는 고농도 탄산칼슘을 분비하는 플랑크톤이 많았던 것을 반영하여 퇴적물에 탄산칼슘 농도가 높다. 이와 같은 심해저에서 획득한 자료를 이용하여 플라이스토세 기후를 재구성할 수 있다.

빙하·빙상과 관련된 증거 유럽과 북아메리카에서 발견된 빙하와 그 밖에 한랭한 기후와 관련된 퇴적물은 고기후 복원을 위해서 널리 사용되는 프록시 자료이다. 빙하 퇴적물을 이용한 초기 연구에서 빙기를 4개로 구분하였다. 펭크(A. Penck)와 브뤼크너(E. Brückner)가 유럽에서 귄츠(Günz)와 민델(Mindel), 리스(Riss), 뷔름(Würm) 빙기를 확인하였고,[2] 미국에서는 네브래스카(Nebraskan)와 캔자스(Kansan), 일리노이(Illinoian), 위스콘신(Wisconsinan) 빙기를 확인하였다.

과학자들이 빙하에 관심을 갖기 시작한 것은 19세기부터이다. 스위스 과학자 아가시(L. Agassiz)가 당시 주류 학자들과 달리 쥐라Jura산지 주변에 흩어져 있는 표석(erratic boulder)을 설명하기 위해서 빙산이론(iceberg theory)을 제기하였다.[3] 베네츠(I. Venetz)와 샤르팡티에(J. de Charpentier) 등도 알프스 경관을 연구하여 한때 빙하가 상당히 확장하였었다는 것과 U자곡이나 표석, 바위표면 긁힌 자국 등이 빙하에 의한 것이라고 확신하였다.[4] 아가시는 이런 다양한 증거를 종합하여 빙하확장이론을 완성하고, 빙상(ice sheet)이 북극에서 지중해로 확장하면서 빙퇴석(moraine), 바위표면 긁힌 자국, 표석 등이 형성되었다고 주장하였다. 이 과정을 거치면서 '빙하시대(ice age)'라는 개념이 등장하였다.

빙하는 확장과 후퇴를 반복하면서 지표면에 다양한 영향을 미친다. 빙하가 이동하면서 지형을 변화시키고 빙하면적에 따라 해수면이 영향을 받는다. 실제로 오늘날 중위도와 고위도의 지표상에서 볼 수 있는 지형 특징은 대부분 직간접으로 빙하가 확장하

---

2   오스트리아 지질학자인 펭크와 브뤼크너는 1909년에 *Die Alpen im Eiszeitalter*(빙하시대 알프스)라는 논문에서 알프스 설선이 현재보다 1,000m 정도 낮았던 4번의 빙기에 대하여 기술하였다.

3   당시까지 다른 과학자들은 표석이 성경에서 말하는 노아홍수와 같은 대규모 범람에 의해서 운반된 것이라 믿고 있었다.

4   베네츠는 1829년에 표석을 분석하여 대규모 빙상이 스위스 전체를 덮었었다는 논문을 발표하였고, 샤르팡티에는 1834년 루체른에서 빙하이론을 발표하였다.

사진 5.4 알프스에서 빙하후퇴(스위스 모르테라취Morteratsch빙하, 2011. 7.) 빙하가 이동시킨 표석에 빙하가 있었던 연도가 기록되어 있다. 현재 빙하는 이곳부터 약 2km 상류에 있다.

거나 후퇴하는 것과 관련 있다. 빙하가 후퇴하고 확장한 증거는 역사시대 이전의 기후를 해석하는 데 중요하다. 예를 들어, 기원전 3000년경에는 알프스산지에서 설선(snow line)이 오늘날보다 1,000m 이상 높았다는 증거는 당시 빙하가 상당히 후퇴하였다는 것을 보여 준다. 그 후 기원전 500년 무렵 빙하가 다시 뚜렷하게 후퇴하였고, 17세기에서 19세기 사이에는 알프스와 스칸디나비아에서 빙하가 확장하였던 흔적을 찾을 수 있으며, 20세기에 들어서 유럽 전역에서 빙하가 후퇴하고 있다(사진 5.4).[5]

대륙빙하 끝부분에 해당하였던 곳에는 빙하 퇴적지형이 대규모로 분포한다. 종퇴석(terminal moraine), 드럼린(drumlin), 표석과 같은 빙하 퇴적지형은 빙상의 이동방향과 범위를 재구성하는 데 유용하다. 빙하에 긁힌 자국, 빙하호, 권곡, 호른 등 빙하 침식지

---

5   스위스 모르테라취빙하는 1878년부터 일정한 시간 간격으로 빙하가 있었던 위치를 표시해 두고 있어서 빙하가 후퇴하는 것을 실감나게 확인할 수 있다.

사진 5.5 빙하 퇴적지형: 종퇴석(아일랜드 코크Cork, 2004. 9.) 마지막 빙기에 빙하가 확장하면서 아일랜드 남부까지 빙하 퇴적지형을 발달시켰다.

형도 비슷한 증거로 사용할 수 있다. 중위도 곳곳에서 대륙빙하가 후퇴하면서 만들어 놓은 다양한 빙하 퇴적지형과 침식지형이 분포한다. 현재 서안해양성기후지역인 아일랜드에 다양한 빙식지형과 빙하 퇴적지형이 분포하는 것은 빙기에 빙하가 아일랜드를 덮고 있었음을 시사한다(사진 5.5).[6]

그린란드와 남극의 거대한 빙상 속에도 고기후에 관한 정보가 들어 있다. 매년 내리는 눈이 겹겹이 쌓이면서 압력을 받아 점차 얼음으로 바뀌고 확대하여 빙상으로 발달한다. 빙상은 매년 눈이 내릴 당시의 공기를 포함한 채 새로운 층을 형성한다. 그러므로 두꺼운 빙상을 시추하여 만들어진 얼음기둥인 빙하코어(ice core)는 시기별로 눈이 내릴 당시 공기에 대한 정보를 포함하고 있다.

---

6 아일랜드어가 빙하 퇴적지형 용어로 사용된 사례가 여럿 있다. '작은 산등성이'를 의미하는 'droimnin'에서 드럼린이 왔고, '언덕'을 뜻하는 'eiscir'에서 에스커가 왔다.

그린란드빙상프로젝트 2(GISP 2; Greenland Ice Sheet Project 2)에서 3,050m 이상 빙하코어를 시추하였으며, 이를 통하여 110,000년 동안의 기후와 관련 기록을 얻을 수 있다. 남극대륙 보스토크에서도 3,350m 깊이 빙하코어를 시추하였으며, 이를 통하여 420,000년 동안의 기후정보를 얻을 수 있다(그림 5.2 참조). 남극대륙 빙하코어를 위한 유럽프로젝트(EPICA; European Project for Ice Coring in Antarctica)에서는 720,000년 자료에 해당하는 3,190m 빙하코어를 시추하였다. 이동이 쉬운 시추기술이 발달하면서 그린란드나 남극대륙 이외 지역에서도 빙하코어를 얻을 수 있다. 페루 고산지역에서 시추한 빙하코어는 저위도에서 기온변화를 분석할 수 있다는 점에서 중요하다.

눈과 함께 쌓인 공기는 얼음 속 기포에 갇혀 있어서 눈이 떨어졌을 당시 공기성분을 담고 있으며, 빙하코어를 만드는 얼음과 물은 산소와 수소 동위원소를 포함한다. 빙상이나 빙하가 확장하는 빙기에는 바다에서 가벼운 ^{16}O가 증발하여 강수로 내리므로 빙하 속에 ^{16}O가 더 많이 포함되고, 온난한 간빙기 동안에는 빙하 속에 ^{16}O의 비율이 감소한다. ^{16}O가 해양에서 내륙으로 이동하면서 점차 강수로 떨어지기 때문에 해안에서 멀리 떨어진 빙하일수록 ^{16}O 비율이 감소한다. 이 비율 차이를 이용하여 고기후를 복원할 수 있다. 빙하 속에 ^{16}O 비율이 더 높으면 한랭하고 ^{18}O 비율이 더 높으면 온난하였던 시기라고 할 수 있다.

빙상과 빙하에 포함된 기포를 분석하여 시간 경과에 따라 달라지는 온실기체 농도를 추정할 수 있다. 그림 5.2는 보스토크에서 시추한 빙하코어를 분석하여 얻은 먼지 농도와 이산화탄소 농도, 기온변화를 보여 준다. 기온과 이산화탄소 농도가 비슷한 경향으로 변하고 있으며, 먼지 농도는 대체로 기온과 반대 경향이다. 즉, 기온이 낮은 시기에 먼지 농도가 증가한다. 산소동위원소 자료와 이산화탄소 농도 관계를 분석하여 온실기체 농도가 전구평균기온과 어떤 관련이 있는지 파악할 수 있다. 또한, 빙하코어에 포함된 대기 화학조성과 더불어 먼지 등을 분석하여 대기오염 상태도 파악할 수 있다. 화산폭발과 높은 먼지 농도, 한랭한 기후는 서로 관련되어 있으므로 빙하에 포함된 먼지층은 당시에 화산폭발이 활발하였거나 폭풍이 많았다는 것을 보여 주는 증거이다. 대규모 화산폭발이 있으면 화산재 등에 의하여 일사량이 감소하여 기온이 하강할 수 있고, 한랭한 시기에는 대륙붕 등이 드러나면서 많은 먼지가 이동할 수 있다.

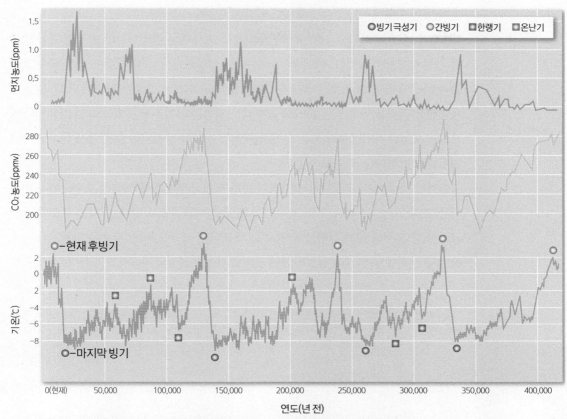

그림 5.2. 남극대륙 보스토크 빙하코어에서 분석한 이산화탄소 농도와 기온, 먼지 농도 변화(O'Hare *et al.*, 2005) 기온과 이산화탄소 농도가 비슷한 경향으로 변하고 있으며, 먼지 농도는 대체로 기온과 반대 경향이다.

수위변동과 고토양 바다와 호수의 수위변동 기록도 중요한 고기후 자료이다. 해수면 변동은 비교적 장기간에 걸쳐 해저에 퇴적물이 쌓이거나 화성암 분출 등과 같은 요인으로 나타날 수 있고, 빙하가 확장하거나 후퇴할 때도 변화할 수 있다. 일부 학자들에 의하면, 현재 그린란드와 남극대륙 빙상이 모두 녹는다면 해수면이 66m 상승할 수 있다. 이런 수위상승으로 지구상 주요 항구 대부분이 물에 잠길 수 있을 뿐만 아니라, 해안에 자리한 런던, 뉴욕, 도쿄 등 대도시도 위태롭다. 대륙빙하가 모두 사라지면 압력이 제거되면서 육지가 융기한다. 마지막 빙기에 스칸디나비아 빙상, 로렌시아 빙상으로 덮여 있던 지역에서는 오늘날에 상당히 융기하였다.

200만 년 전에 시작된 신생대 전반 플라이스토세에는 대빙하기라고 불릴 만큼 빙기와 간빙기가 반복되었다. 이에 따라 해수면이 상승하거나 하강하였다. 당시 해수면 상승과 하강에 관한 자료에는 빙기와 간빙기를 연구하는 데 중요한 정보가 담겨 있다. 해수면변동 흔적을 담고 있는 해안단구와 같은 지형은 고기후 연구에 중요한 자료이다(사진 5.6). 오늘날 해안선보다 높은 곳에서 해안선 흔적이 발견되는 것은 현재 해수면이 과거보다 낮아졌다는 것을 보여 준다.

단기간 강수량 변화나 보다 장기적인 빙하의 확장과 후퇴에 의해서 호수수위가 변한다. 호수수위는 기온이 높거나 강수량이 많았던 시기에 상승한다. 내륙에 분포하는 대규모 호수 흔적은 빙기 상황을 보여 주는 대표적 증거이다. 이런 호수는 현재보다 강수량이 훨씬 많았던 시기에 형성되었던 것으로 다우호(pluvial lake)라고 부른다. 대체로 빙

사진 5.6 **해안단구**(아일랜드 마린곶Malin head, 2016. 9.) 해안단구는 해수면이 낮아진 증거를 보여 준다. 어두운 색 해변 오른편으로 과거 해변과 그 오른편으로 더 높은 단구면이 보인다.

기에는 현재 기후보다 강수량이 많고 증발량이 적어서 내륙에 호수가 발달하기 유리한 조건이었다. 미국 서부 본너빌Bonneville호와 아프리카 차드호, 중국 아이딩Ai Ding호 등이 이런 사례이다. 높은 산지에서 빙하가 녹아 호수를 만들기도 한다.

고토양(paleosol)도 고기후를 추정하는 데 도움을 주는 중요한 지표이다. 고토양은 퇴적층이나 아주 오래된 건축물 아래에서 발견되며, 과거 토양형성시기의 특성을 보존한다. 종종 해안이나 강가에서 침식을 받아 퇴적층 밑에 고토양이 드러난 경우를 볼 수 있다(사진 5.7). 이와 같은 퇴적층 아래 묻혀 있는 고토양은 형성시기의 기후에 대한 정보를 포함한다. 포드졸과 같은 산성토양에는 화분(pollen) 입자가 잘 보존되어 있을 수 있으며, 석회질 토양에는 연체동물(mollusca) 화석이 포함되어 있을 수 있다. 그러므로 고토양에 포함되어 있는 화석은 과거 식생과 기후에 대한 좋은 증거이다. 고토양 단면에

사진 5.7 과거기후 환경을 보여 주는 고토양(경기 연천, 2011. 11.) 사진에서 바위 아래 붉은색을 띠고 있는 부분이 화산분출 이전에 형성된 고토양 단면이다. 고토양은 화산분출 이전 환경을 복원하기 위한 자료가 될 수 있다.

사진 5.8 황토지대(중국 란저우, 2007. 7.) 황토지대 뢰스층은 한랭기에 형성되는 것으로 오늘날 온난한 지역에 분포하는 두꺼운 뢰스층은 고기후가 현재와 달랐음을 보여 준다.

나타나는 토양형성 과정의 특징에서도 과거 환경 조건을 추론할 수 있다.

중국과 중앙아시아, 미국 그레이트플레인스, 유럽 동부와 중부, 우크라이나, 남아메리카 파타고니아 등에는 빙기 동안 두께 수백m의 뢰스(lösch, loess) 퇴적층이 쌓였다(사진 5.8). 온난한 시기에 빙하나 빙상이 녹으면서 퇴적물이 하류로 운반되어 쌓였다가 한랭한 시기에 해수면이 낮아져 퇴적물이 물 위로 드러나면서 마른 실트와 점토가 바람에 날려 멀리 이동하여 쌓인다. 빙기에는 물이 빙하에 갇혀 있어서 상당히 건조하였으므로 각 빙기마다 엄청난 양의 먼지를 형성하여 전 세계적으로 상당한 퇴적층이 발달하였다(그림 5.3). 그러므로 이들 지역에서 발견되는 뢰스층과 고토양은 한랭한 시기와 온난한 시기가 번갈아 존재하였다는 것을 보여 주는 증거이다. 즉, 한랭기에 뢰스층이 발달하였고, 온난기에 붉은색 고토양이 발달하였다.

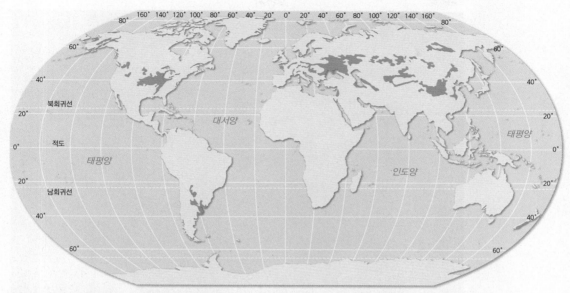

그림 5.3 뢰스층 분포(Bradley, 2015) 중국과 중앙아시아, 미국 그레이트플레인스, 유럽 동부와 중부, 우크라이나, 남아메리카 파타고니아 등에 뢰스 퇴적층이 광범위하게 덮여 있다.

동식물 화석 과거에 생존하던 유기체화석에도 고기후에 대한 다양한 정보가 들어 있다. 모든 동식물은 적합한 기후에 적응하면서 생존하거나 자신에게 적합한 환경을 선택하여 살아가므로 동식물 화석도 고기후 복원에 유용하다. 고생물화석을 연구하는 학문분야를 고생물학(paleontology)이라고 하며, 생명과학과 지질학 지식 등을 필요로 한다.

해양퇴적물과 해안의 자갈, 하구 퇴적물 등에 남아 있는 연체동물화석은 플라이스토세 후반과 홀로세의 상황을 담고 있다. 이런 화석에는 과거 해수온도에 대한 정보와 해수면변화, 빙하의 확대 등 제4기 후반 환경과 관련된 유용한 자료가 담겨 있다. 바다 이외 육지나 호수, 하천 등의 퇴적물에서도 고농도 탄산칼슘을 함유하고 있는 연체동물화석을 볼 수 있다(사진 5.9).

제주도 서귀포 해안에 분포하는 서귀포층 패류화석은 고기후 환경에 대한 정보를 보여 주는 사례이다. 이 화석층은 200~300만 년 전 생물과 함께 쌓여 이루어진 것으로 추정된다. 서귀포층에 포함된 화석동물은 오늘날 주변 해양에 존재하는 것도 있지만, 대

사진 5.9 육지에서 발견된 연체동물화석(아일랜드 클레이Clare, 2003. 8.) 육지에서 발견되는 연체동물화석은 고기후 환경에 대한 정보를 담고 있다.

부분 더 따뜻한 저위도 바다에서 발견되는 것이다. 이는 서귀포층이 형성될 당시 주변 바다가 지금보다 따뜻했다는 것을 보여 주는 증거이다.

척추동물화석 분포도 화석동물이 살던 시기 생태환경을 해석하는 단서이다. 백악기 말 공룡멸종과 같은 지질시대 척추동물의 대규모 변화에서 새로운 해석방법이 발달하였다. 지구가 점차 건조해진 것이 공룡멸종의 원인이었다는 주장이 있지만, 소행성충돌에 의한 강력한 힘으로 공룡이 사라졌다는 주장도 있다. 소행성충돌은 다양한 형태로 환경에 영향을 미친다. 충돌 자체에 의한 1차적 영향은 물론 2차적으로 충돌에 의한 먼지가 태양을 가리면서 급격한 기온하강을 초래하여 여름이 없는 해를 맞을 수 있다. 식물 성장기인 여름이 없다는 것은 생태계에 치명적일 수 있다. 어느 경우이든 당시 기후변화가 공룡멸종 원인이었음을 보여 준다.

척추동물의 생리 특성과 화석이 만들어지는 방법이 어떤가에서도 고기후에 대한 단서를 찾을 수 있다. 예를 들어, 똑바로 선 채로 발견되는 동물화석은 동물이 습지에 빠져 죽었다는 것을 보여 주는 것으로 주변 퇴적물이나 다른 시상화석 증거와 관련지어서 당시 환경 복원에 활용할 수 있다. 대부분 동물화석이 인접한 곳에서 한꺼번에 발견되는 것은 당시 동물들이 대재앙에 의해 죽었다는 것을 의미한다. 그런 재앙은 극심한 한발이나 혹한 등 다양한 원인에 의한 것으로 특정 사건에 대한 기후적 원인을 추론할 수 있는 고기후 지표와 관련 있다.

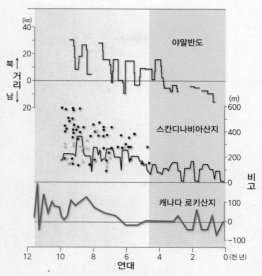

그림 5.4 홀로세 수목한계선 변동(Solomina *et al.*, 2015) 야말반도는 현재에서부터 남북 이동 거리를 나타내며, 스칸디나비아산지와 캐나다 로키산지는 현재 고도에 대한 편차를 나타낸다.

식물분포는 기후 특징을 가장 잘 반영하므로 시기별로 다른 식생패턴 자료도 고기후 해석에 활용할 수 있다. 식생변화 증거를 다른 환경 특징과 관련지어 사용하기도 한다. 예를 들어, 수목한계선(timber line, tree line) 변화를 산악빙하 범위와 관련지어서 고기후를 추정할 수 있다(그림 5.4). 규모가 큰 식물화석은 대부분 원래 성장하던 곳에서 가까운 장소에 퇴적되며, 국지적 식물 생태계 특징을 파악할 수 있는 자료로 당시 기온과 강수량에 대한 정보를 담고 있다. 예를 들어, 식물 잎에 물방울이 맺혀 있는 화석은 상당히 습윤한 조건에서 성장했음을 나타내며, 두껍고 신선한 잎의 식물화석은 건조하거나 반건조한 기후였음을 보여 준다. 석탄기 식물화석은 대부분 습지환경을 반영하는 양치식물과 관련 있다. 석탄기 식물화석에서 나이테가 나타나지 않는 것은 당시 계절변화가 거의 없었다는 것을 보여 주며, 초본식물이 우세한 것은 습지환경이었다는 것을 의미한다.

제4기 후반 퇴적물에 포함된 과일과 씨, 나뭇잎, 싹, 가시 등의 식물화석에도 고기후에 관한 정보가 담겨 있다. 식물화석은 호수퇴적물과 이탄(peat), 하천퇴적물, 고토양 등에 남아 있다. 이탄층은 부식질 분해가 활발하지 않아 과거 식물상을 거의 원상태에 가깝게 보존한다. 마지막 빙기에 빙하 영향을 받았던 아일랜드와 스코틀랜드, 독일 북부 등 서유럽과 북유럽에 이탄층이 널리 분포한다(사진 5.10). 이탄층은 시대별로 퇴적물 상태를 잘 보존하고 있어서 고기후를 추정하기 위하여 사용할 수 있다.

사진 5.10 이탄층(아일랜드 코네마라Connemara, 2016. 9.) 이탄층은 부식질이 거의 분해되지 않아 과거 식물상을 원상태에 가깝게 보존하고 있다.

　하천이나 호수퇴적물에도 화분과 같은 식물화석이 남아 있다. 화분도 고기후 해석에 유용한 지표이다. 화분 알갱이나 포자를 연구하는 분야를 화분학(palynology)이라고 한다. 화분분석은 시공간적 식생패턴과 식물이동, 삼림 역사 등을 파악하기 위하여 활용된다. 화분은 속씨식물이나 겉씨식물 등 씨에서 얻을 수 있으며, 바람이나 물, 동물, 곤충 등에 의하여 널리 확산할 수 있어서 식물이 분포하는 곳에서는 어디서나 얻을 수 있다. 화분은 이탄층이나 호수퇴적물, 고토양 등에 섞여서 고기후를 해석하기 위해 양호한 상태로 보존되어 있다. 화분은 내구성이 강하여 고온으로 가열하거나 산에 넣어도 크게 변하지 않는 특성이 있어서 과거 상황을 이해하는 데 유용하다.

　층별로 쌓여 있는 화분은 당시 식생상태를 담고 있어서 퇴적물에 포함된 화분을 분석하여 시기별로 식생 변화과정을 해석할 수 있다(그림 5.5). 호수 바닥이나 이탄층을 시추하여 얻은 코어에서 층별로 식물의 유형별 출현빈도를 파악할 수 있다. 이와 같은 화분

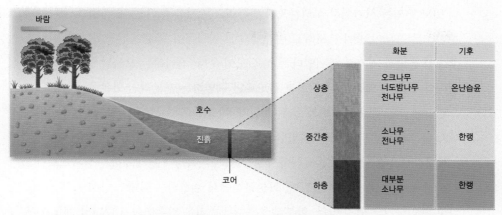

그림 5.5 시기별 환경을 보여 주는 호수퇴적물(Hidore *et al.*, 2010) 호수퇴적물에 포함된 화분은 당시 식생상태를 잘 보여 준다.

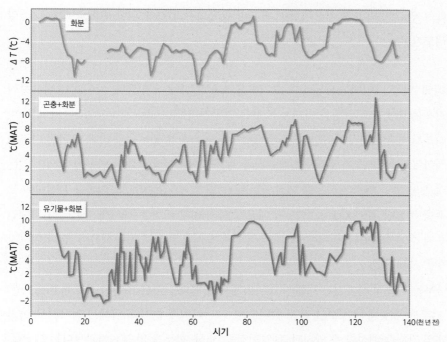

그림 5.6 화분분석에 의한 기후복원 사례(Guiot *et al.*, 1993) 프랑스 La Grande Pile의 화분분석에 의하여 기온편차를 구하였다. 곤충(딱정벌레), 유기물을 추가하여 분석한 경우를 비교하였으며, 각각 편차가 있음을 보여 준다.

의 빈도 변화는 시기별로 식생분포가 변하였다는 것을 보여 준다. 하층에 소나무나 가문비나무 화분이 많이 분포하고 위층에 주로 참나무류 화분이 분포한다면, 한랭한 기후에서 온화한 기후로 바뀌었다는 것을 보여 준다. 참나무는 오늘날 중위도의 극상식생이다. 초본류 화분과 나무 화분 정도로만 구별하는 기본적인 화분 형태분류로도 기후변화에 대한 중요한 정보를 얻을 수 있다. 예를 들어, 화분이 툰드라환경과 관련된 것에서 나무와 관련된 것으로 바뀌었다면, 기후가 상당히 온화해졌다는 것을 보여 준다.

화분분석은 문제점도 있다. 식생이 한 지역의 피복상태를 대표하는 상황으로 발달하기까지 아주 오랜 시간이 걸리며, 화분분석에서 추정되는 식생이 당시 기후를 대표한다고 단언하기도 쉽지 않다. 화분분석은 갑작스러운 기후변화가 나타날 때도 기후 특성이 반영되지 않을 수 있어서 화분만 이용한 정량분석은 위험성이 따를 수 있다(그림 5.6). 그러므로 다른 프록시 자료를 함께 사용하여 오차를 줄일 수 있다. 농업이 시작된 이래로 인간에 의하여 식생피복이 변하여 왔으므로 인간에 의한 변화로 오류를 범할 우려도 있다.

나이테 나무 나이테(tree ring)도 고기후를 복원하는 데 유용하다. 나이테를 이용하여 고기후를 비롯한 고환경을 밝히는 학문을 연륜연대학(dendrochronology)이라고 하며, 애리조나대학에 근무하였던 더글러스(A. E. Douglass)가 동료들과 함께 나이테 연구를 개척하였다. 연구 초기에 태양흑점주기와 계절별 나무성장에 대한 연구에서 의미 있는 업적을 남겼다. 미국 남서부를 대상으로 4,000년 된 소나무(*Pinus aristat*)를 분석하여 고기후를 복원한 것(Douglass, 1929)이 대표적 사례이다. 또한 선사시대 아메리카 원주민 거주지 푸에블로보니토Pueblo Bonito에서 건축에 사용된 목재를 분석하여 700년대까지 기후를 복원하였다.

나무는 비교적 생존기간이 짧아서 나이테분석 결과는 다른 프록시 자료에 비하여 최근 기후변화에 대한 정보를 담고 있다(그림 5.7). 나이테 분석에 의해서 역사자료 이전 시대의 기후를 해석할 수 있지만, 해양퇴적물, 빙하, 화분 등의 분석결과보다는 훨씬 최근의 기후를 설명하는 데 활용할 수 있다.

나이테는 목질부에 형성되며, 성장 초기 목질부 세포는 작고 어두운 색을 띤다. 밝은 것에서 어두운 것으로 변하면서 일 년 동안 성장한 것을 동심원으로 그려간다. 매년마다 나이테가 하나씩 만들어지므로 나무를 자르고 고리 수를 세면 연대를 확인할 수 있다. 가장자리 나이테부터 역으로 추정하여 매년 기후환경을 복원한다. 나이테 크기와 밀도 분포는 성장기간 동안 기후를 뚜렷하게 반영한다. 고온다습한 조건에서 자란 나무의 나이테는 넓고, 한랭건조한 조건에 자란 것은 좁다. 같은 지역에서 같은 시기에 자란 나무라면, 나이테 패턴이 비슷하다. 그러므로 나이테 크기와 변동 패턴은 나무가 성장하는 동안의 기후에 대한 정보를 담고 있어서 기온이나 강수량 변동을 파악할 수 있는 자료이다(그림 5.8).

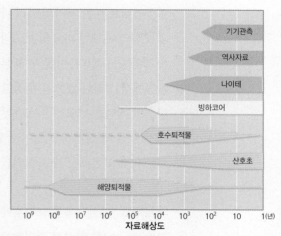

그림 5.7 프록시 자료별 해상도(Ruddiman, 2014) 프폭시 자료마다 다양한 자료 해상도를 갖는다.

나이테를 효과적으로 활용하기 위해서는 연륜연대표(ring chronology)가 필요하다.

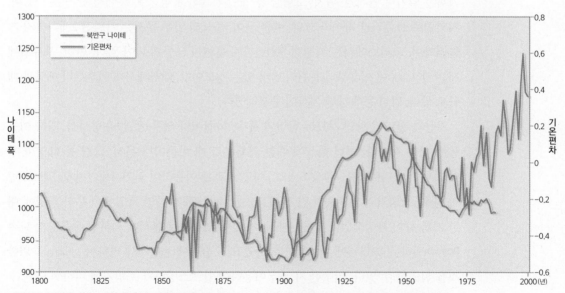

그림 5.8 북반구에서 나이테 폭과 기온변화(http://www.climatedata.info/proxies/tree-rings/) 북반구 전체 나이테 폭 변화와 CRU 자료에 의한 기온변동을 나타낸 것으로 두 변수 간에 상당히 일치하는 변동을 보여 준다.

연륜연대표는 한 지역의 여러 나무에서 나이테 패턴을 비교하여 만든다. 연륜연대표는 과거 환경에 대한 자료의 보고라 할 수 있으며, 기후, 지질, 생태, 고고학과 같은 분야에서 활용될 수 있다. 다른 두 표본에서 비슷한 나이테 패턴을 찾을 수 있다면, 같은 기후 환경에서 성장한 것으로 추정할 수 있다. 그러므로 한 나무에서 자료를 구성하면 서로 비슷한 패턴을 비교하면서 다른 나무 자료를 만들 수 있다. 일부 지역에서는 연륜연대표가 수천 년 전까지 만들어져 있어서 나이테 패턴을 연대표와 비교하면서 나이를 모르는 목재 표본에서 자료를 얻을 수 있다.

역사자료 문서기록은 고기후에 대하여 보다 구체적인 정보를 담고 있다. 특히 소빙기(little ice age)로 알려진 과거 800년 동안 기후 연구에 유용하다. 고기후 분석을 위한 문서기록은 기상에 대한 관측기록과 기상과 관련된 자연현상 기록, 생물계절 변화에 대한 기록 등 크게 세 종류가 있다.

기상과 관련된 기록은 대부분 온난·한랭과 폭설, 서리, 폭풍 등에 대한 것이다. 이런 기록은 일기나 연대기, 편지, 모험담 등 개인 기록과 행정 기록 등에서 찾을 수 있으며, 지역별로 보존기간 차이가 크다. 예를 들어, 중국의 일부 문서는 기원전 2세기까지 거슬러가며, 그리스에서는 기원전 500년까지 문헌이 드물게 남아 있다. 반면, 북유럽에서는 약 1,100년 이후부터 문헌이 남아 있는 정도이다. 대항해시대 이후부터 해양과 대규모 무역, 탐험 등에 대한 기록이 풍부해졌다.

기상과 관련된 자연 자료는 한발과 홍수, 하천이나 하구 동결, 융빙시기, 빙하 이동 등에 관한 것이다. 이런 현상에 대한 기록은 고대 비문이나 문서, 그림 등 다양한 형태로 남아 있다(451쪽 그림 5.16 참조). 이런 자료를 이용하여 과거 4세기 동안 알프스빙하 분포, 소빙기와 기후변화 간 관계, 17세기와 18세기 동안 독일에서 운하 결빙에 대한 기록 등이 작성되었다. 그림, 사진, 지도 등 역사자료 분석에 의하면 몽블랑의 보손 Bosson빙하는 1818년에 최대를 기록하였고, 오늘날에는 당시에 비하여 1.5km 후퇴한 것을 확인할 수 있다. 비슷한 자료를 이용하여 알프스빙하가 소빙기에 비하여 크게 후퇴한 것을 밝힌 연구가 다수 있다(Nussbaumer and Zumbühl, 2012; Zumbühl and Nussbaumer, 2018; 등).

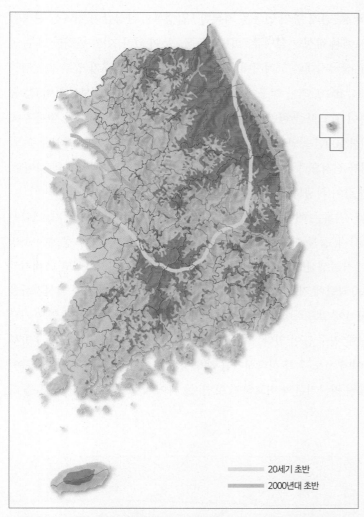

그림 5.9 대나무(왕대) 북한계 변화(허인혜 외, 2006) 오늘날 대나무 북한계를 100여 년 전 역사기록에 의한 것과 비교하면 최대 100km 북상하였다.

한국도 역사시대 기후를 추정할 수 있는 기록이 풍부한 편이다. 『삼국사기』는 삼국시대 기후에 관한 자료를 포함하고 있으며, 『고려사』는 고려시대 기후에 대한 기록을 담고 있다. 조선시대에 이르러서는 기후 특성을 파악할 수 있는 역사자료가 더 풍부해졌다. 각 왕조별로 작성된 『조선왕조실록』은 조선시대 대표적인 역사기록이다. 그 외에도 영조부터 융희 4년까지 왕의 언동을 기록한 『일성록』, 관상감이 기록한 관측원부 『풍운기』, 비변사에서 작성한 일기류 『비변사등록』 등이 있다. 이와 관련한 다수 연구결과가 발표되어, 삼국시대와 고려시대, 조선시대 등 시대별 기후가 일부 복원되었다(김연옥, 1983; 1984; 1987). 최근 연구에서 오늘날 대나무 분포와 『증보문헌비고』 등 역사자료에 기초하여 지도화한 한반도 대나무 분포를 비교하였다(그림 5.9, 허인혜 외, 2006). 두 개 분포에서 100년 동안에 대나무 북한계가 상당히 북상한 것을 확인할 수 있다. 다만, 이런 차이가 전적으로 기후변화를 반영한 것인지는 더 연구되어야 할 것이다. 앞에서 설명한 바와 같이 식생분포는 인간에 의하여 변형될 수 있다.

식물계절과 관련된 기록은 매년 되풀이되는 식물현상 시기와 작물 수확시기, 개화시기, 열매가 열리는 시기, 동물 이동시기 등을 포함한다. 이와 관련된 연구 중에는 소빙기 동안 스위스에서 작물생산량과 기후 관계에 대한 분석이 있다. 그 외에도 15세기에 북서유럽에서 포도수확량에 기초하여 당시 기후를 복원한 연구, 여러 가지 역사기록을 이용하여 구한 소빙기에 알프스빙하가 이동한 패턴과 포도수확량 자료에서 얻은 기온 자료와의 관계를 구한 연구 등이 있다. 그림 5.10은 프랑스 북동부에서 15세기 후반부터 19세기 후반 사이에 포도 수확 시작시기를 재구성한 것이다. 파리에서 기기관측이 시작된 이후의 4~9월 평균기온과 비교하여 보면, 둘 사이에 상당한 관계가 있음을 확인할 수 있다.

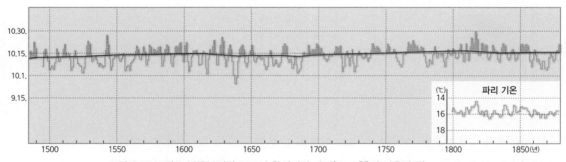

그림 5.10 프랑스 북동부지방 포도 수확시기와 파리(4~9월)의 기온변동(Le Roy Ladurie and Baulant, 1980) 3년 이동평균을 보여 주며 가운데 선은 100년 이동평균을 나타낸다.

2) 기후변화 특징

오늘날 우리는 빙하시대(ice age)에 살고 있다. '빙하시대'라는 말은 꽁꽁 얼어붙은 지구를 연상하게 하지만, 지구상에 빙상이나 빙하가 분포하는 시기를 빙하시대라고 부른다. 그 안에서 빙상이나 빙하가 확대하기도 하고 후퇴하기도 한다. 빙하가 확대하는 시기를 빙기(glacial period), 후퇴하는 시기를 간빙기(interglacial period)라고 한다.[7] 현재 우리는 빙하시대에서 마지막 빙기 후인 후빙기에 살고 있다.

지구상에 빙상이나 빙하가 전혀 없던 시기도 있었을까? 5,000만 년 전 지구는 오늘날과 전혀 다른 모습이었다. 당시는 오늘날보다 훨씬 고온다습하여 열대우림이 캐나다 북부까지 확대하였고 지구상에서 빙상을 전혀 볼 수 없었다. 그렇다면 지구는 어떤 과정을 거쳐서 오늘날 모습을 갖추게 되었을까?

지질시대 기후변화 지구 역사를 통틀어서 보면 가장 온난한 시기에는 오늘날보다 기온이 8~15℃ 더 높았던 것으로 추정된다. 그런 시기에는 극지방에서도 빙상이나 빙하를 볼 수 없었다. 이런 온난한 상황은 빙하시대가 수차례 도래하면서 중단되곤 하였다.

지질학 증거에 의하면 6억 년 전 선캄브리아기와 4.5억~4.3억 년 전 오르도비스기와 실루리아기에 걸쳐서, 그리고 고생대 후반인 3억 년 전후 석탄기와 페름기에 걸쳐서 대규모 빙하시대가 있었다. 반면, 캄브리아기부터 오르도비스기 초반 사이와 실루리아기에서 데본기 동안은 기온이 상당히 높았다. 또한 중생대(2억~6,500만 년 전)에는 쥐라기와 백악기 사이에 기온이 낮은 시기도 있었지만, 대체로 상당히 온난하고 건조한 시기였다. 특히 중생대 백악기는 '공룡시대'라고 할 수 있을 정도로 상당히 온난하였던 것으로 알려져 있다(그림 5.11). 서유럽 등 고위도 중생대 지층에서 오늘날 열대 바다에서나 볼 수 있는 산호초화석이 발견되고, 잉글랜드와 프랑스 북서부, 아일랜드 북부 해안에 백악층이 널리 분포하는 것은 당시 기후가 상당히 온난하였음을 보여 주는 증거이다(사진 5.11).

---

7 빙기를 빙하기라고도 표현하지만, 빙하시대와 혼동할 수 있어서 적절하지 않다.

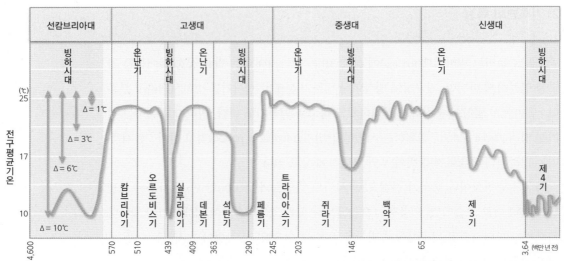

그림 5.11 지질시대 기후변화(Scotese, 2002) 지구탄생 이래로 한랭한 빙하시대와 온난한 시기가 번갈아 출현하였다. 지질시대 기간 중 2/3 이상 기간이 현재보다 훨씬 온난하였다.

사진 5.11 고위도에 분포하는 백악층(프랑스 에트르타Étretat, 2015. 7.) 고위도에 분포하는 백악층은 과거 기후가 오늘날보다 온난하였음을 보여 준다.

중생대 백악기에서부터 신생대 제3기까지는 대체로 온화한 시기가 이어지며, 제3기 팔레오세에서 에오세에 해당하는 6,000만~4,000만 년 사이 기간은 지구의 기후가 온난기의 정점에 이르렀다(그림 5.12). 이 시기를 팔레오세-에오세 온난기(Paleocene-Eocene Thermal Maximum; PETM)라고 부른다.[8] 이 시기 지구는 현재보다 훨씬 온난다습하여 극에서도 빙하를 볼 수 없었으며, 열대우림이 캐나다 북부에서 파타고니아까지 확대되었고, 온대림이 남극대륙을 덮고 있었다.

3,500만 년 전부터 지구가 서서히 냉각되기 시작하여 다시 한랭한 시기가 도래하면서 남극대륙에 빙상이 발달하였다. 당시 남극대륙에 빙상이 발달한 것은 소규모 대륙이동으로 남극대륙과 태즈메이니아 사이에 바다가 만들어졌기 때문이라고 알려져 있다. 남극대륙을 순환하는 해양을 통하여 인도양과 대서양 등으로 열이 전달되면서 남극대륙이 꾸준히 냉각되었다. 남극대륙빙상은 오래 가지 않아 2,500만 년 전부터 다시 녹기 시작하였지만, 약 1,000만 년 전부터 북반구에서도 빙하가 발달하기 시작하였다. 또한 눈과 얼음이 북반구 고산지역 골짜기에 쌓이기 시작하면서 산지와 골짜기에 빙하

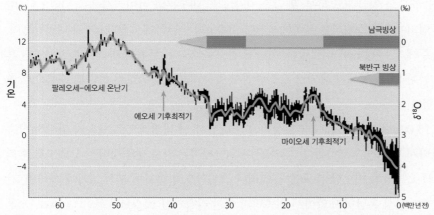

그림 5.12 과거 6,500만 년 동안 기후변화 중생대 백악기에서부터 대체로 온화한 시기가 이어지며, 제3기 팔레오세에서 에오세에 해당하는 6,000만~4,000만 년 사이 기간은 지구의 기후가 온난기 정점에 이르렀다. 이때를 팔레오세-에오세 온난기라고 부른다.

---

8 팔레오세-에오세 온난기 원인에 대하여서는 다양한 주장이 있으나, 해저 메탄하이드레이트(methane hydrate)의 대규모 해리에 의한 것이라는 주장이 유력하다.

가 발달하기 시작하였다.

　가장 최근의 빙하시대는 250만 년 전에 시작되었다. 플라이오세에 접어들면서 북반구에 대륙빙하(continental glacier)가 출현하였다. 그렇지만 플라이오세 동안에 빙하가 지속적으로 덮여 있었던 것은 아니며, 북아메리카와 유럽의 광범위한 지역에서 빙하 후퇴와 확대가 반복되었다. 빙하가 확대되는 사이에 나타나는 온난한 시기인 간빙기가 10,000년 이상 계속되었다. 빙기에는 빙하가 저위도로 확대하면서 두꺼워졌고, 해수면이 낮아져 광대한 대륙붕이 드러나기도 하였다.

　약 20,000년 전 최종빙기 최성기(Last Glacial Maximum; LGM)에는 오늘날보다 기온이 4~6℃ 낮았으며, 빙상 두께가 3,500~4,000m에 이르렀다. 북아메리카빙상은 이 시기를 포함하는 18,000~22,000년 전 사이에 두께와 분포 범위가 최대에 이르렀으며, 북위 40°까지 확대하였다. 당시 북아메리카에서 해수면은 지금보다 120m 낮아져 오늘날 바다에 잠겨 있는 베링육교(Bering land bridge)가 드러났다(그림 5.13). 베링육교는 시베리아와 알래스카를 연결하면서 아시아에서 북아메리카로 인류와 동물이 이동하는 통로 역할을 하였다. 당시 스칸디나비아빙상은 북위 50°까지 확대하였고, 브리티시빙상은 스코틀랜드와 잉글랜드 북부, 웨일스, 아일랜드 대부분과 아이리시해를 뒤덮었다. 마지막 빙기에 알프스빙하는 북쪽에서 해발 100m까지 남쪽에서 500m까지 내려왔으며, 최대 두께가 1,500m에 이르렀다. 한반도 관모봉에도 이 무렵의 빙하가 출현하였던 흔적이 남아 있고, 황해가 육지로 드러나면서 중국대륙과 한반도는 하나의 대륙으로 연결되었다.

　약 15,000년 전에 최종빙기 최성기가 끝나면서 전 세계적으로 기온이 서서히 상승하여 다시 빙하가 후퇴하였다. 이와 같이 온난해지는 간빙기에 빙하는 고위도로 후퇴하면서 오늘날과 비슷한 분포였다. 그러나 그린란드 빙하코어 분석 결과에 의하면, 간빙기에도 항상 온난하지 않아서 최종빙기 이전 간빙기인 19,000년 동안(133,000년 전부터 114,000년 전 사이)에 두 차례 한랭기가 찾아와 각각 2,000년과 6,000년 동안 계속되었다.

　최종빙기가 끝나고 기온이 서서히 상승하다가 12,700년 전 무렵에는 북아메리카 북동부와 유럽에서 기온이 갑자기 하강하기 시작하여 다시 빙기로 돌아가기도 하였다.

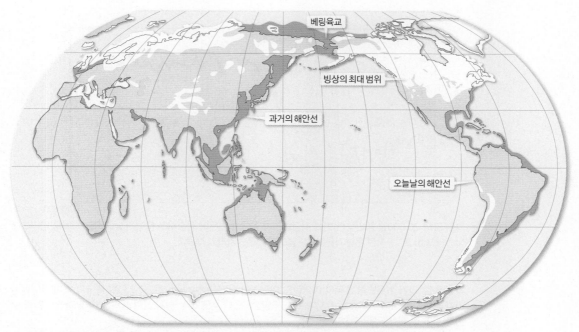

그림 5.13 빙상이 최대로 확대되었을 때 지구[이승호 외(역), 2011] 빙상이 확대되면서 해수면이 낮아져 베링육교가 생겨났다. 한반도 주변도 모두 육지로 연결되어 있다.

이때 기온이 급격하게 낮아졌던 시기를 영거드리아스(Younger-Dryas)[9]라고 부른다. 최종빙기 끝부터 영거드리아스 시작 사이 기간을 뵐링–얼러뢰드(Bølling-Allerød) 온난기라고 한다(그림 5.14). 이는 약 14,000년 전에 정점을 이룬 뵐링 진동과 약 13,000년 전에 정점이었던 얼러뢰드 진동으로 나뉜다. 기온이 하강하기 시작하고 약 1,000년이 지난 후에 갑자기 한랭기가 끝나고 여러 지역에서 기온이 빠르게 상승하면서 영거드리아스가 끝났다. 이때 기온상승으로 빙하가 녹아내려 대규모의 지형 격변을 겪었다. 오늘날 스코틀랜드 하일랜드Highland 산지에 등고선을 따라서 도로가 길게 뻗어 있는 것을 흔하게 볼 수 있다. 그런 도로는 대부분 당시 빙하가 녹아내리면서 만들었던 호수 흔적인 경우이다(사진 5.12).

---

9   Younger Dryas라는 용어는 한랭한 툰드라에서 피는 Dryas라는 식물이 당시에 유럽까지 확대된 데서 기원한다.

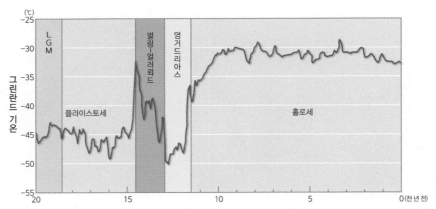

(℃)
-25
-30
-35
-40
-45
-50
-55

그린란드 기온

LGM
벨링-얼러뢰드
영거드리아스

플라이스토세

홀로세

20   15   10   5   0 (천년 전)

그림 5.14 20,000년 동안 기온변화 최종빙기가 끝나고 기온이 상승하다 급격히 낮아지는 시기를 영거드리아스라고 하고, 그 직전 온난기를 뵐링-얼러뢰드 온난기라고 부른다.

사진 5.12 과거 기후변화 흔적(아이슬란드 외이스튀를란드Austurland, 2022. 7.) 영거드리아스가 끝나면서 갑자기 빙하가 녹아내려 높은 산지에 호수가 발달하였다. 사진에서 뒤쪽 사면 중턱을 따라 길게 발달한 턱이 당시 하천 침식기준면이었다.

약 8,200년 전후로 기온이 낮아져 유럽에서는 오늘날보다 2℃ 이상 낮았다. 이때 한랭기가 전구적으로 나타난 것은 아니었지만, 유럽 산지에서는 수목한계선이 약 200m 낮아졌다. 그 후 다시 기온이 상승하여 6,000년 전부터는 한랭기가 끝나고 북아메리카에서는 대륙빙하가 거의 사라졌으며, 그린란드빙상과 북극해의 해빙이 오늘날과 비슷한 상태로 분포하였다. 이후에 온난기가 정점에 이르렀고, 이 시기를 '홀로세 온난기(Holocene thermal maximum)' 혹은 '기후최적기(climatic optimum)'라고 부른다. 당시 기온상승은 태양활동도의 강화와 메탄 농도의 급격한 증가 등에 의한 것으로 알려져 있다. 그러나 이 시기에 기후 특징이 일관된 것은 아니어서 지역에 따라 차이가 있다. 대체로 북반구 중위도와 고위도에서 기온상승이 뚜렷하였으며, 고위도에서는 산업혁명 이전 수준보다 기온이 5℃ 정도 높았다(Renssen et al., 2012). 약 5,000년 전부터 다시 냉각되면서 산지에는 빙하가 등장하였다.

역사시대 기후변화 많은 연구자들이 지구상에 인류가 존재하기 시작한 이후 기후변화를 밝히기 위하여 다양한 역사기록을 사용하여 과거 6,000년 동안의 기후를 복원하였다. 중세의 다양한 문서에는 당시 날씨에 관한 기록이 들어 있으며, 티베르강, 나일강 등 오늘날 쉽게 얼지 않는 하천이 얼었다는 것과 같은 이상기상에 대한 기록이 남아 있다. 이런 기록은 연속적이지 않지만 이상기상과 관련된 사건의 출현빈도 등을 분석하여 과거 기후를 복원하는 데 사용할 수 있다. 예를 들어, 9세기에서 15세기 사이에는 템스강이 일 년에 한두 번 얼었다는 기록이 있지만, 16세기에 들어서는 최소한 4번 이상 얼었고, 17세기에는 8회 이상, 18세기에는 6회 이상 얼었다는 기록이 있다.

그림 5.15는 과거 약 2,000년 동안 전구 기온변동을 보여 준다. 여러 연구자들이 역사기록과 나이테, 빙하코어 등 프록시 자료 분석과 150여 년 동안 관측자료를 기반으로 기온변동을 복원하였다. 연구자에 따라 차이가 있지만, 대체로 900년부터 1200년 사이 기온은 오늘날보다 낮았지만 비교적 온난한 상태가 이어졌다(Hughes and Diaz, 1994). 이 시기를 '소기후최적기(little climatic optimum)' 혹은 '중세온난기(medieval warm period)'라고 부른다. 이 시기 기온상승으로 빙하가 후퇴하면서 해수면이 상승하여 북해 연안의 네덜란드와 독일 등 해안 저지대에서는 침수를 막기 위하여 제방을 축조하

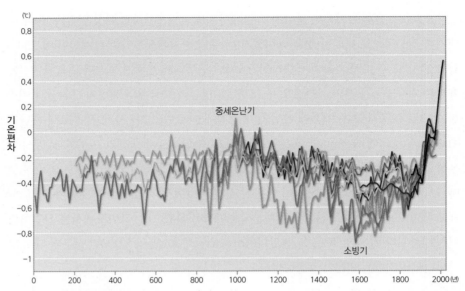

그림 5.15 과거 2,000년 동안 기온변화 기온은 지난 2,000년 동안 지속적으로 변동하고 있지만, 11세기 전후로 비교적 온난한 시기와 17세기 전후의 한랭한 시기가 특징적이다.

고 간척지(polder)를 조성하였다. 이때 유럽에서 인구가 증가하면서 경작지 수요가 늘어 광활한 삼림을 제거하였다. 당시 잉글랜드 중부에서도 포도밭이 조성되었고 노르웨이에서도 곡물재배가 가능하였다. 바이킹이 아이슬란드와 그린란드에 식민지를 건설하고 농사를 지었던 흔적이 남아 있는 것이 당시가 온난한 시기였음을 잘 보여 준다. 이 시기에 바이킹은 더 남쪽으로 진출하면서 잉글랜드와 아일랜드, 프랑스 등의 해안을 따라 여러 도시를 건설하였다. 오늘날 서유럽 해안을 따라 바이킹 흔적을 흔하게 볼 수 있다(사진 5.13). 이 무렵 바이킹 일부는 서쪽으로 더 진출하여 그린란드를 지나 북아메리카 동부 연안까지 진출하였다.[10]

13세기부터 전 세계적으로 기온이 하강하기 시작하여 서유럽에서는 1400년부터 1850년 사이 비교적 긴 기간 동안 한랭한 시기가 이어졌다. 당시 유럽의 기후는 불안정

---

10 이 무렵은 중세온난기가 절정에 이른 시기로 바이킹이 아이슬란드를 거쳐 그린란드로 이주하여 오늘날 수도인 누크Nuuk에 정착지를 건설하였다. 그린란드 연안을 따라서 소와 양을 방목하였던 기록이 남아 있다 (Wright, 2014).

사진 5.13 유럽에 남아 있는 바이킹 흔적(아이슬란드 라우파스Laufás, 2011. 6.) 바이킹이 처음 아이슬란드에 정착하였을 무렵의 가옥 흔적이다.

하였다. 전반적으로 기온이 낮아지면서 13세기 이후 아이슬란드에서는 곡물농업이 불가능하게 되어 인구가 급격히 줄었다. 유럽에서 대기근과 이에 따른 대규모 이주가 이어졌고, 극지방에서 해빙과 빙상이 뱃길을 막아 그린란드가 외부와 고립되면서 10세기부터 형성된 그린란드의 바이킹 정착지가 사라졌다.

이와 같이 19세기 후반까지 이어지는 비교적 한랭한 시기를 '소빙기(little ice age)'라고 부르며, 태양흑점 활동이 감소하는 마운더극소기(Mounder minmum)인 17세기 후반에 소빙기가 절정에 이르렀다.[11] 유럽 여러 지역에서 겨울이 길어지고 혹독하였으며, 여름은 짧고 습윤하면서 빙하가 다시 확대하기 시작하였다. 잉글랜드에서 포도밭이 사라졌고 더 이상 북쪽 지방에서 포도재배가 불가능하였다. 유럽에서는 폭풍이 심하게 몰아

---

11 당시 태양복사량 감소 규모가 토지이용 변화에 의한 변화와 비슷한 수준이었을 것이라는 연구도 있다 (Owens et al., 2017).

치면서 오늘날 간척지로 유명한 네덜란드 자위더르해Zuider Zee가 만들어졌다. 알프스 빙하 연구 결과에 의하면, 대체로 16세기 후반과 19세기에 빙하가 가장 발달하였던 것으로 확인된다. 16, 17세기의 한랭한 기후는 연속적으로 농업생태적, 사회경제적, 인구학적 재앙을 초래하여 17세기 유럽의 총체적 위기의 원인이 되었다(Zhang et al., 2011).

이 시기 한랭화가 전 세계적으로 진행되었다는 증거는 뚜렷하지 않지만, 유럽에서 심하였던 것은 분명하다. 1816년은 탐보라Tambora 화산폭발에 이은 '여름 없는 해'에 해당하여 더욱 한랭하였던 해로 기록되었다. 유럽에서는 악기상이 빈번하게 출현하여 밀농사가 흉년이 되면서 대륙 전체로 기근이 퍼져 나갔다. 북아메리카에서도 5월부터 9월 사이에 북극에서 매서운 한파가 몰아치는 일이 벌어지기도 하였다. 이 무렵에는 6월에도 폭설이 쏟아졌고 7, 8월에 서리로 작물이 피해를 입는 일이 발생하였다.[12] 당시 그림 속에는 오늘날과 상당히 다른 모습의 경관이 담겨 있다(그림 5.16). 저지대 풍경과 활동을 담은 그림 속에는 얼음과 눈을 주요 주제로 한 겨울철 모습이 자주 등장한다. 세계적으로 유명한 아일랜드 '감자 대기근'도 이 시기에 있었다. 감자 대기근은 습도가 높아 음습한 상태가 여러 해 동안 계속되면서 감자에 곰팡이병이 널리 퍼져 일어난 대참사였다.[13] 프랑스에서 대혁명이 일어난 것도 이 무렵이며, 혁명은 당시 기후상황과 무관하지 않다는 연구 결과(Neumann and Dettwiller, 1990)가 있다. 당시 한랭한 유럽 상황이 대항해시대와 종국적으로 산업혁명 등에 깊이 영향을 미쳤다고 할 수 있다.

『증보문헌비고』 등 문헌자료 연구에 의하면, 이 무렵 한반도도 유럽과 같이 소빙기의 영향을 받았다(김연옥, 1984). 조선시대에 세 차례 정도 뚜렷하게 기온이 낮았던 시기가 있었으며, 유럽에서 한랭하였던 시기와 대체로 일치한다. 16세기 중반에서 17세기 중반 사이와 18세기 초반, 19세기에 기온이 비교적 낮았다. 이 시기에 전국적으로 기근이 이어졌고, 19세기에 이르러서 기근을 견디기 어려워 청나라나 연해주 등으로 이주민이 발생하였다. 또한, 정치적으로 정부에 저항하는 봉기나 민란이 자주 발생한 것도

---

12 당시 오하이오와 포토맥강을 잇는 선 북쪽에서는 작물경작이 불가능하였고, 정착민들은 낚시와 사냥에 의존하였다(Hiore et al., 2010).

13 1845년 감자에 퍼진 곰팡이병이 1848년까지 이어지면서 대기근을 가져왔고, 그 결과 800만 명에 이르던 인구 중 200만 명이 죽거나 미국 등으로 이민을 떠났다.

그림 5.16 소빙기 환경을 보여 주는 그림[A Scene on the ice: H. Avercamp, 1625, Courtesy National Gallery of Art(워싱턴) 소장] 오늘날에는 쉽게 얼지 않는 네덜란드 에이설ljssel강이 소빙기에 꽁꽁 얼어 있는 풍경을 볼 수 있다.

이 무렵이었다.

최근 기후변화 지난 100년은 과거 천 년 기간 중 가장 온난했던 시기이다. IPCC(2021) 보고서에 의하면, 2010~2019년 전구평균기온은 1850~1900년 평균에 비하여 1.07℃ 상승하였다. 이와 같은 기온상승 경향은 지구상에서 표준기기로 관측하고 있는 대부분 관측소에서 확인할 수 있다.

기기관측 이후 기온변화를 보면, 시기별로 기온이 상승과 하강을 반복하였으나 1970년대 이후 꾸준히 상승하는 추세이다. 100여 년 전 무렵인 19세기 말에서 20세기 초반 사이에는 오늘날에 비하여 연평균기온이 약 0.9℃ 낮았다. 이 무렵 기온이 낮았음을 보여 주는 기록이 많다. 20세기 초반부터 서서히 기온이 상승하여 1940년대에는 최소한 1980년대 초반과 같은 수준까지 기온이 상승하였다. 1960년대에서 1970년대로 이어지는 기간은 다시 기온이 낮아졌으며, 그로 인하여 한랭화에 관한 논의도 활발하였다. 심지어 1960년대에 춥고 음습한 날씨가 계속되는 것을 '1960년대 기후(climate in the 1960's)'라고 표현하기도 하였다(Lamb, 1966). 그러나 1970년대 후반부터 기온이 서서히 상승하기 시작하여 1980년대에 들어서면서 '온난화'라는 용어가 주목받았다. 20세기 말부터는 기온상승 폭이 더욱 커졌으며(그림 5.17), 최근에는 기온이 매 10년마다 0.2℃ 정도 상승하고 있다. 이와 같은 기온상승 경향이 전 세계적으로 일정하지는 않다. 북반구에서는 고위도로 갈수록 겨울철과 봄철에 온난화가 뚜렷하게 진행되는 반면, 남극대륙 일부와 남반구 해양 등에서는 최근 10년 동안 기온상승이 거의 없었다. IPCC(2019)에 의하면, 2016년과 2018년 겨울에 중앙 북극에서는 1981~2010년 평균기온에 비하여 6℃ 이상 높았다.

이런 변화에 불확실성이 없는 것은 아니다. 예를 들어, 이 기간에 관측소를 이전한 경우가 많고 기온 관측방법이 여러 차례 바뀌기도 하였다. 더욱이 장기간 꾸준하게 기온 관측을 행한 관측소도 많지 않다. 특히 개발도상국과 같은 곳에서 급격한 도시화는 열섬효과(heat island effect)에 의해서 인위적 기온상승을 강화할 수 있다. 한국을 대상으로 분석한 연구에 의하면(이승호·허인혜, 2011), 극한기온지수값이 대부분 대도시지역에서 크게 변한 반면, 농촌지역에서는 거의 변화 없는 것으로 밝혀졌다(그림 5.18). 이는 최근 기온상승 경향에 도시효과가 상당히 영향을 미치고 있다는 것을 보여 준다.

그렇다면 지난 100여 년 동안 기온 1℃ 상승은 어떤 의미를 갖을까? 이 값은 과거 10,000년 동안 기온변화 폭 2℃와 비교하여 보면 결코 작은 값이 아님을 쉽게 알 수 있

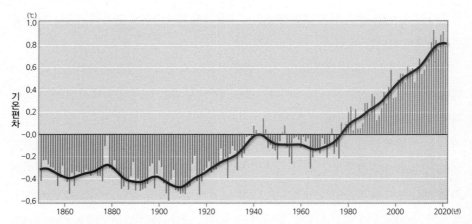

그림 5.17 최근 전구평균기온 변화(Climatic Research Unit) 기온편차는 1961~1990년 평균값에 대한 편차를 나타낸 것이다. 육지 기온과 해양 기온, 해수면온도 등으로부터 구한 전구기온 변화를 보여 준다.

다. 더욱이 지난 1,000년 동안 지구 기온은 0.5℃ 정도의 편차 속에서 변동하였다. 그런 변동에 의해서 인류의 흥망성쇠가 반복되었으며, 바이킹은 그들 정복지를 확대하기도 하였고 패망의 길을 걷기도 하였다. 그런 점에서 최근 100여 년 동안의 1℃ 가까운 상승은 의미 있는 값이 아닐 수 없다.

대부분 기후학자들은 오늘날 기온상승이 온실기체 증가로 발생하는 강제적 온실효과(en-hanced greenhouse effect)에 의한 것이라고 여긴다. IPCC는 20세기 중반 이후 기온상승의 주요 원인은 인류활동에 의한 것이라고 규정하였으며, 이산화탄소와 메탄에 의한 온실효과가 90%에 이른다고 하였다. 이런 온실기체는 산업활동에서 화석연료 연소에 의해서 대기로 배출되며, 농업활동과 삼림벌채도 중요한 발생원이다.

대류권이 가열되면 해양표면에서 증발이 강화되므로 공기 중에 수증기량이 늘고 강수량이 증가할 것이다. 전구적으로 보면, 오늘날 육지에서 강수량은 1900년 이후로 약 2% 증가하였다. 태양복사량을 가장 많이 받는 저위도 해양에서 증발량이 가장 많다. 저위도 해양에서 증발한 수증기는 대기대순환에 의해서 고위도로 이동하면서

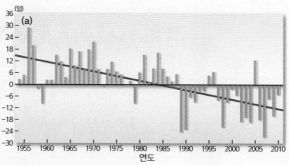
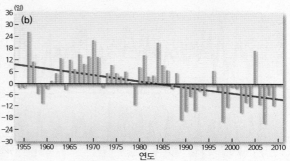
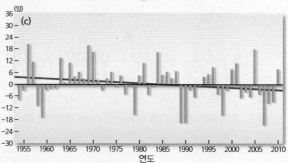

그림 5.18 한국의 도시규모별 0℃ 이하 일수의 변화(a: 대도시, b: 중소도시, c: 비도시) 도시규모가 클수록 경향선의 기울기가 급격히 감소하며 비도시지역에서는 아주 작다.

냉각되고 응결하여 강수로 발달한다. 기온상승에 의하여 대기로 가해지는 열에너지에 의해서 열대 위도대 해양표면에서 증발한 물은 강수로 바뀌기 전에 고위도로 이동한다. 지역별 강수량 변화를 보면, 북위 30~85°에서는 7~12% 증가하였고, 적도에서 남위 55° 사이에서는 약 2% 증가하였다(Dore, 2005). 북반구에서 증가폭이 더 큰 것은 육

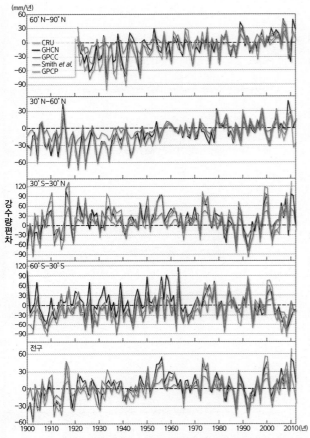

지 면적이 넓은 것과 관련 있다. 북위 10~30°
아열대에서는 매 10년마다 0.3% 정도로 강
수량이 감소하였고, 북위 10°에서 남위 10°
사이에서는 증가 폭이 상대적으로 적다(그림
5.19).

강수량 변동은 매년 편차가 커서 일관된 경
향을 설명하기 어렵다. 이를 뒷받침하듯이 극
한강수량이 증가하였다는 연구 결과와 더불
어 한발이 증가하였다는 연구 결과가 공존한
다. 그림 5.20은 미국을 사례로 2일 동안에 5
년에 한 번 발생할 수 있는 강수 발생빈도를
매 10년 단위로 나타낸 것이다. 대체로 전구
평균기온 변화경향과 유사한 점을 확인할 수
있다. 기온이 낮았던 1910년대에서 1930년대
에 평균보다 낮았고, 기온이 하강하다 상승하
기 시작한 1960년대 이후로 꾸준히 발생빈도
가 증가하였다. 극한강수 발생이 기온상승과
밀접하게 관련되어 있다는 것을 보여 준다.
이와 같이 기온상승은 그 자체로 멈추지 않
고 다른 기후요소에 영향을 미칠 수 있다. 물

그림 5.19 육지에서 위도대별 1981~2000년 평균 강수량에 대한
편차 전구적으로 보면 최근 강수량이 증가하였지만, 변동 특성이
위도대별로 차이가 있다.

론 기온상승에 의하여 변화한 다른 요소가 피드백되면서 다시 기온변화에 영향을 미칠
수 있다. 기온상승은 극한기후 출현빈도를 증가시켜 극단적 열파와 한파는 물론 강력
한 태풍과 토네이도 등의 빈도 증가를 야기하였다. 표 5.1은 한랭야(cool night; TN10P),
한랭일(cool day; TX10P), 온난야(warm night; TN90P), 온난일(TX90P) 등 극한기온[14] 출현

---

14 극한기후지수는 고정임계치나 변동임계치를 사용하여 정의한다. 고정임계치는 특정값 이상 혹은 이하인
날이나 기온값, 변동임계치는 10퍼센타일 이하 혹은 90퍼센타일 이상 일수나 비율을 사용한다. 온난야는
일최저기온이 90퍼센타일 이상인 날 비율을 의미하며, 온난일은 일최고기온이 90퍼센타일 이상인 날 비율

빈도 변화를 모델별로 비교한 것이다. 모델에 따라 작은 차이가 있지만, 각 모델 결과는
낮은 기온과 관련된 지수는 감소하고 높은 기온과 관련된 지수는 증가하는 경향을 잘
보여 준다(IPCC, 2013). 특히, 1951~2010년 사이의 경향에 비하여 1979~2010년 사이

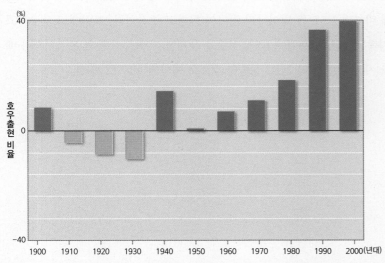

그림 5.20 미국에서 1901~2012년 사이 호우빈도 변화(U.S. Global Change Research Program,
2014). 1950년대 이후 호우빈도가 증가하고 있으며, 그 이전에는 감소한 시기도 있다.

표 5.1 극한기온 출현빈도 경향

모델	10년대별 추세							
	한랭야		한랭일		온난야		온난일	
	1951~2010	1979~2010	1951~2010	1979~2010	1951~2010	1979~2010	1951~2010	1979~2010
HadEX2 (Donat *et al.*, 2013c)	−3.9±0.6	−4.2±1.2	−2.5±0.7	−4.1±1.4	4.5±0.9	6.8±1.8	2.9±1.2	6.3±2.2
HadGHCND (Caesar *et al.*, 2006)	−4.5±0.7	−4.0±1.5	−3.3±0.8	−5.0±1.6	5.8±1.3	8.6±2.3	4.2±1.8	9.4±2.7
GHCNDEX (Donat *et al.*, 2013c)	−3.9±0.6	−3.9±1.3	−2.6±0.7	−3.9±1.4	4.3±0.9	6.3±1.8	2.9±1.2	6.1±2.2

출처: IPCC, 2013

_____

을 의미한다.

에 변화 경향이 더 가파르다는 것이 명확하다.

이와 같이 기온변화는 단순한 문제가 아니며, 다른 기후요소는 물론 인류생활에 직결된 문제를 야기할 수 있다. 그러므로 기온상승 원인을 파악하여 미래 기후변화에 대비할 필요가 있다. IPCC는 기온상승으로 인한 돌이킬 수 없는 영향을 피하기 위해서는 산업화 이전에 비하여 1.5℃를 벗어나지 않아야 한다고 주장한다. 그럼에도 불구하고 현재 상태가 지속된다면, 2028년에 1.5℃ 상승을 유지할 수 있는 수준의 온실기체가 배출될 것이고, 21세기 말에는 약 2.8℃ 상승할 것으로 예상된다(IPCC, 2019).

2. 기후변화의 원인과 영향

　기후가 변하고 있다는 사실은 누구나 쉽게 직시한다. 전구평균기온은 지구에 생명체가 존재한 이래로 8~15℃ 사이에서 변화하였고, 최근 100여 년 동안 약 1℃ 범위 안에서 상승하는 추세이다. 기온상승의 영향으로 과거에 경험할 수 없었던 규모의 이상기상이 빈번하게 출현하고 있다.

　그렇다면 우리가 궁금한 것은 무엇일까? 당연히 미래기후가 어떻게 전개될 것인가, 그리고 그로 인하여 어떤 상황이 전개될 것인가이다. 미래기후를 예측하기 위해서는 기후변화 원인이 무엇인가를 이해하는 것이 기본이다. 오늘날 기후학자들은 기후변화에 연구력을 집중하고 있으며, 주로 그 원인이 무엇인가, 그리고 앞으로 어떻게 변화할 것인가에 대하여 초점을 모으고 있다.

　최근 기후변화를 설명하기 위한 연구는 인류활동이 기후에 미치는 영향을 밝히는 것에 집중하고 있다. 빙하시대 혹은 빙기와 간빙기와 같은 대규모 기후변화가 자연적 원인에 의한 것이라면, 산업혁명 이후 기후변화는 주로 인류활동에 의한 것이라 여겨진다. 최근 연구에 의하면, 기후변화를 설명하는 데 있어서 인류활동이 필수적이라 할 만큼 인류가 대기와 지표면에 미치는 영향이 크다(사진 5.14).

　이 책에서는 기후변화 원인을 크게 자연적 요인과 인류활동에 의한 요인으로 구분하였다. 그러나 기후변화의 원인 규명이 어려운 점은 두 가지 요인이 반드시 독립적이지

사진 5.14 화석연료 소비(충남 태안, 2010. 6.) 산업혁명 이후 인류는 꾸준히 화석연료의 소비를 늘려 왔다.

않다는 것이다. 자연적 요인에 의한 변화 속에서 인류활동의 영향이 더해질 수 있다는 점이 기후변화의 원인 규명을 어렵게 한다.

사실, 기후변화로 인한 영향이 어떻게 나타날 것인가는 이차적 문제라 할 수 있다. 미래기후를 예측하는 것 자체가 불투명한 상황에서 그 영향을 논하는 것은 이른 감이 있다. 그러므로 이 책에서는 최근 급격한 기온상승의 영향이라고 판단되는 내용에 한해서 단편적으로 기술할 수밖에 없는 한계를 안고 있다.

1) 자연적 기후변화의 원인

기후변화에 영향을 미치는 자연적 요인은 거의 무한하다고 할 수 있을 정도로 다양하다. 이 책에서는 여러 가지 기후변화의 요인 중 중요하다고 여기는 것 일부로 제한하여 설명하였다.

　장기적 기후변화라 하더라도 대부분 신생대 이후 시대를 다루고 있어서 중생대나 고생대 이전의 내용은 거의 포함하지 않았다. 신생대 범위에서도 주로 제4기 이후와 최근 기후변화의 원인을 중심으로 설명하였다. 이를테면, 태양과 지구 사이 천문관계, 태양활동도, 화산활동, 해양변동 등을 제4기 이후 기후변화의 원인으로 중요하게 여길 수 있다. 그러므로 중생대나 고생대 혹은 그 이전 시대로 확장하면 지각변동이나 극이동 등이 더 큰 기후변화의 원인이 될 수 있다.

태양과 지구의 관계　지구는 일 년에 한 번씩 태양 주위를 공전하면서 하루 주기로 자전한다. 이와 관련하여 공전궤도 이심률, 세차운동 축, 지구 자전축 기울기 등이 바뀐다. 이와 같은 지구의 공전 및 자전과 관련된 여러 가지 운동이 장기적인 기후변화에 영향을 미친다.

　태양 주위를 돌고 있는 지구 공전궤도는 중력가속도 영향을 받아 원형에서 타원형으로 변한다. 공전궤도가 원형에서 벗어난 정도를 이심률(eccentricity)로 나타내며, 지구 이심률은 과거 100만 년 동안 0.001(거의 원형 상태)에서 0.054 사이에서 변했고, 현재 약 0.017이다. 지구 공전궤도가 타원형에서 원형으로 돌아가려면 100,000년이 걸린다(그

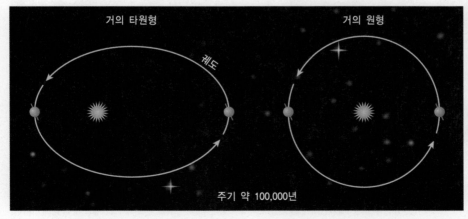

그림 5.21 공전궤도 이심률 변화 공전궤도 이심률은 약 100,000년을 주기로 변하면서 가장 긴 타원체 궤도를 가질 때에는 근일점일 때 원일점일 때보다 태양복사량을 20~30% 더 받는다.

림 5.21).

　가장 긴 타원체 궤도에서 근일점일 때 태양복사량은 원일점일 때보다 20~30% 더 받는다. 이 값은 오늘날 두 시기 복사량 차이인 7%에 비하여 아주 크다. 오늘날의 이심률은 비교적 작은 편에 속하여 태양과 지구 사이 거리 차이가 계절별 기온 차이에 미치는 영향은 미미하지만, 수천 년 시간 규모로 볼 때 거리 차이가 전지구 기후에 미치는 영향은 결코 작지 않다. 1970년대 시도한 CLIMAP(Climate: Long-range Investigation Mapping and Prediction)[15]은 해양퇴적물 분석으로 지난 80만 년 동안 대략 10만 년마다 빙상 범위와 두께가 정점에 이르렀던 것을 확인하였다(CLIMAP, 1981). 이는 공전궤도 변화가 빙상 발달에 영향을 미쳤다는 것을 보여 주는 증거라고 할 수 있다.

　오늘날 황도면(ecliptic plane)에 대한 지구 자전축 기울기는 23.5°이며, 약 41,000년을 주기로 21.5°에서 24.5° 사이에서 변하여 왔다(그림 5.22). 이와 같은 기울기 변화가 계절별 기후 차이를 더 크게 할 수도 있고 작게 할 수도 있다. 기울기가 작을수록 중위도

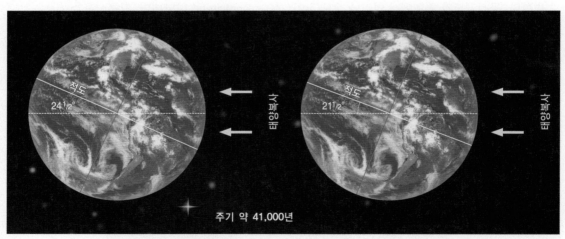

그림 5.22 자전축 기울기 변화 지구 자전축 기울기는 약 41,000년 주기로 변하고 있으며, 계절별 기후 차이를 더 크거나 작게 할 수 있다.

15　이 사업은 1970년대와 1980년대에 최종빙기 최성기 동안 기후 지도를 만들기 위한 대표적 연구 사업이다. 1970년대 국제해양탐사사업의 일환으로 다량의 퇴적물코어 수집 및 분석을 기반으로 전 해양 상황을 제시하였다. 대륙 전체 식물분포도와 빙하분포도를 작성하였다.

와 고위도에서 여름과 겨울 간 계절 변동이 작아져 겨울은 온화하고 여름은 시원하여진다. 여기서 여름철 기온이 낮아진다는 점에 주목할 필요가 있다. 북반구 고위도 대륙에서 여름철 태양복사량이 적으면 빙상이 확대될 가능성이 커진다. 여름이 서늘하면 지난 겨울에 쌓인 눈이 덜 녹아 적설면적이 점차 증가하면서 알베도가 높아진다. 알베도가 높아지면 지표면에서 받는 태양복사량이 감소하여 적설면적이 증가하고, 대륙에서 빙상이 점차 확대된다.

자전축 기울기가 더 커지면 여름과 겨울 간 차이가 더욱 커진다. 자전축 기울기의 변화는 위도대별로 낮과 밤의 길이 차이를 가져와 계절변화에 영향을 미친다. 극지방에서는 낮과 밤의 길이가 크게 바뀌면서 기온변화에 영향을 미친다. 이와 같은 자전축 기울기의 변화 주기는 100만 년 전에 매 41,000년을 주기로 일어났던 빙기와 간빙기 출현 주기와 대체로 일치한다.

지축은 약 26,000년 주기로 세차운동을 한다.[16] 현재는 근일점이 1월이고 원일점이 7월이지만, 13,000년 후에는 세차운동에 의하여 반대로 바뀔 수 있다(그림 5.23). 지구의 근일점은 천문 관계에 의하여 일 년에 11″씩 공전 방향으로 이동하고 있다. 13,000년 후에는 북반구에서 여름이 근일점에 해당하고, 남반구에서 여름이 원일점에 해당하는 상황으로 바뀔 수 있다. 이와 같은 공전궤도 변화는 지표면 냉각과 가열 패턴 변화를 초래하여 북반구에서는 오늘날보다 여름과 겨울 간 기온 차이가 더욱 커질 것이고, 남반구는 여름과 겨울의 차이가 더 작아질 것이다.

세르비아 지구물리학자이면서 천문학자인 밀란코비치(M. Milankovitch)는 1920년대에 앞의 세 가지를 결합하여 밀란코비치주기(Milankovitch cycles)를 만들었다. 그는 지표면에서 흡수하는 태양복사 에너지 변동을 설명할 수 있는 공전궤도와 자전축의 변화에 관한 연구 결과로 일사량이 시간 변화에 따라서 위도대별로 어떻게 달라졌는가를 제시하였다(그림 5.24). 밀란코비치는 일사량 변동이 빙기와 간빙기의 출현과 관련 있다고 설명하였다. 초기에는 펭크와 브루크너가 이런 주장을 받아들이지 않았지만, 후에 알프스산지에서 확인된 4번의 빙기와 밀란코비치곡선이 상당히 일치한다고 밝혀졌다

---

[16] 회전하는 팽이를 생각해 보면, 팽이가 돌고 있지만 회전축도 느리게 회전하고 있다.

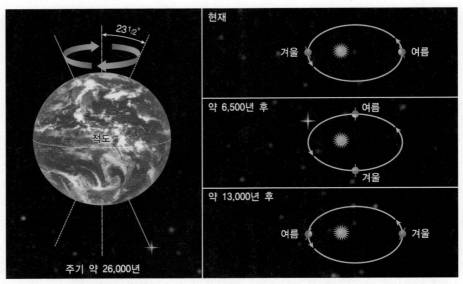

그림 5.23 근일점과 원일점의 변화 근일점과 원일점은 약 26,000년의 주기로 변하면서 지표면 냉각과 가열 패턴에 영향을 미친다.

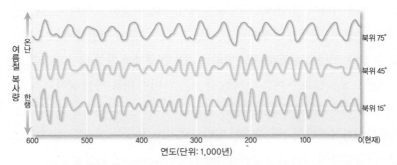

그림 5.24 밀란코비치가 구한 북반구 위도대별 태양복사량 변화(Imbrie and Imbrie, 1979)

(Köppen and Wegener, 1924). 오늘날 많은 기후학자들은 이런 궤도 변동이 기후변화의 기본 원인이라고 여긴다.[17] 그러나 밀란코비치주기에 의해서 다음에 다가올 빙기를 추

---

17 Hays *et al.*(1976)은 남인도양에서 채취한 심해 퇴적물코어 2개를 분석하여 지구가 23,000년, 42,000년, 100,000년 전에 극심한 기후변화를 겪었다는 것을 확인하였으며, 이는 밀란코비치주기와 일치한다. EPICA community members(2004)는 남극 보스토크 빙하코어에서 얻은 기후자료가 최근 4번의 빙기주기와 일치한다는 것을 확인하였다.

462 제5장 기후변화

론하는 것은 적절하지 않다(Berger, 2012).

밀란코비치는 북위 65°에서 받는 태양복사 에너지가 빙기와 간빙기를 조절하는 데 영향이 크다고 하였다. 그는 60만 년 전 북위 65°에서 받는 태양복사 에너지는 오늘날 북위 77°에서 받는 수준에 불과하였다고 주장하였다. 이는 오늘날 노르웨이 중부가 한계인 빙하가 스코틀랜드 중부까지 확대될 수 있었다는 것을 의미한다. 당시 이런 상황은 이심률이 커지고, 자전축 기울기는 작아지고, 세차에 의해 여름철에 원일점이 된 것 등이 겹쳤던 시기이다. 북반구 65°가 중요한 것은 남반구는 바다이므로 빙하가 형성되어도 녹아 사라져서 빙상이 발달하기 어려웠기 때문이다.

태양활동도 지표면에서 받아들이는 일사량은 태양이 내보내는 에너지양과 대기에 의한 투과도, 지구와 태양 사이 거리 등에 의해서 결정되며, 이 중 어느 하나라도 변하면 기후에 미치는 영향이 바뀐다. 태양이 방출하는 에너지양의 변동은 크지 않을 뿐만 아니라 측정하기도 쉽지 않다. 태양복사량 관측은 오늘날까지도 대부분 지구 대기 내에서 이루어졌으므로 대기 혼탁도의 영향을 크게 받았다. 관측 결과의 차이는 과학기술이 발달한 현 시점에서도 관측기기 오차범위를 크게 벗어나지 않을 정도로 미미하다.

1981년부터 1984년까지 지구 대기 밖에서 이루어진 위성관측 결과에 의하면, 태양복사 에너지는 0.07% 정도 감소하였다. 그리고 1986년 가을에는 태양흑점(sunspot)이 눈에 띄게 감소하기도 하였다. 이와 같은 태양활동도 변화는 작은 규모로 보이지만, 지구의 기후에 미치는 영향은 무시할 수 없는 수준이다. 모델 계산에 의하면, 태양복사량이 1~2% 감소하는 것은 거의 소빙기 수준에 해당한다. 뿐만 아니라 50년 동안에 태양복사량이 2% 감소한다면 빙기로 돌아갈 수 있는 상황에 놓일 수 있다.

태양흑점 활동은 장·단기적으로 변동하며, 과거 1,000년 동안 자료에 의하면 두 시기에 큰 편차가 있었다. 1100년부터 1250년 사이에는 태양흑점수가 이상적으로 많았으며, 이 시기는 북반구에서 뚜렷하게 온난하였던 시기와 일치한다. 이에 반하여 1645년부터 1715년 사이에는 태양흑점이 없는 해가 있을 정도로 수가 적었으며, 이 무렵은 오로라 활동도 최소였다(Schlamminger, 1992). 이 시기를 '마운더극소기(Maunder minmum)'라고 부른다. 이 시기는 역사시대 이래로 가장 한랭하였던 소빙기에 해당하며(그림 5.25), 유럽의 한랭기 기록과 잘 일치한다. 마운더극소기는 역사 기록뿐만 아니라 나이테 연구 결과와도 잘 일치한다. 과거 8,000년 동안 나무 성장률을 분석하여 보면, 나이테 성장과 빙하 확대로 설명되는 한랭한 시기와 태양흑점 활동이 약했던 시기가 거의 일치한다(Zhou and Butler, 1998; Burkle and Grissino-Mayer, 2003; Li and Yang, 2019 등).[18]

태양활동은 짧은 기간에 보면 불규칙적이지만 일정한 주기를 갖고 있다. 19세기 중반에 태양흑점수가 10~11년 주기를 갖는다는 주장이 제기되었으며, 이는 천문관측과 위성관측으로 확인되었다. 11년 주기 태양활동 패턴은 기후변화와 비교적 잘 일치

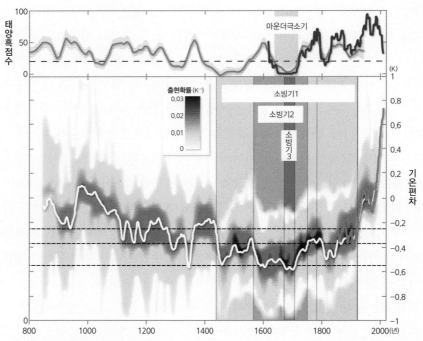

그림 5.25 **태양흑점수와 기온 관계**(Owens *et al.*, 2017) 위 그래프는 직접 망원경 관측에서 구한 태양흑점수이고, 아래는 IPCC 제5차 보고서에 발췌한 북반구 기온변화이다. 소빙기 1~3은 각각 기온편차 임계값 −0.25, −0.37, −0.55(K)에 해당하며, 파선으로 표시되었다.

---

18 Burkle and Grissino-Mayer(2003)에 의하면, 세계적인 명품 바이올린은 마운더극소기 무렵에 성장한 나무를 이용하여 만든 것이며, 이 시기를 '스트라디베리 황금기(Stradivari's Golden Period)'라고 부른다.

한다. 태양흑점주기와 영국의 기온변동, 미국의 가뭄, 나일강의 범람(Fairbridge, 1984) 등의 기록이 비교적 일치한다. 중국 북송시대 상황을 분석한 연구에 의하면, 태양흑점 수와 냉각과 온난, 가뭄, 홍수 등 사이에 밀접한 관계가 있다는 것이 밝혀졌다(Li *et al.*, 2019). 대부분 마운더극소기에 전구적으로 기온이 낮았다는 것은 확인되는 사실이며, 19세기 초반에 달톤극소기(Dalton Minimum)에 대한 연구도 다수 발표되었다(그림 5.26 a). 그러나 마운더극소기가 반드시 한랭하였던 시기가 아니라는 주장도 있다(Lockwood *et al.*, 2017).[19] 시간규모를 더 확대하여 보면, 보다 장기적인 태양활동 변동도 있었다. 11 년과 22년, 80년, 200년의 태양흑점주기가 확인되며, 나이테분석과 빙하코어 동위원소

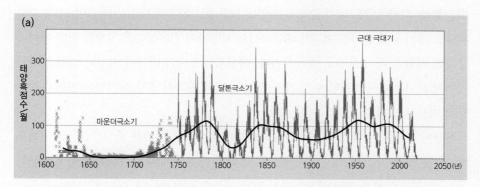

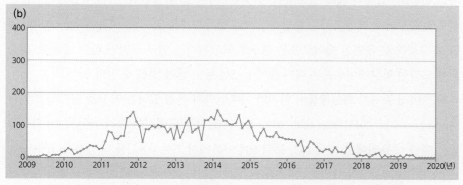

그림 5.26 **최근 400여 년 동안과 최근 11년 동안 태양흑점수 변화**(NOAA NGDC) 태양흑점수는 일정한 주기를 갖고 변화하고 있으며, 1600년대에는 마운더극소기라고 불릴 정도로 그 수가 적었다.

---

19 Lockwood *et al.*(2017)은 마운더극소기에 템스강이 더 자주 얼었던 것은 아니라고 주장하였다.

추적, 퇴적물 분석 등에서 얻은 프록시 자료에 의한 기후 주기성도 비슷한 결과이다.

태양활동도 변화는 수십 년 혹은 수백 년 규모의 비교적 단기간 기후변화를 설명할 수 있으며, 이와 관련된 여러 가지 이론이 제안되었다. 위성과 태양 관측 망원경 등에 의한 관측으로 태양복사 에너지가 수십 년에 단지 1% 정도 변동한다는 것이 확인되었다. 실제로 2010년대 초에 정점을 기록한 태양흑점수 값은 최근 100년 동안 기록된 극값 중 가장 낮다(그림 5.26 b). 그럼에도 불구하고 기온은 계속 상승하고 있다. 현재 고품질 자료는 수십 년 정도 기간에만 활용할 수 있어서 태양활동도와 기후변화 관계를 완벽하게 이해하기 위해서는 더 시간이 필요하다.

화산활동 화산폭발로 대기 중으로 유입된 화산재도 기후에 미치는 영향이 크다. 화산폭발로 대기 중에 쏟아진 먼지가 태양복사를 차단하여 기온상승을 억제할 뿐만 아니라 응결핵 역할을 하여 운량을 증가시킨다. 화산활동이 기후변화에 미치는 영향은 다른 자연적 요인보다 국지적일 수 있지만, 화산 규모에 따라서 영향을 미치는 범위가 전구로 확대될 수 있다.

화산이 폭발할 때 대기 중으로 유입되는 다량의 황가스는 다른 화산분출물보다 기후에 미치는 영향이 크다. 황은 성층권으로 유입될 때 수증기와 결합하여 반사성 황산입자를 만들고, 입자가 점차 성장하면서 짙은 연무층을 형성한다. 이런 황산에어로졸은 성층권 하부에서 태양복사를 후방산란시켜 냉각효과를 일으킨다(Langmann, 2014). 일단 대기 중으로 유입된 에어로졸은 전구로 확산된다는 연구 결과가 다수 있으며, 성층권에 도달한 황산에어로졸은 대기 중에 1~5년 동안 남아 있을 수 있다.

최근 여러 증거가 화산활동이 단기간 기후변화와 관련 있다는 가설을 입증하고 있다(Andersson et al., 2015; Pitari et al., 2016; 등). 1963년 인도네시아 발리 아궁Agung 화산폭발은 열대 대류권에서 기온 1℃, 북위 60° 이북에서 기온 0.8℃를 하강시켰다(Newell, 1981). 탐보라(1815)와 크라카타우(1883), 산타마리아Santa Maria(1902) 등의 화산도 5년여 동안 전구평균기온을 0.2~0.5℃ 하강시키는 역할을 하였으며, 각 화산은 전구적으로 0.2~0.3℃ 지표면 냉각효과를 초래하였고, 국지적으로 1.5℃ 넘게 기온을 하강시켰다(Self and Rampino, 1981; Rampino and Self, 1982). 화산활동은 북대서양에서 발생하는 열대폭풍, 아시아 몬순, ENSO에도 영향을 미치는 것으로 알려졌다(Ning *et al*., 2017; Joshi, 2010).

기후에 미치는 영향을 고려할 때, 화산의 위치도 중요하다. 중위도나 고위도 화산은 분출한 반구에만 영향을 미칠 수 있지만, 적도에 가까운 화산은 양쪽 반구의 기후에 영향을 미칠 수 있다. 탐보라 화산은 남위 8.3°에 위치하지만, 북반구 고위도기후에도 영향을 미쳤다. 탐보라 화산폭발은 '여름 없는 해(year without a summer)'라는 말이 만들어질 만큼 이듬해 여름이 한랭하였으며(Raible *et al*., 2016), 성층권순환에 영향을 미칠 정도로 강렬하였고, 화산재와 먼지가 북반구 전체에 영향을 미쳤다. 그 결과 1816년 봄과 여름은 기기에 의한 기상관측 이래 가장 한랭하였으며, 유럽과 북아메리카에까지 영향을 미쳤다(Oppenheimer, 2003a). 유럽에서는 궂은 날씨로 농업이 실패하였고 광범위하게 기근이 발생하였다. 북아메리카에서는 5월에서 9월 사이에 한파가 몰아닥쳐 6월에 폭설이 내리고 7, 8월에 서리가 내렸다. 크라카타우 화산도 기후에 미친 영향이 막대하였다.

최근에 폭발한 미국 워싱턴주 세인트헬렌St. Helens(1980)과 멕시코 엘치촌El Chichón (1982), 필리핀 피나투보Pinatubo(1991) 화산은 과학기술을 바탕으로 화산폭발이 기후에 미치는 영향을 연구할 수 있는 기회였다. 세인트헬렌 화산폭발은 북반구 기온 0.1℃ 하강 효과를 가져왔고, 엘치촌 화산은 규모는 작았지만 0.3~0.5℃의 냉각효과가 있었다. 이는 세인트헬렌 화산이 미세한 화산재를 많이 방출하여 짧은 시간 대기에 영향을 미친 반면, 엘치촌 화산은 40배 이상 많은 이산화황(SO_2)을 방출시켰기 때문으로 해석되었다(Kerr, 1982). 이 기체는 성층권에서 수증기와 결합하여 구름을 만들었고, 응결핵 역할을 하는 에어로졸이 여러 해 동안 대기 중에 떠 있었기 때문이었다. 또한 에어로졸은 태양복사를 후방산란시키면서 대류권 하층의 평균기온을 떨어뜨렸다. 피나투보 화산은 이산화황 2,500만~3,000만 톤을 성층권으로 방출하였다. 이때 대기 중에 만들어진 에어로졸이 1992년 초 전구평균기온을 0.5℃ 하강시켰으며(그림 5.27), 기후모델은 폭발 후 1~3년 동안 기온 0.5℃ 이상의 하강을 예측하였다. 1991년과 1992년에는 비교적 강력한 엘니뇨가 있었음에도 냉량한 여름이었다는 점이 주목할 만하다(Parker *et al*., 1996).[20]

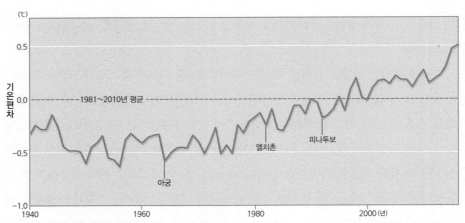

그림 5.27 화산폭발과 기온변화 관계(NCEI) 1991년 6월에 필리핀 피나투보 화산이 폭발한 후 전구평균기
온이 꾸준히 하강하는 것을 볼 수 있다.

화산폭발로 형성되는 황산에어로졸은 보다 장기적인 기후변화에도 영향을 미친다. 아이슬란드와 캐나다 북극에서 빙모 발달 기록을 보면, 1275~1300년 사이와 1430~ 1455년 사이에 냉량한 여름이 출현하여 얼음이 갑자기 성장하였다. 이 무렵은 과거 1,000년 기간 중 화산폭발이 가장 심하였던 시기와 일치한다(Miller et al., 2012). 남극과 북극 빙하코어에서도 13세기에 화산폭발 흔적이 발견된다(Oppenheimer, 2003b). 이 증거들은 천문관계와 더불어 당시 화산폭발이 소빙기의 원인이었다는 것을 시사한다. 그린란드와 남극대륙 등에서 얻은 얼음층의 산성도 분석 결과도 비슷한 상황을 보여 준다. 두 빙상의 1350~1700년 사이 층에서 산성 얼음이 발견된다. 대기 중에 황산입자가 많을수록 얼음의 산성도가 높아지므로, 이와 같은 산성도가 높은 얼음층은 당시 황산을 다량 포함하는 화산분출과 관련 있음을 보여 주며(Hammer, 1980; Crowley et al., 1993), 이런 화산폭발이 냉량한 기후를 유발하는 원인이 되었음을 시사한다. 이런 결과는 지질시대로 확대하여 해석할 수 있다. 북태평양 퇴적물분석에서 250만 년 전에 다른 시기보다 10배 이상 화산폭발이 많았던 것으로 확인되었다(Prueher and Rea, 2001). 이 시기는 북반구에서 빙하시대가 시작될 무렵에 해당한다.

---

20 일반적으로 강력한 엘니뇨가 출현할 시기에는 기온이 높은 편이다.

해양순환 해양순환 변동이 기후시스템에 미치는 영향은 이미 잘 알려져 있으며, 장·단기적으로 기후변화에 미치는 영향이 크다. 마지막 빙기에 그린란드 주변 기후가 몇 년 사이에 훨씬 온난한 상황으로 바뀌었다. 그런 짧은 기간에 큰 변화를 일으키는 힘은 컨베이어벨트(conveyor belt)라고 불리는 해양순환 변동에 의한 것으로 해석된다. 남동 그린란드 사례를 보면, 기온이 서서히 상승하면서 주변 빙상이 녹은 담수와 더불어 노르웨이해에서 유입된 담수의 영향으로 대서양 북부 해역에서 염도가 낮아져 북대서양 해류가 침강하지 못하였다. 이에 따라 대서양해류의 지류인 이르밍거Irminger해류가 그린란드해로 유입되면서 그린란드 남동 연안에서 기온상승을 초래하였다(Kuijpers et al., 2003).

해양순환은 해양의 온도와 염도 차이에 의해서 발생한다. 오늘날 열대 해양은 강한 태양열에 의해서 가열되어 증발이 활발하게 일어나면서 해양순환이 시작된다. 증발로 표층수 염분이 높아지면, 뜨겁고 염분이 많은 표층수가 탁월풍에 의해 서쪽으로 이동하다 플로리다 해안을 따라서 북대서양으로 이동한다. 이것이 유명한 멕시코만류이며 미국 연안을 따라 이동을 시작한다. 멕시코만류는 북대서양을 가로질러 아이슬란드 연안을 지나 노르웨이해까지 북상하면서 점차 냉각된다. 표층수는 염분이 높고 수온이 낮아 무겁고 밀도가 높은 상태가 된다. 그러므로 멕시코만류가 비교적 염도가 낮은 아이슬란드 북쪽 해양에 도달할 때쯤이면 대양 표층수는 밀도가 높고 수온이 낮아져 심해로 가라앉으면서 북대서양 심층수를 형성한다. 이 심층수가 대서양에서 가라앉아 남쪽으로 흐르면서 남극 주변에서 형성된 다른 심층수와 만나 인도양과 태평양으로 흘러간다. 결국, 인도양과 태평양에서 표면으로 상승하여 표층수로서 인도양 남쪽을 가로질러 북대서양으로 돌아가는 순환을 형성한다(그림 5.28). 이런 순환이 완성되는 데는 대략 1,000년이 걸린다.

이런 컨베이어벨트는 막대한 열대의 열을 북대서양으로 이동시키고, 이 열은 해양을 덮고 있는 대기로 이동하면서 증발에 의하여 수증기를 공급한다. 대서양에 불고 있는 강한 편서풍이 이 열과 수증기를 수송하므로 비슷한 위도대 다른 곳에 비하여 북서유럽의 겨울철이 훨씬 온난습윤하다. 멕시코만류에서 지속적으로 방출되는 열은 유럽을 따뜻하게 할 뿐만 아니라 지구 냉각을 막아 준다. 멕시코만류가 북대서양으로 유입되

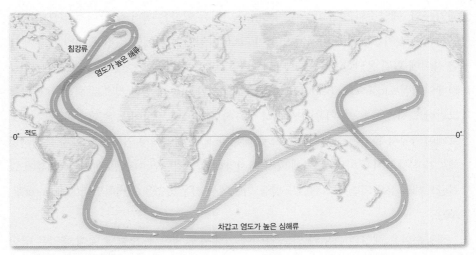

침강류

염도가 높은 해류

0° 적도   0°

차갑고 염도가 높은 심해류

그림 5.28 해양 컨베이어벨트 수온과 염도 차이에 의한 바닷물의 밀도 차이와 표층류가 결합되어 1,000여 년에 걸친 순환이 시작된다.

지 않는다면, 북서유럽은 북극해 등에서 유입되는 차가운 물의 영향을 받아 혹한에 직면할 수 있다.

그린란드에서 시추한 빙하코어와 해저퇴적물 분석 결과는 최종빙기 동안에 대규모 컨베이어벨트가 바뀌었다는 것을 보여 준다(Seidov et al., 1996). 바로 이것이 그린란드 주변에서 발생한 갑작스러운 기후변화와 관련 있다. 컨베이어벨트가 강력할 때는 북유럽의 겨울이 상대적으로 온화하고 습윤하지만, 컨베이어벨트가 약화하면 북유럽의 겨울은 훨씬 더 추워진다. 이와 같은 온화한 겨울에서 한랭한 겨울로 바뀌는 현상은 기후변화 기록 속에 여러 차례 발견할 수 있다. 유럽 북서부에서 온화한 기후였다가 수십 년 사이에 갑자기 한랭한 기후로 돌아간 영거드리아스가 대표적 사례이다.

컨베이어벨트가 갑자기 바뀌는 것은 막대한 양의 담수와 관련 있다. 약 11,000년 전에 거대한 빙하호의 담수가 세인트로렌스St. Lawrence강과 허드슨만을 통하여 북대서양으로 흘러들면서 영거드리아스가 시작되었다.[21] 이 막대한 담수는 해수 표면의 염도

---

21 오늘날 캐나다 서스캐처원주, 매니토바주, 온타리오주와 미국 미네소타주, 노스다코타주에 걸쳐 있던 빙하호인 애거시Agassiz호의 담수가 넘치면서 허드슨만과 세인트로렌스 계곡을 통하여 북대서양으로 흘러들었다. 11,000년 이전에는 슈피리어호와 미시간호 유역의 담수도 미시시피강으로 흘러들었으나 영거드

와 밀도를 낮추어서 멕시코만에서 북상한 따뜻한 물의 침강을 막았다. 이로 인하여 약 1,000년 동안 컨베이어벨트가 멈추면서 북유럽에 혹한이 지속되었다. 담수가 북대서양보다 미시시피강으로 더 많이 흘러들면서 컨베이어벨트가 다시 시작되었고, 그로 인하여 북유럽에 온화한 날씨가 돌아왔다.

오늘날에도 적도 부근에서 발생하는 작은 규모의 해양변동이 전구 기후에 영향을 미친다. 간혹 아열대고기압대에서 적도저압대를 향하여 부는 무역풍의 강도가 약화하면 동태평양 해역에서 수온이 상승하면서 엘니뇨가 발생한다. 여기서 발생한 엘니뇨가 원격상관에 의해서 중위도는 물론 고위도 기후에도 영향을 미칠 수 있다.

2) 인위적 기후변화 원인

기후학자들은 20세기 후반부터 기후변화 원인으로 인류활동에 집중하기 시작하였다. 최근 전구 기온상승과 더불어 1970년대에 세계를 떠들썩하게 하였던 사헬지대를 중심으로 한 '저위도 사막화(desertification)'가 기후변화에 관심을 끄는 계기였다. 특히 최근 전구 기온상승이 온실기체 농도 증가에 의한 것이라는 견해가 제기되면서 기후변화에 관한 관심이 온실기체 농도 예측에 모아지고 있다.

이 책에서도 온실기체 농도 변화를 인위적 기후변화의 주요 원인으로 다루었다. 그와 더불어 숲이 이산화탄소를 흡수할 수 있는 저장고라는 측면에서 볼 때, 삼림벌채는 대기 중 온실기체 농도를 높이는 역할을 할 수 있다. 그런 점에서 삼림벌채 등을 포함한 지표상태 변화도 중요한 기후변화의 원인이다.

지표상태 변화 인류는 불을 사용하고 가축을 키우고 농업을 행하면서 환경을 서서히 변화시켰다. 수렵생활 시기에는 사냥을 위하여 불을 사용하였다.[22] 열대 사바나경관도

리아스가 시작될 무렵부터 세인트로렌스 계곡을 따라 북대서양으로 흘렀다(Teller, 1990).

22 초기 아프리카 탐험가들 기록에 의하면, 사하라 남쪽에서 매년 방목을 위하여 대규모로 불을 놓는 광경이 목격되었다고 한다. 아메리카대륙을 찾은 유럽인들 역시 원주민들이 사냥감을 쉽게 잡거나 사냥터를 개선

불에 의해서 삼림이 파괴된 대표적인 예이며,[23] 온대에서도 비슷한 사례를 찾아볼 수 있다. 북아메리카 프레리와 동유럽의 초원도 기후조건과 더불어 인간활동에 의하여 삼림이 변형된 것이다. 오늘날에도 대규모 산불은 삼림파괴(deforestation) 원인 중 하나이다. 2019년 9월에 발생하여 2020년 2월까지 이어진 오스트레일리아 산불은 18.6만 km² 삼림을 태웠다. 아마존과 북아메리카 등에서도 매년 산불에 의하여 광대한 삼림이 제거되고 있다.[24]

농업지역 확대도 삼림파괴의 주요 원인이다. 중국의 광대한 삼림지역과 지중해 연안, 유럽 서부와 중부, 북아메리카에서 경작지 확장을 위하여 숲이 제거되었다. 중부유럽 절반 이상이 지난 1,000년 동안에 삼림지대에서 경작지나 초지로 바뀌었다(Darby, 1956). 유럽에서 중세온난기에 인구증가로 경작지 수요가 급증하면서 삼림이 오늘날 수준으로 제거되었다. 유럽에서 농업이 일찍 시작된 지역에서는 숲이 소규모만 남아 있는 것을 볼 수 있다(사진 5.15). 한국에서 1970년대에 시행된 야산개발도 경작지 확대를 위해서 숲이 제거된 사례이다.

세계은행에 따르면, 삼림면적은 2000년에 약 4,056만 km²에서 2016년 3,996만 km²로 매년 약 37,400km²씩 감소하는 추세이다. 반면, 경지면적은 2000년 4,810만 km²에서 2016년에 4,863만 km²로 매년 32,616km²씩 증가하였다. 근대 이전에는 삼림파괴가 주로 온대지방에서 행하여졌으나, 오늘날에는 도로 건설로 접근이 쉬워진 열대지방을 중심으로 행하여지고 있다. 한 보고서(World Resources Institute)에 따르면, 2017년에만 남한 면적 약 1.5배(15.8만 km²)의 열대림이 파괴되었다.[25] 이와 같은 열대림 감소는 이 지역 강수량에도 영향을 미칠 수 있다. 삼림은 경작지보다 증발률이 3배 이상 높아서 대기 중으로 수증기를 더 많이 공급한다. 그러므로 삼림면적이 감소한 만큼 수증기

하기 위해서 불을 놓는 것을 목격하였다.

23 사바나 기원에 관해서는 여러 가지의 학설이 있지만, 의도적이든 부주의한 경우이든 불에 의해서 사바나 경관이 유지되는 것은 확실하다.

24 아마존 유역에서 사탕수수를 수확하기 위하여 잎을 태우는 것이 산불로 확산하는 경우가 잦아 브라질 정부에서는 사탕수수 잎을 태우는 것을 금지하고 있다.

25 2017년 기준으로 열대림이 가장 넓게 파괴된 나라는 브라질(약 452만 ha), 콩고민주공화국(147만 ha), 인도네시아(130만 ha), 마다가스카르(51만 ha), 말레이시아(48만 ha) 순이다. 최근 팜유 수요가 늘면서 말레이시아 등 아시아 열대지역에서 팜농장 개간을 위하여 열대림이 제거되고 있다.

사진 5.15 삼림지대가 경작지로 바뀐 유럽 경관(폴란드 브로츠와프Wroctaw 주변, 2012. 8.) 중세온난기에 인구가 급증하면서 경작지 조성을 위해 광대한 숲이 제거되었다. 오늘날 숲은 경작지 사이에 소규모로 남아 있다.

량이 줄어들 수 있다. 반면, 삼림파괴로 인한 기온상승으로 상승기류 발달에 유리할 수 있어서 강수량에 미치는 영향을 일률적으로 설명하기 쉽지 않다.

삼림파괴가 단지 광대한 규모의 지표면 개조만을 가져온 것은 아니다. 지나친 토지 이용으로 경작지가 사막화할 수 있으며, 이는 오늘날 인도와 아프리카, 남아메리카, 오스트레일리아 등에서 겪고 있는 심각한 환경문제이다. 삼림파괴 외에도 긴 한발과 수자원의 오·남용, 지나친 방목과 농업 등이 사막화의 주요 원인이다. 사헬지대 사막화는 오랜 가뭄과 더불어 지나친 방목 등의 영향으로 발생하였고, 아랄해와 주변 지역의 사막화는 지나친 관개가 주요 원인이었다(사진 5.16).

천연자원 개발과 인공호수 개발, 에너지 생산, 경작지 확대, 도시화 등도 지표면을 심각하게 변형시키는 환경파괴 요인이다. 이와 같은 환경파괴가 계속되면 지표면에서 일어나는 에너지 상호교환에 영향을 미칠 수 있다. 기후는 지표면에 도달하는 태양복사

사진 5.16 사막화한 아랄해(우즈베키스탄 무이나크Muynoq, 2006. 7.) 아랄해는 과거 세계 4대 호수 중 하나였으나 상류에서 행하여진 지나친 관개로 사막화하고 있다. 남아 있는 폐선이 이곳이 과거 호수였음을 보여 준다.

에너지양과 이용 방법에 따라 결정된다. 지표면상태가 달라지면 알베도가 변하면서 반사시키는 태양복사 에너지양이 줄거나 늘어나므로 기후시스템 내 열수지 균형을 깨뜨릴 수 있다.

장기적으로 지표면 변화가 계속된다면 알베도가 변하면서 기온변화에 영향을 미칠 수 있다(표 5.2). 홀로세 이후 지표면 변화에 의하여 기온 1℃ 정도 하강한 것으로 계산된다. 지표면 평균기온을 결정하는 데 영향을 미치는 운량이나 먼지 등 알베도를 변화시킬 수 있는 다른 요소도 많기 때문에 이 값은 정확하지 않을 수 있다. 그러나 지표면 변화가 전구적 혹은 국지적인 범위에서 기후에 영향을 미친다는 사실은 분명하다.

표 5.2 지표면 변화에 따른 알베도 변화

지표면 변화	지표면 비율(%)	알베도 변화
사바나에서 사막	1.8	0.16~0.35
온대림에서 초원	1.6	0.12~0.15
열대림에서 사바나	1.4	0.07~0.16

Hidore and Oliver(2002)

온실기체 농도 변화 지구를 덮고 있는 대기 온도는 입사되는 태양복사 에너지와 방출되는 지구복사 에너지 사이 열수지에 의해서 결정된다. 지구를 둘러싸고 있는 대기의 열수지는 대기 구성비율에 따라서 다르다. 온실기체(greenhouse gas)로 알려진 수증기, 이산화탄소, 메탄, 오존, 아산화질소, 프레온가스 등은 지구에서 방출되는 장파복사 에너지를 흡수하여 대기를 가열시키므로 농도 변화에 따라 열 수지가 바뀔 수 있다.

오늘날 대류권에서 이산화탄소를 포함한 온실기체 증가로 대기에 가해지는 복사강제력(radiative forcing)은 약 $3.14W/m^2$에 이른다.[26] 이런 온실기체 증가가 지난 100여 년 동안의 기온상승에 중요한 영향을 미치는 것은 확실하며, 이산화탄소에 의한 복사강제력은 $2.076W/m^2$ 정도로 66%이다.[27]

이산화탄소는 적외선복사를 흡수하여 하층 대기를 가열시키는 역할을 하는 대표적 온실기체이다. 인류는 지난 2세기 동안 산업화과정에서 석탄, 석유, 천연가스 등 막대한 화석연료를 소비하였다. 그로 인하여 엄청난 양의 이산화탄소가 대기 중으로 배출되었으며, 대기 중 이산화탄소 농도가 꾸준히 증가하고 있다. 빙하코어와 마우나로아 관측소에서 얻은 자료에 의하면, 이산화탄소 농도는 과거 1,000년 중 산업혁명 이후 급격하게 증가하였으며, 대기 중 이산화탄소 농도는 화석연료 연소에 의한 방출량 증가와 비슷한 경향으로 변한다(그림 5.29).[28] 2021년 5월 현재, 마우나로아의 이산화탄소 농도는 419.13ppm이며, 이는 산업혁명 이전인 1750년 농도의 149.7%에 이른다. 최근 40년 동안(1979~2019년) 대기 중 이산화탄소 농도는 연평균 1.84ppm씩 증가하였으며 점차 증가폭이 커지고 있다.[29] 현재 증가 추세가 계속된다면 21세기 말에 540~940 ppm에 이를 것으로 전망된다. 21세기 중반에 이산화탄소 농도가 산업화 이전 두 배 수준인 560ppm에 이른다면, 복사강제력은 $4W/m^2$로 증가할 것이다. 이럴 경우 전구평균기온

---

[26] 알베도와 에어로졸효과 등에 의하여 복사강제력의 일부가 상쇄되므로 오늘날 인위적인 복사강제력은 $1.6W/m^2$이다.

[27] 여기의 온실기체와 관련된 수치는 NOAA Global Monitoring Laboratory(https://www.esrl.noaa.gov/gmd/aggi/aggi.html)가 웹상에 제공하는 것이다.

[28] 빙기와 간빙기 사이에 이산화탄소 농도는 180~300ppm 범위에서 변동하였다(NOAA).

[29] 대기 중 이산화탄소 농도는 최근 10년(2009~2019년) 사이에 연평균 2.4ppm씩 증가하였고, 1990년대에는 매년 1.5ppm, 1980년대에는 1.6ppm씩 증가하였다.

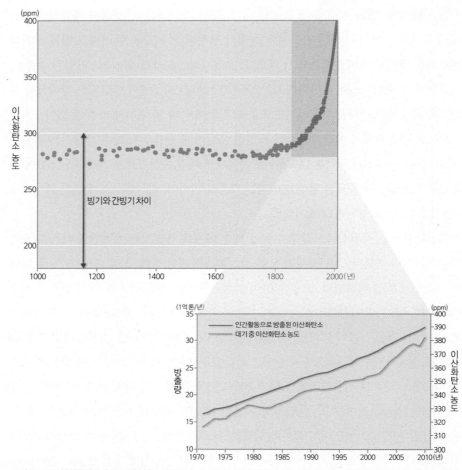

그림 5.29 **이산화탄소 농도 변화** 이산화탄소 농도는 산업혁명 이후 급격하게 증가하였으며, 화석연료 연소에 의한 방출량 증가와 비슷한 경향으로 변한다.

은 산업화 이전에 비하여 2~5℃ 상승할 수 있다.

대기 중으로 방출된 이산화탄소 중 일부는 식물에 의해서 흡수되거나 해양에 녹기도 하지만, 55% 정도는 대기 중에 남아 있다. 그러므로 열대우림 제거와 같이 삼림이 파괴되면, 대기 중에 이산화탄소 제거 기능이 약화된다. 뿐만 아니라, 삼림벌채 과정에서 배출되는 온실기체도 전체의 약 20%를 차지한다.

최근 산업화와 농업활동 등에 의하여 배출되는 메탄과 아산화질소, 프레온가스 등 미량기체(trace gas)도 지구에서 방출하는 장파복사 에너지를 흡수하면서 온실효과에 영향을 미친다. 각 기체별 온실효과는 커 보이지 않지만 모든 것을 동시에 고려한다면 이산화탄소에 비하여 중요성이 떨어지지 않는다.

메탄(CH_4)은 복사강제력이 커서 대기 중의 농도에 비하여 온실효과에서 중요하다. 2021년 9월 현재, 대기 중 메탄 농도는 약 1,900.5ppb로 산업화 이전 700ppb에 비하여 170% 이상 증가하였다. 메탄은 대기 중 농도가 이산화탄소에 비하여 훨씬 적은 양이지만, 이산화탄소에 비하여 20~30배 이상 장파복사 에너지를 더 흡수할 수 있다. 장기간 기후변화를 보면, 메탄이 기온상승에 미치는 영향이 중요하다는 점을 확인할 수 있다. 소위 '홀로세 온난기'로 불리는 약 5,500만 년 전 기온은 오늘날보다 4~8℃ 높았으며, 이는 대기 중에 갑작스러운 메탄 농도 증가와 관련 있다는 연구(Higgings and Schrag, 2006)가 있다. 당시 대규모 화산폭발이 홍수 퇴적물을 교란시키면서 막대한 양의 메탄이 대기로 유입되었다. 오늘날 메탄에 의한 복사강제력은 $0.48W/m^2$로 이산화탄소의 1/3에 못 미치는 수준이다.

메탄은 산소가 부족한 늪과 이탄층, 습지 등이나 그 외에 가축방목과 흰개미 배설물 등에서 방출되며, 이 중 70% 이상이 인위적 요인에 의한 것이다. 한국에 널리 분포하는 논도 중요한 메탄 공급원이며 인간활동으로 배출되는 것 중 가장 높은 비중을 차지한다(사진 5.17). 인구가 증가하면서 가축사육과 논 면적이 급격히 늘고 있다는 점이 우려스럽다.

최근 기온상승으로 영구동토층이 후퇴하면서 북극에서 툰드라 면적이 확대되고 있어서 메탄 방출을 우려하고 있다(Christensen, 1993; Arndt. et al., 2019). 이와 같이 영구동토층이 녹으면 기온상승에 양(+)의 피드백을 야기할 수 있다. 고위도에서 식물이 죽으면 기온이 낮아 완전히 분해되지 않은 상태로 영구동토층에 갇힌다. 그러다 영구동토층이 녹을 때 밖으로 유기물이 노출되면서 대기 중으로 이산화탄소와 메탄 등 온실기체를 방출하여 기온상승의 요인이 된다.

아산화질소(N_2O) 농도도 다양한 산업활동 과정에서 증가하고 있다. 2021년 9월 현재 전구 평균 아산화질소 농도는 334.4ppb이다. 농업활동 중에 작물생산량을 늘리기 위하여 질소비료를 사용하며, 이때 공기 중으로 질소가 들어가 아산화질소를 만든다. 화

사진 5.17 메탄 공급원의 하나인 논(베트남 사파, 2017. 10.) 산소가 부족한 늪, 습지와 더불어 논도 중요한 메탄 공급원이다.

석연료가 고온에서 연소될 때도 아산화질소가 생성된다. 이 기체는 대기 중으로 배출되는 양은 많지 않지만 생존기간이 150년으로 긴 편이다. 아산화질소의 온실효과 기여율은 메탄의 절반 정도이며, 복사강제력은 약 $0.202W/m^2$이다.

프레온가스(CFCs)는 자연상태에는 존재하지 않으며, 냉장고 등 냉매로 사용하기 위하여 인위적으로 만든 기체이다. 프레온가스는 오래전부터 성층권의 오존층을 파괴하는 물질로 주목받았지만, 온실기체로는 잘 알려지지 않았다. 하지만 온실효과 기여율은 메탄과 비슷한 수준이다.[30] 몬트리올의정서 발효로 프레온가스 생산은 중단되었지만, 생존기간이 길어서 당분간 온실효과에 영향을 미칠 것이다.

---

30 프레온가스 복사강제력은 CFC-11이 $0.161W/m^2$, CFC-12가 $0.057W/m^2$이다.

3) 미래기후와 기온상승의 영향

오늘날에는 일반 시민조차도 환경변화의 원인을 모두 기후변화 때문이라고 할 만큼 기후에 대한 관심이 고조되었다. 이와 같이 인류가 기후변화에 관심을 기울이는 궁극적 이유는 미래기후에 대한 불안감 때문일 것이다. 특히 기온이 어느 정도 상승할 것인지는 인류가 직면한 가장 중요한 이슈이다.

미래기후 못지않게 변화에 의한 영향도 인류에게 중요한 문제이다. 인류의 삶 자체가 기후 영향하에서 영위하여 왔듯이 모든 활동이 기후변화의 영향을 받을 수밖에 없다. 특히 기온상승으로 인한 남·북극 빙상의 융빙과 그로 인한 해수면 상승은 눈앞에 닥친 문제이다. 뿐만 아니라 모든 산업활동이 기후변화의 영향에 직면하고 있다.

그러나 미래는 불확실하다. 미래기후 자체가 불확실한 상황이기 때문에 그 영향은 더욱 불확실하다. 그러므로 대부분 연구에서 미래 기후변화의 영향에 대한 평가는 일정한 가정하에 이루어질 수밖에 없는 현실이다. 따라서 이 책에서는 명확하게 입증되거나 IPCC 보고서에 설명된 수준에서 미래기후와 기후변화의 영향을 기술하였다.

미래기후 오늘날 다양한 기후모델은 인간활동에 의한 온실기체 증가로 2100년대 전 구평균기온은 1850~1900년 평균에 비하여 1.0~5.7℃ 상승할 것이라고 예측하고 있다 (IPCC, 2021).[31] IPCC 제6차보고서에서는 새로운 SSP 시나리오를 제시하고 2018년에 특별보고서에서 제시한 21세기 말까지 1.5℃ 상승을 억제하기 위하여 온실기체를 철저하게 감축할 경우, 21세기 중반에 기온상승 추세가 정점을 찍은 후 점차 낮아져 21세기 말에는 1.0~1.8℃ 범위의 상승을 전망하였다(표 5.3, 그림 5.30). 하지만 이 전망은 신재생에너지 기술 발달로 화석연료 사용을 최소화하고 친환경적으로 경제성장을 이루는

---

31 IPCC는 제6차 기후변화보고서에서 SSP(Shared Socio-economic Pathway) 시나리오를 사용하여 미래기후를 예측하였다. 여기서 SSP에 붙는 앞의 숫자는 사회발전과 온실기체 감축 정도에 따른 사회경제지표이며, 뒤의 숫자는 2100년 기준 복사강제력을 의미한다. 예를 들어, SSP1-1.9는 친환경적으로 지속가능한 경제성장을 이루면서 복사강제력이 $1.9W/m^2$에 이르는 시나리오로 오늘날 수준 이하가 유지되는 경우이다. 지표면에 도달하는 태양복사량 $238W/m^2$이므로 각 시나리오별 온실기체에 의한 복사강제력은 태양복사량의 0.80%(SSP1-1.9), 1.09%(SSP1-2.6), 1.89%(SSP2-4.5), 2.94%(SSP3-7.0), 3.57%(SSP5-8.5)이다.

표 5.3 SSP 시나리오별 특징

시나리오	특징	이산화탄소 농도 추세	기후모델 기온 상승폭 예측치*		
			2021~2040년	2041~2060년	2081~2100년
SSP1-1.9	온실기체 철저한 감축	2100년 이전에 490ppm으로 정점을 찍은 후 하강	1.2~1.7℃	1.2~2.0℃	1.0~1.8℃
SSP1-2.6	화석연료 사용 최소화하면서 친환경적으로 지속가능한 경제성장	2100년 이후 650ppm 수준에서 안정	1.2~1.8℃	1.3~2.2℃	1.3~2.4℃
SSP2-4.5	기후변화 완화 및 사회경제 발전 정도 중간 단계	2040년 정점 후 2090년 반감	1.2~1.8℃	1.6~2.5℃	2.1~3.5℃
SSP3-7.0	완화정책에 소극적이며 기후변화에 취약한 사회구조	꾸준히 증가하여 2100년 현재 두 배	1.2~1.8℃	1.7~2.6℃	2.8~4.6℃
SSP5-8.5	화석연료 사용이 높고 무분별한 개발	2050년 현재 두 배, 2090년 정점 이른 후 감소	1.3~1.9℃	1.9~3.0℃	3.3~5.7℃

* 기온 상승폭 예측치는 1850~1900년 평균기온에 대한 값임.

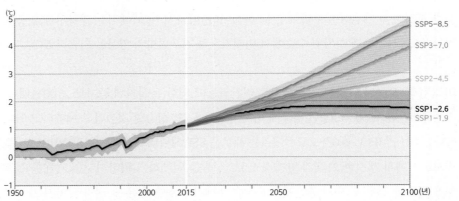

그림 5.30 시나리오별 기온상승 추세 전망(IPCC, 2021) 다양한 기후모델은 온실기체 증가에 따라서 2100년에 전구평균기온이 1986~1900년에 비하여 최소한 1.0~1.7℃(SSP1-1.9)에서부터 3.3~5.7℃ (SSP5-5.8) 상승할 것이라고 예측하고 있다.

경우로 달성하기 쉽지 않은 전망이다. 현실적으로 보면, SSP1-2.6 시나리오부터 가능성 있는 시나리오라 할 수 있다. 이 보고서에서는 기후모델에 의하여 1960년대 이후의 기온상승을 대부분 인간활동에 의한 것으로 제시하였다(그림 5.31). 기후모델은 산업발전에 중심을 두고 화석연료 사용이 높아서 도시 중심으로 무분별한 개발이 확대될 경

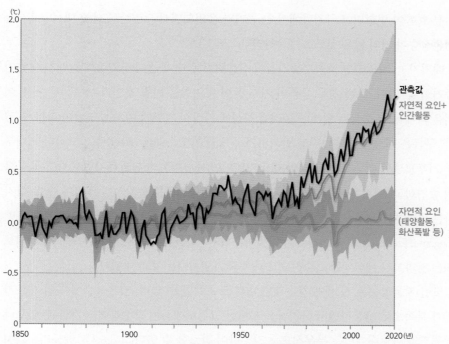

(℃)

그림 5.31 과거 170년 동안의 기온변동과 기후모델에 의한 인간활동의 영향(IPCC, 2021) 값은 1850~1900년 평균에 대한 편차를 나타내며, 1960년대 이후 기온상승이 대부분 인간활동의 결과임을 보여 준다. 갈색과 초록색은 기후모델에서 구한 각각 평균치이며, 음영 부분은 모델로 계산되는 가능한 범위이다.

우 2100년에 전구평균기온이 3.3~5.7℃ 상승할 것이라고 경고하고 있다.

다양한 시나리오 중 가장 낮게 평가된 값인 1.8℃만 상승한다고 하더라도 지난 100여 년 동안 상승한 규모를 뛰어 넘는다. 미래 기온이 최대 예측값인 5.7℃ 상승한다면 지구 전체를 황폐화시킬 수 있는 수준이다. 21세기 온난화는 우리가 20세기에 경험한 것이나 과거 10,000년 동안 어떤 경우의 온난화보다도 강력할 것이다.

IPCC 보고서(2021)에 의하면 기온상승 추세는 지역별로 차이가 크다. 기온상승으로 해빙이 녹으면서 알베도가 낮아져 북극해를 포함한 북극지방에서 기온상승이 가장 급격할 것이다. 이미 북극해와 주변 배핀만 등에서 해빙면적 감소와 기온상승 경향이 뚜렷하다. 바다는 비열이 높아서 육지보다 기온상승을 지체시킬 수 있으므로 바다면적이 더 넓은 남반구에서 기온상승 폭이 작을 것이다. 또한 멕시코만류의 북상약화로 제트기류 흐름이 변형되어 극지방에서 찬 공기가 유입되면서 그린란드 남쪽 대서양에서는 기온상승이 거의 없을 것으로 예측하였다(그림 5.32).

대기가 더 가열되면 포화수증기압이 상승하므로 대기 중 수증기량이 늘어서 운량이 증가할 수 있다. 그럴 경우 구름이 기후에 어떤 영향을 미칠 것인가 예측하는 것도 어려운 과제이다. 구름은 형태나 물리적 특성에 따라서 기후에 미치는 영향이 다를 수 있다. 구름은 태양복사 에너지를 반사시켜서 냉각효과(cooling effect)를 일으킨다.[32] 대부분 기후모델에 의하면 지표면 공기가 가열되면 대류활동이 활발해지면서 대류성 구름이 증가하고, 이것은 다시 기후에 영향을 미쳐 냉각효과를 증가시킬 것이다. 일부 학자들은 강한 대류활동으로 발달하는 대규모 적운형 구름이 온난화에 부(-)적으로 피드백(negative feedback)될 것이라고 주장한다. 그러나 다른 한편으로 구름은 지구에서 내보내는 장파복사 에너지를 흡수하므로 대기를 가열시키는 효과가 있다.

또한 기온상승은 전 세계 강수패턴 변화를 초래할 수 있다. 기온상승에 따라 제트기류가 북쪽으로 이동하면서 극지방을 포함한 고위도에서는 강수량이 증가할 수 있으나 중위도와 아열대에서는 부분적으로 강수량이 감소할 수 있다(그림 5.33). 해들리순환이 강화되면서 적도 부근에서는 강수량이 증가할 수 있다. 특히 중위도 대륙과 열대습윤 지역에서는 극한강수 빈도가 강화될 가능성이 크다. 이와 같은 강수패턴 변화는 지역에 따라 홍수와 가뭄 피해를 증가시킬 수 있다. 중위도와 아열대에서는 강수량 감소와 더불어 기온상승에 따른 증발량 증가로 토양수분이 감소하여 가뭄피해가 심각할 수 있다. 불규칙적인 강수량 증가로 홍수발생 가능성도 커질 것이다. 이미 한국에서도 강수패턴이 변하면서 극심한 가뭄이 발생할 뿐만 아니라 지역별로 빈번하게 폭우가 출현하고 있다.

기후변화는 여러 가지 불확실성을 안고 있다. 우선, 이산화탄소 농도가 얼마나 빠른 속도로 증가할 것인지가 불확실하다. 더욱이 해양은 육지 식물과 더불어 인류가 방출하는 이산화탄소의 절반 정도를 흡수하면서 기후시스템에서 중요한 역할을 하지만, 해양이 이산화탄소 농도 증가와 기온상승에 미치는 효과는 명확하지 않다. 뿐만 아니라

---

32 구름 알베도효과에 의한 복사강제력은 $-1.0 \sim 2.0 W/m^2$이다.

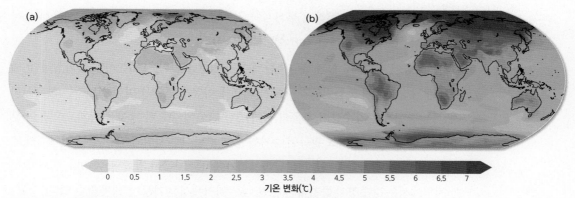

그림 5.32 미래 기온변화 전망(IPCC, 2021) 제시한 값은 1850∼1900년 평균에 대한 편차이며, (a)는 전구 평균기온 1.5℃ 상승한 경우, (b)는 4℃ 상승한 경우이다. 어느 경우이든 북반구 고위도에서 상승폭이 크고 남반구에서 적다.

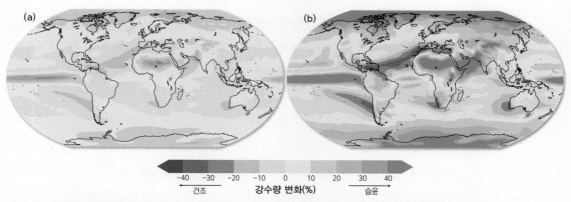

그림 5.33 미래 강수량변화 전망(IPCC, 2021) 제시한 값은 1850∼1900년 평균기온에 비하여 전구평균기 온이 1.5℃ 상승한 경우(a)와 4℃ 상승한 경우(b)의 강수량 변화율(%)이다. 대체로 고위도에서 강수량이 증 가하고 중위도와 아열대에서 감소가 나타난다.

기온상승 자체가 온실기체 방출과 흡수에 영향을 미칠 수 있다. 예를 들어, 여름철 툰드 라에 영구동토층이 녹아 이탄층에서 대기 중으로 이산화탄소와 메탄을 방출하기 시작 하면서 오늘날 툰드라는 온실기체 방출원으로 바뀌고 있다.

토지이용 변화도 온실기체 농도에 영향을 미칠 수 있다. 현재 삼림파괴가 이산화탄 소 농도 증가의 1/4 정도에 영향을 미치고 있지만, 삼림파괴가 오늘날과 같은 속도로 계속될지, 혹은 숲이 증가할지 불확실하다. 더욱이 국가별로 이산화탄소 방출을 줄이기 위해서 어느 정도 노력할 것인가도 불확실하다.

기온상승이 대기대순환과 해양순환에 어떤 영향을 미칠 수 있는가도 불확실하다. 엘니뇨와 남방진동의 출현빈도와 규모가 기후에 어떻게 영향을 미칠 것인가는 불확실하지만, 남방진동은 강수량과 기온의 지역 패턴 변화에 중요한 영향을 미치고 있음이 분명하다. 예를 들어, 엘니뇨 활동이 증가하면 미국 남서부 사막과 같은 일부 지역에서 겨울철 강수량이 증가할 수 있지만, 남아프리카에서는 가뭄이 강화될 수 있다. 이와 같이 한 지역에서는 강수량이 증가하는 반면 다른 지역에서는 가뭄이 발생할 수 있다.

기온상승의 영향 기온상승의 영향은 다양하게 나타날 수 있다. 기온상승은 지표면을 구성하고 있는 자연계는 물론 인간활동에 이르기까지 전 영역에 영향을 미칠 것이다. 그러나 현 단계에서는 미래기후에 대한 불확실성과 축적된 자료 부족 등으로 구체적으로 기온상승의 영향을 설명하기에는 시기상조라 할 수 있다. 다만, 기온상승으로 남극과 북극에 분포하는 빙상과 산악빙하, 만년설 등이 후퇴하고 그로 인해 해양변동이 나타날 것이라는 점은 분명하다.

북극해에서 해빙면적 감소는 전구 기온상승의 영향을 가장 가시적으로 보여 준다. 북극지방의 기온은 최근 20년 동안 전구평균기온의 2배 이상 상승하였다. 이로 인하여 1970년대 이후 북극해 해빙이 급격하게 감소하였다(그림 5.34). 북극해에서 9월 해빙면적은 2012년에 최소값을 기록하였으며,[33] 2020년 해빙면적도 6월을 제외하고 거의 전 달에 걸쳐서 2012년보다 낮은 값을 기록하였다. NASA 자료에 의하면 위성관측이 시작된 1979년 이후 1981~2010년 동안 평균에 비하여 매년 12.85%의 비율로 감소하고 있다.[34] 더욱이 북극 해빙 중 2년 이상 된 다년빙(multi year ice) 면적이 지속적으로 감소하고 있어 해빙면적은 지속적으로 감소할 전망이다.[35] IPCC 제6차 보고서는 온실기체 배출 시나리오 중간 정도를 유지할 경우 금세기 중반 이후에는 북극해 일부 해역에서

---

[33] 북극해에서 해빙면적은 9월에 연중 최소에 이른다.

[34] https://climate.nasa.gov/vital-signs/arctic-sea-ice/

[35] 해빙 중 매년 새로 만들어지는 것을 계절빙이라고 하며, 2년 이상 된 것을 다년빙이라 한다.

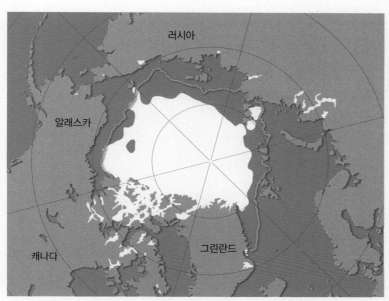

그림 5.34 북극해 해빙축소(NASA) 위성에 의한 관측이 시작된 이래로 북극해 해빙면적이 지속적으로 줄고 있다. 보라색 선은 1981~2010년 평균이며 흰색이 2021년 9월 현재 해빙분포이다.

빙상이 완전히 사라질 것으로 전망하고 있다(그림 5.35). 비교적 온실기체 저감이 잘 지켜지는 SSP1-2.6 사나리오를 따르더라도 금세기 중반 이후에는 북극해 해빙면적이 오늘날 평균치에 1/3 수준으로 감소할 것으로 전망하고 있다. 다년빙 면적의 감소는 북극해 생태계에 심각한 위협이 될 수 있다. 다년빙은 북극 원주민이나 북극곰에게 필수적 생활무대로서 바다표범 사냥을 위하여 중요한 장소이다. 그런 점에서 계절빙이 다년빙 기능을 대신할 수 없다.

그린란드빙상과 남극빙상도 지속적으로 감소하고 있다(그림 5.36). 그린란드빙상은 매년 약 2,670억 톤이 녹아 사라지면서 세계 평균해수면을 0.7mm씩 상승시킨다(WMO).[36] IPCC(2019)에 의하면 그린란드빙상이 녹는 속도는 산업화 이전의 205배에 이르며, 2012~2016년 사이 빙상 융해속도는 매년 평균 247±15Gt에 이르렀다. 서남극빙상도 빠르게 녹고 있어서,[37] 두 개 빙상의 융해가 해수면 상승에 미치는 영향은 매년 1.2

---

[36] https://public.wmo.int/en/media/news/glacier-melt-and-arctic-change-affects-globe

[37] 이와 달리 동남극빙상은 늘고 있다는 보고가 있다.

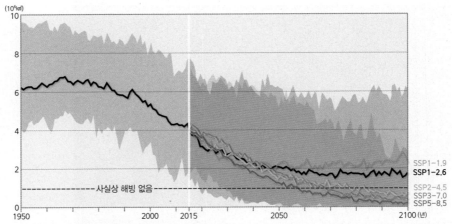

그림 5.35 북극해 9월 해빙면적 관측값과 전망값(1950∼2100년, IPCC, 2021) 해빙면적은 2012년에 최저를 기록하였다. 일부 시나리오에 의하면 2050년 이후 일부 해역에서는 해빙이 없는 상황이 발생할 것으로 전망하였다.

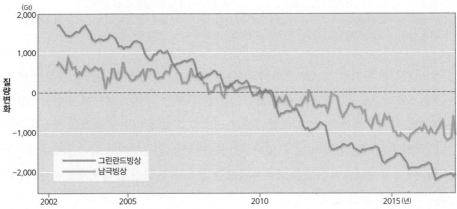

그림 5.36 그린란드빙상과 남극빙상 질량변화[WMO Global Cryosphere Watch, NASA GRACE(Gravity Recovery and Climate Experiment)] 위성관측 결과 두 빙상이 꾸준히 감소하고 있으며, 2009년 이후 감소가 더욱 분명하다. 2002∼2016년 평균에 대한 편차를 나타낸 것이다.

±0.1mm에 이른다.

   IPCC(2019) 보고서에서는 그린란드빙상과 남극빙상을 제외한 빙하량이 RCP2.6 시나리오로는 15∼55% 감소하고, RCP8.5 시나리오로는 35∼85% 감소할 것으로 예측하였다. 최근 수십 년 동안 저고도의 적설과 산악빙하, 영구동토층도 감소하고 있다(그림 5.37). 적설기간은 전반적으로 감소하였고 저지대에서는 10년마다 0~10일 감소하였다. 유럽 알프스 등 산악빙하가 녹아내리고 있다는 보고가 나온 지 이미 오래되었다. 2003년 유럽에 강한 열파가 나타났을 때, 오스트리아 파스테라체Pasteraze빙하는 길이 30m, 두께 6.3m 줄어들었다. 그 후에도 알프스빙하에서 2004년과 2005년에 각각 70cm와 60cm씩 얼음 두께가 축소되었다.[38] 그러나 알프스빙하에서 주목할 점은 이미 19세기 말부터 빙하가 후퇴하고 있었다는 점이다(424쪽 사진 5.4 참조). 이는 오늘날 빙하 후퇴가 반드시 최근 기온상승에 의한 것만은 아니라는 것을 역설적으로 보여 준다. 즉, 알프스에서 빙하후퇴는 소빙기가 끝났다는 것을 보여 주는 것이라고 이해할 수 있다.

아시아의 티베트빙하도 50년 전에 비하여 면적 5%, 두께 7%가 감소하였으며, 이로

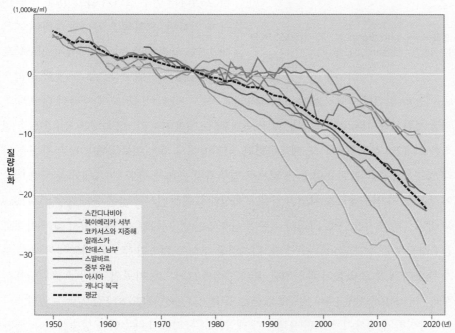

그림 5.37 대륙빙하의 축소(World glacier monitoring service) 30년 이상 관측한 대륙빙하를 대상으로 1976년 대비 빙하량 변화를 나타낸 것이다. 북아메리카 서부와 유럽에서 감소가 뚜렷하다.

---

38 2006~2015년 사이 산악빙하가 연평균 490±100kg/m²로 감소하였으며, 이는 매년 평균 123±24Gt이 감소하는 수준이다.

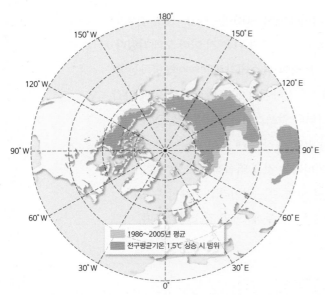

인한 유출량 변화가 자연환경과 경제 문제를 야기하고 있다. 아프리카 케냐산을 덮고 있던 빙하도 이미 80%가 사라진 상태이며, 이로 인하여 주변 하천이 마르면서 주민 사이에 물분쟁이 발생한다. 킬리만자로산 정상을 덮었던 빙하도 지난 100여 년 동안에 거의 모두 사라졌다. 남아메리카 열대에 자리하는 코르디예라블랑카Cordillera Blanca빙하도 빠른 속도로 녹고 있다.

그림 5.38 영구동토층 변화(Kong and Wang, 2017) 시나리오 RCP 2.6을 적용할 경우에 영구동토층 변화를 나타낸 것이다.

최근 북반구에서 영구동토층 면적이 감소하고 있다는 연구 결과가 늘고 있다. 일부 연구에 의하면, 산업혁명 이전에 비하여 기온이 1.5℃ 상승하면, 시베리아에서 영구동토층 남쪽 경계가 위도상으로 1~3.5° 북쪽으로 이동할 것이다(그림 5.38; Kong and Wang, 2017). 배출 시나리오에 따라서 다르지만, 가장 친환경적이라고 할 수 있는 RCP2.6의 경우, 기온이 1.5℃ 상승하면 영구동토층 면적은 21.12% 감소할 것으로 예측하였다. 극지방에서 짧은 여름철에만 녹는 활동층 아래 영구동토층은 활동층의 물이 밑으로 침투하지 못하게 한다. 여름철에 눈이나 얼음이 녹은 물이 영구동토층 위의 토양을 포화상태로 만들면서 수많은 융해호수(thaw lake)를 발달시킨다(사진 5.18). 그러나 기온이 상승하면 영구동토층이 녹으면서 물이 아래로 침투하므로 호수가 줄어들 수 있다. 위성영상 분석에 의하면 툰드라 지역에서 호수 수가 뚜렷하게 줄고 있음이 확인된다. IPCC(2019) 보고서에 따르면, 북반구 고위도에서 지표 부근(토양층 상부 3.5m) 영구동토층은 37(RCP2.6)~81%(RCP8.5) 감소할 수 있다.

산악빙하와 빙상이 녹으면 융빙수가 해양으로 흘러들어 해수면을 상승시킨다. 뿐만 아니라 해수온도가 상승하면서 부피가 팽창하여 해수면 상승효과가 유발된다. 지난 세기의 해수면 상승 중 2/3는 해수온도 상승에 의한 부피 팽창에 의한 것이고 나머지가 빙하와 만년설 등 담수 공급에 의한 것이다.

사진 5.18 툰드라지역에 발달한 융해호(러시아 시베리아, 2011. 4.) 여름철에 눈이나 얼음이 녹은 물이 영구동토층 위에서 포화상태를 이루면서 호수를 발달시킨다.

　전 세계 평균해수면은 1880년에 비하여 21~24cm 상승하였으며, 최근 상승 추세가 가속화하여 1/3 이상이 최근 25년 동안에 상승하였다(NOAA; 그림 5.39). IPCC(2019)에 의하면, 전 세계 평균해수면은 1901~1990년 기간에 매년 평균 1.4mm씩 상승하였고, 2006~2015년 사이에는 매년 평균 3.6mm씩 상승하였다.

　고기후 자료 분석에 의하면, 전구평균기온이 지금보다 2℃ 이상 상승할 경우 그린란드빙상과 서남극빙상이 붕괴할 수 있고 이로 인하여 해수면이 5~6m 상승할 수 있다.[39] 해수면이 상승하면 해안 도시와 습지, 산호섬과 같이 낮은 섬 등은 잦은 홍수에 시달릴 것이며, 해안침식이 발생할 수 있고 하천이나 대수층으로 염분이 유입될 우려가 있다. 해안선이 긴 일부 국가에서는 해수면 상승 등으로 인한 해안침식을 방지하기 위하여

39　서남극빙상이 완전히 녹는다면 해수면이 10.5m 상승할 수 있다.

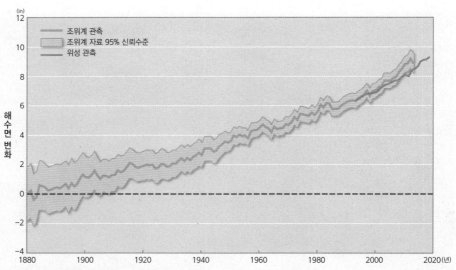

그림 5.39 1880년 이후 해수면 변화(GlobalChange.gov; U.S. Global Change Research Program)
1880년 이후 해수면 변화를 보여 주며, 최근 가파르게 상승하고 있음을 보여 준다.

이미 많은 예산을 투입하고 있다(사진 5.19). 세계 인구의 1/3이 해안에서 100km 이내에 거주하고 있을 뿐만 아니라 세계 20대 도시 중 13개가 해안에 위치하고 있다는 점이 미래 상황을 우려스럽게 한다. 특히 네덜란드와 벨기에, 미국 멕시코만 연안과 동부 해안, 방글라데시 등 아시아 삼각주 지역과 군소 도서국가 등은 해수면 상승에 상당히 취약하다. 기온상승으로 해수면이 지속적으로 상승한다면 수십 억 인구가 이주해야 하는 상황에 처할 수 있다. IPCC 제6차 보고서는 SSP5-8.5 배출 시나리오의 경우 산악빙하 융빙과 해양 열팽창이 결합되어 2100년에는 전 세계 평균해수면이 1900년에 비하여 1m 가까이 상승하고, 2300년대에는 최대 7m 가까이 상승할 것이라 전망하였다(IPCC, 2021). 자연친화적 정책(SSP1-2.6 시나리오)을 취한다 하더라도 21세기 말에는 해수면이 1900년 수준에 비하여 60cm 가까이 상승하고, 2300년에는 최대 3m 이상 상승할 것으로 전망하고 있다.

전구 기온상승은 해양 컨베이어벨트로 알려진 해양순환을 약화시킬 수 있다. 해양 컨베이어벨트는 아열대 해수면의 따뜻한 물을 극 쪽으로 이동시키고, 고위도 해역에서 차가워진 염수를 가라앉히는 역할을 한다. 이런 순환이 아이슬란드를 포함하여 북

사진 5.19 해안침식 방지시설(아일랜드 욜Youghal, 2004. 12.) 아일랜드는 지구 온난화로 인한 해안 침식이 심각한 나라 중 하나이다. 해안 곳곳에는 침식을 방지하기 위한 다양한 시설을 설치하고 있다.

서 유럽 기후를 온화하게 한다. 과학자들은 기온상승으로 고위도 빙상과 빙하가 녹은 담수가 북대서양으로 흘러든다면, 현재의 해양 컨베이어벨트 흐름을 방해할 수 있다고 여긴다. 담수는 염수보다 밀도가 낮으므로 담수가 증가하면, 표면수 밀도가 낮아져 대규모 컨베이어벨트를 유발하는 침강이 일어나지 않을 수 있다.

기온상승은 이외에도 농업을 포함하여 각종 산업활동에도 영향을 미친다. 한국에서도 기온상승으로 작물 재배적지 이동이나 생태계 변형 등에 대한 보고가 점차 늘고 있다. 비록 미래기후에 대한 다양한 불확실성이 존재하지만, 그 영향의 심각성을 고려할 때 지켜보기만 할 상황은 넘어섰다. 특히 현재까지 전구적으로 기온상승이 계속되고 있다는 것은 명백한 사실이다. 그런 점에서 미래기후에 대한 깊은 이해와 더불어 꾸준한 관심이 필요하다. 무엇보다도 기온상승 원인을 명확하게 이해하고 상승폭을 줄일 수 있는 행동이 필요하다. 이는 우리가 기후를 이해하기 위해서 노력하는 이유이다.

참고문헌

김연옥, 1983, 한국고대의 기후환경, 『지리학의 과제와 접근방법』, 231–273.

김연옥, 1984, 고려시대의 기후환경, 『이화여자대학교 논총』, 제44집, 113–135.

김연옥, 1985, 『한국의 기후와 문화』, 이화여자대학교 출판부.

윤순옥·김영훈·김종연·다나카 유키야·박경·박병익·박정재·박지훈·박철웅·이광률·최광용·최영은·황상일(譯), 2011, 『MCKNIGHT의 자연지리학』, 시그마프레스(Hess, D. and Tasa, D., 2010, *McKnight's Physical Geography*, Prentice Hall).

이승호, 2009, 『한국의 기후 & 문화 산책』, 푸른길.

이승호·김맹기·황상일(譯), 2011, 『완벽한 빙하시대』, 푸른길(Fagan, B.M., Hoffecker, J.F., Maslin, M., and O'Regan, H., 2009, *The Complete ICE AGE: How Climate Change Shaped the World*, Thames & Hudson).

이승호·허인혜, 2011, 한국의 도시화에 의한 극한기온의 변화, 『대한지리학회지』, 46, 257–276.

허인혜·권원태·전영문·이승호, 2006, 우리나라에서 기온 상승이 식생분포에 미치는 영향, 『환경영향평가』, 15, 67–78.

Ahrens, C.D. and Henson, R., 2019, *Meteorology Today, An Introduction to Weather, Climate, and the Environment* (12nd ed), Cengage.

Andersson, S.M., Martinsson, B.G., Vernier, J-P., Friberg, J., Brenninkmeijer, C.A.M., Hermann, M., van Velthoven, P.F.J., and Zahn, A., 2015, Significant radiative impact of volcanic aerosol in the lowermost stratosphere, *Nature Communications*, 6, 7692. https://doi.org/ 10.1038/ncomms8692.

Arndt, K.A., Oechel, W.C., Goodrich, J.P., Bailey, B.A., Kalhori, A., Hashemi, J., Sweeney, C., and Zona, D., 2019, Sensitivity of Methane Emissions to Later Soil Freezing in Arctic Tundra Ecosystems, *Journal of Geophysical Research: Biogeosciences*, 124, 2595-2609. https://doi.org/10.1029/2019JG005242.

Barry, R.G., 1992, *Mountain Weather and Climate* (2nd ed.), Routledge.

Beck, H., Zimmermann, N., McVicar, T., Vergopolan, N., Berg, A., and Wood, E., 2018, Present and future Köppen-Geiger climate classification maps at 1-km resolution, *Sci Data* 5, 180214 (2018). https://doi.org/10.1038/sdata.2018.214

Bell, M. and Walker, M.J.C., 2013, *Late Quaternary Environmental Change; Physical and Human perspectives*, Routledge.

Berger, W.H., 2012, Milankovitch Theory-Hits and Misses, *Scripps Institution of Oceanography Technical Report*, UCSD, La Jolla, California.

Blöthe, J.H. and Korup, O., 2013, Millennial lag times in the Himalayan sediment routing system, *Earth and Planetary Science Letters*, 382, 38-46.

Bradley, R.S., 2015, *Paleoclimatology Reconstructing Climates of the Quaternary*, Academic Press.

Burckle, L. and Grissino-Mayer, H.D., 2003, Stradivari, violins, tree rings, and the Maunder Minimum: a hypothesis, *Dendrochronologia*, 21, 41-45.

Cartapanis, O., Bianchi, D., Jaccard, S., and Galbraith, E.D., 2016, Global pulses of organic carbon burial in deep-sea sediments during glacial maxima, *Nature Communications,* 7, 10796. https://doi.org/10.1038/ncomms10796

CLIMAP, 1981, *Seasonal reconstructions of the Earth's surface at the last glacial maximum in Map Series, Technical Report MC-36*, Geological Society of America, Boulder, Colorado.

Christensen, T.R., 1993, Methane emission from Arctic tundra, *Biogeochemistry*, 21, 117-139.

Church, J.A. and White, N.J., 2011, Sea-Level Rise from the Late 19th to the Early 21st Century, *Surveys in Geophysics*, 32, 585-602.

Crowley, T.J., Criste, T.A., and Smith, N.R., 1993, Reassessment of Crete (Greenland) ice core acidity/volcanism link to climate change, *Geophysical Research Letters*, 20, 209-212. http://doi.org/10.1029/93GL00207.

Darby, H.C., 1956, The clearing of the woodland in Europe in Thomas, W.L.(ed), *Man's role in changing the face of the earth*, Chicago University, 183-216. 재인용.

Das, P.K., 1972, *The Monsoon*, Edward, London, 162. 재인용.

Dawson, A.G., 1992, *Ice Age Earth-Late Quaternary Geology and Climate*, Routledge.

Dore, M.H.I., 2005, Climate change and changes in global precipitation patterns: What do we know?, *Environment International*, 31, 1167-1181.

Douglass, A.E., 1929, The secret of the Southwest solved by talkative tree rings, *National Geographic Magazine*, 56(6), 736-770.

Earle, S., 2015, *Physical Geology*, BC campus, Victoria, B.C., https://opentextbc.ca/geology.

EPICA community members, 2004, Eight glacial cycles from an Antarctic ice core, *Nature*, 429, 623-628.

Fairbridge, R.W., 1984, The Nile Floods as a Global Climatic/Solar Proxy. In Mörner, N.A., Karlén, W. (eds) *Climatic Changes on a Yearly to Millennial Basis*, Springer, Dordrecht.

Graedel, T.E. and Crutzen, P.J., 1997, *Atmosphere, Climate, and Change*, Scientific American Library.

Gedzelman, S.D., 1980. *The science and wonders of the atmosphere,* Wiley.

Guiot, J., Harrison, S.P., and Prentice, I.C., 1993, Reconstruction of Holocene precipitation patterns in Europe using pollen and lake-level data, *Quaternary Research*, 40(2), 139-149.

Hammer, C.U., 1980, Acidity of polar ice cores in relation to absolute dating, past volcanism, and radio–echoes, *Journal of Glaciology*, 25(93), 359-372.

Hardy, J.T., 2003, *Climate Change: Cause, Effects, and Solutions*, John Wiley & Sons.

Hays, J.D., Imbrie, J., and Shackleton, N.J., 1976, Variations in the Earth's Orbit: Pacemaker of the Ice Ages: For 500,000 years, major climatic changes have followed variations in obliquity and precession, *science,* 194(4270), 1121-1132.

Hess, D., 2011, *Physical Geography, A Landscape Appreciation* (10th ed), rentice-Hall.

Higgins, J.A. and Schrag, D.P., 2006, Beyond methane: Towards a theory for the Paleocene-Eocene Thermal Maximum, *Earth and Planetary Science Letters*, 245, 523-537. https://doi.org/10.1016/j.epsl.2006.03.009.

Hidore, J. J., Oliver, J.E., Snow, M., and Snow, R., 2010, *Climatology: An Atmospheric Science*, Prentice Hall.

Hughes, M.K. and Diaz, H.F., 1994, Was There a 'Medieval Warm Period', and If so, Where and When?, *Climate Change*, 26, 109-142.

Huttary, J., 1950, Die Verteilung der Niederschäge auf die Jahresziten im Mittelmeergebiet, *Meteorologische Rundschau*, 3, 111-119(재인용).

Imbrie, J. and Imbrie, K.P., 1979, *Ice Ages: Solving the Mystery*, Harvard University Press.

IPCC, 2013, *Climate Change 2013: The Physical Science Basis*, Contribution of Working Groups I to the Fifth Assessment Report of the Intergovernmental Panel on Climate Change [Stocker, T.F., Qin, D., Plattner, G.-K., Tignor, M., Allen, S.K., Boschung, J., Nauels,

A., Xia, Y., Bex, V., and Midgley, P.M. (eds)]. Cambridge University Press, Cambridge, United Kingdom and New York, NY, USA.

IPCC, 2014, *Climate Change 2014: Synthesis Report*, Contribution of Working Groups I, II and III to the Fifth Assessment Report of the Intergovernmental Panel on Climate Change [Core Writing Team, Pachauri, R.K., and Meyer, L.A. (eds.)]. IPCC, Geneva, Switzerland.

IPCC, 2019, *Summary for Policymakers*. In: *IPCC Special Report on the Ocean and Cryosphere in a Changing Climate* [Pörtner, H.-O., Roberts, D.C., Masson-Delmotte, V., Zhai, P., Tignor, M., Poloczanska, E., Mintenbeck, K., Alegría, A., Nicolai, M., Okem, A., Petzold, J., Rama, B., and Weyer, N.M. (eds.)].

IPCC, 2021, *Summary for Policymakers*. In: *Climate Change 2021: The Physical Science Basis. Contribution of Working Group I to the Sixth Assessment Report of the Intergovernmental Panel on Climate Change* [Masson-Delmotte, V., Zhai, P., Pirani, A., Connors, S.L., Péan, C., Berger, S., Caud, N., Chen, Y., Goldfarb, L., Gomis, M.I., Huang, M., Leitzell, K., Lonnoy, E., Matthews, J.B.R., Maycock, T. K., Waterfield, T., Yelekçi, O., Yu, R., and Zhou, B. (eds.)]. Cambridge University Press. In Press.

Jin, F.F., Neelin, J.D., and Ghil, M., 1994, El Niño on the devil's staircase: Annual subharmonic steps to chaos, *Science*, 264, 70-72. https://doi.org/10.1126/science.264.5155.70.

Jones, P.D., Osborn, T.J., and Briffa, K.R., 2003, Pressure-based measures of the North Atlantic Oscillation (NAO): A comparison and an assessment of changes in the strength of the NAO and in its influence on surface climate parameters, *Washington DC American Geophysical Union Geophysical Monograph Series*, 134, 51-62.

Joshi, I.S., 2010, Volcanic eruptions and their effects on SOI, SST and indian summer monsoon rainfall, *Disaster Advances*, 3, 582-585.

Kelsey, A.M., 2017, *Astronomical forcing of sub-Milankovitch climate oscillations during the late quaternary*, The University of Queensland Ph. D. thesis, The University of Queensland.

Kerr, R.A., 1982, El Chichón forebodes climate change, *Science*, 217(4564), 1023-1023.

Kong, Y. and Wang, C.H., 2017, Responses and changes in the permafrost and snow water equivalent in the Northern Hemisphere under a scenario of 1.5 °C warming, *Advances in Climate Change Research*, 8(4), 235-244. https://doi.org/10.1016/j.accre.2017.07.002.

Köppen, W., 1936, "C" in Köppen, W. and Geiger, R.(eds), *Das geograhische System der Klimate, Handbuch der Klimatologie*, Bornträger, Berlin.

Köppen, W. and Wegener, A., 1924, *Die Klimate der geologischen Vorzeit*. Bornträger, Berlin.

Kuijpers, A., Troelstra, S.R., Prins, M.A., Linthout, K., Akhmetzhanov, A., Bouryak, S., Bachmann, M.F., Lassen, S., Rasmussen, S., and Jensen, J.B., 2003, Late Quaternary sedimentary processes and ocean circulation changes at the Southeast Greenland margin, *Marine Geology*, 195(1-4), 109-129.

Lamb, H.H., 1966, Climate in the 1960's, *The Geographical Journal*, 132, 183-212.

Lamb, H.H., 1995, *Climate, History and the Modern World*, Routledge.

Langmann, B., 2014, On the Role of Climate Forcing by Volcanic Sulphate and Volcanic Ash, *Advances in Meteorology*. https://doi.org/10.1155/2014/340123.

Le Roy Ladurie, E. and Baulant, M., 1980, Grape harvests from the fifteenth through the nineteenth centuries, *Journal of Interdisciplinary History*, 10, 839-849.

Li, G. and Yang, H., 2019, Cycle Analysis Method of Tree Ring and Solar Activity Based on Variational Mode Decomposition and Hilbert Transform, *Advances in Meteorology*. https://doi.org/10.1155/2019/1715673.

Li, G., Zhang, J., Ding, S., Wu, P., and Wang, W., 2019, Reconstruction of sunspot activity, cold and warm events, and drought and flood events in the central plain of China during the northern Song Dynasty using historical documents, *Quaternary International*, 525, 36-44.

Lockwood, M., Owens, M., Hawkins, E., Jones, G.S., and Usoskin, I., 2017, Frost fairs, sunspots and the Little Ice Age, *Astronomy & Geophysics,* 58(2), 2.17-2.23. http://doi.org/10.1093/astrogeo/atx057.

Lutgens, F.K., Tarbuck, E.J., and Tasa, D., 2010, *The Atmosphere, An Introduction to Meteorology*, Prentice Hall.

Mason, J.A., Muller, P.O., Burt, J.E., and de Blij, H.J., 2016, *Physical Geography: The Global Environment* (5th ed.), Oxford University Press.

MacGregor, G.R. and Nieuwolt, S., 1998, *Tropical Climatology*(2nd ed), Wiley.

Miller, G.H., Geirsdóttir, Á., Zhong, Y., Larsen, D.J., Otto-Bliesner, B.L., Holland, M.M., Bailey, D.A., Refsnider, K.A., Lehman, S.J., Southon, J.R., Anderson, C., Björnsson, H., and Thordarson, T., 2012, Abrupt onset of the Little Ice Age triggered by volcanism and sustained by sea-ice/ocean feedbacks, *Geophysical Research Letters*, 39, L02708. http://doi.org/10.1029/2011GL050168.

Neumann, J. and Dettwiller, J., 1990, Great historical events that were significantly affected by the weather: Part 9, the year leading to the revolution of 1789 in France (II), *Bulletin of the American Meteorological Society*, 71, 33-41.

Newell, R. E., 1981, Further studies of the atmospheric temperature change produced by the Mt. Agung volcanic eruption in 1963, *Journal of Volcanology and Geothermal Research*, 11, 61-66.

Ning, L., Liu, J., and Sun, W., 2017, Influences of volcano eruptions on Asian Summer Monsoon over the last 110 years, *Scientific Reports*, 7, 42626. https://doi.org/10.1038/srep42626

Nussbaumer, S.U. and Zumbühl, H.J., 2012, The Little Ice Age history of the Glacier des Bossons(Mont Blanc massif, France): a new high-resolution glacier length curve based on historical documents, *Climatic Change*, 111, 301-334.

O'Hare, G., Sweeney, J., and Wilby, R., 2005, *Weather, climate and climate change: human perspectives,* Pearson Prentice Hall.

Oliver, J.E. and Hidore, J.J., 2002, *Climatology: An atmospheric science,* Prentice Hall.

Oppenheimer, C., 2003a, Climatic, environmental and human consequences of the largest known historic eruption: Tambora volcano (Indonesia) 1815, *Progress in Physical Geography: Earth and Environment*, 27, 230-259. https://doi.org/10.1191/0309133303pp379ra.

Oppenheimer, C., 2003b, Ice core and palaeoclimatic evidence for the timing and nature of the great mid-13th century volcanic eruption, *Internationan Journal of Climatology*, 23, 417-426.

Owens, M.J., Lockwoodl, M., Hawkins, E., Usoskin, I., Jones, G.S., Barnardl, L., Schurer, A., and Fasullo, J., 2017, The Maunder minimum and the Little Ice Age: an update from recent reconstructions and climate simulations, *Journal of Space Weather and Space Climate*, 7, A33. https://doi.org/10.1051/swsc/2017034.

Parker, D.E., Wilson, H., Jones, P.D., Christy, J.R., and Folland, C.K., 1996, The impact of Mount Pinatubo on world-wide temperatures, *International Journal of Climatology*, 16(5), 487-497.

Penman, 1970, *The Water Cycle*, Scientific American, Inc.

Pitari, G, Genova, G.D., Mancini, E., Visioni, D., Gandolfi, I., and Cionni, I., 2016, Stratospheric Aerosols from Major Volcanic Eruptions: A Composition-Climate Model Study of the Aerosol Cloud Dispersal and e-folding Time, *Atmosphere*, 7, 75. https://doi.

org/10.3390/atmos7060075.

Prueher, L.M. and Rea, D.K., 2001, Volcanic triggering of late Pliocene glaciation: evidence from the flux of volcanic glass and ice-rafted debris to the North Pacific Ocean, *Palaeogeography, Palaeoclimatology, Palaeoecology*, 173, 215-230. http://doi.org/10.1016/S0031-0182(01)00323-6.

Raible, C.C., Brönnimann, S., Auchmann, R., Brohan, P., Frölicher, T.L., Graf, H-F., Jones, P., Luterbacher, J., Muthers, S., Neukom, R., Robock, A., Self, S., Sudrajat, A., Timmreck, C., and Wegmann, M., 2016, Tambora 1815 as a test case for high impact volcanic eruptions: Earth system effects, *WIREs Clim Change* 2016. http://doi.org/10.1002/wcc.407.

Rampino, M.R. and Self, S., 1982, Historic eruptions of Tambora (1815), Krakatau (1883), and Agung (1963), their stratospheric aerosols, and climatic impact, *Quaternary Research*, 18, 127-143.

Ramu, A.D., Chowdary, J.S., Pillai, P.A., Sradhara Sidhan, N., Koteswararao, K., and Ramakrishna, S.S.V.S., 2019, Impact of El Niño Modoki on Indian summer monsoon rainfall: Role of western north Pacific circulation in observations and CMIP5 models, *International Journal of Climatology*, 40, 2117-2133.

Renssen, H., Seppä, H., Crosta, X., Goosse, H., and Roche, D.M., 2012, Global Characterization of the Holocene Thermal Maximum, *Quaternary Science Reviews*, 48, 7-19.

Robinson, P.J., 2005, Ice and snow in paintings of little ice age winters, *Weather*, 60, 37-41.

Robinson, P.J. and Henderson-Sellers, A., 1999, *Contemporary Climatology*, Longman Scientific & Technical.

Roy, I. and Tedeschi, R.G., 2016, Influence of ENSO on Regional Indian Summer Monsoon Precipitation—Local Atmospheric Influences or Remote Influence from Pacific, *Atmosphere*, 7. https://doi.org/10.3390/atmos7020025.

Rubel, F. and Kottek, M., 2010, Observed and projected climate shifts 1901-2100 depicted by world maps of the Köppen-Geiger climate classification, *Meteorologische Zeitschrift*, 19, 135-141. http://doi.org/10.1127/0941-2948/2010/0430.

Ruddiman, W.F., 2014, *Earth's Climate: Past and Future* (3rd ed.), Freeman.

Schlamminger, L., 1992, Aurora borealis lags during the Middle Ages, *Journal of atmospheric and terrestrial physics*, 54(7-8), 989-993.

Scotese, C.R., 2002, Analysis of the Temperature Oscillations in Geological Eras, *Earth's cli-

mate: Past and future, W.H. Freeman and Sons, New York.

Seidov, D., Sarnthein, M., Stattegger, K., Prien, R., and Weinelt, M., 1996, North Atlantic ocean circulation during the last glacial maximum and subsequent meltwater event: a numerical model, *Journal of Geophysical Research: Oceans,* 101(C7), 16305-16332.

Self, S. and Rampino, M.R., 1981, The 1883 eruption of Krakatau, *Nature,* 294(5843), 699-704.

Solomina, O.N., Bradley, R.S., Hodgson, D.A., Ivy-Ochs, S., Jomelli, V., Mackintosh, A.N., Nesje, A., Owen, L.A., Wanner, H., Wiles, G.C., and Young, N.E., 2015, Holocene glacier fluctuations, *Quaternary Science Reviews,* 111, 9-34. http://doi.org/10.1016/j.quas cirev.2014.11.018

Stahle, D.W. and Cleaveland, M.K., 1994, Tree-Ring Reconstructed Rainfall Over the Southeastern U.S.A. During the Medieval Warm Period and Little Ice Age. In: Hughes, M.K. and Diaz, H.F. (eds), *The Medieval Warm Period,* Springer, Dordrecht.

Teller, J.T., 1990, Meltwater and precipitation runoff to the North Atlantic, Arctic, and Gulf of Mexico from the Laurentide Ice Sheet and adjacent regions during the Younger Dryas, *Paleoceanography and Paleoclimatology,* 5, 897-905. http://doi.org/10.1029/PA005i006p 00897.

Trenberth, K.E. and Caron, J.M., 2000, The Southern Oscillation revisited: Sea level pressure, surface temperatures, and precipitation, *Journal of Climate,* 13, 4358-4365. http://doi. org/10.1002/qj.1889.

Watts, I.E.M., 1955, Methods of synoptic analysis at low latitudes, *Quarterly Journal of the Royal Meteorological Society,* 81(350), 582-587.

Wright, S., 2014, *Our ice is Vanishing/Sikuvut Nunguliqtuq: A history of Inuit, newcomers, and climate change,* McGill-Queen's Press-MQUP.

Yoshino, M.M., 1975, *Climate in a Small Area: an Introduction to Local Meteorology,* University of Tokyo Press.

Zhang, D.D., Lee, H.F., Wang, C., Li, B., Pei, Q., Zhang, J., and An, Y., 2011, The causality analysis of climate change and large-scale human crisis, *PNAS,* 108, 17296-17301. https://doi.org/10.1073/pnas.1104268108.

Zhang, P., Wang, B., and Wu, Z., 2019, Weak El Niño and Winter Climate in the Mid- to High Latitudes of Eurasia, *Journal of Climate,* 32, 405-421. https://doi.org/10.1175/JCLI-D-17-0583.1.

Zhou, K. and Butler, C.J., 1998, A statistical study of the relationship between the solar cycle length and tree-ring index values, *Journal of Atmospheric and Solar-Terrestrial Physics*, 60, 1711-1718.

Zumbühl, H.J. and Nussbaumer, S.U., 2018, Little Ice Age Glacier History of the Central and Western Alps from Pictorial Documents, *Cuadernous de Investigación Geográfica*, 44, 115-136.

인터넷 사이트

기상청, www.kma.go.kr

Carbon Dioxide Information Analysis Center, cdiac.ess-dive.lbl.gov

Climatic Research Unit, www.cru.uea.ac.uk

European Space Agency, www.esa.int/esaCP/index.html

NOAA Climate Prediction Center, www.cpc.ncep.noaa.gov

NOAA National Geophysical Data Center, www.ngdc.noaa.gov

Royal Netherlands Meteorological Institute, www.knmi.nl

The World Bank, data.worldbank.org/indicator

World Resources Institute, www.wri.org/blog/2018/

찾아보기